高职高专建筑工程专业系列教材

混凝土结构（下册）

（第四版）

沈蒲生　罗国强　熊丹安　编著

中国建筑工业出版社

图书在版编目（CIP）数据

混凝土结构．下册/沈蒲生等编著．—4版．—北京：中国建筑工业出版社，2003
（高职高专建筑工程专业系列教材）
ISBN 978-7-112-06200-3

Ⅰ．混…　Ⅱ．沈…　Ⅲ．混凝土结构-高等学校：技术学校-教材　Ⅳ．TU37

中国版本图书馆CIP数据核字（2003）第105756号

高职高专建筑工程专业系列教材
混凝土结构（下册）
（第四版）
沈蒲生　罗国强　熊丹安　编著
*
中国建筑工业出版社出版、发行（北京西郊百万庄）
各地新华书店、建筑书店经销
北京富生印刷厂印刷
*
开本：787×1092毫米　1/16　印张：17¼　字数：416千字
2004年1月第四版　2008年12月第十九次印刷
定价：**24.00**元
ISBN 978-7-112-06200-3
（14902）

本书系根据高职高专建筑工程专业“混凝土结构”课程要求及我国《混凝土结构设计规范》（GB 50010—2002）编写的。本书是在第三版的基础上修订而成，全书内容结合新规范，比第三版有了进一步完善和提高。全书分为上、下两册，本书为下册，内容包括：混凝土结构的分析方法、混凝土梁板结构、单层厂房结构、多层房屋框架结构。

本书既可作为高职高专建筑工程专业的教材，也可供土建工程技术人员学习参考。

*　　*　　*

责任编辑：朱首明　吉万旺
责任设计：崔兰萍
责任校对：张　虹

前　言

我国《混凝土结构设计规范》(GBJ 10—89) 已经修订，新的《混凝土结构设计规范》(GB 50010—2002) 已经颁布实施。为了使教材能够反映规范的变化情况，我们对《混凝土结构（上、下册)》(第三版) 进行了修订。

修订后的教材有以下三个方面的变化：

1. 按新编《混凝土结构设计规范》(GB 50010—2002) 进行修订。

2. 将“预应力混凝土构件设计计算”一章由下册移至上册，使上册只讲述混凝土结构的设计原理和各类混凝土构件的设计方法；下册讲述几种基本混凝土结构的设计方法。

3. 在下册中增加“混凝土结构分析方法”一章，在具体讲述混凝土结构设计方法之前，扼要地介绍混凝土结构的分析方法。

本书上册的内容为：绪论、混凝土结构的材料性能、荷载与设计方法、钢筋混凝土轴心受力构件承载力计算、钢筋混凝土受弯构件正截面承载力计算、钢筋混凝土受弯构件斜截面承载力计算、钢筋混凝土受扭构件承载力计算、钢筋混凝土偏心受力构件承载力计算、钢筋混凝土构件裂缝宽度和变形验算以及预应力混凝土构件设计计算；下册的内容为：混凝土结构分析方法、梁板结构设计、单层工业厂房结构设计以及多层框架房屋结构设计等内容。

在修订过程中，我们仍然保持本书前面各版中说理清楚、简明扼要、便于教学、便于自学等特点。

本书由沈蒲生（绪论、第二、四、六、九、十章)、罗国强（第八、十一、十二章）和熊丹安（第一、三、五、七、十三章）编写，由沈蒲生统稿。由于我们的水平所限，书中错误之处在所难免，欢迎批评指正。

编者

2003年6月

目　录

第十章　混凝土结构的分析方法

提　　要

1. 了解结构常用的分类方法。
2. 熟悉结构的分析步骤。
3. 掌握结构分析应遵循的基本原则。
4. 会正确选用结构的分析方法。

第一节　混凝土结构的分类

上册中介绍了混凝土结构的材料性能、设计方法和各种基本构件的设计方法及构造要求，下册中将对混凝土结构的分析方法以及混凝土梁板结构、单层厂房结构和多层房屋框架结构的设计计算方法进行介绍。

一、结构的定义

广义的结构是指房屋建筑和土木工程的建筑物、构筑物及其相关组成部分的实体；狭义的结构是指各种工程实体的承重骨架。

任何一栋建筑物都可能包含承重结构、围护结构、装饰结构等，我们在下面讨论中所指的结构是特指其承重结构。

二、混凝土结构的分类方法

混凝土结构有多种分类方法，例如：

(一) 按结构构件的几何形状尺寸和受力特点分类

结构按其构件的几何形状尺寸和受力特点可分为：

1. 杆系结构

由杆件组成的结构称为杆系结构，如图 10-1 中的连续梁、桁架、框架、排架结构等。它们是实际工程中数量最多、使用面最广的一类结构。

2. 板壳结构

板和壳的两个方向的尺寸远大于第三个方向的尺寸，其中，平者为板，曲者为壳。板以弯曲为主，壳中内力以压力为主。图 10-2（*a*）和（*b*）分别为

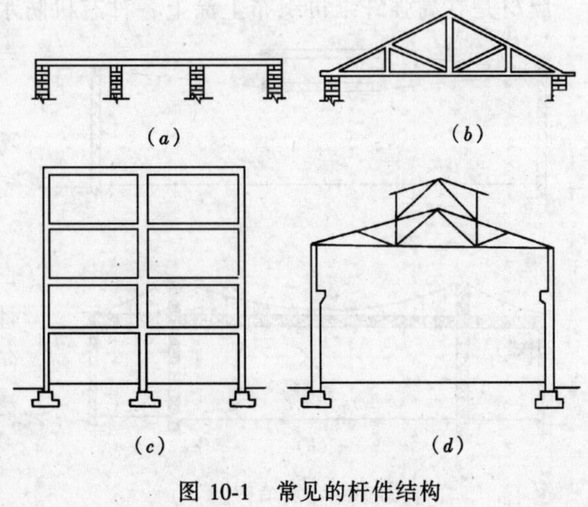

图 10-1　常见的杆件结构

带肋板和无梁板，图 10-2（*c*）和（*d*）分别为双曲扁壳和筒壳。

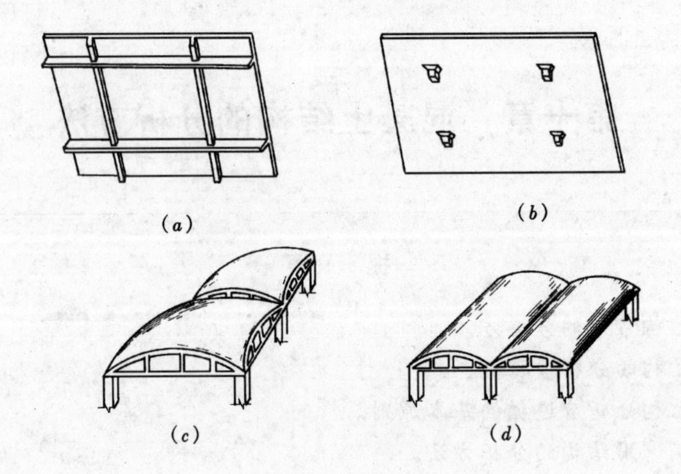

图 10-2 板和壳结构

（*a*）带肋板；（*b*）无梁板；（*c*）双曲扁壳；（*d*）筒壳

3. 块体结构

三个方向的尺寸为同量级的结构，称为块体结构。

属于块体结构的有柱下独立基础和设备基础、桥台和桥墩等。图 10-3 为块体结构示意图。

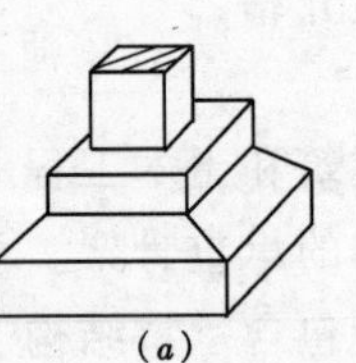

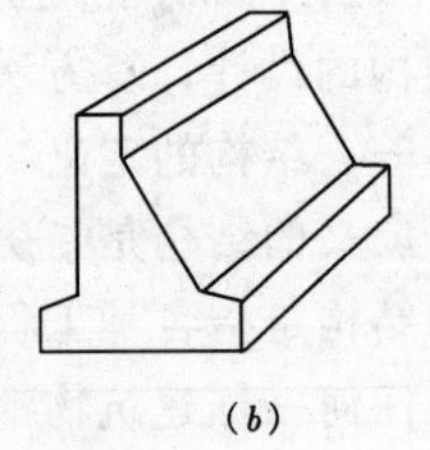

图 10-3 块体结构

4. 索结构

索结构中，主要的受力构件为柔性的缆索及其支承构件。缆索只能承受拉力，不能承受压力。索结构可以跨越很大的空间，特别适合于在大跨结构中采用。图 10-4 为索结构示意图。

5. 膜结构

用膜材制作而成的结构，称为膜结构。

膜材是在高强纤维机织布上涂上各种有机防水材料加工而成的新型产业用纺织品，是一种新型建筑材料。

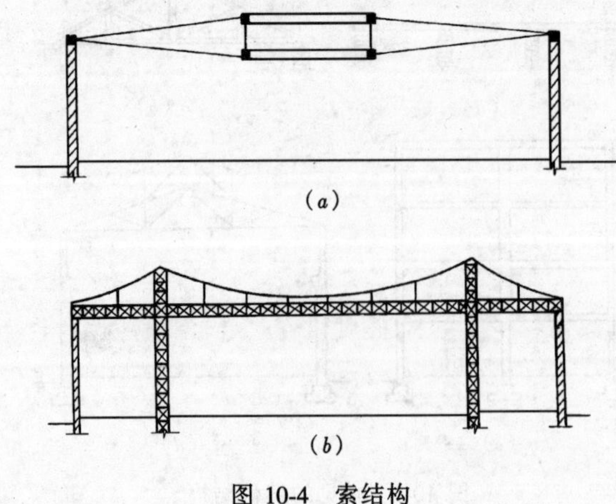

图 10-4 索结构

与缆索一样，膜材只能承受拉力，不能承受压力。因此，膜材常配合钢索、钢支柱、钢桁架及其支撑系统组成。

膜结构具有造型自如、形式多样、白天透光、夜间发亮、耐久性强、自洁性高、结构轻巧、施工快捷等优点，近年来在许多体育场馆的屋盖结构中被广泛采用。图 10-5 为膜结构示意图。

（二）按结构所在空间位置分类

结构按其所在空间位置分为：

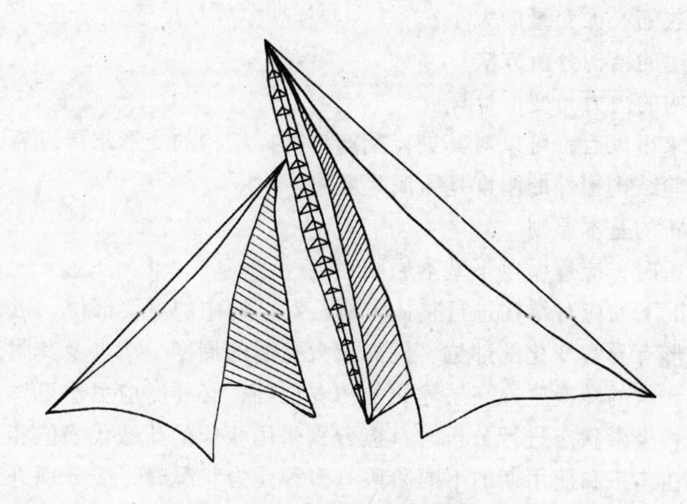

图 10-5　膜结构示意图

(1) 水平承重结构：如房屋中的楼盖结构和屋盖结构。

(2) 竖向承重结构：如房屋结构中的框架结构、排架结构、剪力墙结构、框架—剪力墙结构和筒体结构等。

(3) 底部承重结构：如房屋结构中的地基和基础。

水平承重结构、竖向承重结构和底部承重结构之间的荷载传递关系如图 10-6 所示，即水平承重结构将楼盖和屋盖上的各种荷载传递给竖向承重结构，竖向承重结构将自身承受的荷载以及水平承重结构传来的荷载传递给底部承重结构。

水平承重结构 → 竖向承重结构 → 底部承重结构

图 10-6　结构上的荷载传递图

水平承重结构、竖向承重结构和底部承重结构是一个整体。它们相互作用、相互影响。水平承重结构将荷载传递给竖向承重结构，水平承重结构有可能也是竖向承重结构的组成部分，例如，楼盖结构中的主梁可能是框架结构中的横梁；竖向结构将荷载传递给底部承重结构，底部承重结构的不均匀变形也将引起上部结构的内力和变形发生改变。

结构还可以划分为平面结构和空间结构。结构各构件都处在同一平面内时为平面结构。反之，结构的各构件不全在一个平面内时为空间结构。

第二节　结构分析应遵循的基本原则

一、结构分析的步骤

结构的选型和布置确定之后，可以进行结构分析。结构分析的步骤可以概括如下：

(1) 假定结构构件截面尺寸，选择材料的品种和级别；

(2) 确定结构的计算简图；

(3) 计算荷载的大小。当有抗震设防要求时，还要计算地震作用的大小。当要求对温度、地基不均匀沉降、混凝土收缩、徐变影响进行分析时，还要计算温差、地基不均匀沉降量以及混凝土收缩、徐变量的大小；

(4) 选择合适的结构分析方法；

(5) 进行结构的内力与变形计算。

结构的内力求得以后，可以对其进行配筋计算。结构的变形求得以后，可以对其进行变形验算，以检验结构构件的刚度是否满足要求。

二、结构分析的基本原则

进行结构分析时，应遵循以下基本原则：

(1) 所有情况下均应对结构进行整体分析。对结构中的重要部位、形状发生突变的部位以及内力和变形有异常变化的部位，例如较大孔洞的周围、节点及其附近、支座和集中荷载附近、高层建筑的转换层、高层建筑的薄弱层等，必要时应另作更详细的局部分析。

对结构的两种极限状态进行分析时，应分别采用相应的荷载代表值和荷载组合值。

(2) 当结构在施工和使用期的不同阶段有多种受力状况时，应分别进行结构分析，并确定其最不利的作用效应组合。以预应力空心板为例，其在制作、运输、安装和使用阶段的受力情况都不相同，应分别进行结构分析，并确定其可能的最不利的作用效应组合。

结构有可能遭遇火灾、爆炸、撞击等偶然作用时，尚应按国家现行有关标准的要求进行相应的结构分析。

(3) 结构分析所需的各种几何尺寸，以及所采用的计算图形、边界条件、作用的取值与组合、材料性能的计算指标、初始应力和变形状况等，应符合结构的实际工作状况，并应具有相应的构造保证措施。

结构分析中所采用的各种简化和近似假定，应有理论或试验的依据，或经工程实践验证。计算结果的准确程度应符合工程设计的要求。

(4) 结构分析应符合下列要求：

1) 应满足力学平衡条件；

2) 应在不同程度上符合变形协调条件，包括节点和边界的约束条件；

3) 应采用合理的材料或构件单元的本构关系。

对任何结构进行分析时，力学平衡条件是必须满足的。变形协调条件对有些方法不能严格符合，但应在不同程度上予以满足。材料或构件的本构关系则需合理地选用。

(5) 结构的分析方法应根据结构类型、构件布置、材料性能和受力特点等进行选择。

(6) 结构分析所采用的电算程序应经考核和验证，其技术条件应符合有关标准的要求。

对电算结果，应经判断和校核，在确认其合理有效后，方可用于工程设计。

第三节　分析方法及其适用范围

在上册中我们已经知道：混凝土不是理想的弹性材料；混凝土的抗拉强度只是其抗压强度的1/10左右；处于受压状态的混凝土，当压应力较小时，应力-应变关系接近直线，材料可近似地认为处于弹性状态，当压应力较大时，应力-应变关系不为直线，呈非线性发展，应变的增长速度比应力增长速度快。混凝土材料的性能对混凝土结构构件的性能有极大的影响。混凝土结构构件在荷载的作用下，当荷载较低时可近似看成为弹性材料制成的结构构件；当荷载稍大时，受力稍大的截面出现裂缝，非线性变形发展，截面刚度降低，应力沿截面高度的分布发生变化，内力与按弹性方法计算的结果有较大出入。混凝土结构的受力性能十分复杂。对混凝土结构进行内力和变形计算时，要尽可能地反映出这些特性，才能使计算结构与实际情况接近。

当前，混凝土结构的分析方法可归纳为五类，它们的特点和应用范围各不相同，进行结构分析时，宜根据结构类型、构件布置、材料性能和受力特点等进行选择。这五类方法是：

1. 线弹性分析方法

线弹性分析方法以弹性材料为基础，假定材料的应力-应变成比例，是最早建立的分析方法，也是最成熟的结构分析方法。它可以用于各种混凝土结构的承载能力极限状态及正常使用极限状态的作用效应分析。但是，当荷载较大时，计算结果与实际受力情况会有一定的出入。

下列结构构件宜采用线弹性分析方法进行分析：

（1）直接承受动力荷载的结构；

（2）使用期间要求不出现裂缝的结构；

（3）处于侵蚀环境的结构；

（4）长期处于高温或负温的结构。

2. 考虑塑性内力重分布的分析方法

这种方法，考虑到混凝土结构在较大的荷载下结构由于裂缝的出现与开展、混凝土的塑性变形、钢筋与混凝土间粘结滑移、受拉钢筋屈服等原因，导致结构内力相对于弹性分析结果发生变化，是对弹性计算的内力进行调整的方法。在进行内力调整时，兼顾正常使用阶段对变形、裂缝的有关要求。

考虑塑性内力重分布的分析方法设计超静定混凝土结构，反映了结构实际的受力情况，并具有能充分发挥结构潜力、节约材料、简化设计和方便施工等优点。

房屋建筑中的钢筋混凝土连续梁和连续单向板，宜采用考虑塑性内力重分布的分析方法进行分析。

框架、框架-剪力墙结构以及双向板等，经过弹性分析求得内力后，也可对支座或节点弯矩进行调幅，并确定相应的跨中弯矩。

3. 塑性极限分析方法

塑性极限分析方法又称为塑性分析法或极限平衡法，主要用于有明显屈服点钢筋配筋的混凝土结构破坏阶段的分析。此法具有计算简单、构造设计简便易行，可保证结构安全，但结构在正常使用阶段变形和裂缝可能较大。

承受均布荷载的周边支承的双向矩形板，可采用塑性极限分析法进行承载能力极限状态设计，同时应满足正常使用极限状态的要求。

4. 非线性分析方法

非线性分析方法以钢筋混凝土的实际力学性能为依据，引入相应的非线性本构关系后，可准确地分析结构受力全过程的各种荷载效应，而且可以解决一切体形和受力复杂的结构分析问题。

特别重要的或受力状况特殊的大型杆系结构和二维、三维结构，必要时尚应对结构的整体或其部分进行受力全过程的非线性分析。

5. 试验分析方法

对于体形不规则和受力状态复杂的混凝土结构，当无恰当的简化分析方法时，可采用试验方法进行分析。

思考题

1. 构件与结构有什么关系？
2. 结构分析与结构设计有什么关系？
3. 什么情况下除应进行结构整体分析以外，还需进行结构局部分析？
4. 画出预应力空心板在制作、运输、安装和使用各阶段的受力图形。
5. 混凝土结构为什么需要多种分析方法？
6. 混凝土结构有哪几种分析方法？各有何特点？各自的适用范围是什么？

第十一章　混凝土梁板结构

提　　要

1. 对于现浇整体式单向板肋形楼盖，要求熟练掌握其内力按弹性理论及考虑塑性内力重分布的计算方法；建立折算荷载、塑性铰、内力重分布、弯矩调幅等概念；深入理解连续梁、板截面设计特点及配筋构造要求。

2. 对于现浇双向板肋形楼盖，要求了解其静力工作特点；掌握内力按弹性理论计算的近似方法；熟悉这种楼盖结构截面设计和构造要求。

3. 了解几种常用楼梯结构的受力特点、应用场合及其内力计算和配筋构造的要点。

4. 了解雨篷梁的设计内容，特别是对整体倾覆验算的要求。

第一节　概　　述

混凝土梁板结构如楼盖、屋盖、阳台、雨篷、楼梯等，在建筑中应用十分广泛。此外，在特种结构中，水池的顶板和底板、烟囱的板式基础也都是梁板结构，混凝土楼盖是建筑结构的主要组成部分，对于6～12层的框架结构，楼盖用钢量占全部结构用钢量的50%左右；对于混合结构，其用钢量主要在楼盖中。因此，楼盖结构选型和布置的合理性以及结构计算和构造的正确性，对建筑的安全使用和经济有着非常重要的意义。同时，对美观也有一定的影响。

混凝土楼盖按其施工方法可分为现浇式、装配式和装配整体式三种型式。

现浇混凝土楼盖由于整体性好、抗震性强、防水性能好，适用于下列情况：

(1) 布置上有特殊要求的各种楼面，如：多层厂房中需布置重型机器设备或要求开设较复杂孔洞的楼面；

(2) 有振动荷载作用的楼面；

(3) 公共建筑的门厅部分，平面布置不规则的局部楼面（如剧院的耳光室）以及对防水要求较高的楼面，如卫生间、厨房等；

(4) 高层建筑以及抗震结构。

随着施工技术的不断革新和多次重复使用的工具式钢模板的推广，现浇楼盖结构的应用有日益增多的趋势。

现浇楼盖结构按楼板受力和支承条件的不同，又分为单向板肋形楼盖（图11-1）、双向板肋形楼盖（图11-2）、井式楼盖（图11-3）和无梁楼盖（图11-4）。后者适用于柱网

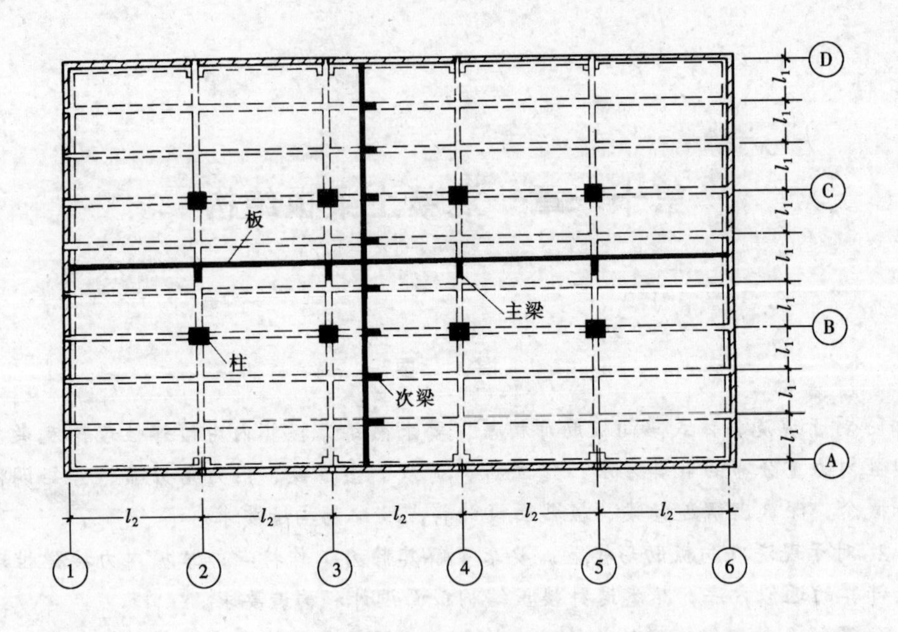

图 11-1 单向板肋形楼盖

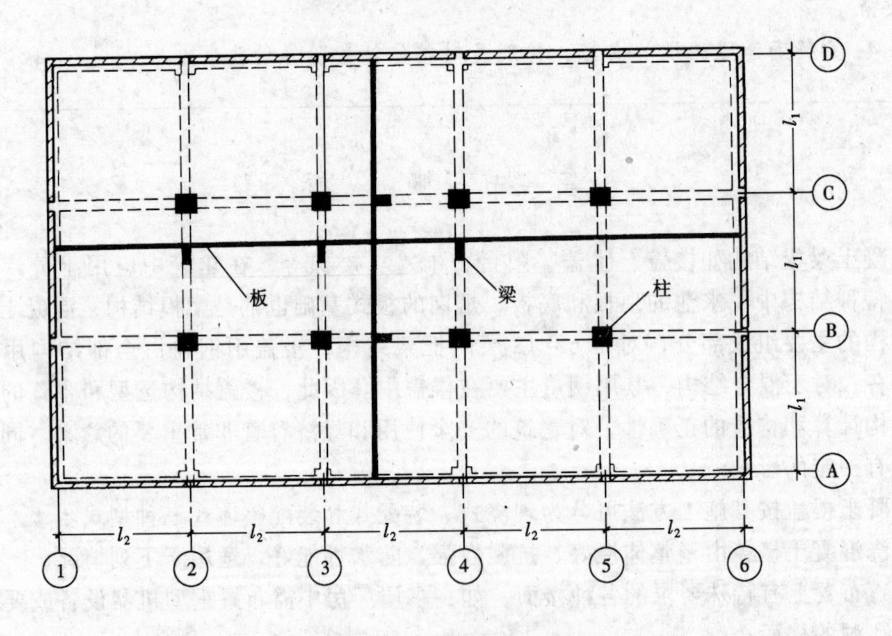

图 11-2 双向板肋形楼盖

尺寸不超过 6m 的图书馆、冷冻库等建筑以及矩形水池的池顶和池底等结构。井式楼盖可少设或取消内柱，能跨越较大的空间，获得较美观的天花板，适用于方形或接近方形的中、小礼堂、餐厅以及公共建筑的门厅，但用钢量和造价较高。双向板肋形楼盖多用于公共建筑和高层建筑。单向板肋形楼盖广泛用于多层厂房和公共建筑。

装配式混凝土楼盖，楼板采用混凝土预制构件，便于工业化生产，在多层民用建筑和多层工业厂房中得到广泛应用。但是，这种楼面由于整体性、抗震性、防水性较差，不便于开设孔洞，故对于高层建筑及有抗震设防要求的建筑以及使用上要求防水和开设孔洞的

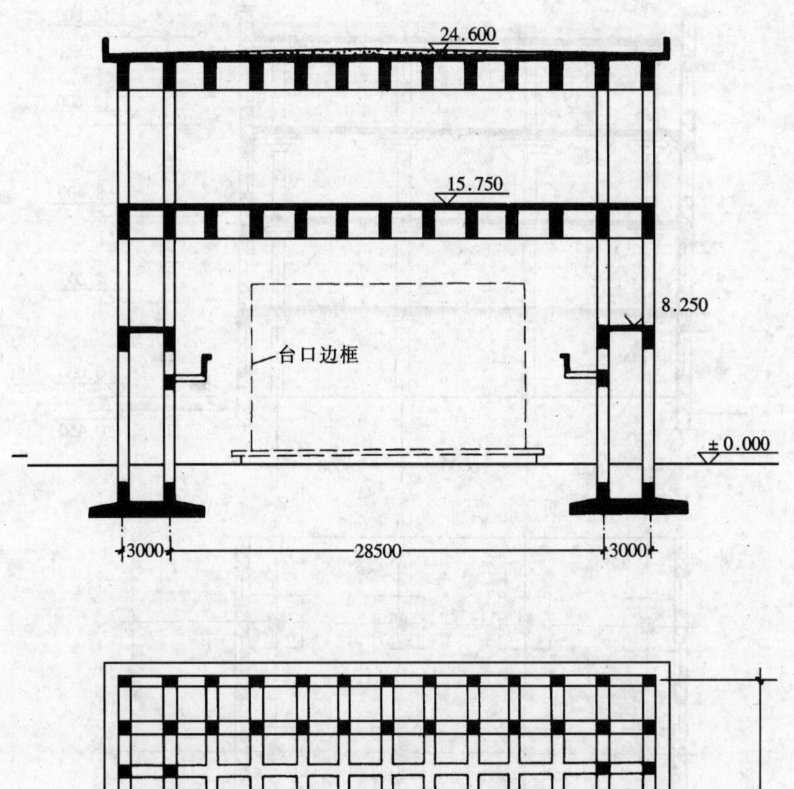

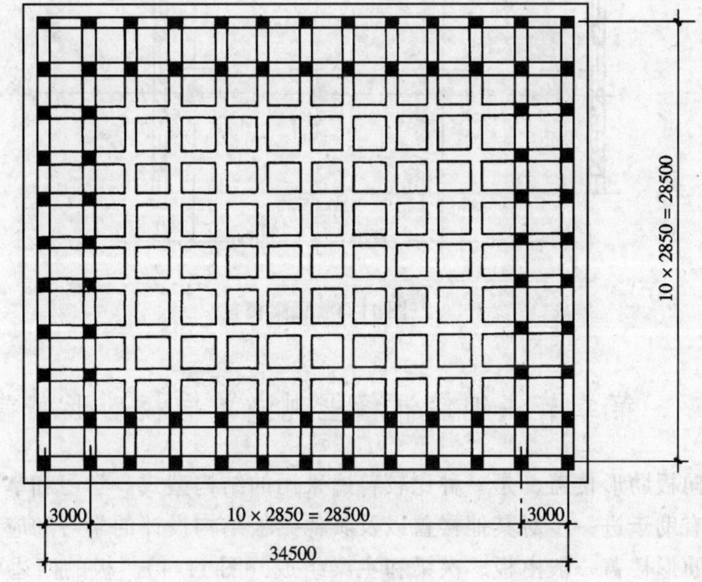

图 11-3 井式楼盖

楼面，均不宜采用。

装配整体式混凝土楼盖，其整体性较装配式的好，又较现浇式的节省模板和支撑。但是，这种楼盖要进行混凝土二次浇灌，有时还须增加焊接工作量，故对施工进度和造价都带来一些不利影响。因此，这种楼盖仅适用于荷载较大的多层工业厂房、高层民用建筑及有抗震设防要求的建筑。

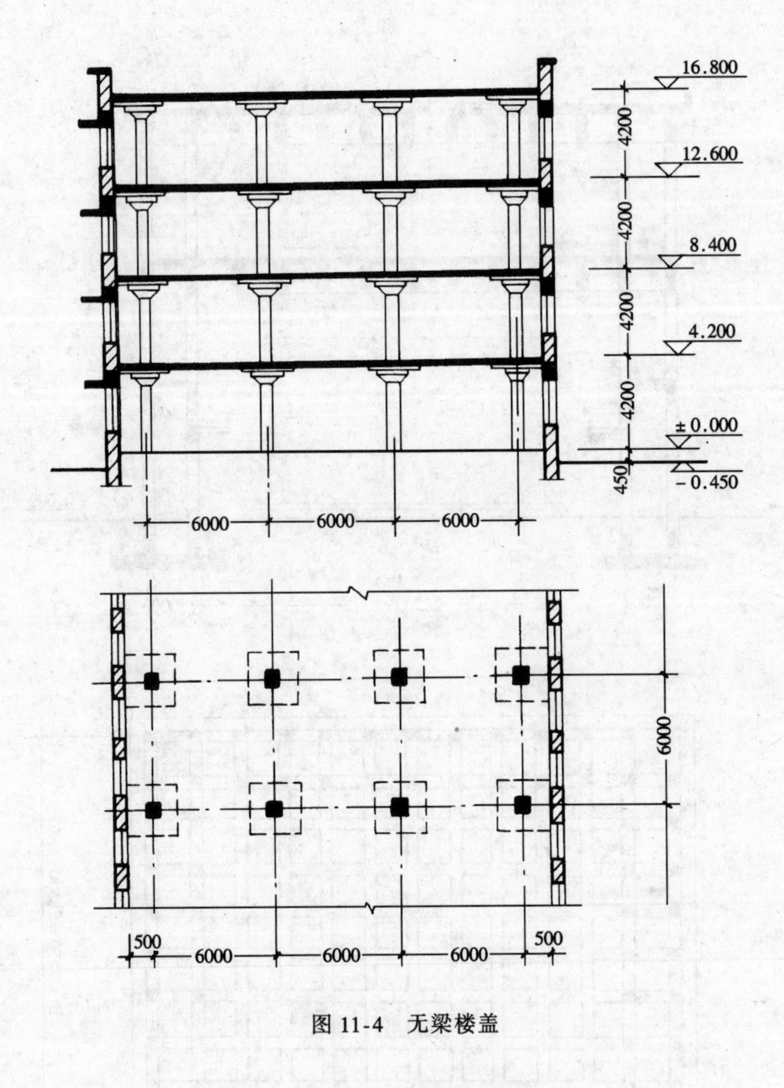

图 11-4 无梁楼盖

第二节 钢筋混凝土现浇单向板肋形楼盖

现浇单向板肋形楼盖，是一种比较普遍采用的结构型式。学习和掌握这种楼盖的计算和构造，将有助于进一步对其他楼盖以及其他梁板结构设计的学习和应用。

单向板肋形楼盖一般由板、次梁和主梁组成（图 11-1)。板的四边可支承在次梁、主梁或砖墙上。当板的长边 l_2 与短边 l_1 之比较大时（图 11-1)，板上荷载主要沿短边方向传递，而沿长边方向传递的荷载效应可忽略不计。这种主要沿短边方向弯曲的板，称为单向板。分析表明，当按弹性理论计算时，对于 $l_2/l_1>2$ 的板，沿短边支承的影响已很小，可视为单向板；当按塑性理论计算时，对于 $l_2/l_1>3$ 的板，才能忽略沿短边支承的影响而视为单向板。

因此，为合理进行四边支承板的计算，《混凝土结构设计规范》（GB 50010—2002）规定：①当 $l_2/l_1\leqslant 2$ 时，应按双向板计算；②当 $2<l_2/l_1<3.0$ 时，宜按双向板计算；③当 $l_2/l_1\geqslant 3$ 时，可按沿短边方向受力的单向板计算。

值得注意的是，由于沿短边方向的支承作用，构件沿长边方向仍有一定的弯曲变形和内力。因此，在配筋构造上应考虑这一实际受力情况。

设计楼盖时，首先要进行结构布置，如确定柱网尺寸、梁格间距，并对梁板进行分类编号，绘出结构布置草图等，然后进行结构计算，如确定计算简图（包括荷载计算）、内力分析及组合、配筋计算并选择合理的钢筋数量等，最后按计算和构造要求绘制施工图。

一、结构平面布置

在肋形楼盖中，结构布置包括柱网、承重墙、梁格和板的布置，其要点如下：

(1) 承重墙、柱网和梁格布置应满足建筑使用要求，柱网尺寸宜尽可能大，内柱尽可能少设。值得注意的是，对于建筑使用要求，不仅要着眼于近期的情况，还应考虑长期发展和变化的可能性。

(2) 使结构布置得尽可能合理、经济，它可从以下几方面体现：

1）由于墙柱间距和柱网尺寸决定着主梁和次梁的跨度，因此，它们的间距不宜过大，根据设计经验，对于钢筋混凝土楼盖，主梁的跨度一般为5~8m，次梁为4~6m。

2）梁格布置力求规整，梁系尽可能连续贯通，板厚和梁的截面尺寸尽可能统一。在较大孔洞的四周、非轻质隔墙下和较重的设备下应设置梁，避免楼板直接承受集中荷载。

3）由于板的混凝土用量占整个楼盖的50%~70%，因此，应使板厚尽可能接近构造要求的最小板厚：工业楼面为70mm，民用楼面为60mm，屋面为60mm，行车道下楼板为80mm。此外，按刚度要求，板厚还应不小于其跨长的 $l/40$。板的跨长即次梁的间距一般为1.7~2.7m，常用跨长为2m左右。

4）为增强房屋横向刚度，主梁一般沿房屋横向布置（图11-1），并与柱构成平面内框架或平面框架，这样可使整个结构具有较大的侧向刚度。各榀内框架或框架与纵向次梁或连系梁形成空间结构，因此房屋整体刚度较好。此外，由于主梁与外墙面垂直，窗扇高度可较大，对室内采光有利，但室内净空一般有所减少。对于地基较差的狭长房屋，也可沿纵向布置主梁。对于有中间走廊的房屋，常可利用内纵墙承重。

在混合结构中，对于横向布置的结构方案，主梁只能布置在钢筋混凝土柱和带壁柱的窗间墙上。次梁也应避免布置在门窗洞口上，否则，应增设钢筋混凝土过梁。

二、结构内力计算

结构布置确定后，即可对梁板编号。荷载、几何尺寸和支承情况相同的构件可编相同的号。然后对不同编号的构件（梁、板）进行结构内力计算。其内容包括：选择合适的计算方法，确定结构计算简图，进行内力分析及其组合。

楼盖结构构件（梁、板）的内力计算方法有两种：一种是假定钢筋混凝土梁板为匀质弹性体，按结构力学的方法计算，简称为按弹性理论的计算方法；另一种是考虑钢筋混凝土塑性性质，按塑性理论的计算方法，对连续梁、板通常称之为考虑塑性内力重分布的计算方法。后者不适用于下列情况：①直接承受动态荷载作用的结构；②要求不出现裂缝的结构构件，如《混凝土结构设计规范》（GB 50010—2002）规定的裂缝控制等级为一级或二级的结构。此外，对于负温条件下工作的结构也不应考虑塑性内力重分布。上述情况下的结构构件都应按弹性理论进行计算。

(一) 计算简图

在内力分析之前，应按照尽可能符合结构实际受力情况和简化计算的原则，确定结构构件的计算简图。其内容包括确定支承条件、计算跨度和跨数、荷载分布及其大小；

1. 支承条件

图 11-5（a）所示的混合结构，楼盖四周为砖墙承重，梁（板）的支承条件比较明确，可按铰支（或简支）考虑。但是，对于与柱现浇整体的肋形楼盖，梁（板）的支承条件与梁柱之间的相对刚度有关，情况比较复杂。因此，应按下述原则确定计算简图，以减少因简图引起内力计算的误差。

对于支承在钢筋混凝土柱上的主梁，其支承条件应根据梁柱抗弯刚度比而定。计算表明，如果主梁与柱的线刚度比大于 3，可将主梁视为铰支于柱上的连续梁计算（图 11-5d）。否则，应按弹性嵌固于柱上的框架梁计算。

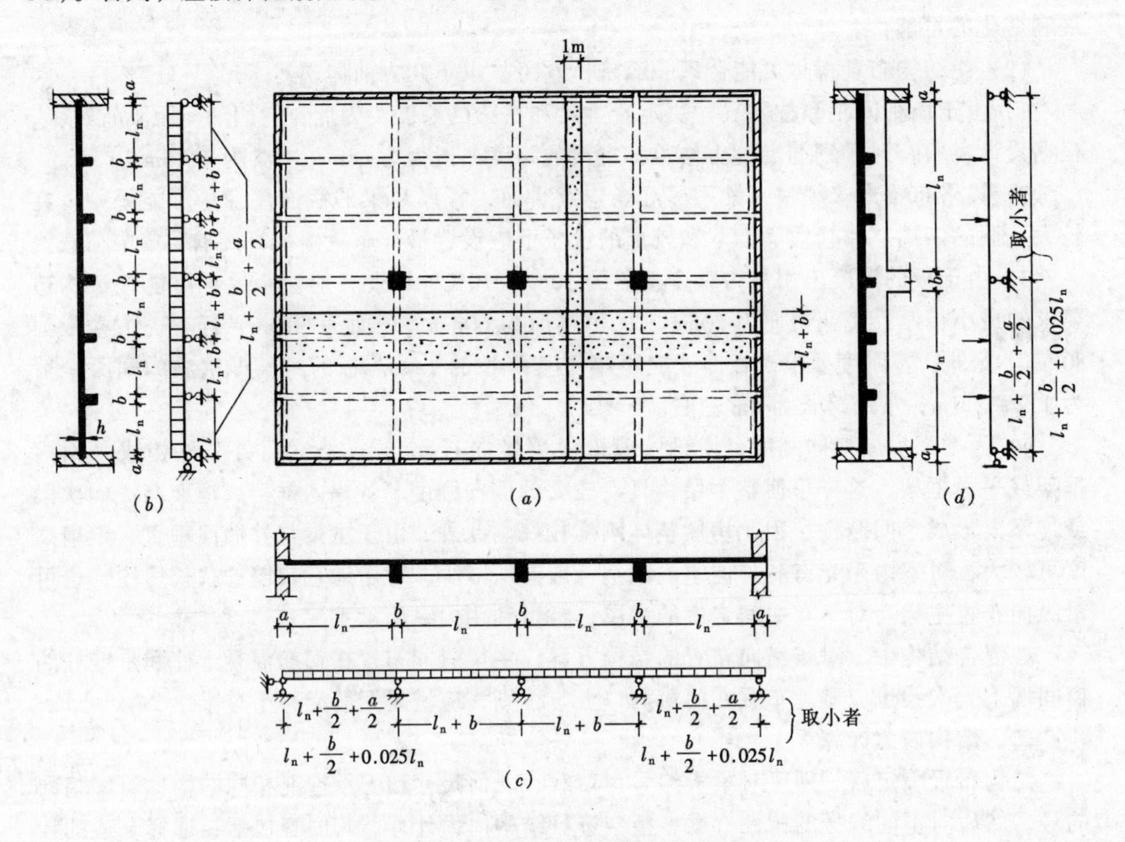

图 11-5　单向板肋形楼盖的计算简图

（a）楼盖结构平面；（b）板计算简图；（c）次梁计算简图；（d）主梁计算简图

对于支承在次梁上的板（或支承于主梁上的次梁），可忽略次梁（或主梁）的弯曲变形（挠度），且不考虑支承处节点的刚性和支承宽度，将其支座视为不动铰支座，按连续板（或梁）计算（图 11-5b、c），由此引起的误差将在计算荷载和内力时加以调整。

2. 计算跨度和跨数

梁、板的计算跨度 l_0 是指在计算内力时所采用的跨长，也就是简图中支座反力之间的距离，其值与支承长度 a 和构件的抗弯刚度有关。连续梁、板按弹性理论和按塑性理论计算时的计算跨度按附表 1-1 计算。在实际工程中，为计算方便，按弹性理论计算单跨或多跨连续梁板，可近似取构件支承中心线间的距离 l_c 作为计算跨长。

对于 5 跨和 5 跨以内的连续梁（板），跨数按实际考虑。对于 5 跨以上的连续梁

（板），当跨度相差不超过10%，且各跨截面尺寸及荷载相同时，可近似按5跨等跨连续梁（板）计算。按实际跨数的简图和按5跨考虑的计算简图分别见11-6（a）、（b）。实际结构1、2、3跨的内力按5跨连续梁（板）计算的采用，其余各中间跨（图11-6a中的第4跨）的内力均按5跨连续梁（板）第3跨采用。

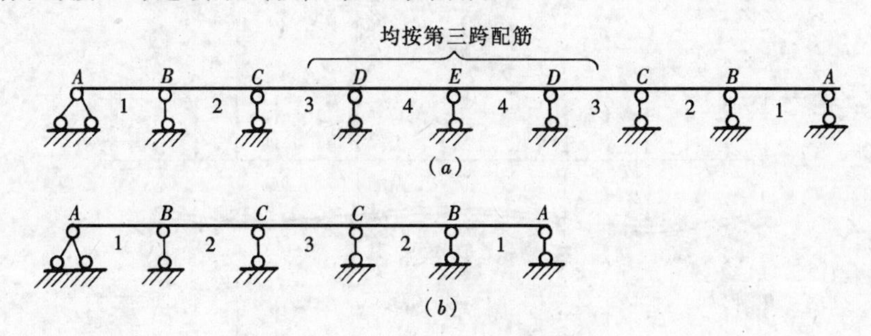

图11-6　连续梁板计算简图
（a）实际跨数的简图；（b）5跨连续梁（板）简图

3．荷载计算

作用在楼盖上的荷载有恒荷载和活荷载两种。恒荷载包括结构自重、各构造层重、永久性设备重等。活荷载为使用时的人群、堆料及一般设备重，对于屋盖还有雪荷载。上述荷载通常按均布荷载考虑。

楼盖的恒荷载标准值按结构实际构造情况通过计算确定，楼盖的活荷载标准值的取值详见《建筑结构荷载规范》（GB 50009—2001）。

对于板，通常取宽为1m的板带（图11-5a、b）进行计算。这样，单位面积（$1m^2$）上的荷载也就是计算板带跨度方向单位长度（1m）上的荷载。次梁除自重（包括其上粉灰）外，还承受板传来的均布荷载（图11-5c）。主梁除自重（包括其上粉灰）外，还承受次梁传来的集中力（图11-5d）。为简化计算，可将主梁自重也折算成集中荷载。当计算板传给次梁、次梁传给主梁以及主梁传给墙、柱的荷载时，一般可忽略结构的连续性，按简支梁计算。

结构自重按截面尺寸和钢筋混凝土重度进行计算。对于板，其厚度一般在结构布置时已初定。对于次梁和主梁的截面尺寸，根据楼面荷载的大小，可参考下列数据初估：

次梁　截面高度 $h = l_0/18 \sim l_0/12$；

主梁　截面高度 $h = l_0/14 \sim l_0/8$。

式中　l_0 为次梁或主梁的计算跨度，可取 $l_0 = l_c$。

次梁与主梁的截面宽度均为其高度 h 的1/3～1/2。

若初估尺寸与实际采用的相差太大且偏不安全时，应按实际尺寸重算。

4．折算荷载

上述将与板（或梁）整体连结的支承视为铰支承的假定，对于等跨连续板（或梁），当活荷载沿各跨均为满布时，是可行的。因为此时板或梁在中间支座发生的转角很小，按铰支简图计算的与实际情况相差甚微。但是，当活荷载隔跨布置时，情况则不相同。现以支承在次梁上的连续板为例来说明。如图11-7（a）所示的连续板，当按铰支简图计算时，板绕支座的转角 θ 值较大。实际上，由于板与次梁整体浇灌在一起，当板受荷弯曲

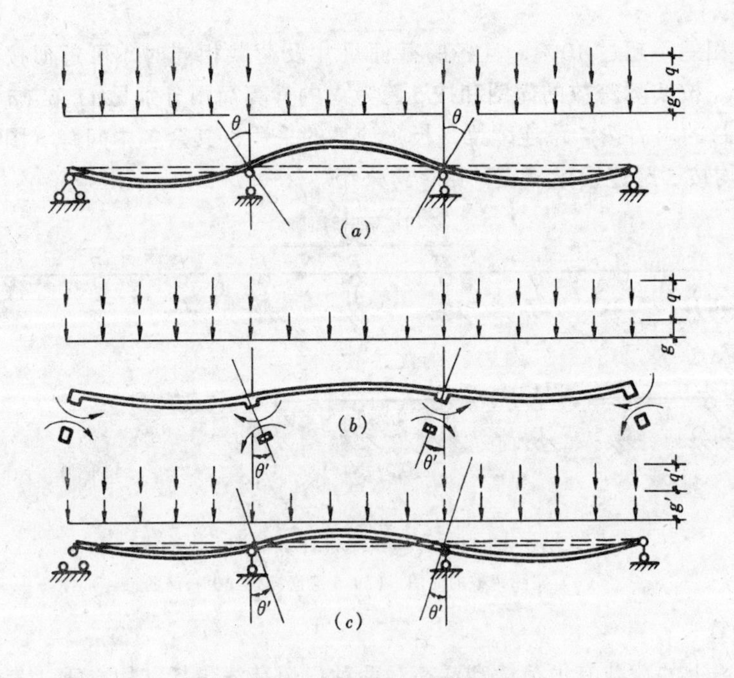

图 11-7 连续梁板的折算荷载

(a) 实际荷载作用下理想铰支时的变形；

(b) 实际荷载作用下非理想铰支时的变形；(c) 折算荷载作用下理想铰支时的变形

在支座发生转动时，将带动次梁一道转动。同时，次梁具有一定的抗扭刚度，且两端又受主梁约束，将阻止板自由转动，最终只能发生两者变形协调的约束转角 θ'（图 11-7b），其值小于前述自由转角 θ，使板的跨中弯矩有所降低，支座负弯矩相应地有所增加，但不会超过两相邻跨满布活荷载时的支座负弯矩。类似的情况也发生在次梁与主梁及主梁与柱之间。这种由于支承构件的抗扭刚度，使被支承构件跨中弯矩相对于按铰支计算有所减小的有利影响，在设计中一般用增大恒荷载和减小活荷载的办法来考虑（图 11-7c），即用调整后的折算恒荷载 g' 和折算活荷载 q' 代替实际的恒荷载 g 和实际活荷载 q。

对于板：

$$g' = g + \frac{q}{2}, \qquad q' = \frac{q}{2} \tag{11-1}$$

对于次梁：

$$g' = g + \frac{q}{4}, \qquad q' = \frac{3q}{4} \tag{11-2}$$

从式（11-1）和（11-2）可知，考虑折算荷载后，在计算跨中最大正弯矩时，本跨的折算荷载与实际荷载相同（$g' + q' = g + q$），而邻跨折算荷载（$g' = g + q/2$ 或 $g + q/4$）大于实际荷载（g）。这意味着本跨正弯矩减小，与考虑次梁或主梁抗扭刚度的计算，其效果是类似的。

对于主梁，这种影响很小，一般不予考虑。此外，当板、梁搁置在砖墙或钢梁上时，不得作此调整，应按实际荷载进行计算。

（二）钢筋混凝土连续梁内力按弹性理论计算

钢筋混凝土单向板肋形楼盖中的板、次梁和主梁，一般为多跨连续梁，其内力按弹性理论计算，即按结构力学的方法分析内力。为简化起见，对于常用荷载作用下的等截面等跨度连续梁，可利用附录 2 计算内力。对于跨度相差在 10% 以内的不等跨连续梁，其内力也可近似按该附录 2 中的表进行计算。

连续梁承受的荷载包括恒荷载和活荷载两部分。因此，在内力计算时需要考虑荷载的最不利组合和截面内力包络图。

1. 荷载的最不利组合

由于活荷载作用位置的可变性，为使构件在各种可能的荷载情况下都能达到设计要求，需要确定在各截面的最大内力。因此，存在一个将活荷载与恒荷载组合起来，使某一指定截面的内力为最不利的问题，也就是荷载最不利组合的问题。

图 11-8 为 5 跨连续梁当活荷载布置在不同跨间时的弯矩图和剪力图，分析其变化规律和不同组合后的效果，不难得出确定截面最不利活荷载布置的下述原则：

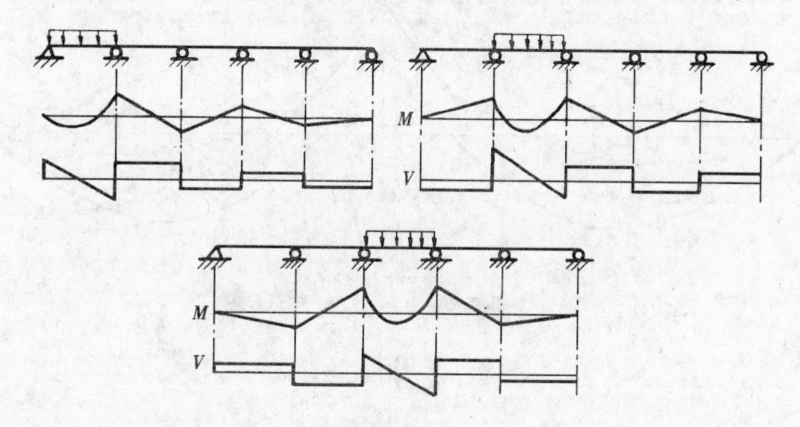

图 11-8　活荷载在不同跨间时的弯矩图和剪力图

（1）求某跨跨中最大正弯矩时，应在该跨布置活荷载，然后向其左右每隔一跨布置活荷载。

（2）求某跨跨中最大负弯矩（即最小弯矩）时，应在该跨不布置活荷载，而在两相邻跨布置活荷载，然后每隔一跨布置。

（3）求某支座最大负弯矩时，应在该支座左右两跨布置活荷载，然后再每隔一跨布置。

（4）求某内支座截面最大剪力时，其活荷载布置与求该跨支座最大负弯矩的布置相同。求边支座截面最大剪力时，其活荷载布置与该跨跨中最大正弯矩的布置相同。

梁上恒荷载应按实际情况布置。

活荷载布置确定之后，即可按结构力学的方法或附录 2 进行连续梁的内力计算。

2. 内力包络图

以恒荷载作用下各截面的内力为基础，分别叠加对各截面为最不利活荷载布置时的内力，可得各截面可能出现的最不利内力。设计中，不必对构件的每个截面进行计算，只需对若干控制截面（跨中、支座）进行设计。因此，通常将恒荷载的内力图分别与对各控制截面为最不利活荷载布置下的内力图叠加，即得到各控制截面最不利荷载组合下的内力图。将它们绘在同一图上，称为内力叠合图。如图 11-9（a）示一承受均布荷载的两跨连续梁在各种最不利荷载组合下的弯矩叠合图，其外包线为各截面可能出现的弯矩值上、下限，这些外包线围成的图形称为弯矩包络图（图中粗实线所示）。利用类似的方法可绘出剪力包络图（图 11-9b）。

弯矩包络图也可用下列方法绘制：先根据恒荷载与活荷载最不利荷载组合求出各支座弯矩，然后以支座弯矩间的连线（图中虚线）为基线、绘恒荷载或恒荷载加活荷载下的简支梁弯矩图，将这些弯矩图逐个绘出，其外包线即为所求的弯矩包络图。

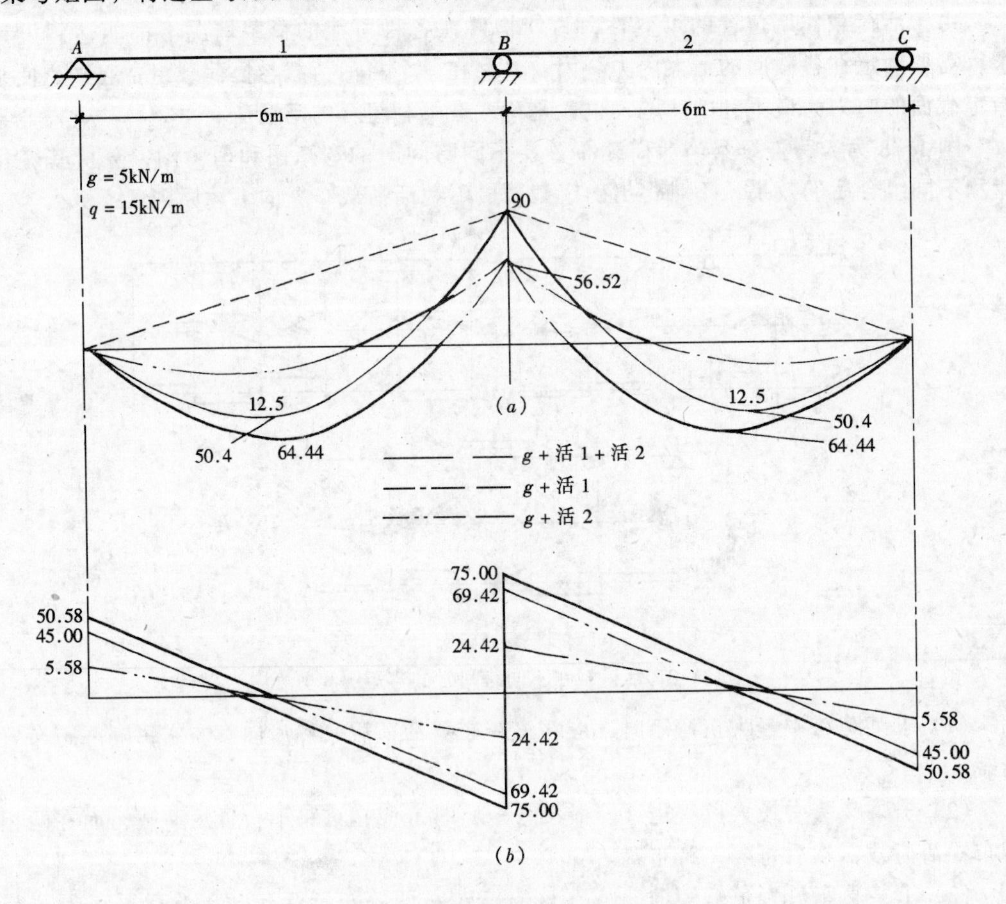

图 11-9　弯矩包络图与剪力包络图

（a）弯矩包络图；（b）剪力包络图

集中荷载下连续梁的内力包络图将结合设计例题介绍。

应该指出，由于绘制包络图的工作量大，在设计中，通常根据若干控制截面的最不利内力进行截面配筋计算，然后根据构造要求和设计经验确定在负弯矩区间内纵向受力钢筋的截断位置，这样往往会偏于保守。由于电算的普及与发展，现在设计时已不难做到按弯矩包络图配筋。

3. 支座宽度影响——支座截面计算内力的确定

通常，在按弹性理论计算连续梁的内力时，其计算跨度取支承中心线间的距离。若梁、板与支座并非整体连结，或支承宽度很小，计算简图与实际情况基本上相符。然而，支承总有一定的宽度，且梁板又与支承整体连结，致使支承宽度内梁、板的工作高度加大，危险截面由支座中心转移到边缘。因此，在设计整体肋形楼盖时，应考虑支承宽度的影响，支座计算内力应按支座边缘处取用（图 11-10）。为简化计算，可按下列近似公式求得该弯矩计算值：

$$M_{cal} = M - \frac{V_0 b_0}{2} \tag{11-3}$$

式中 M——支座中心处弯矩；

V_0——按简支梁计算的支座剪力；

b_0——支座宽度。

同理，剪力的实际计算值也应按支座边缘处采用。当为均布荷载时：

$$V_{cal} = V - \frac{(g+q)b_0}{2} \tag{11-4a}$$

当为集中荷载时：

$$V_{cal} = V \tag{11-4b}$$

式中 V——支座中线处的剪力；

g、q——梁上的恒荷载和活荷载。

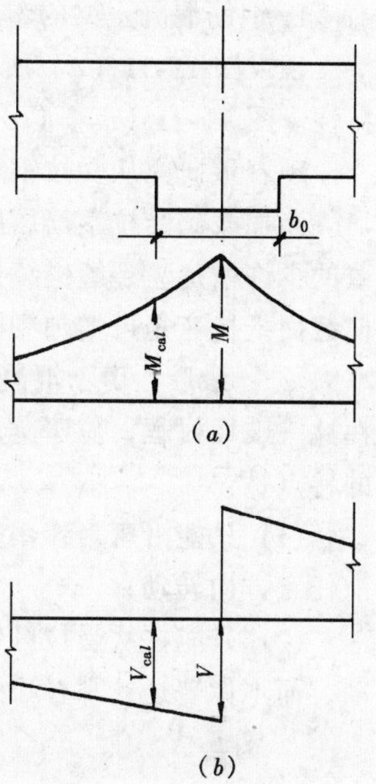

图 11-10 支座边缘的弯矩和剪力

（a）弯矩图；（b）剪力图

（三）钢筋混凝土连续梁内力按考虑塑性内力重分布的计算

按弹性理论计算钢筋混凝土连续梁，是假定它为匀质弹性体，荷载与内力成线性关系。这在受荷较小，混凝土开裂的初始阶段是适用的。但是随着荷载的增加，由于混凝土受拉区裂缝的出现和开展，受压区混凝土的塑性变形，特别是受拉钢筋屈服后的塑性变形，钢筋混凝土连续梁的内力与荷载的关系已不再是线性的，而是非线性的。钢筋混凝土连续梁的内力分布，相对于线性弹性分布发生的变化，就是通称的内力重分布现象。

钢筋混凝土连续梁内塑性铰的形成，是结构破坏阶段内力重分布的主要原因。因此，本节先介绍塑性铰的概念，然后讨论塑性铰与内力重分布的关系，最后论述考虑塑性内力重分布计算的原则和方法。

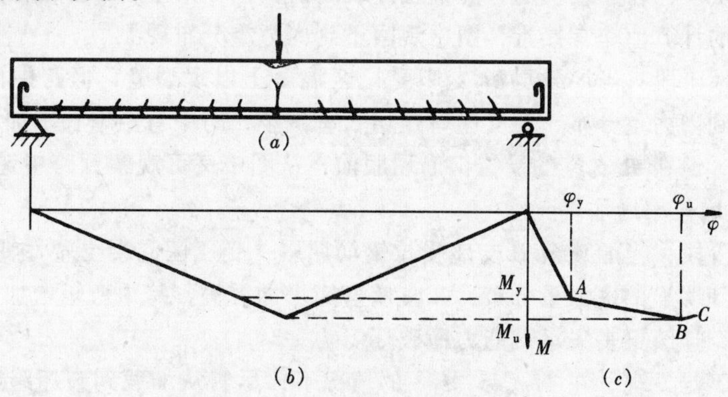

图 11-11 M 图及 M-φ 关系曲线

（a）跨中出现塑性铰的简支梁；（b）M 图；（c）M-φ 关系曲线

1. 钢筋混凝土梁的塑性铰

现以图 11-11（a）所示跨中受集中力作用的简支梁为例，说明钢筋混凝土塑性铰的特性。图 11-11（b）、（c）分别为破坏荷载下梁的 M 图和从加载到破坏的 M-φ 曲线图。

现着重研究从受拉钢筋屈服到截面受压区混凝土压坏这一过程。

当加载到受拉钢筋屈服（图 11-11c 的 A 点），弯矩为 M_y，相应的曲率为 φ_y。随着荷载的少许增加，裂缝继续向上开展，混凝土受压区缩小，中和轴上升，内力臂略有增加，使截面抵抗弯矩可增加到图 11-11c 中的 B 点，其值为截面的极限抵抗弯矩 M_u；相应的曲率为 φ_u。最后，由于混凝土达极限压应变值构件丧失承载能力（图 11-11c 中的 C 点）。在这一破坏过程，位于梁内拉、压塑性变形集中的区域，形成一个性能异常的铰。这个铰的特点是：

（1）只能沿弯矩作用方向，绕不断上升的中和轴发生单向转动，而不像普通铰那样可沿任意方向转动；

（2）只能在从受拉区钢筋开始屈服到受压区混凝土压坏的有限范围（$\varphi_u-\varphi_y$）内转动，而不像普通铰那样可无限制地转动；

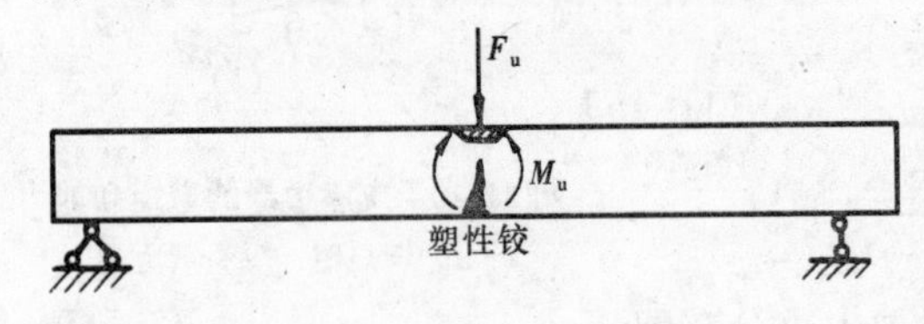

图 11-12 简支梁的破坏机构

（3）在转动的同时，能传递一定的弯矩，即截面的极限弯矩 M_u，而不能传递 $M>M_u$ 的弯矩。具有上述性能的铰，在杆系结构中称为“塑性铰”（在双向板内称为塑性铰线），它是构件塑性变形发展的结果，并产生在非弹性变形大量集中的区域。塑性铰出现后，简支梁即形成三铰在一直线上的破坏机构，这标志着构件进入破坏状态（图 11-12）。

2. 内力重分布

现以两跨连续梁（图 11-13）为例，其跨度 $l=3$m，在离 B 支座 $l/3=1$m 处对称地作用两个集中力 F。若按弹性分析，B 支座弯矩 $M_{B,el}=0.185Fl=0.555F$，跨中受荷截面处 $M_{1,el}=0.0987Fl=0.296F$，它们与荷载之间的关系为图中虚线所示的两条直线。在荷载增加过程中，跨中弯矩 $M_{1,el}$与 B 支座弯矩 $M_{B,el}$之比始终保持为一常数。若该梁为钢筋混凝土梁，现观察其弯矩在各受荷阶段的变化。

（1）弹性阶段：在加载初期，混凝土开裂之前，整个梁接近于弹性体，故弯矩的实测值与按弹性梁的计算值非常接近，图中观察不到内力重分布现象。

（2）弹塑性阶段：当加载至 B 支座受拉区混凝土出现裂缝，但跨中尚未出现。此时从图中可观察到内力重分布，B 支座弯矩增长率减小，跨中弯矩增长率加大。继续加载至跨中出现裂缝，但在 B 支座的受拉钢筋屈服前，从图中又可观察到跨中弯矩增长率减小，而 B 支座弯矩增长率增加。

（3）塑性阶段：当加载至 B 支座受拉钢筋屈服，受压区混凝土塑性变形急剧发展时，从图中可观察到明显的内力重分布，B 支座弯矩增加缓慢，跨中弯矩增加加快，直至跨中受拉钢筋屈服，连续梁丧失承载能力而破坏。

从试验中不难发现，在 $M_{B,el}>M_{1,el}$的情况下，尽管从加载到破坏跨中弯矩与支座弯矩的比值在不断变化，但与弹性弯矩相比，内力重分布的最后结果是：支座弯矩减小，跨中弯矩增加。若按降低了的支座弯矩选择受力钢筋，则将使支座配筋拥挤的状况得到改善

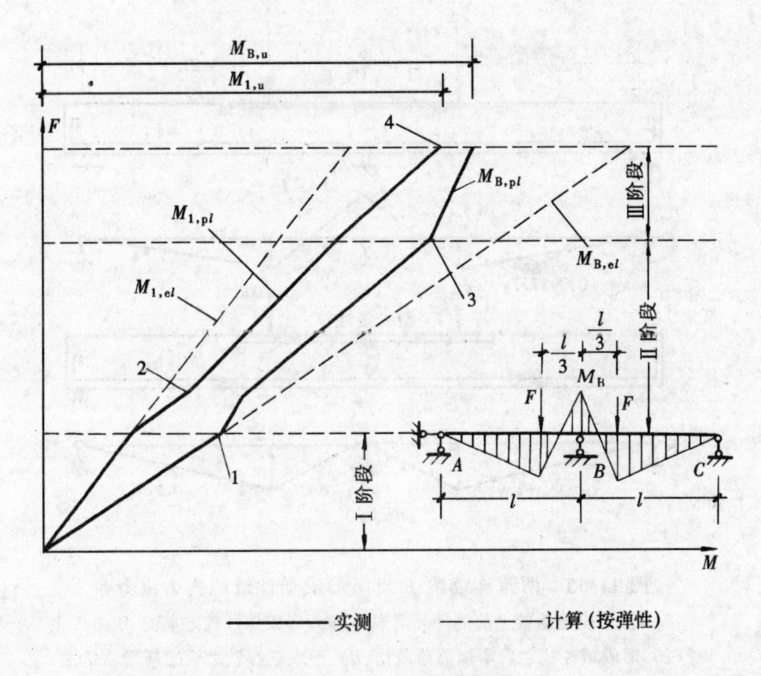

图 11-13　*F-M* 关系曲线

1—支座混凝土开裂；2—跨中混凝土开裂；3—支座出现塑性铰；4—跨中出现塑性铰

而便于施工。

在 $M_{B,el} < M_{1,el}$的情况下，内力重分布的最后结果相反：跨中弯矩减小，支座弯矩增加。图 11-14 所示受荷条件下的三跨连续梁，其内力重分布就属于这种情况。

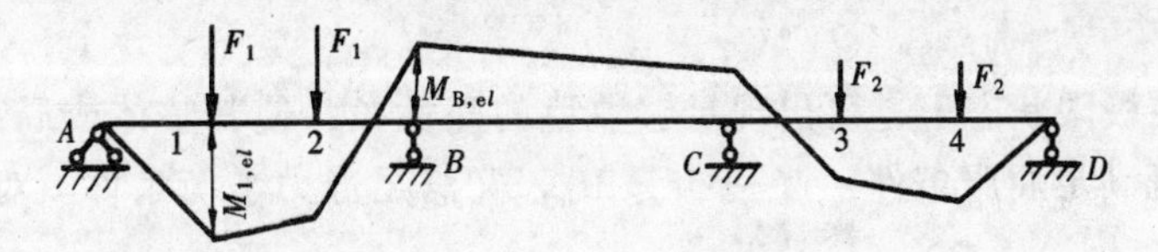

图 11-14　三跨连续梁受荷图及弯矩图

钢筋混凝土连续梁随着荷载的增加为什么会发生程度不同的内力重分布呢？众所周知，连续梁属超静定结构，其内力与截面的抗弯刚度有关。如梁为匀质弹性体，刚度与荷载大小无关，其内力与荷载呈线性关系。如为钢筋混凝土连续梁，则随着荷载的增加，将在最大弯矩截面（如支座）首先出现裂缝，引起各截面之间的相对刚度发生变化，因而导致内力重分布。钢筋屈服之前，各截面相对刚度变化不显著，故内力重分布幅度很小。但对它的研究，有助于正确估计结构在使用条件下的裂缝和变形值，以便更合理地评价结构在使用阶段的性能。

最大弯矩截面受拉钢筋屈服后，表明该处出现前述的塑性铰，于是图 11-15（*a*）所示的两跨连续梁变为由承受一对极限弯矩的铰连接的两跨简支梁（图 11-15*b*）。令从 *B* 支座出现塑性铰到跨中受拉钢筋屈服的荷载增量为 ΔF，跨中弯矩按简支梁计算为 $0.222\Delta Fl$，按连续梁计算为 $0.0987\Delta Fl$。因此，由于塑性铰的出现，改变了计算简图，跨中弯矩成倍地增加，即发生了显著的内力重分布。

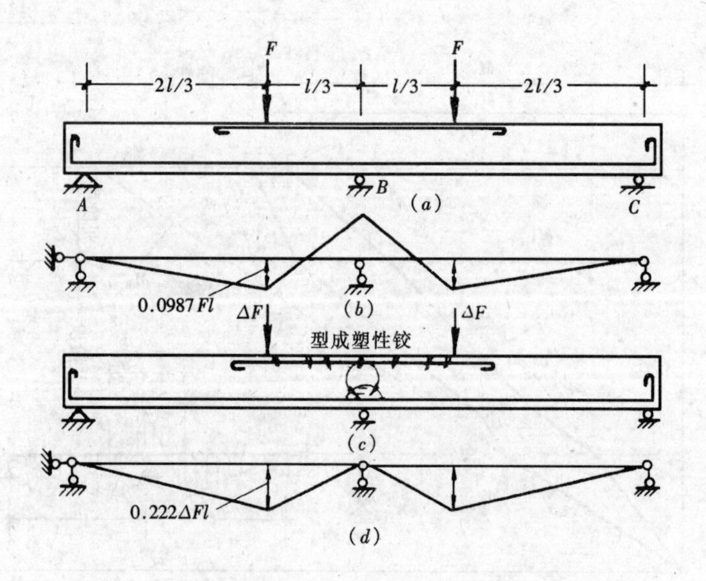

图 11-15　两跨连续梁 B 支座形成塑性铰的内力重分布

(a) 形成塑性铰之前的计算简图；(b) 形成塑性铰之前的 M 图；

(c) 形成塑性铰之后增加的荷载；(d) 形成塑性铰之后的新增 ΔM 图

从上述分析可知，对于钢筋混凝土多跨连续梁，每形成一个塑性铰，就相当于减少一次超静定次数，内力发生一次较大的重分布。由此推论，对于 n 次超静定结构，可出现 $n+1$ 个塑性铰，最后将因结构成为机动体而破坏。

3. 按塑性内力重分布计算的基本原则

按塑性内力重分布计算钢筋混凝土超静定结构（包括连续梁）时，应遵守下列基本原则：

(1) 结构在极限状态下，可出现足够数目的塑性铰，使其整体或局部形成破坏机构。此时弯矩分布既满足屈服条件 $-M_u \leqslant M \leqslant M_u$，又满足静力平衡条件。对于连续梁，其静力平衡条件为：

$$M_0 \leqslant \frac{M_B + M_C}{2} + M_1 \tag{11-5}$$

式中　M_B、M_C 和 M_1——分别为支座 B、C 和跨中截面塑性铰上的弯矩（图 11-16）；

M_0——在全部荷载（$g+q$）作用下简支梁跨中弯矩。

此外，不管是支座或跨中的塑性铰上的弯矩，其绝对值，对承受均布荷载的梁均应满足：

$$\frac{(g+q)l^2}{24} \leqslant M \tag{11-6}$$

由此可见，按塑性理论计算结构内力时，要求结构材料具有良好的塑性变形能力，以保证结构内力能满足极限平衡的要求。这是按塑性计算的基本条件。按塑性内力重分布计算的结构构件宜采用 HPB235、HRB335 级钢筋，就是因为这类钢材具有良好的塑性变形能力，其应力-应变曲线非常接近理想弹塑性材料的应力-应变关系，但是，由这类钢材配筋的结构，如承受多次重复荷载，或处于负温条件下，将出现疲劳和脆断现象。因此，直接承受动态荷载与处于负温作用下的结构，其内力应按弹性理论计算，不考虑塑性内力重分布。

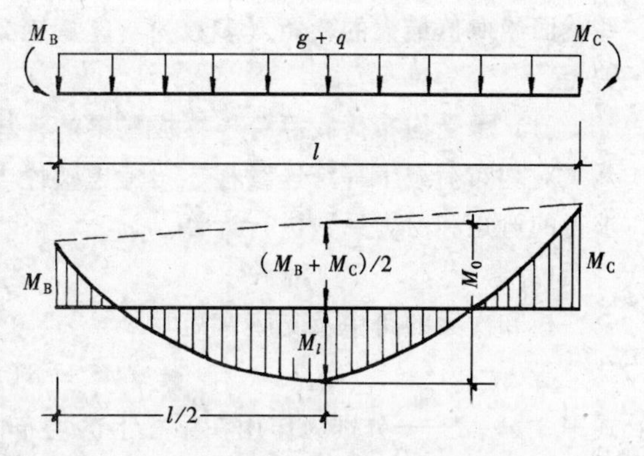

图 11-16 连续梁任意跨内外力的极限平衡

(2) 塑性铰转角应满足变形协调条件，即在破坏机构开始运动前，所有早先形成的塑性铰都应具有足够的转动能力，使正常塑性破坏所要求的内力重分布过程得以充分发展。如前所述，n 次超静定连续梁，直到出现 $n+1$ 个塑性铰，使结构整体或局部形成机动体系才丧失承载能力。在第 $n+1$ 个塑性铰出现之前，早先出现的 n 个塑性铰仍必须有一定的转动能力。否则，将导致塑性铰处局部压碎破坏，达不到完全的内力重分布。对截面几何特征一定的钢筋混凝土梁，其塑性铰的转动能力主要与配筋率有关，而配筋率可由混凝土受压区高度反映，因此，在一般情况下，按塑性内力重分布计算的结构构件，其混凝土受压区高度应不大于 $0.35h_0$。超配筋截面或者是界限配筋率以内的高配筋截面，其延性都很差，不能形成转动性能良好的塑性铰，因而不利于内力完全重分布，在塑性设计中应避免采用。

(3) 结构应满足正常使用条件，即在使用荷载作用下，结构构件的裂缝与变形应满足正常使用极限状态的要求。受拉区混凝土裂缝的出现与开展既是促进钢筋混凝土结构内力重分布发展的一个因素，又与结构正常使用的要求相矛盾。因此，凡使用阶段不允许有裂缝出现的结构，不具备内力重分布的条件，当然在计算中不应考虑内力变化的这种非弹性特征。对于裂缝有较高要求的结构，如裂缝控制等级为一级或二级的结构构件，其内力应按弹性体系计算，不考虑塑性内力重分布。在其他情况下，可采用弯矩调幅的方式来防止过大的裂缝开展宽度。所谓弯矩调幅，是指按塑性分析的弯矩绝对值 $|M_{pl}|$ 与按弹性分析的弯矩绝对值 $|M_{el}|$ 相比时弯矩变化的幅度（百分数）。若调幅用 δ 表示，则

$$\delta = \frac{|M_{el}| - |M_{pl}|}{|M_{el}|} \times 100\% \tag{11-7}$$

如果 $|M_{pl}| > |M_{el}|$，属弯矩（配筋）增加的情况，不会引起裂缝出现过早或开展过宽。因此，这种弯矩增加的调幅（按上式算得的 δ 为负值，故称为负调幅），从满足正常使用要求来看，可不受限制。相反，如果 $|M_{pl}| < |M_{el}|$，属弯矩（配筋）减少的情况，将出现过早或开展过宽的裂缝，甚至引起局部提前破坏，降低结构承载能力。因此，这种弯矩减小的调幅（按上式算得的 δ 为正值，故称为正调幅），应受到限制。对 HPB235、HRB335 级钢配筋的结构规定为 20% ~ 25%。

(4) 切实保证构件受剪承载力（按 V_{el} 与 V_{pl} 较大者配置受剪钢筋）以及节点构造的可靠性，特别是在预期出现塑性铰的部位，采用密置箍筋或其他约束混凝土的措施。这样，不但有利于提高构件的抗剪承载力，而且还能显著地改善混凝土的变形性能，增大塑性铰的转动能力。

4. 考虑塑性内力重分布的计算方法

在钢筋混凝土连续梁、板考虑塑性内力重分布的计算中，应用较多的是弯矩调幅法。即先按弹性分析求出结构的截面弯矩，然后根据上述基本原则 (1) ~ (3)，将结构中一

些截面绝对值最大的弯矩（多数为支座弯矩）进行调整，最后按基本原则（4）确定支座剪力。

（1）承受均布荷载等跨连续板、梁的计算

对均布荷载下等跨连续板、梁考虑塑性内力重分布的弯矩和剪力，可利用弯矩调幅法求得的弯矩和剪力系数进行计算。

1）弯矩

板和次梁的跨中及支座弯矩

$$M = \alpha(g + q)l_0^2 \tag{11-8}$$

式中 g、q——分别为作用在梁板上的均布恒荷载和活荷载设计值；

l_0——计算跨度，按附表 1-1 考虑塑性内力重分布分析内力时的采用。

α——弯矩系数，对于两端支承在墙上的连续梁板按表 11-1 采用。

弯　矩　系　数　α　　　　**表 11-1**

截　面	边跨中	第一内支座	中跨中	中间支座
α	$\frac{1}{11}$	$-\frac{1}{11}$	$\frac{1}{16}$	$-\frac{1}{14}$

2）剪力

次梁支座剪力

$$V = \beta(g + q)l_n \tag{11-9}$$

式中 l_n——净跨度；

β——剪力系数，对于两端支承在墙上的连续梁板按表 11-2 采用。

剪　力　系　数　　　　**表 11-2**

截　面	边　支　座	第一内支座左	第一内支座右	中间支座
β	0.45	0.6	0.55	0.55

应该指出，表 11-1 的弯矩系数是在 $q/g=3$、跨数为 5 跨的条件下，考虑支承结构抗扭刚度对荷载进行调整之后，最大调幅不超过 25%求得的。

1993 年颁布的《钢筋混凝土连续梁和框架考虑内力重分布设计规程》（CECS51:93）根据调幅一般不超过 20%，最大不超过 25%的原则，给出的梁板支承在墙上、板梁与梁柱整浇连续的梁和单向板的弯矩系数 α 与剪力系数 β 以及表 11-1 和表 11-2 中的内力系数的推导可参阅文献［3］。

在 $q/g \leqslant 1/3$ 的结构中，为避免在使用荷载下出现塑性铰，要求弯矩调幅不得超过 15%，为此，上述系数应予调整。

（2）集中荷载作用下连续主梁的计算

当钢筋混凝土连续梁（主梁）承受集中荷载作用时（图 11-17a），不能简单地利用内力系数确定梁中的内力，而是须利用弯矩调幅法进行计算，即以某最不利荷载组合下的弹性弯矩图为基础，利用调整值为 ΔM 的附加弯矩图计算。图 11-17（b）为该梁第一内支座弯矩的最不利组合弯矩图，其绝对值为 $M_{B,el}$。若选定的调幅为 δ，则 $\Delta M = \delta M_{B,el}$，相应地附加弯矩图如图 11-17（$c$）所示。最后，将图 11-17（$b$）与图 11-17（$c$）叠加，可得$B$支座左右两邻跨的新弯矩图（图 11-17$b$ 中的虚线）。它就是钢筋混凝土连续梁在图示荷载组合下考虑塑性内力重分布的弯矩图。

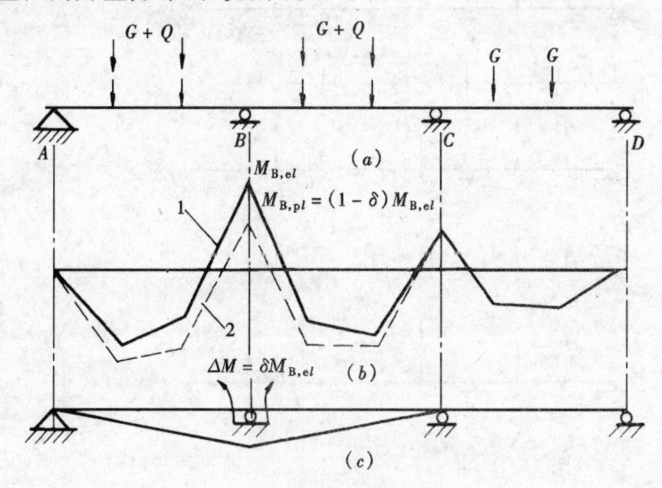

图 11-17　三跨连续主梁的弯矩调幅

（a）计算简图；（b）调幅前后的 M 图；（c）附加 ΔM 图；

1—调幅前的弹性弯矩图；2—调幅后的塑性弯矩图

前面已指出，当连续梁截面达到极限弯矩并形成塑性铰时，后者将在传递塑性弯矩的条件下发生转动。由此可以设想，连续梁进入塑性阶段后，已变成由支座截面塑性铰连接的多跨静定梁。连续梁某一跨的极限荷载仅取决于该跨的荷载作用及截面塑性弯矩。支座最大负弯矩因截面混凝土裂缝与材料塑性变形引起的弯矩降低（两邻跨跨中弯矩相应地增大）的现象，可由数值等于 $\delta M_{B,el}$的附加弯矩 ΔM 的反向作用表示。图 11-17（b）虚线所示的弯矩图中，$M_{B,pl} = (1-\delta) M_{B,el}$，就可作为支座弯矩的设计值。但是，对于 AB、BC 两跨的正弯矩，图示虚线弯矩图不一定能作为选择跨中截面主筋的依据，因为暂时还不能判断按 AB 或 BC 跨最大正弯矩最不利荷载组合下，是否将给出更大的跨间弯矩。因此，一般地说，应该在各种最不利荷载作用的弯矩图上按前述步骤分别进行调整。最后，按各截面调整后的弯矩绘出连续梁的弯矩包络图作为截面设计的依据。由此可知，调整某支座的负弯矩时，其调幅大小的选取，除遵守前述规定外，还宜使调整后的跨间正弯矩不超过该跨间截面按最不利荷载组合求得的弹性弯矩。

图 11-17 所示弯矩调整的方法，也可以用于对某跨跨间正弯矩的调整。不过，此时应注意取 ΔM 为负值，将附加弯矩图绘在基线的上方。显然，这将使跨间正弯矩减小，而支座负弯矩相应增大。因此，对某一跨间正弯矩调整时，其调幅大小的选取，还宜使调整后的支座负弯矩绝对值不超过该支座截面按最不利荷载组合求得的弹性弯矩绝对值。

上述调整方法对任何荷载形式的等跨与不等跨连续梁板都适用。不过对于均布荷载情况，当跨度相差不大时，采用内力系数法较简捷。

【例 11-1】　钢筋混凝土三跨连续主梁（图 11-18），计算跨度 $l_0 = 6.0$m，集中荷载作用于各跨三分点（主梁自重已折算成集中荷载），考虑分项系数后的恒荷载 $G = 35.4$kN、活荷载 $Q = 30$kN，试用弯矩调幅法计算其内力，并与按弹性体系计算结果进行比较。

【解】　首先利用附表 2-2 计算各种荷载作用最不利组合情况下（图 11-18）的弹性内

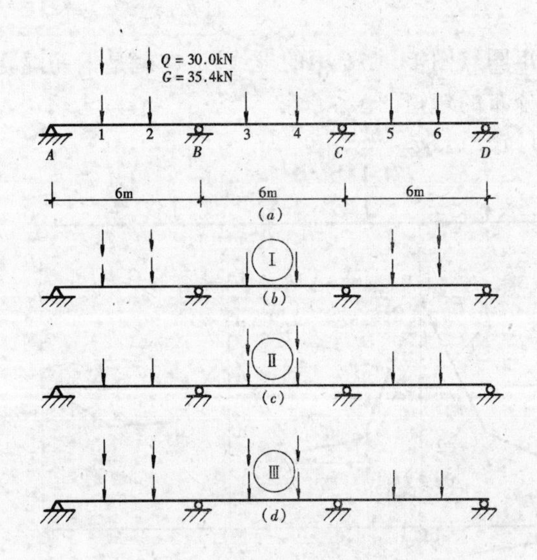

图 11-18　例 11-1 三跨连续主梁的三种荷载组合

（a）计算简图；（b）荷载组合Ⅰ；（c）荷载组合Ⅱ；（d）荷载组合Ⅲ

力如图 11-20 及表 11-3 所示。

其中荷载组合Ⅲ的弯矩图如图 11-19 所示。

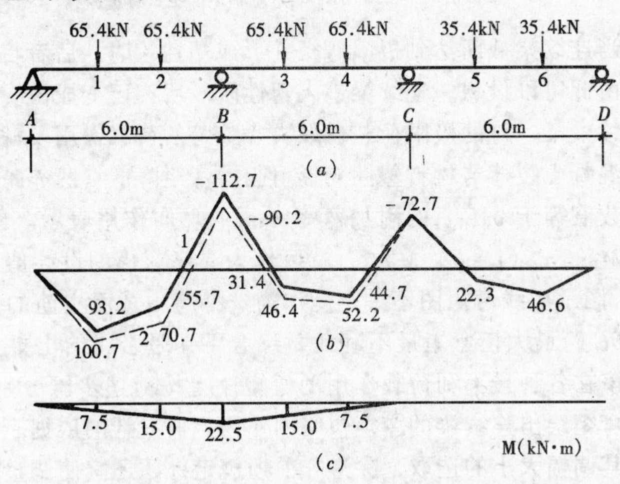

图 11-19　例 11-1 三跨连续主梁在荷载组合Ⅲ作用下的弯矩调幅

（a）计算简图；（b）调幅前后的 M 图；（c）附加 ΔM 图；

1—调幅前的弯矩图；2—调幅后的弯矩图

假定仅对 B 支座最大负弯矩进行调整，并取调幅 $\delta = 20\%$，则弯矩调整值：

$$\Delta M = \delta \mid M_{\mathrm{B}} \mid = 0.2 \times 112.7 = 22.5\mathrm{kN \cdot m}$$

将相应的附加弯矩图画在基线下方（图 11-19c），叠加的弯矩图由图 11-19（b）虚线示出。各控制截面的内力分别为：

$$M_{1,\mathrm{p}l} = 93.2 + 7.5 = 100.7\mathrm{kN \cdot m}$$

$$M_{2,\mathrm{p}l} = 55.7 + 15 = 70.7\mathrm{kN \cdot m}$$

$$M_{\mathrm{B},\mathrm{p}l} = -112.7 + 22.5 = -90.2\mathrm{kN \cdot m}$$

$$M_{3,pl} = 31.4 + 15 = 46.4\text{kN} \cdot \text{m}$$

$$M_{4,pl} = 44.7 + 7.5 = 52.2\text{kN} \cdot \text{m}$$

$$-V_{B,pl}^{l} = 65.4 + 90.2/6 = 80.43\text{kN}$$

$$V_{B,pl}^{r} = 65.4 + (90.2 - 72.7)/6 = 68.3\text{kN}$$

CD 跨的支座和跨间弯矩仍保持原值不变。

综合上述计算结果可绘出调整后的主梁弯矩包络图（图 11-20）。弯矩分析见表 11-3。

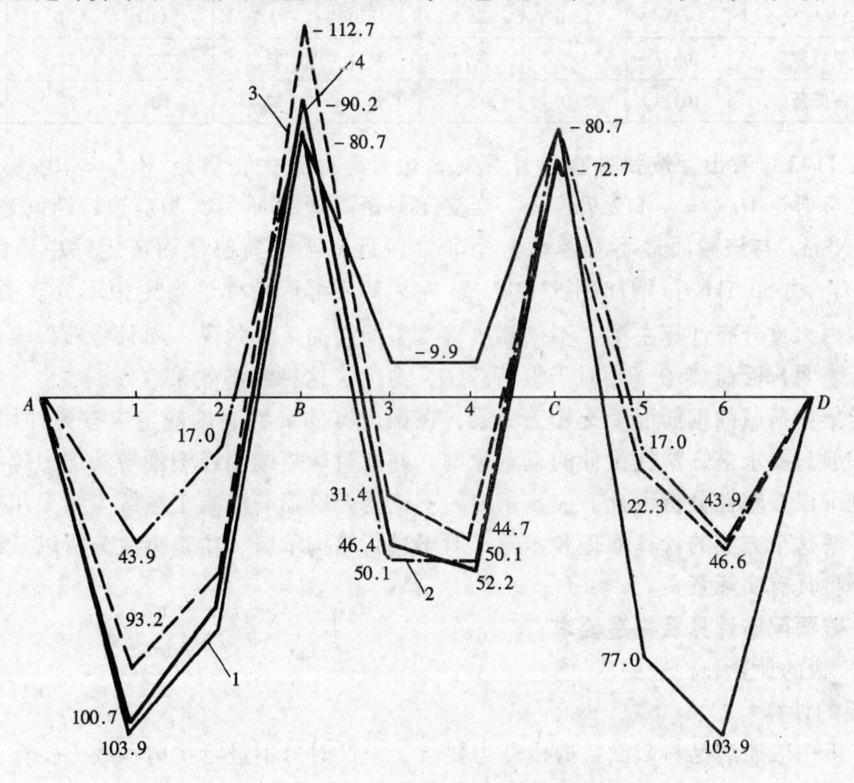

图 11-20　例 11-1 三跨连续主梁的弯矩包络图

1—组合Ⅰ*M* 图；2—组合Ⅱ*M* 图；3—组合Ⅲ*M* 图；4—调幅后 *M* 图

表 11-3 所列支座弯矩均为支座轴线上的数值，而连续梁设计的支座控制截面在柱边，设柱边长（主梁支座宽）$b = 400\text{mm}$，该处的计算弯矩不难利用上述支座截面剪力和弯矩绝对值求得。按弹性计算时（$V_{B,el}^{r} = 65.4 +$ （$112.7 - 72.7$）$/6 = 72.1\text{kN}$）：

$$M'_{B,el} = 112.7 - \frac{72.1 \times 0.4}{2} = 98.3\text{kN} \cdot \text{m}$$

考虑塑性内力重分布计算时：

$$M'_{B,pl} = 90.2 - \frac{68.3 \times 0.4}{2} = 76.5\text{kN} \cdot \text{m}$$

B 支座的主筋计算以上述数据为依据，故实际调幅为：

$$\delta = \frac{98.3 - 76.5}{98.3} \times 100\% = 22.2\%$$

三跨连续梁在集中荷载作用下的弯矩分析　　　表 11-3

计算方法	荷载组合与弯矩调整	截面弯矩（kN·m）							
		M_1	M_2	M_B	M_3	M_4	M_C	M_5	M_6
弹性分析	组合Ⅰ	103.9	77.0	−80.7	−9.9	−9.9	−80.7	77.7	103.9
	组合Ⅱ	43.9	17.0	−80.7	50.1	50.1	−80.7	17.0	43.9
	组合Ⅲ	93.2	55.7	−112.7	31.4	44.7	−72.7	22.3	46.6
塑性分析	$\Delta M = 22.5$	7.5	15.0	22.5	15.0	7.5	0	0	0
	调后弯矩	100.7	70.7	90.2	46.4	52.2	−72.7	22.3	46.6
弯矩包络图竖标		103.9	77.0	90.2	50.1	52.2	−80.7	77.0	103.9

从表 11-3 可看出，按弹性理论计算时，边跨跨间最大正弯矩 $M_{1,el} = 103.9\text{kN·m}$，$B$ 支座最大负弯矩 $M_{B,el} = -112.7\text{kN·m}$。当支座弯矩降低 20% 后，相应边跨跨间弯矩 $M_{1,pl} = 100.7\text{kN·m}$，与该截面最不利弹性弯矩非常接近。至于其他截面弯矩除中跨跨间弯矩 $M_{4,el}$ 或 $M_{3,el}$ 由 50.1kN·m 增加到 52.2kN·m 外，其余都保持弹性弯矩值不变。由此可见，考虑塑性内力重分布计算主梁，不仅能改善支座配筋拥挤的状况，而且将获得较好经济效果。分析表明，活荷载 Q（相对于恒荷载 G）愈大，这种经济效果愈好。

承受集中荷载的钢筋混凝土楼盖主梁，在国内有的资料明确规定应按弹性体系计算，而国外一般只要求遵守塑性设计的基本原则，并在对弯矩调幅或塑性转动能力等有严格控制时，也可以按塑性分析设计。应该指出，不论是否对钢筋混凝土连续主梁采用塑性设计方法，了解这个方法的计算原理和步骤，对于进行结构革新、质量事故分析以及结构加固与扩建等将具有实际意义。

三、截面配筋计算及构造要求

（一）板的计算和构造要求

1. 板的计算

（1）板一般能满足斜截面抗剪承载力要求，设计时可不进行抗剪承载力验算。

（2）板受荷进入极限状态时，支座处在上部开裂，而跨中在下部开裂，从支座到跨中各截面受压区合力作用点形成具有一定拱度的压力线。当板的周边具有足够的刚度（如板四周有限制水平位移的边梁）时，在竖向荷载作用下，周边将对它产生水平推力（图 11-21）。该推力可减少板中各计算截面的弯矩，其减少程度则视板的边长比及边界条件而异。对四周与梁整体连接的单向板，其中间跨的跨中截面及中间支座截面的计算弯矩可减少 20%，其他截面则不予降低。

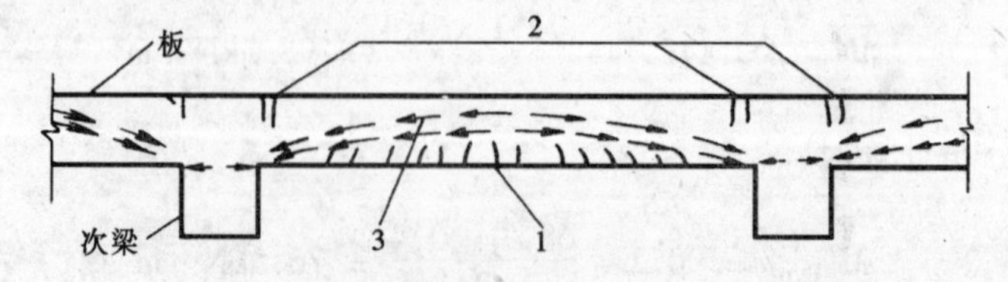

图 11-21　钢筋混凝土连续板的推力效应

1—正弯矩引起的下部裂缝；2—负弯矩引起的上部裂缝；3—内拱压力线

（3）根据弯矩算出各控制截面的钢筋面积后，为使跨数较多的内跨钢筋与计算值的尽可能一致，同时使支座截面尽可能利用跨中弯起的钢筋，应按先内跨后外跨，先跨中后支座的程序选择钢筋的直径和间距。

2. 板的构造要求

(1) 板的厚度　板在楼盖中是大面积构件，故从经济角度考虑，其厚度应尽量薄，但从施工和刚度要求考虑，则不应小于前述最小板厚。

(2) 板的支承长度　应满足其受力钢筋在支座内锚固的要求，且一般不小于板厚，当搁置在砖墙上时，不少于120mm。

(3) 板中受力钢筋　一般采用HPB235或HRB335级钢钢筋，常用直径为8、10、12、14、16mm。对于支座负钢筋，为便于施工架立，宜采用较大直径。

受力钢筋间距，一般不小于70mm；当板厚 $h \leqslant 150$mm时，不应大于200mm；当 $h >$ 150mm时，不应大于 $1.5h$，且每米宽度内不少于4根。伸入支座的正钢筋，其间距不应大于250mm，截面面积不小于跨中受力钢筋截面面积的1/3。

连续板受力钢筋有弯起式（图11-22a）和分离式（图11-22b）两种。前者整体性较好，且可节约钢材，但施工较复杂。后者整体性稍差，用钢量稍高，但施工方便。一般当板厚 $h \leqslant 120$mm，且所受动态荷载不大时可采用分离式配筋。此时，跨中正弯矩钢筋宜全部伸入支座，其锚固长度不应小于 $5d$，d 为下部纵向受拉钢筋直径。当连续板内温度收缩应力较大时，伸入支座的锚固长度宜适当增加。支座负弯矩钢筋向跨内的延伸长度应覆盖负弯矩图并满足钢筋锚固的要求。

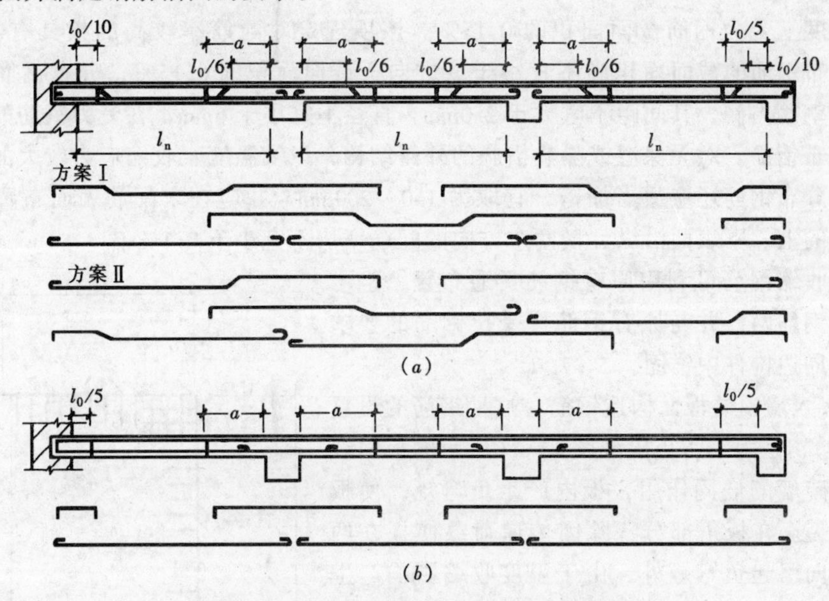

图11-22　钢筋混凝土连续板受力钢筋两种配筋方式

(a) 弯起式配筋方案；(b) 分离式配筋方案

弯起式配筋可先按跨中正弯矩确定其钢筋直径和间距，然后在支座附近将跨中钢筋按需要弯起1/2（隔一弯一）以承受负弯矩，但最多不超过2/3（隔一弯二）。如弯起钢筋的截面面积不够，可另加直钢筋。

弯起钢筋弯起的角度一般采用30°，当板厚 $h > 120$mm时，可用45°。采用弯起式配筋，应注意相邻两跨跨中及中间支座钢筋直径和间距互相配合，间距变化应有规律，钢筋直径种类不宜过多，以利施工。

为了保证锚固可靠，板内伸入支座的下部正钢筋采用半圆弯钩。对于上部负钢筋，为了保证施工时钢筋的设计位置，宜做成直抵模板的直钩。因此，直钩部分的钢筋长度为板厚减净保护层厚。

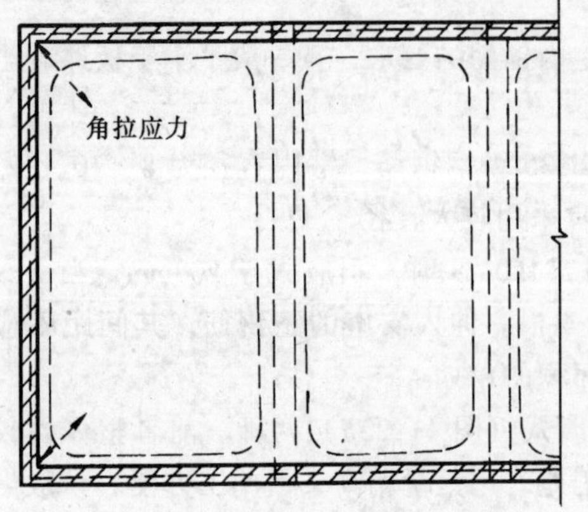

图 11-23　板嵌固在承重墙内时板的顶面裂缝分布

确定连续板钢筋的弯起点和截断点，一般不必绘弯矩包络图，可按图 11-22（a）、（b）所示的构造要求处理。图中的 a 值，当 $q/g \leqslant 3$ 时，为 $l_0/4$；当 $q/g > 3$ 时，为 $l_0/3$ 。g、q、l_0 分别为恒荷载、活荷载设计值和板的计算跨长。如板相邻跨跨度相差超过 20% 或各跨荷载相差较大时，应绘弯矩包络图以确定钢筋的弯起点和截断点。

（4）板中构造钢筋：

1）分布钢筋：它是与受力钢筋垂直布置的钢筋，其作用除固定受力钢筋位置、抵抗温度收缩应力以及分布荷载的作用外，仍要承受一定数量的弯矩。例如现浇楼盖的单向板实际上为周边支承板，两个方向均发生弯曲。因此，《混凝土结构设计规范》（GB 50010—2002）规定，单向板中单位长度上的分布钢筋的截面面积不应小于单位长度上受力钢筋截面面积的 0.15%。该项规定对配筋率较高的板具有实际意义。此外，分布钢筋的截面面积尚不宜小于该方向板截面面积的 0.15%，分布钢筋应均匀布置于受力钢筋内侧，其间距不宜大于 250mm，直径不宜小于 6mm，在受力钢筋的弯折处也应布置分布钢筋。对无保温或隔热措施的外露结构，以及温度、收缩应力较大的现浇板区域内，其分布钢筋还应适当加密，宜取为 150～200mm，并应在未配筋表面布置温度收缩钢筋。板的上、下表面沿纵、横两个方向的配筋率均不宜小于 0.1%。

温度收缩钢筋可利用原有钢筋贯通布置，也可另行设置钢筋网，并与原有钢筋按受拉钢筋的要求搭接或在周边构件中锚固。

2）嵌入墙内的板面构造钢筋：这种钢筋的设置（图 11-24），是为了防止出现图 11-23 所示的板面裂缝。由于砖墙的嵌固作用，板内产生负弯矩，使板面受拉开裂。在板角部分，除因传递荷载使板在两个正交方向引起负弯矩外，由于温度收缩影响产生的角部拉应力，也促使板角发生斜向裂缝。为避免这种裂缝的出现和开展，《混凝土结构设计规范》（GB 50010—2002）规定，对于嵌入承重墙内的现浇板，需配置间距不宜大于 200mm，直径不应小于 8mm（包括弯起钢筋在内）的构造钢筋，其伸出墙边长度不应小于 $l_1/7$。对两边嵌入墙内的板角部分，应双向配置上述构造钢筋，伸出墙面的长度应不小于 $l_1/4$（图 11-24），l_1 为板的短边长度。沿板的受

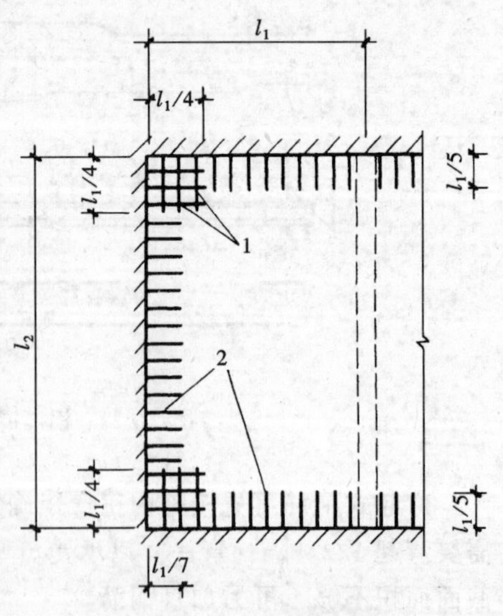

图 11-24　板嵌固在承重墙内时板的上部构造钢筋

1—双向 $\phi8$@200；2—构造钢筋 $\phi8$@200

力方向配置的上部构造钢筋，其截面面积不宜小于该方向跨中受力钢筋截面面积的1/3；沿非受力方向配置的上部构造钢筋，可根据经验适当减小。

3）垂直于主梁的板面构造钢筋：现浇楼盖的单向板，实际上是周边支承板，主梁也将对板起支承作用。靠近主梁的板面荷载将直接传递给主梁，因而产生一定的负弯矩，并使板与主梁相接处产生板面裂缝，有时甚至开展较宽。因此，《混凝土结构设计规范》（GB 50010—2002）规定，应在板面沿主梁方向每米长度内配置不少于5ϕ8 的构造钢筋，单位长度内的总截面面积，应不小于板跨中单位长度内受力钢筋截面面积的1/3，伸出主梁梁边的长度不小于 $l_0/4$，l_0 为板的计算跨度（图 11-25）。

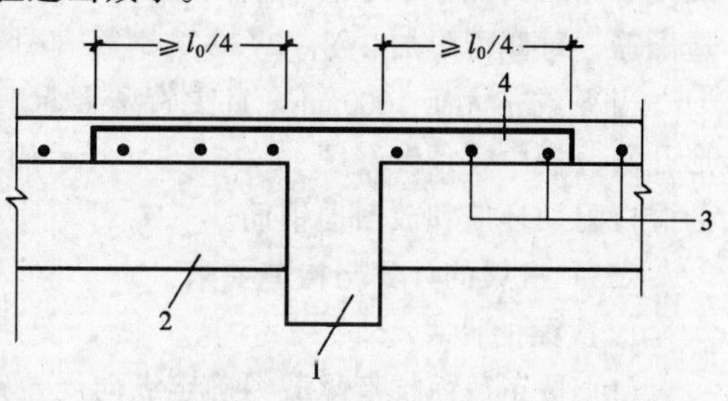

图 11-25 板中与梁肋垂直的构造钢筋

1—主梁；2—次梁；3—板的受力钢筋；
4—间距不大于 200mm、直径不小于 8mm 板上部构造钢筋

4）板内孔洞周边的附加钢筋：当孔洞的边长 b（矩形孔）或直径 d（圆形孔）不大于300mm 时，由于削弱面积较小，可不设附加钢筋，板内受力钢筋可绕过孔洞，不必截断。

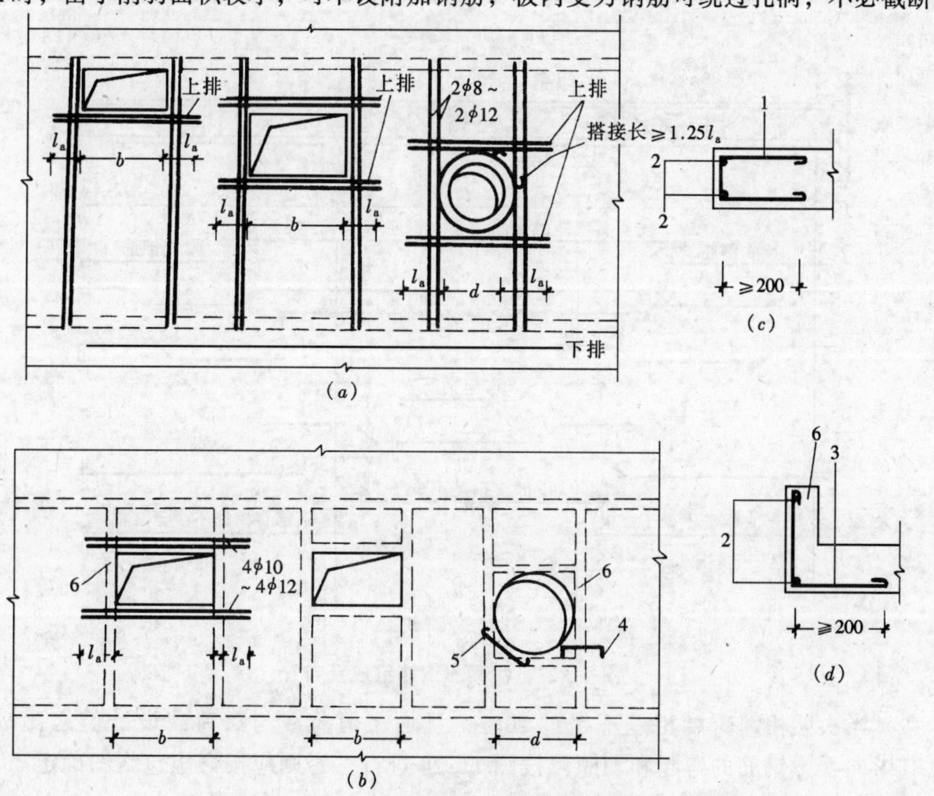

图 11-26 板内孔洞周边的附加钢筋

（a）300 < b（或 d）≤1000mm 的孔洞周边附加钢筋；

（b）b（或 d）>1000mm 的孔洞周边附加钢筋；（c）、（d）圆形孔洞周边的附加放射向钢筋和环筋；

1—附加放射向钢筋 ϕ8@200；2—附加环筋；3—附加放射向钢筋 ϕ8@200；

4—上部钢筋；5—下部钢筋；6—洞边小梁

当边长 b 或直径 d 大于 300mm，但小于 1000mm 时，应在洞边每侧配置加强洞口的附加钢筋，其面积不小于洞口被截断的受力钢筋截面面积的 1/2，且不小于 2ϕ8。如仅按构造配筋，每侧可附加 2ϕ8～2ϕ12 的钢筋（图 11-26a）。

当 b 或 d 大于 1000mm，且无特殊要求时，宜在洞边加设小梁（图 11-26d）。对于圆形孔洞，板中还须配置图 11-26（b）所示的上部和下部钢筋以及图 11-26（c）、（d）所示的洞口附加环筋和放射向钢筋。

（二）次梁的计算与构造要求

1. 次梁的计算

（1）按正截面抗弯承载力确定纵向受拉钢筋时，通常跨中按 T 形截面计算，其翼缘计算宽度 b'_f 按表 4-5 采用；支座因翼缘位于受拉区，按矩形截面计算。

（2）按斜截面抗剪承载力确定横向钢筋，当荷载、跨度较小时，一般只利用箍筋抗剪；当荷载、跨度较大时，宜在支座附近设置弯起钢筋，以减少箍筋用量。

（3）截面尺寸满足前述高跨比（1/18～1/12）和宽高比（1/3～1/2）的要求，且最大裂缝宽度限值为 0.3mm 时，一般不需作使用阶段的挠度和裂缝宽度验算。

2. 次梁的构造要求

（1）次梁的钢筋组成及其布置可参考图 11-27。次梁伸入墙内的长度一般应不小于 240mm。

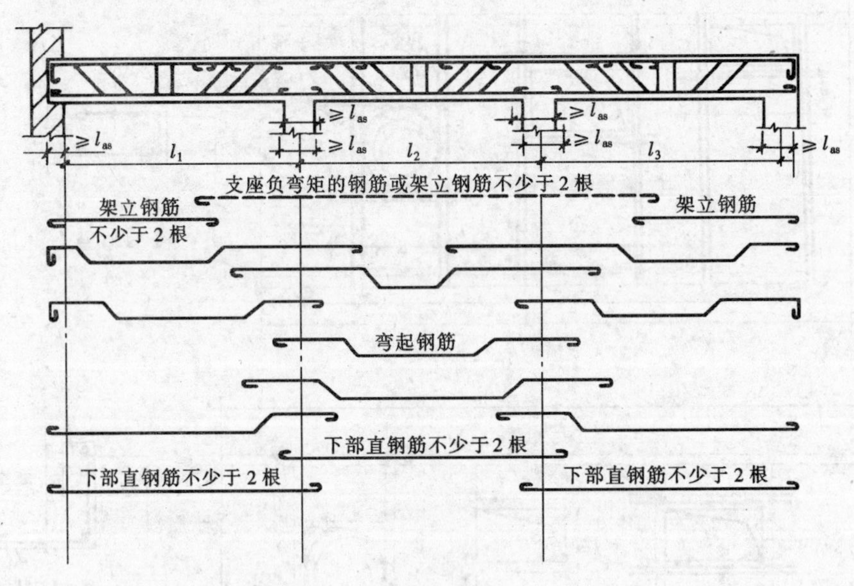

图 11-27　次梁的钢筋组成及布置

（2）当次梁相邻跨度相差不超过 20%，且均布恒荷载与活荷载设计值之比 $q/g \leqslant 3$ 时，其纵向受力钢筋的弯起和切断可按图 11-28 进行。否则应按弯矩包络图确定。

（三）主梁的计算与构造要求

1. 主梁的计算

（1）正截面抗弯计算与次梁相同，通常跨中按 T 形截面计算，支座按矩形截面计算。当跨中出现负弯矩时，跨中也应按矩形截面计算。

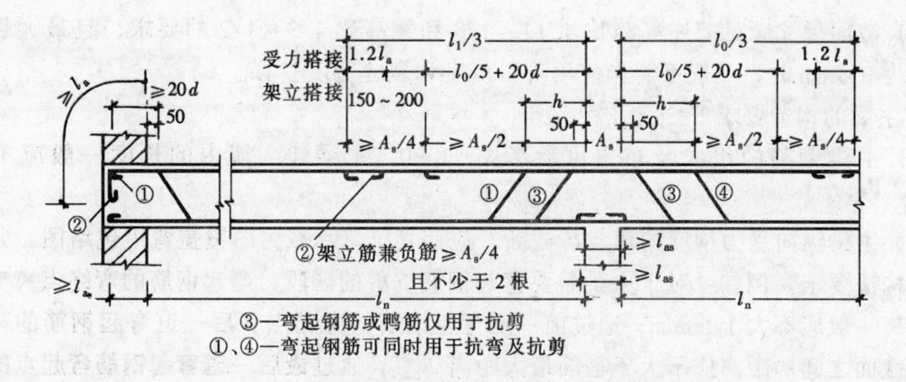

图 11-28　次梁的配筋构造要求

(2) 由于支座处板、次梁和主梁的钢筋重叠交错，且主梁负筋位于次梁和板的负筋之下（图 11-29），故截面有效高度在支座处有所减小。当钢筋单排布置时，$h_0 = h - (50 \sim 60)$mm；当双排布置时，$h_0 = h - (70 \sim 90)$mm。

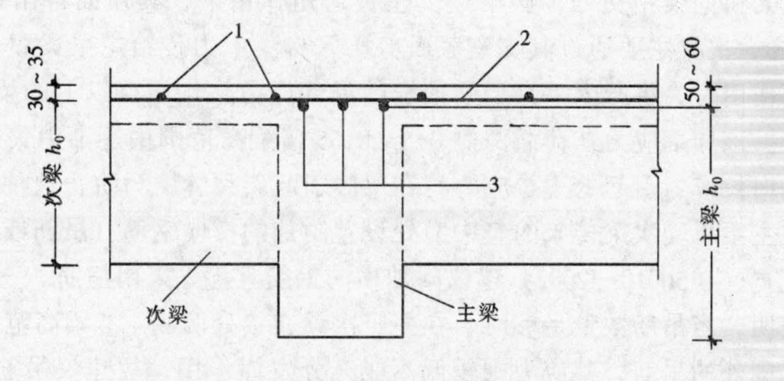

图 11-29　主梁支座处的截面有效高度

1—板中负钢筋；2—次梁中负钢筋；3—主梁中负钢筋

(3)主梁主要承受集中荷载,剪力图呈阶梯形。如果在斜截面抗剪计算中,要利用弯起钢筋抵抗部分剪力,则应考虑跨中有足够的钢筋可供弯起,以使抗剪承载力图完全覆盖剪力包络图。若跨中钢筋可供弯起的根数不够,则应在支座设置专门抗剪的鸭筋(图 11-30)。

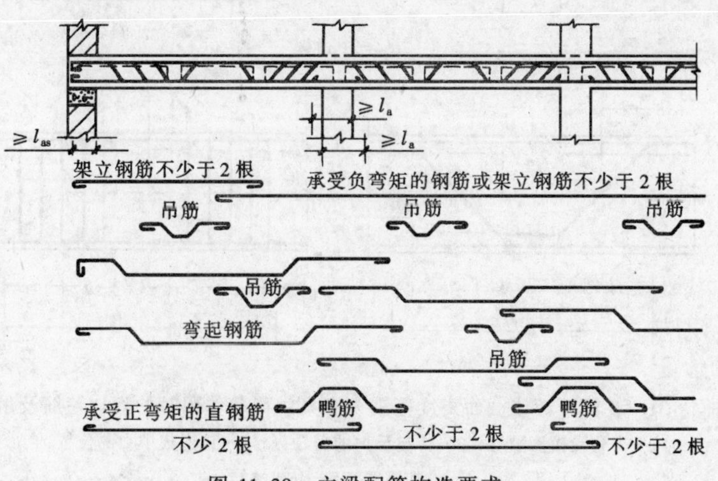

图 11-30　主梁配筋构造要求

(4) 截面尺寸满足前述高跨比 1/14 ~ 1/8 和宽高比 1/3 ~ 1/2 的要求，且最大裂缝宽度限值为 0.3mm 时，一般不需作使用阶段挠度和裂缝宽度验算。

2. 主梁的构造要求

(1) 主梁钢筋的组成及布置可参考图 11-30，主梁伸入墙内的长度一般应不小于 370mm。

(2) 主梁纵向受力钢筋的弯起与截断，应使其抗弯承载力图覆盖弯矩包络图，并应满足有关构造要求。例如：对于主梁需要弯起钢筋抗剪的区段，弯起钢筋的弯终点离支座边缘的距离一般应不大于 50mm；通过前一道弯起钢筋的弯起点和后一道弯起钢筋的弯终点的垂直截面之间的距离应不大于箍筋最大距离 S_{max}；通过最后一道弯起钢筋弯起点的垂直截面到集中力作用点的距离也应不大于 S_{max}。若该处下部钢筋抗拉强度已充分利用，则还要求弯起钢筋下部弯点离开该钢筋强度充分利用点的距离不小于 $h_0/2$（h_0 为主梁截面有效高度）。若集中力作用点处的纵筋强度尚未充分利用，则该段距离允许小于 $h_0/2$，但要验算该处斜截面的抗弯承载力。

(3) 在次梁和主梁相交处，次梁在支座负弯矩作用下，其顶面将出现垂直裂缝（图 11-31*a*)。这样，次梁主要通过其支座截面剪压区将集中力传给主梁梁腹。试验表明，当梁腹有集中力作用时，将产生垂直于梁轴线的局部应力，作用点以上的梁腹内为拉应力，以下为压应力。该局部应力在荷载两侧 0.5 ~ 0.65 倍梁高范围内逐渐消失。由该局部应力和梁下部的法向拉应力引起的主拉应力将在梁腹引起斜裂缝。为防止这种斜裂缝引起的局部破坏 应在主梁承受次梁传来的集中力处设置附加的横向钢筋（吊筋或箍筋)。《混凝土结构设计规范》(GB 50010—2002) 建议附加横向钢筋宜优先采用箍筋。

试验还表明，当吊筋数量足够时，在主、次梁交接处两侧 1/2 梁高范围内吊筋应力较高，而在此范围外的吊筋，其应力则较低不能充分发挥作用，故建议吊筋应分布在 $b+h$ 范围内。设计中，吊筋一般按其下部尺寸略大于次梁的宽度布置（图 11-31*b*)。

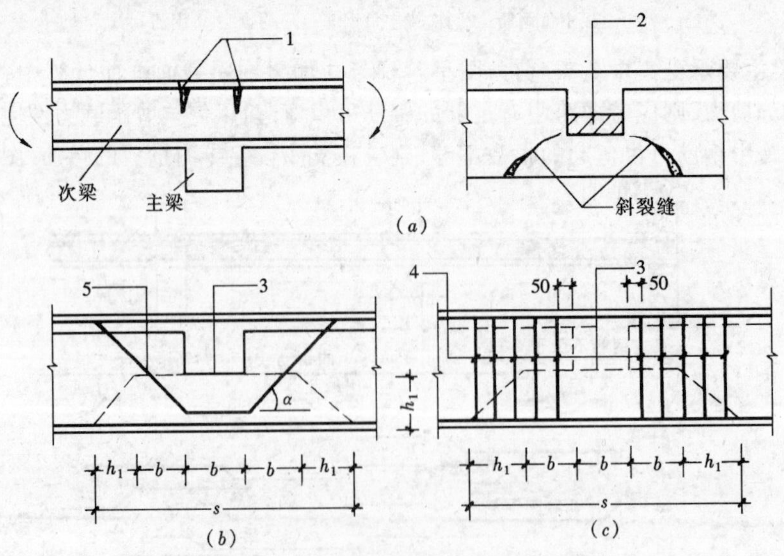

图 11-31 在梁下部或截面高度范围内有集中荷载作用时的附加箍筋及吊筋

1—次梁受拉区裂缝；2—传递反力的剪压区；3—传递集中力的位置；

4—附加箍筋；5—附加吊筋

《混凝土结构设计规范》(GB 50010—2002)规定，附加箍筋应布置在长度为 $s=2h_1+3b$ 的范围内。第一道附加箍筋离次梁边 50mm(图 11-31c)。如集中力 F 全部由附加箍筋承受，则所需附加箍筋的总截面面积为：

$$A_{sv}=\frac{F}{f_{yv}} \tag{11-10}$$

当选定附加箍筋的直径和肢数，并由上式求得 A_{sv}后，即不难算出 s 范围内附加箍筋的个数。

如集中力 F 全部由吊筋承受，其总截面面积为：

$$A_{sb}=\frac{F}{2f_{yv}\sin\alpha} \tag{11-11}$$

当吊筋的直径选定后，亦不难求得吊筋的个数。

如集中力 F 同时由附加吊筋和附加箍筋承受时，应满足下列条件：

$$F\leqslant 2f_{yv}A_{sb}\sin\alpha+mnA_{sv1}f_{yv} \tag{11-12}$$

式中 F——由次梁传递的集中力设计值；

f_{yv}——箍筋抗拉强度设计值；

A_{sb}——附加吊筋的总截面面积；

A_{sv1}——附加箍筋单肢的截面面积；

n——同一截面内附加箍筋的肢数；

m——在 s 范围内附加箍筋的个数；

α——附加吊筋弯起部分与构件轴线夹角，一般为 45°，当梁高 $h>800$mm 时，采用 60°。

【例 11-2】 整体式单向板肋形楼盖设计

一、设计资料

(1) 某工业用仓库，楼面使用活荷载为 9kN/m^2。

(2) 楼面面层为水磨石(基层 20mm 水泥砂浆，10mm 面层)自重为 0.65kN/m^2，梁板底用混合砂浆抹灰 15mm。

(3) 材料选用：

1) 混凝土：强度等级 C25($f_c=11.9\text{N/mm}^2$、$\alpha_1=1.0$、$\beta_c=1.0$、$f_t=1.27\text{N/mm}^2$)。

2) 钢筋：梁中受力纵筋采用 HRB335 级钢筋($f_y=300\text{N/mm}^2$)，其他钢筋均用 HPB235 级钢筋($f_y=210\text{N/mm}^2$)。

(4) 二楼楼面结构平面布置图如图 11-32 所示(楼梯在此平面外)。

二、设计要求

(1) 板、次梁内力按塑性内力重分布计算；

(2) 主梁内力按弹性理论计算；

(3) 绘出二楼楼面结构平面布置及板、次梁和主梁的模板及配筋的施工图。

【解】 一、板的设计(按塑性内力重分布计算)

(一) 荷载

板自重	$1.2 \times 0.08 \times 25 = 2.4\text{kN/m}^2$
楼面面层	$1.2 \times 0.65 = 0.78\text{kN/m}^2$
顶花抹灰	$1.2 \times 0.015 \times 17 = 0.31\text{kN/m}^2$
恒载	$g = 3.49\text{kN/m}^2$
活载	$q = 1.3^* \times 9.0 = 11.7\text{kN/m}^{2*}$
总荷载：	$g + q = 15.19\text{kN/m}^2$

$q/g = 11.7/3.49 = 3.35$

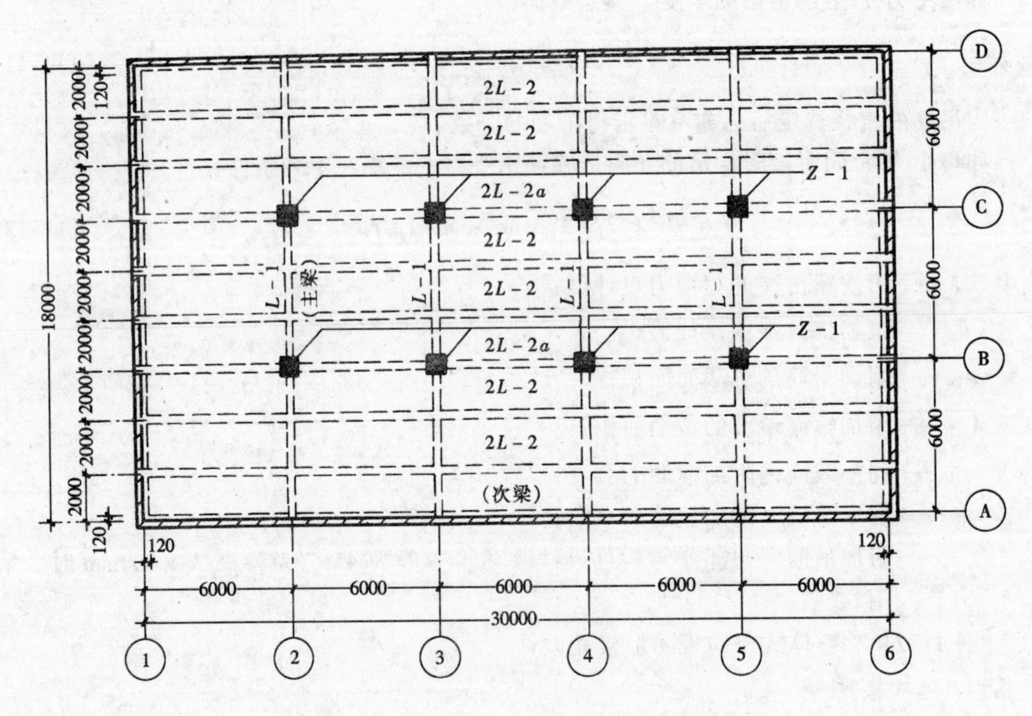

图 11-32 例 11-2 二楼楼盖结构平面布置图

（二）计算简图

（1）板按考虑塑性内力重分布设计。根据不验算挠度的刚度条件，板厚应不小于 $l/40 \approx 2000/40 = 50\text{mm}$，此值小于工业房屋楼面最小厚度 70mm 的构造要求，考虑楼面活载较大，故取板厚 $h = 80\text{mm}$；次梁截面高度 h 按 $l/14 \sim l/12$ 初估，取 $h = 450\text{mm}$，截面宽度 b 按 $h/3 \sim h/2$ 初估为 $b = 200\text{mm}$。根据结构平面布置，板的几何尺寸如图 11-33(*a*)所示。

（2）取 1m 宽板作为计算单元，各跨的计算跨度为：

中间跨：$l_0 = l_n = 2.0 - 0.2 = 1.8\text{m}$

边跨：$l_0 = l_n + \dfrac{h}{2} = 2.0 - 0.12 - \dfrac{0.2}{2} + \dfrac{0.08}{2} = 1.82\text{m}$

故板的计算简图如图 11-33 所示。

（三）弯矩计算

* 对于工业建筑楼面，当楼面活荷载标准值大于或等于 4kN/m^2 时，《建筑结构荷载规范》（GB 50009—2001）规定 $\gamma_Q = 1.3$。

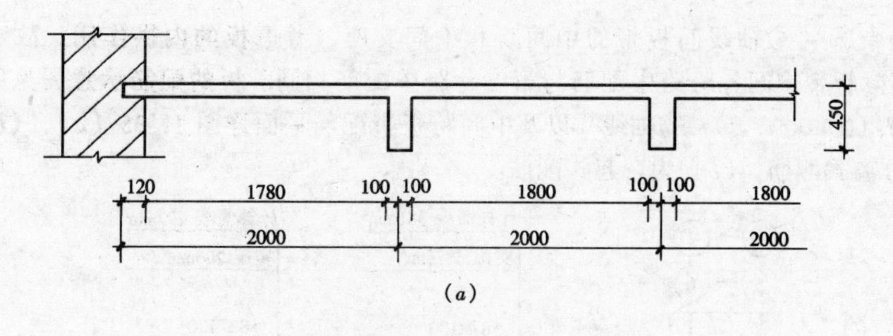

(*a*)

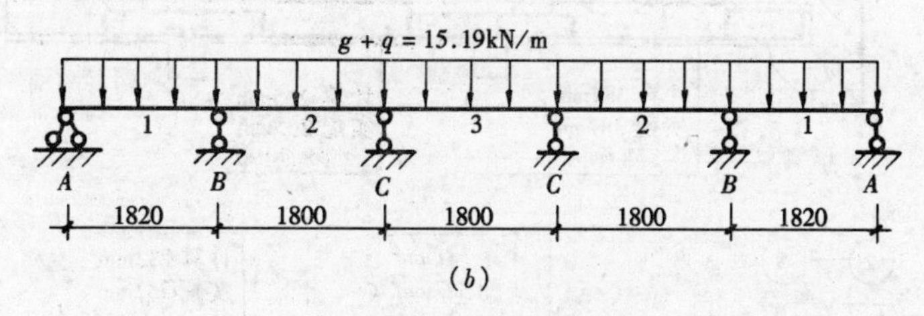

(*b*)

图 11-33　例 11-2 板的计算简图

(*a*) 实际结构；(*b*) 计算简图

边跨与中间跨的计算跨长相差$\frac{1.82-1.8}{1.8}\times100\%=1.1\%$，故可按等跨连续板计算内力，其结果见表 11-4。

板的弯矩计算　　　　表 11-4

截　面	1	B	2	C
弯矩系数 α	$+\frac{1}{11}$	$-\frac{1}{11}$	$+\frac{1}{16}$	$-\frac{1}{14}$
$M=\alpha\ (g+q)\ l_0^2$ (kN·m)	$\frac{1}{11}\times15.19\times1.82^2=4.57$	$-\frac{1}{11}\times15.19\times\left(\frac{1.8+1.82}{2}\right)^2=-4.52$	$\frac{1}{16}\times15.19\times1.8^2=3.08$	$-\frac{1}{14}\times15.19\times1.8^2=-3.52$

（四）配筋计算

取板的截面有效高度 $h_0=60$mm，板的配筋计算见表 11-5。

板的配筋计算　　　　表 11-5

截　面	1		B		2		C	
在平面图中的位置	①~② ⑤~⑥ 轴间	②~⑤ 轴间	①~② ⑤~⑥ 轴间	②~⑤ 轴间	①~② ⑤~⑥ 轴间	②~⑤ 轴间	①~② ⑤~⑥ 轴间	②~⑤ 轴间
M (kN·m)	4.57	4.57	−4.52	−4.52	3.08	3.08×0.8 =2.46	−3.52	−3.52×0.8 =−2.82
$\alpha_s=\frac{M}{\alpha_1 f_c bh_0^2}$	0.107	0.107	0.106	0.106	0.072	0.057	0.082	0.066
$\xi=1-\sqrt{1-2\alpha_s}$	0.113	0.113	0.112	0.112	0.075	0.059	0.086	0.068
$A_s=\xi\frac{\alpha_1 f_c}{f_y}bh_0$ (mm²)	384	384	381	381	255	201	292	232
选用钢筋	φ8@130	φ8@130	φ8@130	φ8@130	φ8@190	φ8@200	φ8@170	φ8@200
实用钢筋 (mm²)	387	387	387	387	265	252	296	252

上表中②～⑤轴线间板带的中间跨和中间支座，考虑板的内拱作用，故弯矩降低20%。实际板带中间各跨跨中配筋与第二跨跨中配筋相同。板的配筋示意图见图 11-34。边跨板带（①～②、⑤～⑥轴线）以及中间跨板带配筋平面详图 11-35（a）、（b）。其中（a）为分离式配筋，（b）为弯起式配筋。

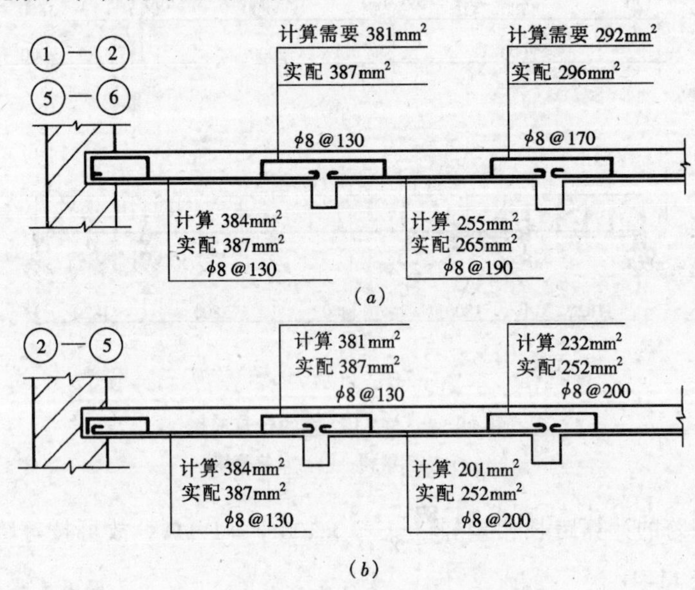

图 11-34　例 11-2 板的配筋示意图

（a）①～②、⑤～⑥轴线板的配筋；（b）②～⑤轴线板的配筋

二、次梁的设计（按塑性内力重分布计算）

主梁的梁高 h 按 $l/14 \sim l/8$ 估算，取 $h = 650$mm，梁宽 b 按 $h/3 \sim h/2$ 估算，取 $b = 250$mm，次梁几何尺寸与支承情况如图 11-36 所示。

（一）荷载

板传来恒荷载	$3.49 \times 2 = 6.98$kN/m
次梁自重	$1.2 \times 25 \times 0.2 \times (0.45 - 0.08) = 2.22$kN/m
次梁粉刷	$1.2 \times 17 \times 0.015 \times (0.45 - 0.08) \times 2 = 0.23$kN/m
恒荷载	$g = 9.43$kN/m
活荷载	$q = 1.3 \times 9.0 \times 2 = 23.40$kN/m
总荷载	$g + q = 32.83$kN/m

$q/g = 23.4/9.43 = 2.48$

（二）计算简图

主梁截面尺寸 250mm × 650mm。

中间跨　$l_0 = l_n = 6.0 - 0.25 = 5.75$m

边跨　$l_0 = l_n + \dfrac{a}{2} = 6.0 - 0.12 - \dfrac{0.25}{2} + \dfrac{0.24}{2} = 5.875\text{m} < 1.025 l_n = 1.025 \times 5.755 = 5.890\text{m}$

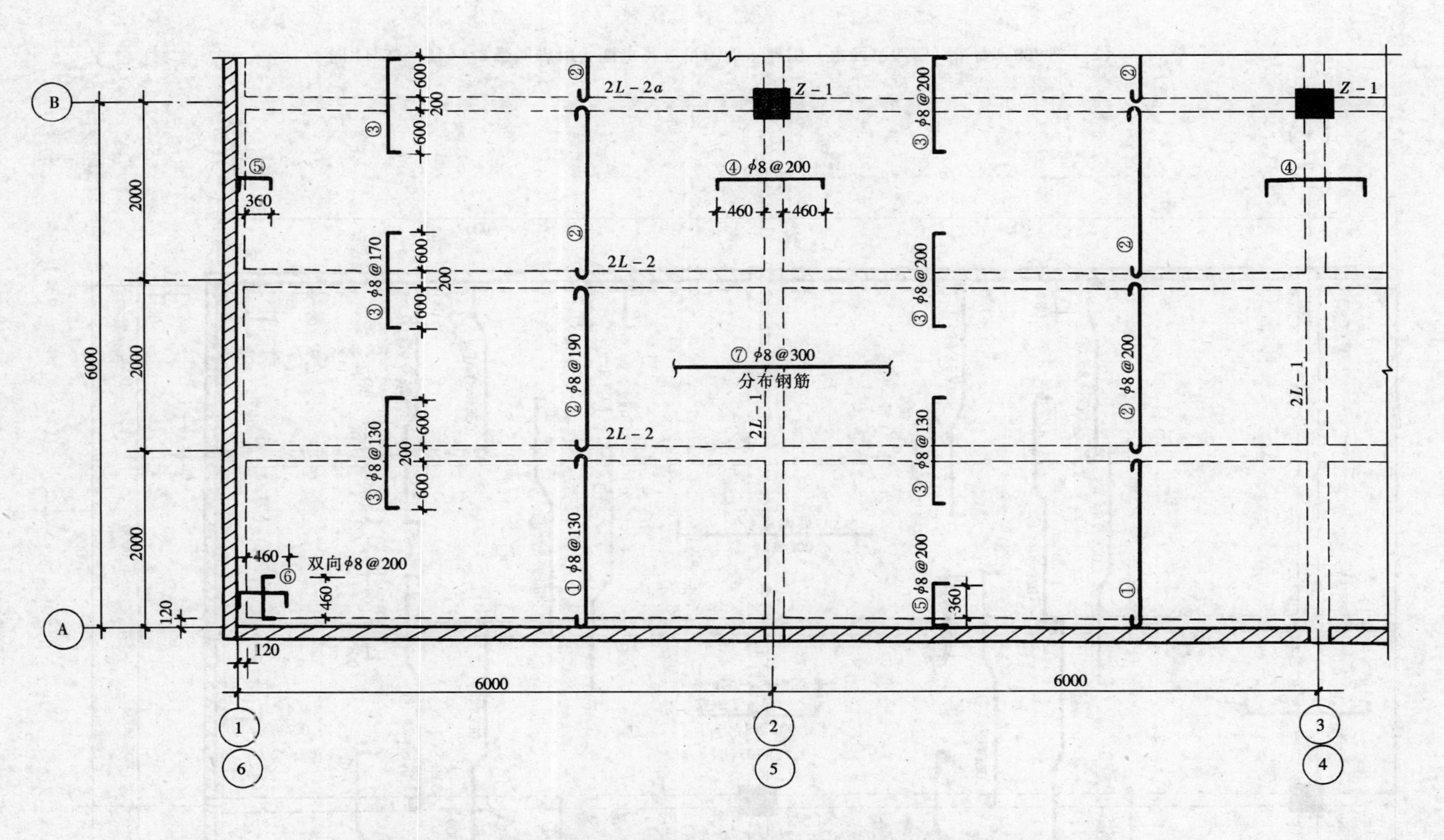

图 11-35　例 11-2 楼面结构平面布置及板配筋平面图（分离式配筋）板厚：80mm（一）

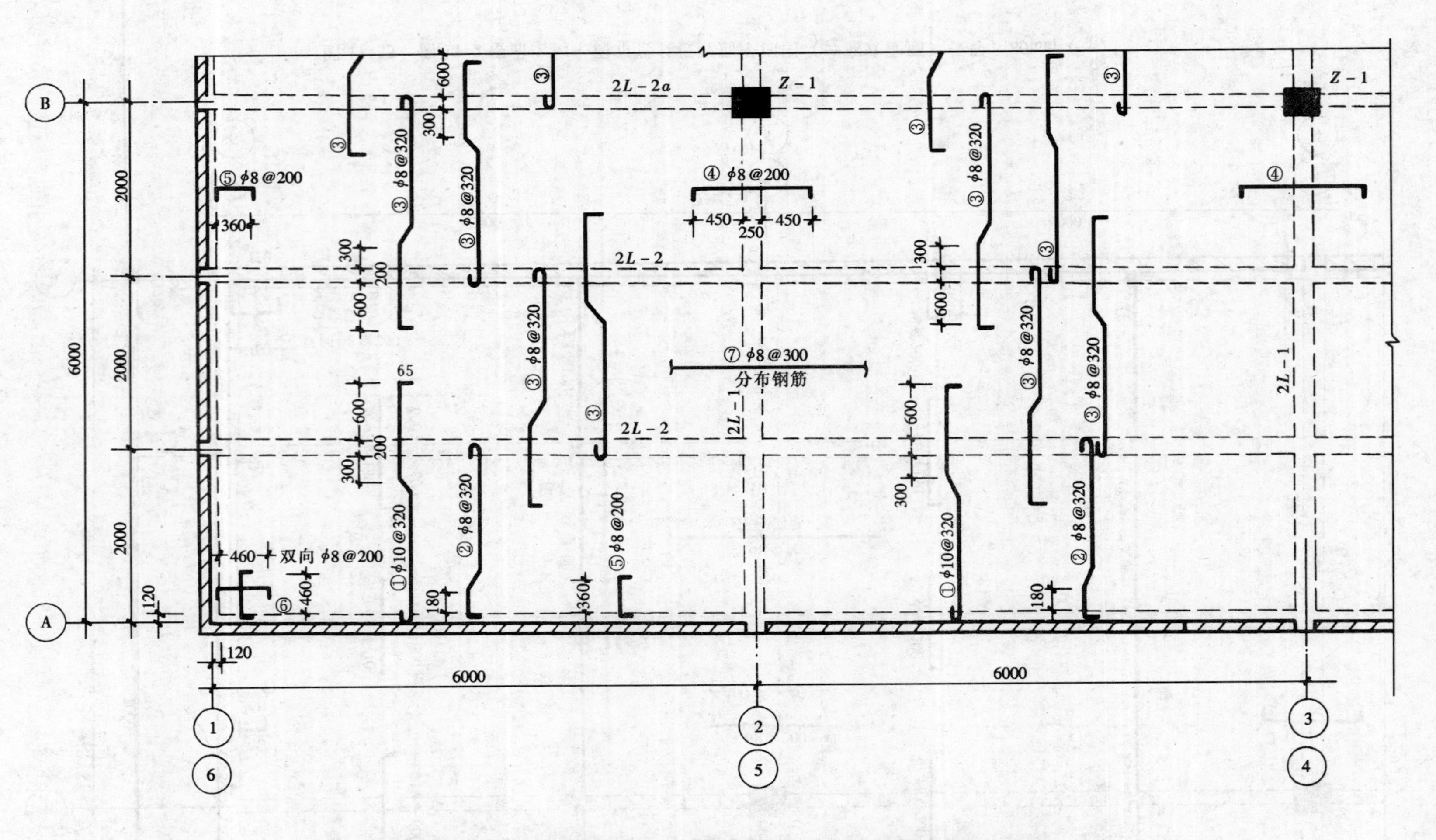

图 11-35　例 11-2 楼面结构平面布置及板配筋平面图（弯起式配筋）板厚：80mm（二）

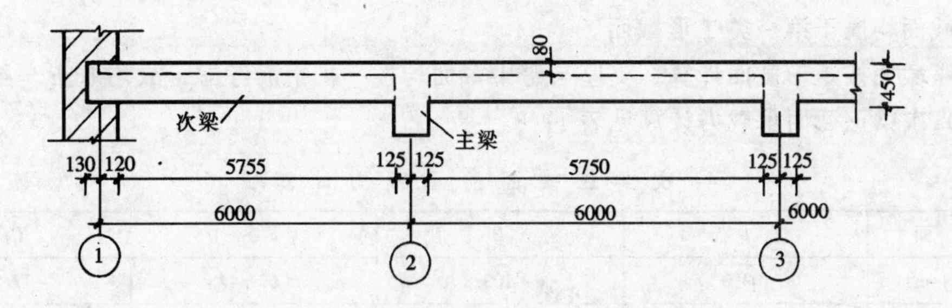

图 11-36 例 11-2 次梁几何尺寸与支承情况

边跨和中间跨的计算跨长相差 $\frac{5.875-5.75}{5.75}=2.2\%<10\%$，故可按等跨连续梁计算。计算简图如图 11-37所示。

图 11-37 例 11-2 次梁计算简图

（三）内力计算

1. 弯矩计算结果见表 11-6

次梁的弯矩计算　　表 11-6

截面	1	B	2	C
弯矩系数 α	$+\frac{1}{11}$	$-\frac{1}{11}$	$+\frac{1}{16}$	$-\frac{1}{14}$
$M=\alpha\ (g+q)\ l_0^2$ (kN·m)	$\frac{1}{11}\times32.83\times5.875^2=103.0$	$-\frac{1}{11}\times32.83\times\left(\frac{5.875+5.75}{2}\right)^2=100.8$	$\frac{1}{16}\times32.83\times5.75^2=+67.84$	$-\frac{1}{14}\times32.83\times5.75^2=-77.53$

2. 次梁剪力计算结果见表 11-7

次梁的剪力计算　　表 11-7

截面	1	B（左）	B（右）	C
剪力系数 β	0.45	0.6	0.55	0.55
$V=\beta\ (g+q)\ l_n$ (kN)	$0.45\times32.83\times5.755=85.02$	$0.6\times32.83\times5.755=113.36$	$0.55\times32.83\times5.75=103.83$	$0.55\times32.83\times5.75=103.83$

（四）配筋计算

次梁跨中截面按 T 形截面进行承载力计算，其翼缘宽度取下面的较小值。

$b'_f=l_0/3=5.75/3=1.92\text{m}$

$b'_f=b+s_0=0.2+1.8=2.0\text{m}$

故取 $b_f=1.92\text{m}$

判别各跨中 T 形截面的类型：取 $h_0=450-35=415\text{mm}$，则 $\alpha_1 f_c b'_f h'_f\left(h_0-\frac{h'_f}{2}\right)=11.9\times1920\times80\times\left(415-\frac{80}{2}\right)=685400000\text{N}\cdot\text{mm}=685.4\text{kN}\cdot\text{m}$。与表 11-6 中的弯矩值比较可知，

各跨中截面均属于第一类T形截面。

支座截面按矩形截面计算，支座与跨中截面均按一排钢筋考虑，故均取 $h_0=415\text{mm}$。

(1) 次梁正截面承载力计算见表11-8。

次梁正截面的承载力计算　　表11-8

截　面	1	B	2	C
M（kN·m）	103.0	−100.8	67.84	−77.53
$\alpha_s=\dfrac{M}{\alpha_1 f_c bh_0^2}$	$\dfrac{103000000}{11.9\times1920\times415^2}=0.026$	$\dfrac{100800000}{11.9\times200\times415^2}=0.246$	$\dfrac{67840000}{11.9\times1920\times415^2}=0.017$	$\dfrac{77530000}{11.9\times200\times415^2}=0.189$
$\xi=1-\sqrt{1-2\alpha_s}$	0.026	$0.287<0.35^*$（可）	0.017	0.212
$A_s=\xi\dfrac{\alpha_1 f_c bh_0}{f_y}$（mm²）	822	945	537	698
选配钢筋	2Φ20+1Φ16	2Φ22+1Φ16	3Φ16	1Φ16+2Φ18
实配钢筋截面面积（mm²）	829.1	961.1	603	709

* 考虑塑性内力重分布时应满足 $\xi\leqslant0.35$ 的要求。

(2) 次梁斜截面承载力计算见表11-9。

次梁斜截面的承载力计算　　表11-9

截　面	1	B（左）	B（右）	C
V（kN）	85.02	113.36	103.83	103.83
$0.25\beta_c f_c bh_0$（N）	$0.25\times1\times11.9\times200\times415=246900>V$	$246900>V$（可）	$246900>V$	$246900>V$
$0.7f_t bh_0$（N）	$0.7\times1\times1.27\times200\times415=73800<V$	$73800<V$	$73800<V$	$73800<V$
箍筋肢数、直径	2ϕ8	2ϕ8	2ϕ8	2ϕ8
$A_{sv}=nA_{sv1}$（mm²）	$2\times50.3=100.6$	100.6	100.6	100.6
$s=\dfrac{1.25f_y A_{sv}h_0}{V-0.7f_t bh_0}$	$\dfrac{1.25\times210\times100.6\times415}{85020-73800}=978$	$\dfrac{1.25\times210\times100.6\times415}{113360-73800}=277$	$\dfrac{1.25\times210\times100.6\times415}{103830-73800}=365$	$\dfrac{1.25\times210\times100.6\times415}{103830-73800}=365$
实配箍筋间距（mm）	200	200	200	200

次梁配筋示意图如图11-38所示，实际配筋图见图11-39。

由于次梁的 $q/g=23.4/9.43=2.48<3$，故可按图11-38所示的构造要求确定纵向受力钢筋的弯起和截断。在表11-9的计算中，未考虑弯起钢筋抗剪是偏于安全的，计算也较为简便。若考虑1Φ16的弯起钢筋抗剪，则第一内支座 B（左）箍筋的间距：

$$s=\frac{1.25f_{yv}A_{sv}h_0}{V-0.7f_t bh_0-0.8A_{sb}f_y\sin\alpha}$$

$$= \frac{1.25 \times 210 \times 100.6 \times 415}{113360 - 73800 - 0.8 \times 300 \times 201.1 \times 0.707}$$

$$= 2016\text{mm} > s_{\max} = 200\text{mm}$$

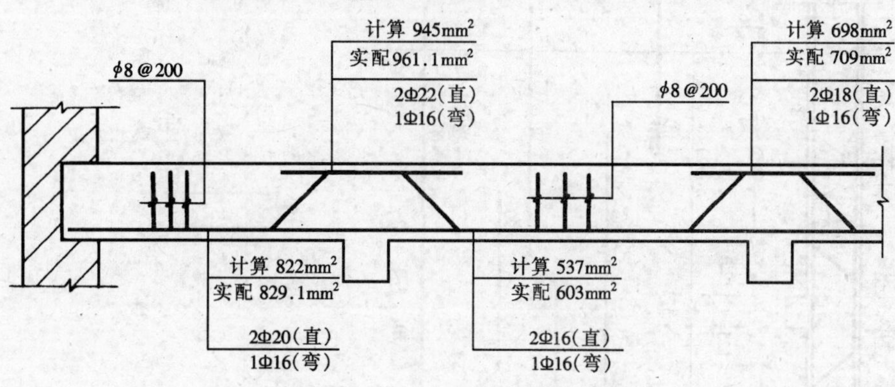

图 11-38 例 11-2 次梁配筋示意图

故取 $s = s_{\max} = 200\text{mm}$。但还应考虑弯起钢筋在弯起点处的斜截面承载力，该处剪力可减小为：

$$V_b = \frac{0.6 \times 5755 - 450}{0.6 \times 5755} \times 113360 = 98587\text{N}$$

所需双肢 $\phi 8$ 的箍筋间距为：

$$s = \frac{1.25 \times 210 \times 100.6 \times 415}{98587 - 73800} = 442\text{mm}$$

综合以上计算结果，若考虑 1 Φ 16 弯起钢筋抗剪，边跨箍筋仍按双肢 $\phi 8$@200 配置。

同理，可求得第一内支座 B（右）和中间支座 C 处的箍筋。若考虑 1 Φ 16 弯起钢筋抗剪，可按构造要求配置箍筋。故中间各跨的箍筋均可按双肢 $\phi 8$@200 配置。

三、主梁的截面和配筋计算

主梁按弹性理论计算内力。设柱的截面尺寸为 350mm × 350mm，主梁几何尺寸与支承情况如图 11-40 所示。

（一）荷载

为简化计算，主梁自重亦按集中荷载考虑。

次梁传来的恒荷载	$9.43 \times 6 = 56.58\text{kN}$
主梁的自重	$1.2 \times 0.25 \times (0.65 - 0.08) \times 2 \times 25 = 8.55\text{kN}$
梁侧抹灰	$1.2 \times 2 \times (0.65 - 0.08) \times 2 \times 0.015 \times 17 = 0.70\text{kN}$
恒荷载	$G = 65.83\text{kN}$
活荷载	$Q = 23.4 \times 6 = 140.4\text{kN}$
总荷载	$G + Q = 206.23\text{kN}$

（二）计算简图

由于主梁线刚度较钢筋混凝土柱线刚度大得多，故主梁中间支座按铰支承考虑。主梁端部搁置在砖壁柱上，其支承长度为 370mm。

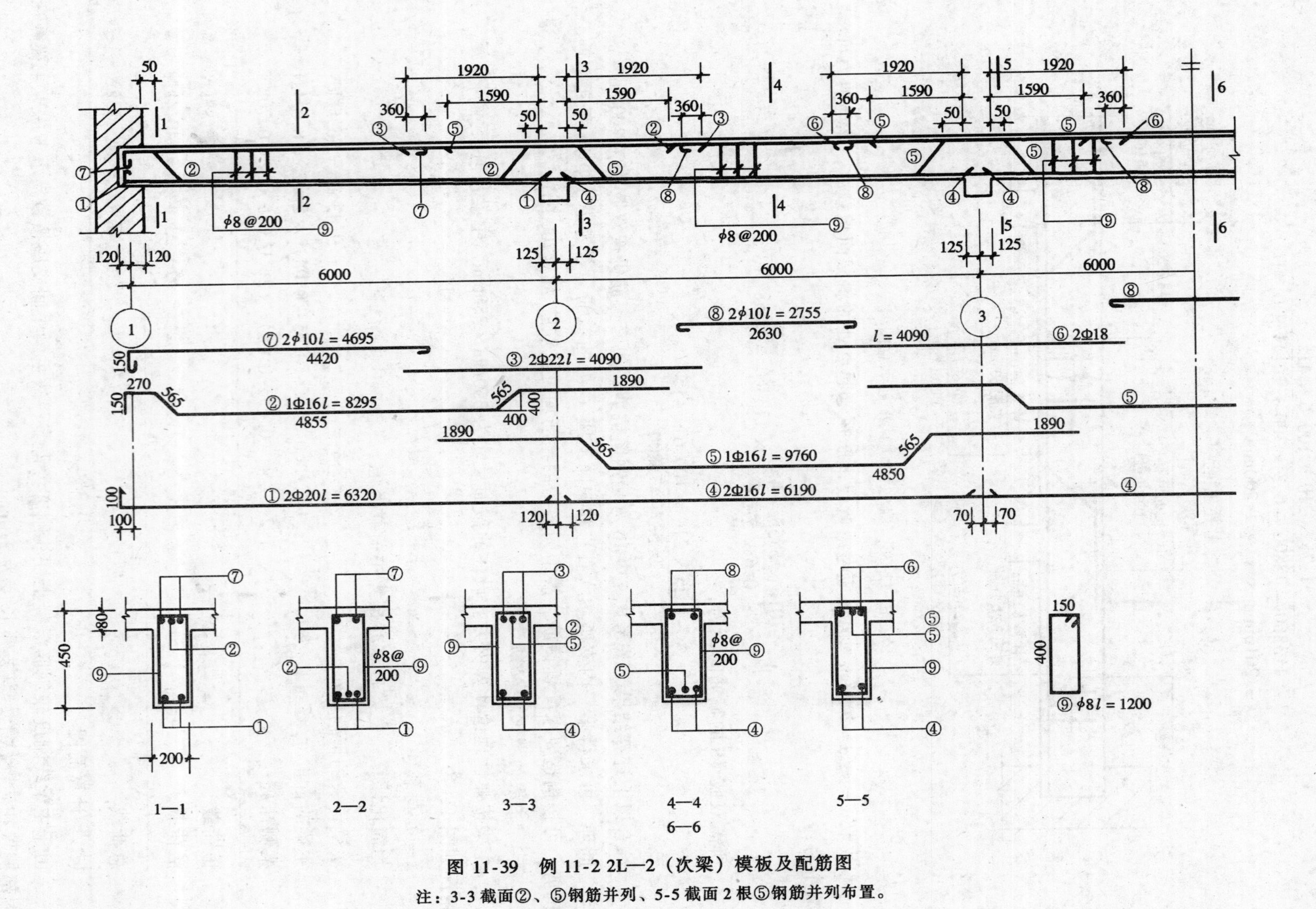

图 11-39 例 11-2 2L—2（次梁）模板及配筋图

注：3-3 截面②、⑤钢筋并列、5-5 截面 2 根⑤钢筋并列布置。

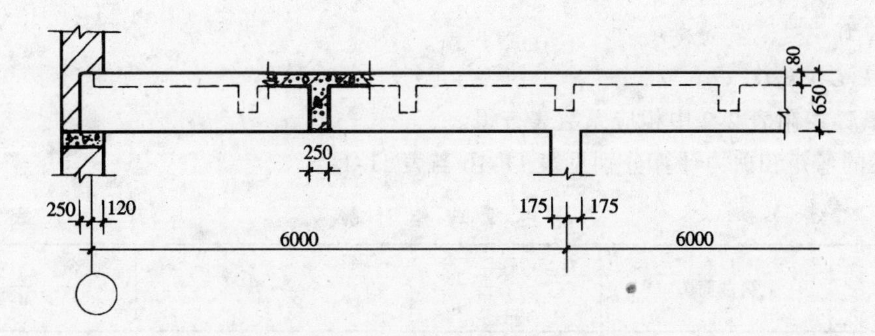

图 11-40　例 11-2 主梁几何尺寸与支承情况

计算跨度：中间各跨　　$l_0 = 6.0\text{m}$

边跨

$$l_0 = l_n + \frac{a}{2} + \frac{b}{2} = \left(6 - 0.12 - \frac{0.35}{2}\right) + \frac{0.37}{2} + \frac{0.35}{2} = 6.065\text{m}$$

$$l_0 = 1.025 l_n + \frac{b}{2} = 1.025\left(6 - 0.12 - \frac{0.35}{2}\right) + \frac{0.35}{2} = 6.02\text{m}$$

取 $l_0 = 6.02\text{m}$

计算简图如图 11-41 所示。

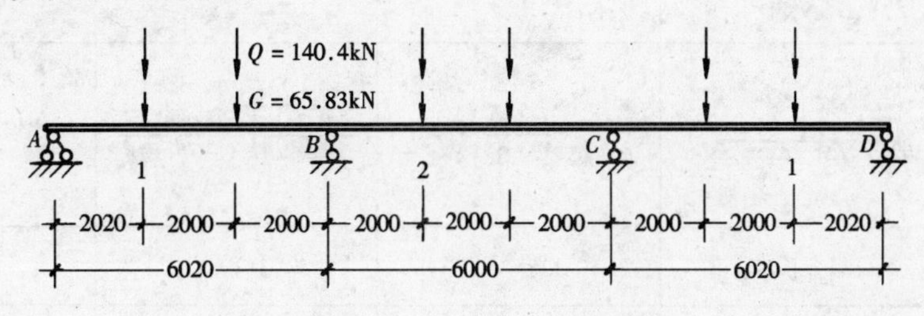

图 11-41　例 11-2 主梁计算简图

因跨度相差小于 10%，计算时可采用等跨连续梁的弯矩及剪力系数。

（三）弯矩、剪力计算及其包络图

1. 弯矩

$M = k_1 G l_0 + k_2 Q l_0$

式中 k_1，k_2 可由附表 2-2 中相应系数表查得：l_0 为计算跨度，对 B 支座，计算跨度可用相邻两跨的平均值。

边跨

$$Gl_0 = 65.83 \times 6.02 = 396.3\text{kN·m}$$

$$Ql_0 = 140.4 \times 6.02 = 845.2\text{kN·m}$$

中间跨

$$Gl_0 = 65.83 \times 6.0 = 395.0\text{kN·m}$$

$$Ql_0 = 140.4 \times 6.0 = 842.4\text{kN·m}$$

B 支座

$$Gl_0 = 65.83 \times \frac{6.02 + 6.0}{2} = 395.6\text{kN·m}$$

$$Ql_0 = 140.4 \times \frac{6.02 + 6.0}{2} = 843.8\text{kN·m}$$

2. 剪力

$$V = k_3 G + k_4 Q$$

式中 k_3、k_4 由附表 2-2 中相应系数表查得。

主梁的弯矩和剪力计算分别见表 11-10 与表 11-11。

主 梁 弯 矩 计 算　　　　表 11-10

项次		荷载简图	$\frac{k}{M_1}$	$\frac{k}{M_B}$	$\frac{k}{M_2}$
①		G　A 1 B 2 C 1 D	0.244（0.155）* 96.70（61.43）	−0.267 −105.63	0.067 26.47
②		Q	0.289 244.26	−0.133 −112.23	−0.133 −112.04
③		Q	−0.0443（−0.0886）* −37.44（−74.88）	−0.133 −112.23	0.200 168.48
④		Q	0.229 193.55	−0.311（−0.089）** −262.42（−75.10）	0.17 143.21
M_{min}（kN·m）	组合项次		①+③	①+④	①+②
	组合值		−13.45	−368.05	−85.57
M_{max}（kN·m）	组合项次		①+②		①+③
	组合值		340.96		194.95

注：*　靠近 B 支座的跨中集中力作用点处截面弯矩系数，可用取脱离体的方法求得；

**　当活荷载 Q 作用在 CD 和 BC 跨时，B 支座的截面弯矩系数。

主 梁 剪 力 计 算　　　　表 11-11

项次	荷载简图	$\frac{k}{V_A}$	$\frac{k}{V_B（左）}$	$\frac{k}{V_B（右）}$
①	G　A 1 B 2 C 1 D	0.733 48.25	−1.267 −83.41	1.00 65.83
②	Q	0.866 121.59	−1.134 −159.21	0 0

续表

项次	荷载简图	$\frac{k}{V_A}$	$\frac{k}{V_B\text{（左）}}$	$\frac{k}{V_B\text{（右）}}$
④		$\frac{0.689}{96.74}$	$\frac{-1.311}{-184.06}$	$\frac{1.222}{171.57}$
V_{min}	组合项次	①+④	①+④	①+②
（kN）	组合值	144.99	-267.47	65.83
V_{max}	组合项次	①+②	①+②	①+④
（kN）	组合值	169.84	-242.62	237.4

3. 弯矩及剪力包络图

根据表11-10和表11-11的数据以及已知支座弯矩和荷载求跨中弯矩的方法，可绘出主梁弯矩包络图和剪力包络图如图11-42（*a*）和图11-42（*b*）所示。跨中弯矩较小者的竖标，也可通过弯矩较大者的顶点作与支座弯矩竖标的连线（图11-42中的虚线）相平行的线的方法确定。

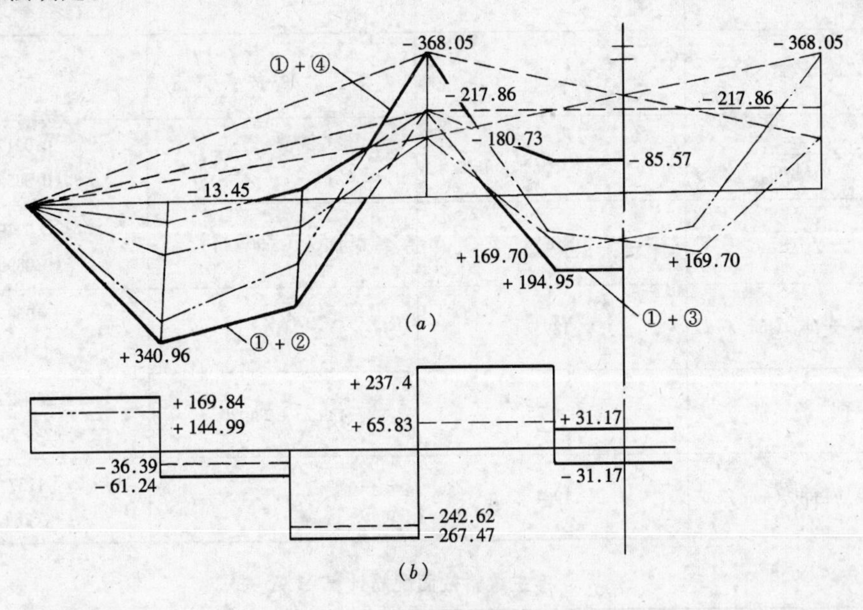

图 11-42　例 11-2 主梁弯矩包络图与剪力包络图

（*a*）弯矩包络图；（*b*）剪力包络图

（四）截面配筋计算

主梁跨中截面在正弯矩的作用下按T形截面计算，其翼缘宽度取下列二值中的小者。

$b'_f = l_0/3 = 6/3 = 2\text{m}$

$b'_f = b + s_n = 6\text{m}$

故取 $b'_f = 2000\text{mm}$，并取 $h_0 = 650 - 35 = 615\text{mm}$。

判别各跨中T形截面的类型。

$$\alpha_1 f_c b'_f h'_f (h_0 - h'_f/2)$$

$$= 1 \times 11.9 \times 2000 \times 80 \times (615 - 80/2) = 1.095 \times 10^9 \text{N} \cdot \text{mm}$$

$$= 1095\text{kN} \cdot \text{m} > M_{1\max} = 340.96\text{kN} \cdot \text{m}$$

故均属第一类T形截面。

主梁支座截面及在负弯矩作用下的跨中截面按矩形截面计算，取 $h_0 = 650 - 70 = 580$mm。$V_0 = G + Q = 65.83 + 140.4 = 206.23$kN。主梁中间支座宽 $b_0 = 350$mm。

主梁的截面配筋计算结果详见表11-12和表11-13。

主梁正截面配筋计算 表11-12

截　面	边跨中	中间支座	中间跨中
M (kN·m)	340.96	-368.05	194.95 (-85.57)
$V_0 b_0/2$ (kN·m)	—	36.09	—
$M - V_0 b_0/2$ (kN·m)	—	-331.96	—
$\alpha_s = \frac{M}{\alpha_1 f_c b h_0^2}$	0.0379	0.332	0.0217 (0.0855)
$\xi = 1 - \sqrt{1 - 2\alpha_s}$	0.0388	0.420 < 0.544（可）	0.0219 (0.0895)
$A_s = \xi \frac{\alpha_1 f_c}{f_y} b h_0$ (mm^2)	1893	2416	1069 (515)
选配钢筋	4Φ25	4Φ25+2Φ20	2Φ20+2Φ18 (2Φ20)
实配钢筋面积 (mm^2)	1964	2592	1137 (628)

主梁斜截面配筋计算 表11-13

截　面	边支座	B支座（左）	B支座（右）
V (kN)	169.84	267.47	237.4
$0.25\beta_c f_c b h_0$ (kN)	457.41 > V	431.38 > V	431.38 > V
$0.7 f_t b h_0$ (kN)	136.68 < V	128.91 < V	128.91 < V
箍筋直径、根数	2ϕ8	2ϕ8	2ϕ8
$A_{sv} = nA_{sv1}$ (mm^2)	100.6	100.6	100.6

续表

截　面	边 支 座	B 支 座（左）	B 支 座（右）
每道弯起钢筋直径	—	1Φ25	1Φ20
每道弯筋面积（mm^2）	—	490.9	314.2
$V_b=0.8f_yA_{sb}\sin45°$（N）	—	86072	55091
$s=\frac{1.25f_{yv}A_{sv}h_0}{V-V_c-V_b}$（mm）	$\frac{1.25\times210\times100.6\times615}{169840-136680-0}$ $=490$	$\frac{1.25\times210\times100.6\times580}{267470-128910-86072}$ $=292$	$\frac{1.25\times210\times100.6\times580}{237400-128910-55091}$ $=304$
实配箍筋间距（mm）	200	200	200

注：$V_c=0.7f_tbh_0$。

（五）主梁吊筋计算

由次梁传递给主梁的全部集中荷载设计值为：

$$F=G^{*}+Q=56.58+140.4=196.98\text{kN}$$

$$A_s=\frac{F}{2f_y\sin\alpha}=\frac{196980}{2\times300\times0.707}=464.4\text{mm}^2$$

∴　吊筋选用 2Φ18（$A_s=509\text{mm}^2$）

主梁配筋示意图见图 11-43。

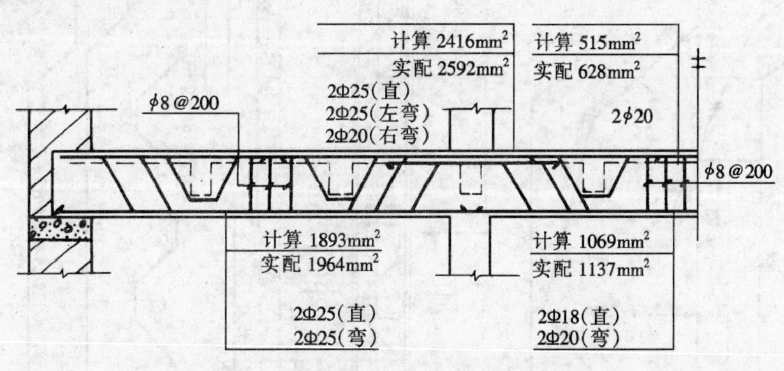

图 11-43　例 11-2 主梁配筋示意图

（六）主梁正截面抗弯承载力图（材料图）、纵筋的弯起和截断

（1）按比例绘出主梁的弯矩包络图。

（2）按同样比例绘主梁纵向配筋图，并满足以下构造要求：弯起钢筋之间的间距不超过箍筋的最大允许间距 s_{max}；弯起点离抗弯承载力充分利用点的距离不小于 $h_0/2$。在 B 支座左右由于需要弯起钢筋抗剪，而跨中又只能提供 2 根弯起钢筋（分两次弯起），不能满足抗剪计算和构造要求。因此，在 B 支座设置专用于抗剪的鸭筋，其上弯点离支座边的距离为 50mm。

* 该处 G 仅为次梁传来的恒荷载。

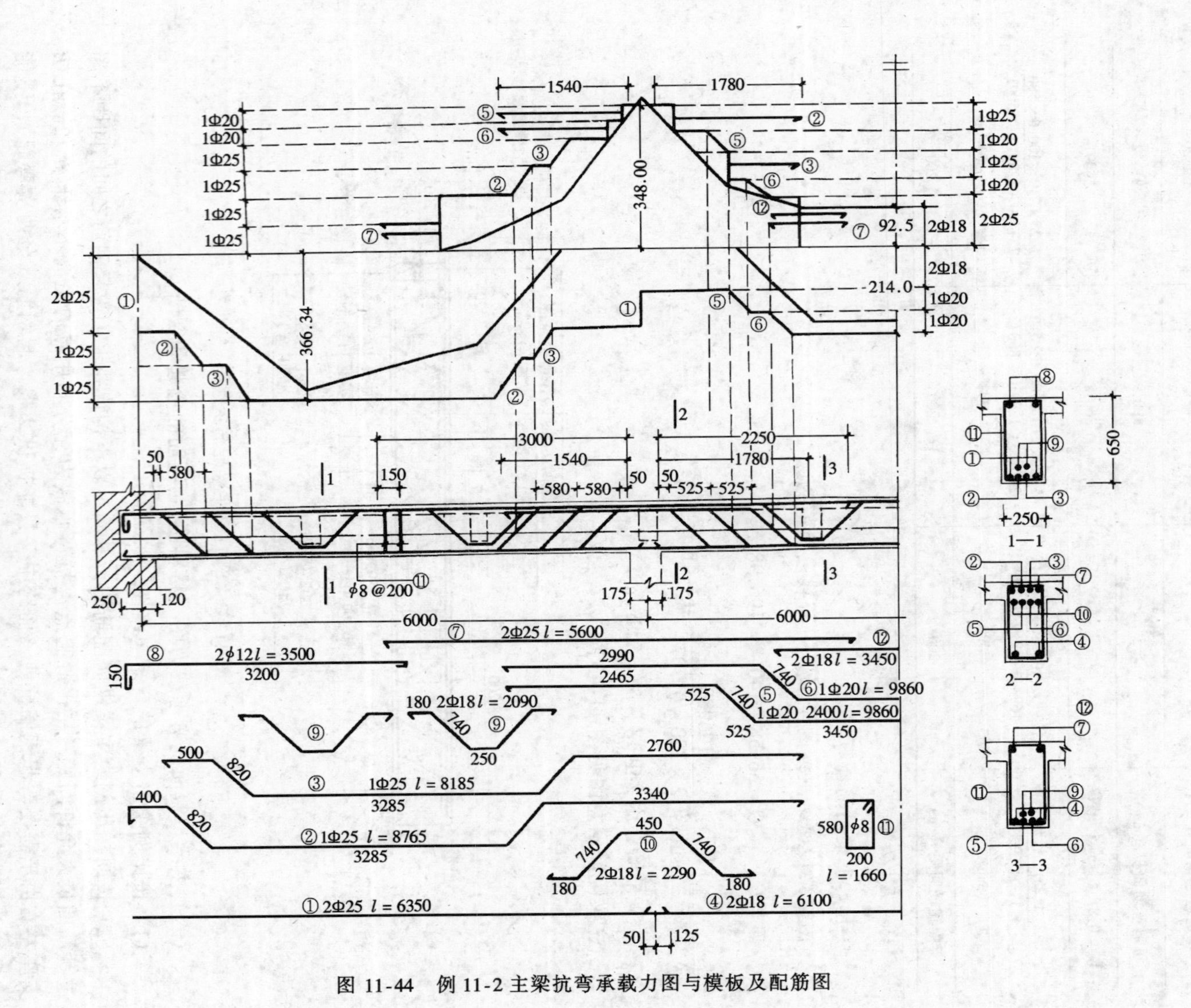

图 11-44 例 11-2 主梁抗弯承载力图与模板及配筋图

(3) 按第五章所述方法绘材料图，并利用每根钢筋的正截面抗弯承载力直线和弯矩包络图的交点，确定钢筋的理论截断点（即按正截面抗弯承载力计算不需要该钢筋的截面），其实际截断点到理论截断点的距离，当 $V>0.7f_tbh_0$ 时，应不小于 h_0，且不小于 $20d$，从该根钢筋充分利用截面伸出的长度不应小于（$1.2l_a+h_0$）；当 $V<0.7f_tbh_0$ 时，从该根钢筋充分利用截面伸出长度也不应小于 $1.2l_a$，从而确定负钢筋的实际截断点，并将其投影到纵筋配筋图上。如主梁中的②、③号钢筋，因 $V>0.7f_tbh_0$，故从该钢筋强度充分利用截面（柱边）伸出的长度不应小于 $1.2l_a+h_0=1.2\times40\times25+580=1780$mm，同样，⑤、⑥号钢筋从柱边伸出的长度也不应小于 $1.2l_a+h_0=1.2\times40\times20+580=1540$mm。同时，从强度不需要点到实际截断点的距离均应不小于 $20d$ 和 h_0（500mm 和 580mm）。

(4) 检查正截面抗弯承载力图是否包住弯矩包络图和是否满足有关构造要求。

主梁的正截面抗弯承载力图和实际配筋图如图 11-44 所示。

第三节　钢筋混凝土现浇双向板肋形楼盖

一、概述

(一) 双向板的受力特点

弹性薄板的内力分布主要取决于支承及嵌固条件（如单边嵌固、两对边简支、周边简支或嵌固)、几何特征（如板的边长比及板厚）以及荷载形式（如集中力、分布力）等因素。

单边嵌固的悬臂板和两对边支承的板，只在一个方向发生弯曲并产生内力，故称为单向板。对于周边支承板（包括两邻边及三边支承板）将沿两个方向发生弯曲并产生内力，故称为双向板。但是，后者当边长比相差较大时，板面荷载大部分沿短向传递，主要在短跨方向发生弯曲，而另一方向的弯曲则很小，故常忽略不计。当长跨 l_y 与短跨 l_x 之比≥2（按弹性分析）或 3（按塑性分析）时，可近似地按单向板计算。现以周边简支矩形板承受均布荷载（图 11-45）为例，说明边长比对内力分布的影响。

过矩形板中心点 A 取出两个互相垂直的简支板带，设单位面积总荷载 q 沿 x 方向和 y 方向分配的（或传递的）荷载分别为 q_x 和 q_y（图 11-45b、c），则

$$q=q_x+q_y \tag{11-13}$$

如忽略相邻板带的联系，根据两条板带交叉点 A 挠度相等的条件：

$$a_{fAx}=a_{fAy}\text{ 即 }\frac{5q_xl_x^4}{384EI_x}=\frac{5q_yl_y^4}{384EI_y}$$

对于等厚板，$EI_x=EI_y$，故由上式可得：

$$q_x=(l_y/l_x)^4q_y \tag{11-14}$$

联立解式（11-13）和式（11-14）得：

$$q_y=q/[1+(l_y/l_x)^4] \tag{11-15}$$

故

$$q_x=q-q_y \tag{11-16}$$

两个方向简支板带上的荷载确定之后，不难按单向板求出其内力（弯矩）。当 $l_y/l_x=1$ 时，从式（11-15）和式（11-16）不难求得：

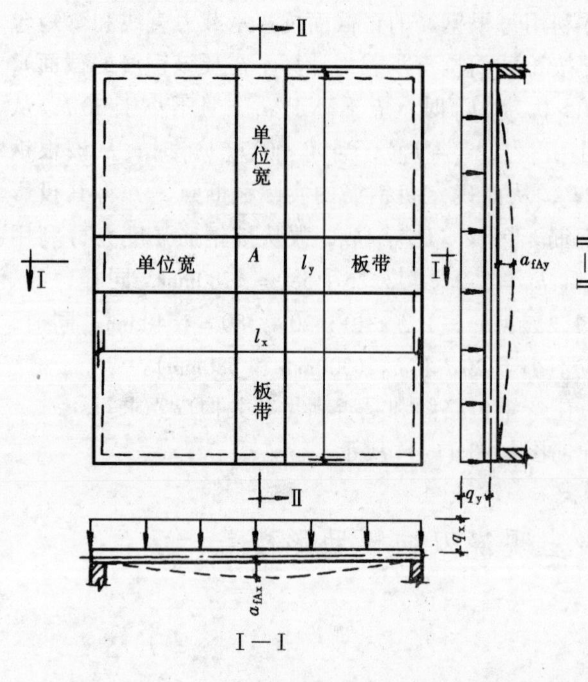

图 11-45　均布荷载下四边简支矩形板变形图

$$q_y = q_x = q/2$$

当 $l_y/l_x = 2$ 时，同理可求得：

$$q_y = q/17, q_x = 16q/17$$

可见随着边长比 l_y/l_x 的增大，大部分荷载沿短跨方向传递，主要在短跨方向发生弯曲。因此，按弹性理论分析内力时，通常近似以 $l_y/l_x = 2$ 为界来判别板的类型；当 $l_y/l_x > 2$ 为单向板；当 $l_y/l_x \leqslant 2$ 时为双向板。

（二）双向板的试验研究

四边简支的方板和矩形板，在均布荷载作用下的试验表明，在裂缝出现之前，板基本上处于弹性工作阶段。随着荷载的增加，方板沿板底对角线方向出现第一批裂缝，继而向两个正交的对角线方向发展，裂缝宽度不断加宽。钢筋应力达到屈服点后，裂缝显著开展。即将破坏时，板顶面靠近四角处，出现垂直于对角线方向的裂缝，大体呈环状，这种裂缝的出现，促使板底裂缝进一步开展。此后，板随即破坏。方板破坏时板底及板顶裂缝如图 11-46（*a*）所示。矩形板的第一批裂缝出现在板底中部且平行于长边方向（图 11-47*a*）。随着荷载的不断增加，裂缝不断开展，并分支向四角延伸（图 11-47*b*、*c*），伸向四角的裂缝与板边大体成 45°。此时，板顶角区也产生与方板类似的环状裂缝。矩形板破坏时，板底裂缝如图 11-46（*b*）所示。

简支方板或矩形板在板面出现环状裂缝的原因是试件四角受到试验中拉杆的约束，不能自由翘起。因此，在双向板肋形楼盖中，由于板顶面受墙或支承梁约束，破坏时出现如图 11-48 所示的板底及板顶裂缝。

（三）双向板内力计算方法

双向板的内力也有两种计算方法：一种是按弹性理论计算；另一种是按塑性理论计算。本书仅介绍目前实际工程中采用较多的按弹性理论的实用计算方法。

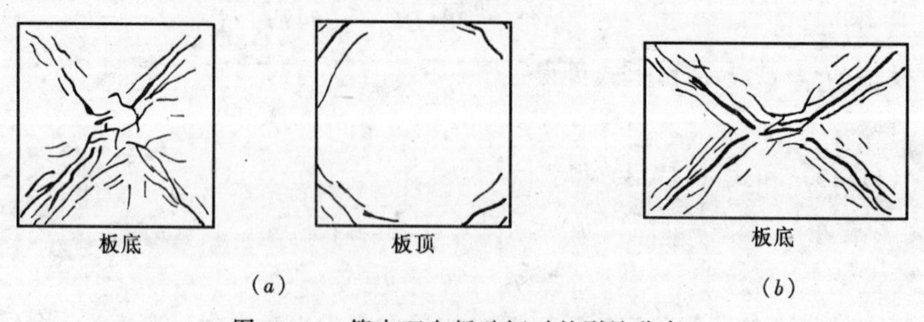

图 11-46　简支双向板破坏时的裂缝分布

（*a*）方形板；（*b*）矩形板

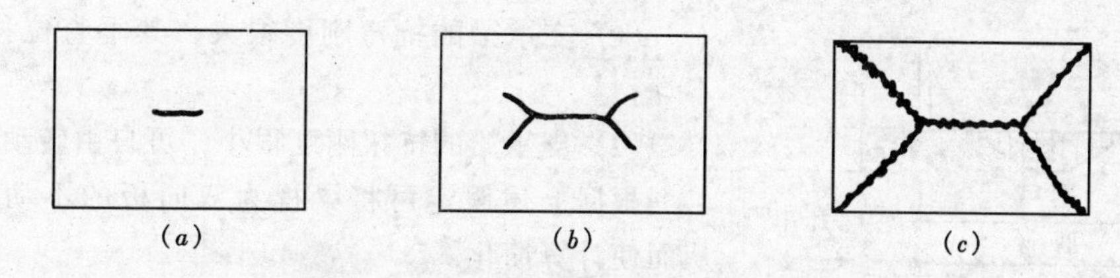

图 11-47　简支矩形板破坏图形形成的过程

（a）板底跨中先裂；（b）裂缝向四角开展；（c）形成破坏机构

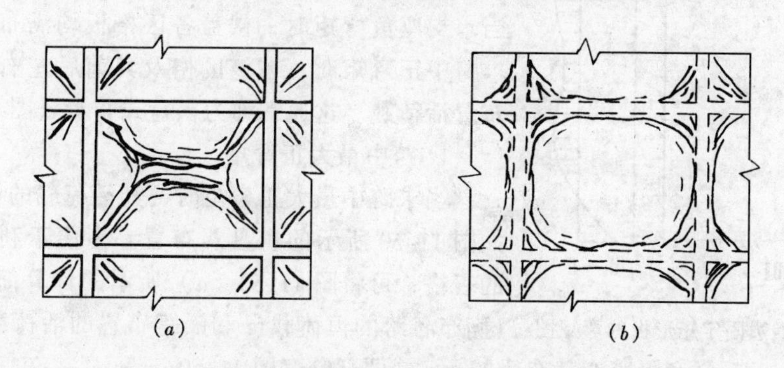

图 11-48　肋形楼盖中双向板受力破坏时的裂缝分布

（a）板底面裂缝分布；（b）板顶面裂缝分布

二、双向板按弹性理论的计算

（一）单区格双向板按弹性理论的实用计算法

对于单区格板，目前一般采用根据弹性薄板理论公式编制的实用表格进行计算。附录3中列出了6种不同边界条件的矩形板在均布荷载作用下的挠度及弯矩系数。单位宽度内的弯矩为：

$$m = 表中系数 \times (g + q) l_0^2 \tag{11-17}$$

式中　m——跨中或支座单位宽度内的弯矩；

g、q——均布的楼面恒荷载和活荷载；

l_0——板的较小跨度方向的计算跨度。

应该指出，附录3中的表是根据材料的泊松比 $\nu = 0$ 编制的。当 ν 不为零时，可按下式计算跨中弯矩：

$$\left.\begin{aligned} m_x^{(\nu)} &= m_x + \nu m_y \\ m_y^{(\nu)} &= m_y + \nu m_x \end{aligned}\right\} \tag{11-18}$$

对混凝土，可取 $\nu = \nu_c = 0.2$。

图 11-49 所示为四边固定矩形板按弹性理论计算的弯矩图。

该板的支承反力，每边均按正弦曲线分布，支承边中间最大，两端为零。

（二）多区格双向板按弹性理论的实用计算法

多区格板按弹性理论的精确计算是很复杂的。因此，工程中采用近似的实用计算法，该法采用了如下两个假定：

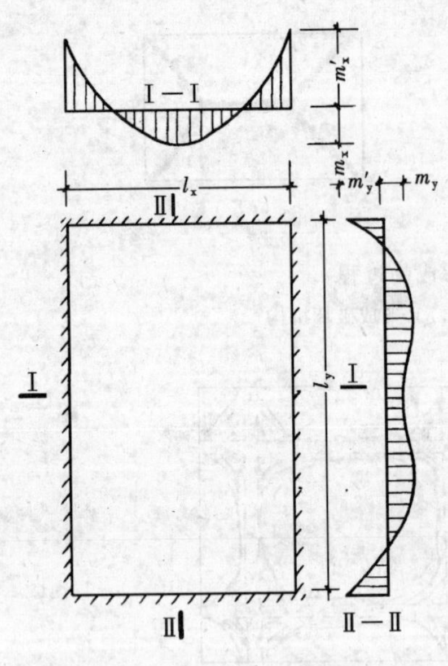

图 11-49　四边固定矩形板的弯矩图

(1) 支承梁的抗弯刚度很大，其垂直位移可忽略不计；

(2) 支承梁的抗扭刚度很小，可自由转动。

根据上述假定可将梁视为双向板的不动铰支座，从而使计算简化。

在确定活荷载的最不利作用位置时，采用了既能接近实际情况又便于利用单区格板计算表的布置方案：当求支座负弯矩时，楼盖各区格板均满布活荷载；当求跨中正弯矩时，在该区格及其前后左右每隔一区格布置活荷载。这通常称为棋盘式布置（图 11-50）。

1. 跨中最大正弯矩

当求跨中最大正弯矩时，其活荷载的最不利位置，如图 11-50 所示的棋盘式布置。为便于利用单区格板的表格，可将图 11-50（a）所示的计算简图上的荷载（满布各跨的恒荷载 g 和隔跨布置的活荷载 q）分解为满布各跨的 $g+q/2$ 和隔跨交替布置的 $\pm q/2$ 两部分（图 11-50b、c）。

当楼盖各区格均作用有 $g+q/2$ 时（图 11-50b），由于内区格板支座两边结构对称，

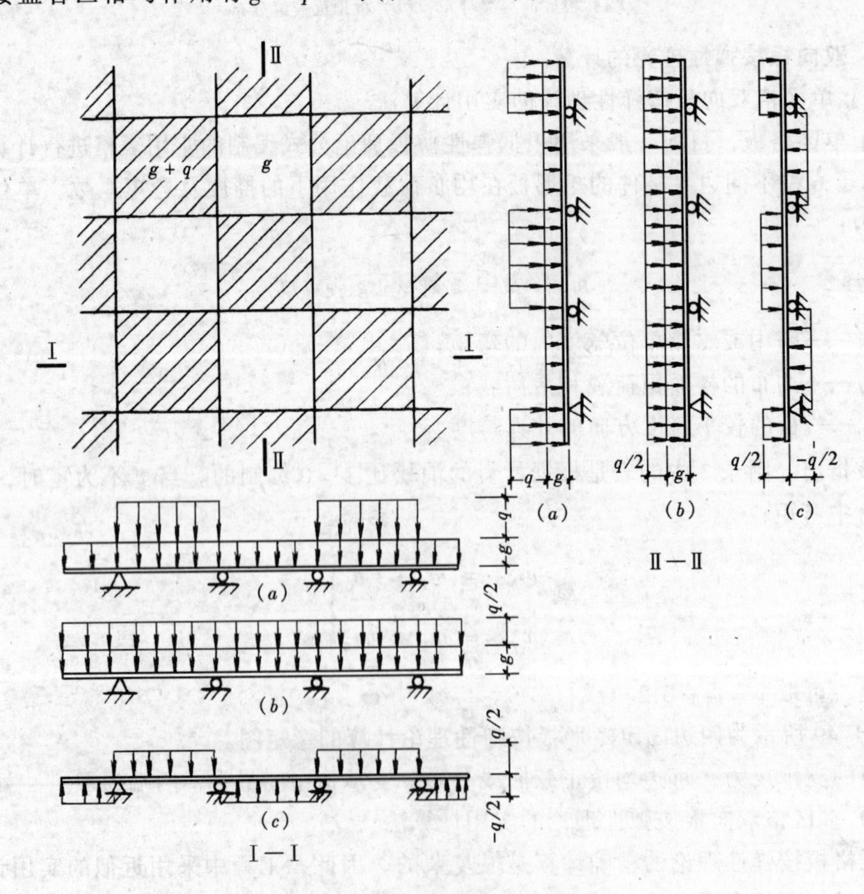

图 11-50　棋盘式荷载布置图

且荷载对称或接近对称布置，故各支座不转动，或发生很小的转动，因此可近似地将内区格板看成四边固定的双向板，并利用附表3-4，求其跨中弯矩。

当所求区格作用有 $+q/2$，相邻区格作用有 $-q/2$，其余区格均间隔布置时（图11-50c）可近似作为承受反对称荷载 $\pm q/2$ 的连续板，由于中间支座弯矩为零或很小，故内区格的跨中弯矩可近似地按四边简支的双向板计算（附表3-1）。

在上述两种荷载情况下的边区格板，其外边界的支座按实际情况考虑，而内边界的支座则按相应荷载情况考虑为固定或简支。

最后，将所求区格在这两种荷载作用下的跨中弯矩叠加，即求得该区格的跨中最大正弯矩。值得注意的是，在求跨中弯矩时，均应按式（11-18）考虑材料泊松比的影响。

2. 支座最小负弯矩

求支座最小负弯矩时，由于活荷载按各区格均满布荷载，故内区格板可按四边固定的双向板计算其支座弯矩（附表3-4）。至于边区格板，其内支座仍按固定考虑，而外边界支座则按实际情况考虑。

（三）双向板支承梁按弹性理论的计算

双向板承受的荷载将朝最近的支承梁传递。因此，支承梁承受的荷载可用从板角作45°分角线的方法确定。如为正方形板，则四条分角线将相交于一点，双向板支承梁的荷载均为三角形荷载。如为矩形板，四条分角线分别交于两点，该两点的连线平行于长边方向。这样，将板上荷载分成四个部分，短边支承梁承受三角形荷载（图11-51b），长边支承梁承受梯形荷载（图11-51a）。图中 $q'=(g+q)\ l_x$，g、q 为单位面积上的恒荷载和活荷载设计值，l_x 为区格板短边长。

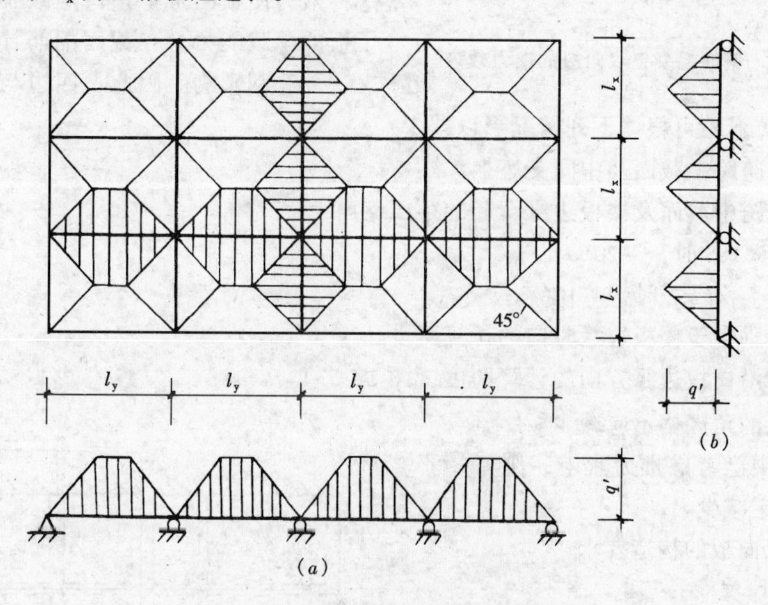

图 11-51　双向板支承梁的计算简图

对于承受三角形或梯形荷载的连续梁，可根据支座弯矩相等的条件，将它们换算成均布荷载（附表4-1），其支座弯矩即不难用结构力学的方法或查用附表4-1所列的均布荷载等跨连续梁系数表求得。然后，用取隔离体的方法，按荷载实际分布情况计算跨中弯矩。

三、双向板截面配筋计算与构造要求

(一) 截面配筋计算特点

(1) 双向板若短跨方向跨中截面的有效高度为 h_{ox}，则长跨方向跨中截面的有效高度 $h_{oy}=h_{ox}-d$，d 为板中钢筋直径。若双向直径不等时，可取其平均值。对于方板，可取 h_{ox} 与 h_{oy} 的平均值，以简化计算。

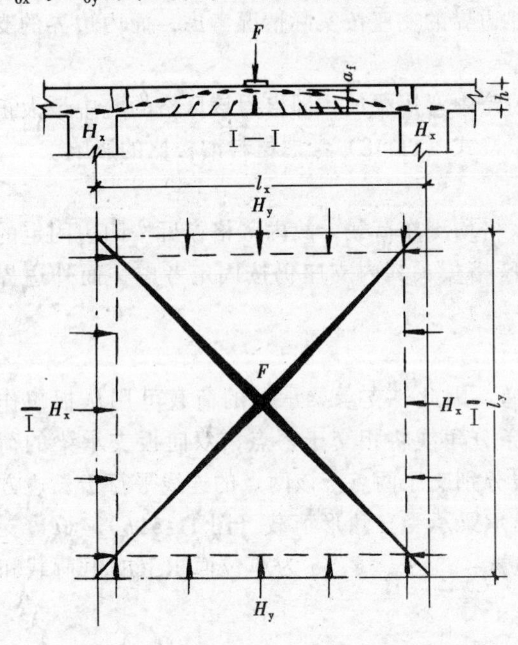

图 11-52 钢筋混凝土双向板的推力效应

(2) 当双向板内力按考虑材料塑性的极限平衡法计算时，宜采用 HPB235、HRB335 级钢钢筋，配筋率除不小于《混凝土结构设计规范》(GB 50010—2002) 规定的 ρ_{min} 外，还不应大于 $(35\alpha_1 f_c/f_y)\%$。

(3) 试验表明，不管用哪种方法计算，双向板实际的承载能力往往大于设计计算的，这主要是计算简图与实际受力情况不符的结果。双向板在荷载作用下，由于跨中下部和支座上部裂缝的不断出现和开展 (图 11-52)，同时由于支承梁的约束作用，在板的平面内逐渐产生相当大的水平推力。如承受集中力 F 的方板 (图 11-52)，板四边的推力 $H=Fl_x/4f$，式中 $f=2h/3$，h 为板厚。这种推力使板的跨中正弯矩减小，从而提高了板的承载能力，在截面配筋计算中，应考虑这种有利影响。因此，四边与梁整体连接的板，其计算弯矩可根据下列情况予以减少：

1) 中间跨跨中截面及中间支座上 -20%；

2) 边跨跨中截面及楼板边缘算起的第二支座上：

当 $l_{ed}/l<1.5$ 时，-20%；

当 $1.5\leqslant l_{ed}/l\leqslant 2$ 时，-10%。

式中 l——垂直于楼板边缘方向的计算跨度；

l_{ed}——沿楼板边缘方向的计算跨度 (图 11-53)。

3) 楼板的角区格不应减少。

如计算中已考虑推力影响，则弯矩不再按上述规定减少。

(二) 双向板的构造要求

1. 板的厚度

双向板的厚度一般不宜小于 80mm，也很少大于 160mm。双向板的变形和裂缝一般不作验算，因而应具有足够的板厚。对于简支板，$h\geqslant l_0/40$；对于连续板，$h\geqslant l_0/45$，l_0 为板的较小计算跨度。

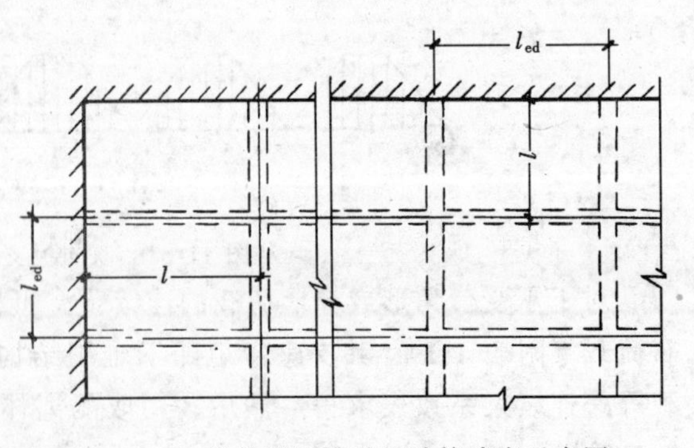

图 11-53 整体肋形楼盖板计算跨度示意图

2. 板的配筋

通常双向板的受力钢筋沿纵横两个方向布置，当同一部位（如跨中）两个方向的弯矩同号时，纵横钢筋必然重叠。这时应将较大弯矩方向的受力钢筋设置于远离中和轴的外层，将另一方向的钢筋置于内层。

配筋方式类似于单向板，有弯起式和分离式两种。为简化施工，目前在工程中多采用分离式配筋；但是对于跨度及荷载均较大的楼盖板，为提高刚度和节约钢材宜采用弯起式。

当内力按弹性理论计算时，所求得的弯矩是中间板带的最大弯矩。至于靠近支座的边缘板带，其弯矩已大为减少，故配筋也可减少。因此，通常将每个区格板按纵横两个方向划分为两个宽均为 $l_x/4$（l_x 为短跨）的边缘板带和一个中间板带。边缘板带单位宽度上的配筋量为中间板带单位宽度上配筋量的 50%（图 11-54）。

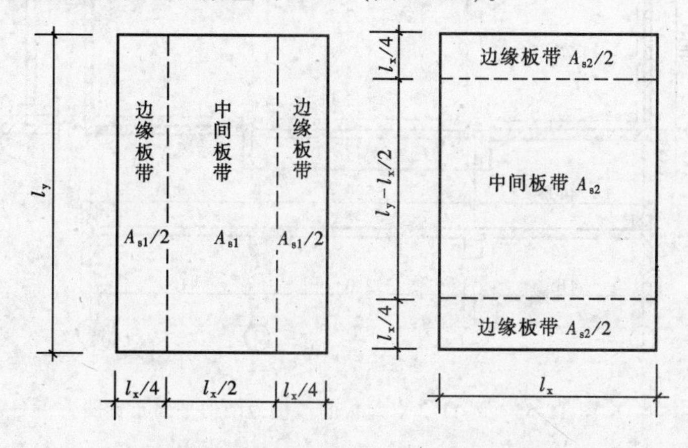

图 11-54 边缘板带与中间板带的配筋量

注：A_{s1}、A_{s2}分别为沿 l_y 和 l_x 方向布置的钢筋在单位宽度内的截面面积。

【例 11-3】 某厂房钢筋混凝土现浇双向板肋形楼盖的结构布置如图 11-55 所示，楼面活荷载设计值 $q = 8\text{kN/m}^2$，悬挑部分 $q = 2\text{kN/m}^2$，楼板厚 120mm，加上面层、粉刷等自重的恒荷载设计值 $g = 4\text{kN/m}^2$，混凝土强度等级为 C20（$\alpha_1 f_c = 9.6\text{N/mm}^2$），钢筋采用 HPB235 级钢（$f_y = 210\text{N/mm}^2$）。要求用弹性理论计算各区格的弯矩，进行截面设计，并绘出配筋图。

【解】 一、按弹性理论计算各区格的弯矩

由于结构的对称性，该楼盖只须设计 A、B、C、D、E、F 诸区格板，计算跨长 l_x、l_y 按图 11-55 所示坐标采用。

区格 A $l_x = 5.5\text{m}$，$l_y = 5.25\text{m}$，$l_y/l_x = 5.25/5.5 = 0.95$，由附表 3-4 和 3-1 查得四边嵌固时的弯矩系数和四边简支时的弯矩系数如表 11-14 所示（因按 l_y/l_x 查表，故表 11-14 中的 α_x、α_y、α'_x、α'_y 分别为附表 3-4 和 3-1 中的 α_y、α_x、α'_y、α'_x）。

四边嵌固和四边简支的弯矩系数 表 11-14

l_y/l_x	支承条件	α_x	α_y	α'_x	α'_y
0.95	四边嵌固	0.0172	0.0198	−0.0528	−0.0550
	四边简支	0.0364	0.041	—	—

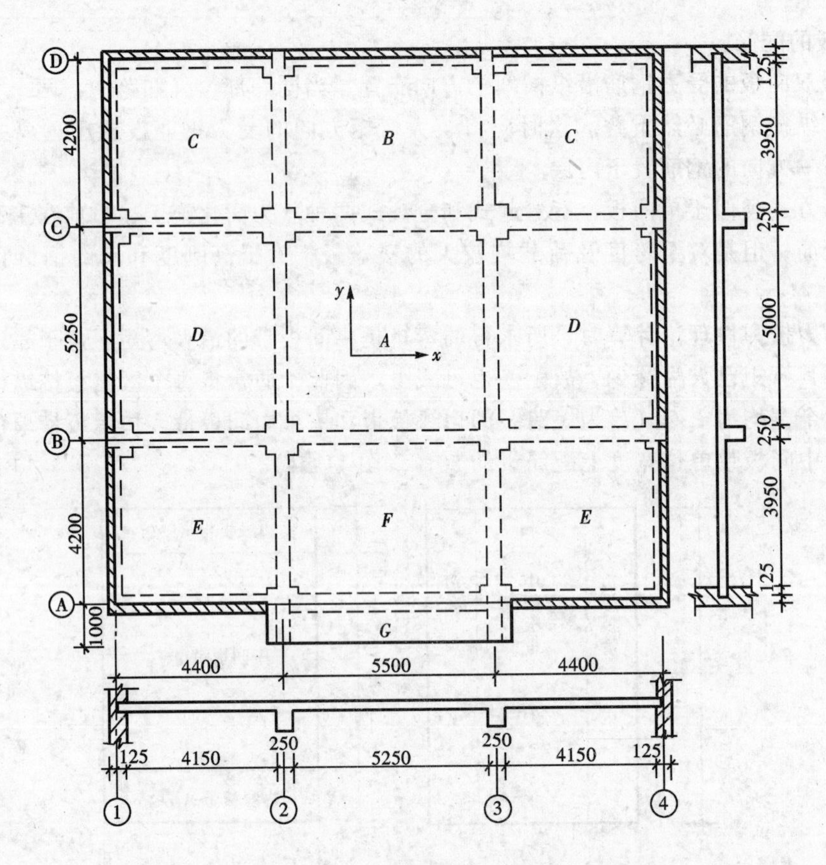

图 11-55　例 11-3 双向板肋形楼盖结构平面布置图

取钢筋混凝土的泊松比 $\nu_c=0.2$，则可求得 A 区格板的跨中弯矩和支座弯矩如下：

$$m_x=0.0172\left(g+\frac{q}{2}\right)l_y^2+0.0364\frac{q}{2}l_y^2+0.2\left[0.0198\left(g+\frac{q}{2}\right)l_y^2+0.041\frac{q}{2}l_y^2\right]$$

$$=[0.0172(4+4)+0.0364\times4]5.25^2+0.2[0.0198(4+4)+0.041\times4]5.25^2$$

$$=7.81+0.2\times8.89=9.59\text{kN}\cdot\text{m}$$

$$m_y=8.89+0.2\times7.81=10.45\text{kN}\cdot\text{m}$$

$$m'_x=-0.0528(4+8)5.25^2=-17.46\text{kN}\cdot\text{m}$$

$$m'_y=-0.055(4+8)5.25^2=-18.19\text{kN}\cdot\text{m}$$

区格 B　$l_x=5.5\text{m}$，$l_y=3.95+0.125+0.06=4.14\text{m}$，$l_y/l_x=4.14/5.5=0.75$，由附表 3-6 和 3-1 查得三边嵌固一边简支及四边简支的弯矩系数如表 11-15 所示。

三边嵌固一边简支及四边简支弯矩系数　　**表 11-15**

l_y/l_x	支承条件	α_x	α_y	α'_x	α'_y
0.75	三边嵌固一边简支	0.0214	0.0354	−0.0729	−0.0837
	四边简支	0.0317	0.0620	—	—

$$m_x=(0.0214\times8+0.0317\times4)4.14^2+0.2(0.0354\times8+0.062\times4)4.14^2$$

$$=5.11+0.2\times9.11=6.93\text{kN}\cdot\text{m}$$

$$m_y = 9.11 + 0.2 \times 5.11 = 10.13\text{kN} \cdot \text{m}$$

$$m'_x = -0.0729(4+8) \times 4.14^2 = -14.99\text{kN} \cdot \text{m}$$

$$m'_y = 0.0837(4+8) \times 4.14^2 = -17.22\text{kN} \cdot \text{m}$$

区格 D　$l_x = 4.15 + 0.125 + 0.06 = 4.34\text{m}$，$l_y = 5.25\text{m}$，$l_x/l_y = 4.34/5.25 = 0.83$，由附表 3-6 查三边固定一边简支的弯矩系数时，因简支边的支座长度 $l_y = 5.25\text{m}$（相当于附表 3-6 中的 l_x 故应查附表 3-6 中与 $l_y/l_x = 0.83$ 一栏对应的弯矩系数），由附表 3-6 和 3-1 查得的三边固定一边简支及四边简支的弯矩系数如表 11-16 所示。

三边固定一边简支及四边简支弯矩系数　　表 11-16

l_x/l_y	支承条件	α_x	α_y	α'_x	α'_y
0.83	三边嵌固一边简支	0.0288	0.0228	-0.0735	-0.0693
	四边简支	0.0528	0.0342	—	—

$$m_x = (0.0288 \times 8 + 0.0528 \times 4)4.34^2 + 0.2(0.0228 \times 8 + 0.0342 \times 4)4.34^2$$

$$= 8.318 + 0.2 \times 6.012 = 9.52\text{kN} \cdot \text{m}$$

$$m_y = 6.012 + 0.2 \times 8.318 = 7.68\text{kN} \cdot \text{m}$$

$$m'_x = -0.0735 \times 12 \times 4.34^2 = 16.61\text{kN} \cdot \text{m}$$

$$m'_y = -0.0693 \times 12 \times 4.34^2 = 15.66\text{kN} \cdot \text{m}$$

区格 C　$l_x = 4.34\text{m}$，$l_y = 4.14\text{m}$，$l_y/l_x = 4.14/4.34 = 0.95$，由附表 3-5 和 3-1 查得两邻边嵌固两邻边简支及四边简支的弯矩系数如表 11-17 所示。

两邻边嵌固两邻边简支及四边简支弯矩系数　　表 11-17

l_y/l_x	支承条件	α_x	α_y	α'_x	α'_y
0.95	两邻边嵌固两邻边简支	0.0244	0.0267	-0.0698	-0.0726
	四边简支	0.0364	0.041	—	—

$$m_x = (0.0244 \times 8 + 0.0364 \times 4)4.14^2 + 0.2(0.0267 \times 8 + 0.041 \times 4)4.14^2$$

$$= 5.84 + 0.2 \times 6.47 = 7.13\text{kN} \cdot \text{m}$$

$$m_y = 6.47 + 0.2 \times 5.84 = 7.64\text{kN} \cdot \text{m}$$

$$m'_x = -0.0698 \times 12 \times 4.14^2 = 14.36\text{kN} \cdot \text{m}$$

$$m'_y = -0.0726 \times 12 \times 4.14^2 = 14.93\text{kN} \cdot \text{m}$$

区格 E　可取与区格 C 相同。

区格 F　由于悬挑部分的弯矩 $m_y = -\frac{1}{2}(g+q)\ l_0^2 = -\frac{1}{2}(4+2) \times 1^2 = -3\text{kN·m}$ 远小于区格 F 按四边嵌固算得的弯矩，故可取与区格 B 相同，但悬挑部分应仍按 $m_y = -3\text{kN·m}$配筋。

二、截面设计

确定截面有效高度 h_0：假定钢筋选用 $\phi10$，短边方向跨中截面的 $h_0 = 100\text{mm}$；长边方

向跨中截面的 $h_0=90\text{mm}$；支座截面的 $h_0=100\text{mm}$。

截面设计用的计算弯矩：由于楼盖周边为砖墙承重，C、E 等角区格弯矩不予减少；而边跨的跨中截面及楼板边缘算起的第二支座上，由于沿楼板边缘方向的计算跨长与垂直于楼板边缘方向的跨长比 $l_{ed}/l=5.25/4.34=1.21<1.5$，故其弯矩可减少 20%，中间跨的

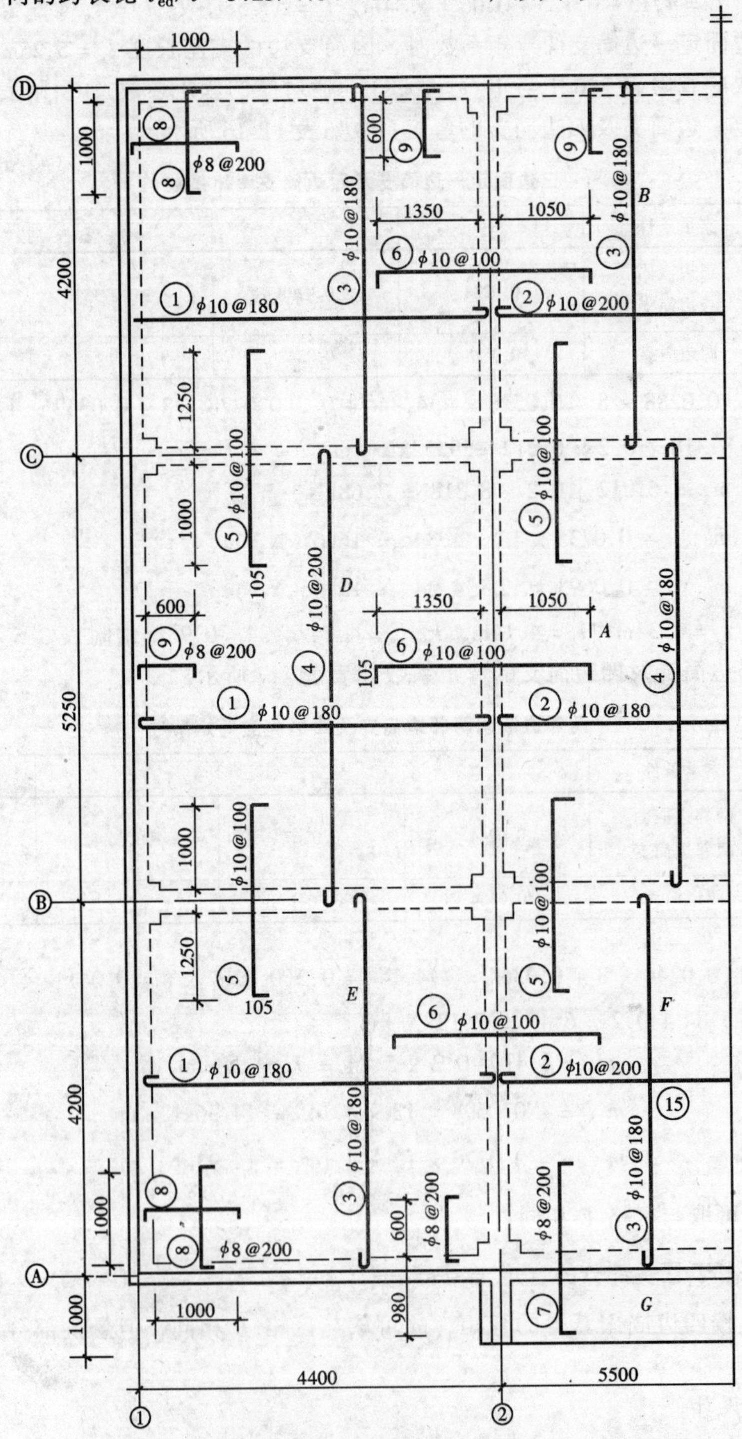

图 11-56　例 11-3 双向板肋形楼盖楼板按弹性理论计算的配筋图

跨中截面及中间支座上的弯矩也可减少20%。

受拉钢筋 A_s 的计算：为简便起见，近似取内力臂系数 $\gamma_s=0.9$，按下式计算受拉钢筋截面面积：

$$A_s=\frac{m}{0.9f_y h_0}=\frac{m}{0.9\times 210h_0}=\frac{m}{189h_0}$$

截面配筋计算列于表11-18，配筋图见图11-56，图中钢筋为中间板带的配筋，边缘板带配筋可减半。当楼板温度收缩应力较大时，可将板面的负钢筋拉通（即配双层钢筋网），或在板面温度收缩应力较大的部位，加配温度收缩钢筋网。

多区格板按弹性理论分析内力时的截面配筋计算　　表11-18

截　面			h_0 (mm)	m (kN·m/m)	A_s (mm²)	配　筋 (mm)	实　配 (mm²)
跨中	区格 A	l_x 方向	90	9.59×0.8	451	ϕ10@180	436
		l_y 方向	100	10.45×0.8	442	ϕ10@180	436
	区格 B	l_x 方向	90	6.93×0.8	326	ϕ10@200	393
		l_y 方向	100	10.13×0.8	429	ϕ10@180	436
	区格 C、E	l_x 方向	90	7.13	419	ϕ10@180	436
		l_y 方向	100	7.64	404	ϕ10@180	436
	区格 D	l_x 方向	100	9.52×0.8	403	ϕ10@180	436
		l_y 方向	90	7.68×0.8	361	ϕ10@200	393
	区格 F	l_x 方向	90	6.93×0.8	326	ϕ10@200	393
		l_y 方向	100	10.13×0.8	429	ϕ10@180	436
支座	A—B		100	$\frac{18.19+17.22}{2}\times0.8=14.16$	749	ϕ10@100	785
	A—D		100	$\frac{17.46+16.61}{2}\times0.8=13.63$	721	ϕ10@100	785
	A—F		100	$\frac{18.19+17.22}{2}\times0.8=14.16$	749	ϕ10@100	785
	B—C E—F		100	$\frac{14.99+14.36}{2}=14.68$	777	ϕ10@100	785
	C—D D—E		100	$\frac{15.66+14.93}{2}=15.30$	809	ϕ10@100	785*
	F—G		100	3.0	159	ϕ8@200	251

* 该处实际选用的钢筋截面面积比计算的小（809—785）/785 = 3% < 5%，且跨中实际选用的钢筋截面面积比计算的大，考虑少量的塑性内力重分布，故能满足正截面承载力的要求。

第四节 装配式混凝土楼盖

装配式混凝土楼盖主要由搁置在承重墙或梁上的预制混凝土铺板组成，故又称为装配式铺板楼盖。铺板的形式对楼盖的施工、使用和经济效果影响较大。因此，本书着重介绍铺板的形式、优缺点及其适用范围。对这种楼盖的连接构造和装配式构件的计算特点也作扼要的介绍。

一、预制铺板的形式、特点及其适用范围

常用的预制铺板有实心板、空心板、槽形板、T形板等，其中以空心板的应用最为广泛。我国各地区或省一般均有自编的标准图，其他铺板大多数也编有标准图。随着建筑业的发展，预制的大型楼板（平板式或双向肋形）也日益增多。

（一）实心板

实心板（图 11-57a）上下表面平整，制作简单，但材料用量较多，适用于荷载及跨度较小的走道板、管沟盖板、楼梯平台板等。

常用板长 $l=1.8\sim2.4$m；板厚 $h\geqslant l/30$，常用 50～100mm；板宽 $B=500\sim1000$mm。

（二）空心板

空心板自重比实心板轻，截面高度可取较实心板大，故其刚度较大，隔声、隔热效果亦较好，其顶棚或楼面均较槽板易于处理，因而在装配式楼盖中应用甚为广泛。空心板的缺点是板面不能任意开洞，自重也较槽形板大。

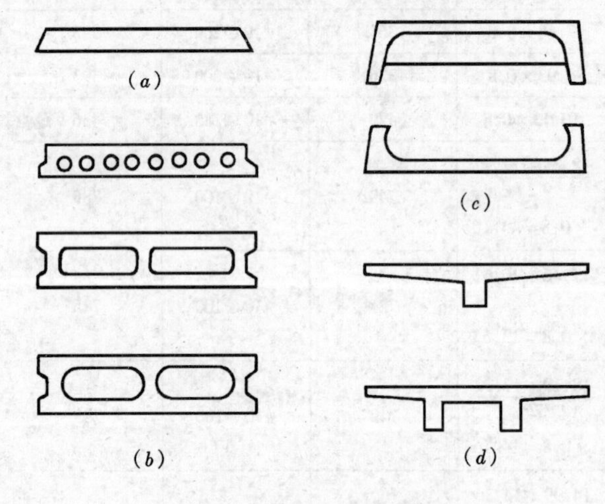

图 11-57 预制铺板的截面形式

空心板截面的孔型有圆形、方形、矩形或长圆形（图 11-57b），视截面尺寸及抽芯设备而定，孔数视板宽而定。扩大和增加孔洞对节约混凝土减轻自重和隔音有利，但若孔洞过大，其板面需按计算配筋时反而不经济，此外，大孔洞板在抽芯时，易造成尚未结硬的混凝土坍落。为避免空心板端部压坏，在板端应塞混凝土堵头。

空心板截面高度可取为跨度的 1/25～1/20（普通钢筋混凝土的）或 1/35～1/30（预应力混凝土的），其取值宜符合砖的模数。通常有 120mm、180mm、240mm 几种。空心板的宽度主要根据当地制作、运输和吊装设备的具体条件而定，常用 500mm、600mm、900mm、1200mm。应尽可能地采取宽板以加快安装进度。板的长度视房间或进深的大小而定，一般有 3.0m、3.3m、3.6m、……6m，多数按 0.3m 进级。目前，非预应力空心板的最大长度为 4.8m，预应力的可达 7.5m。

（三）槽形板

槽形板有肋向下（正槽板）和肋向上（倒槽板）两种（图 11-57c）。正槽板可以较充分利用板面混凝土抗压，但不能直接形成平整的顶棚，倒槽板则反之。槽形板较空心板轻，但隔声隔热性能较差。

槽形板由于开洞较自由，承载能力较大，故在工业建筑中采用较多。此外，也可用于对顶棚要求不高的民用建筑屋盖和楼面结构。

（四）T形板

T形板有单T板和双T板两种（图11-57d）。这类板受力性能良好，布置灵活，能跨越较大的空间，且开洞也较自由，但整体刚度不如其他类型的板。双T板比单T板有较好的整体刚度，但自重较大，对吊装能力要求较高。T形板适用于板跨在12m以内的楼面和屋盖结构。

T形板的翼缘宽度为1500~2100mm；截面高度为300~500mm。视其跨度大小而定。

二、楼盖梁

在装配式混凝土楼盖中，有时需设置楼盖梁。楼盖梁可为预制或现浇，视梁的尺寸和吊装能力而定。

一般混合结构房屋中的楼盖梁多为简支梁或带悬挑的简支梁，有时也做成连续梁。梁的截面多为矩形。当梁较高时，为满足建筑净空要求，往往做成花篮梁（十字梁）。此外，为便于布板和砌墙，还设计成T形梁和Γ形梁。

简支梁的高跨比一般为1/14~1/8。

三、装配式构件的计算要点

装配式梁板构件，其使用阶段承载力、变形和裂缝开展验算与现浇整体式结构完全相同。但是，这种构件在制作、运输和吊装阶段的受力与使用阶段不同，故还需要进行施工阶段的验算（包括吊环、吊钩的计算）。

（一）施工阶段的验算

对于装配式钢筋混凝土梁板构件，必须进行运输和吊装验算。对于预应力混凝土构件。还应进行张拉（后张法构件）和放松（先张法构件）预应力钢筋时构件承载力和抗裂度的验算。这时，应注意下列各点：

（1）按构件实际堆放情况和吊点位置确定计算简图；

（2）考虑运输、吊装时的动力作用，构件自重应乘以1.5的动力系数；

（3）对于预制楼板、挑檐板、雨篷板等构件，应考虑在其最不利位置作用1kN的施工集中荷载（当计算挑檐、雨篷承载力时，沿板宽每隔1m考虑一个集中荷载，在验算其倾覆时，沿板宽每隔2.5~3m考虑一个集中荷载），该集中荷载与使用活荷载不同时考虑；

（4）在进行施工阶段的承载力验算时，结构的重要性系数应较使用阶段的承载力计算降低一个安全等级，但也不得低于三级。

（二）吊环的计算与构造

在吊装过程中，每个吊环可考虑两个截面受力，故吊环截面面积可按下式计算

$$A = \frac{G_k}{2m[\sigma_s]}$$

式中　G_k——构件自重（不考虑动力系数）的标准值；

　　m——受力吊环数，当构件设有4个吊环时，最多只能考虑3个，即取$m=3$；

　　$[\sigma_s]$——吊环钢的容许设计应力，考虑动力作用之后，规范规定$[\sigma_s]=50N/mm^2$。

吊环应采用HPB235钢筋，并严禁冷拉，以保持吊环具有良好的塑性。当构件混凝土

强度等级不低于 C20 时，吊环钢筋锚固长度应不小于 30d，并宜焊接或绑扎在构件钢筋的骨架上。

四、装配式混凝土楼盖的连结构造

楼盖除承受竖向荷载外，它还作为纵墙的支点，起着将水平荷载传递给横墙的作用。在这一传力过程中，楼盖在自身平面内，可视为支承在横墙上的深梁，其中将产生弯曲和剪切应力。因此，要求铺板与铺板之间、铺板与墙之间以及铺板与梁之间的连接应能承受这些应力，以保证这种楼盖在水平方向的整体性。此外，增强铺板之间的连接，也可增加楼盖在垂直方向受力时的整体性，改善各独立铺板的工作条件。因此，在装配式混凝土楼盖设计中，应处理好各构件之间的连接构造。

(一) 板与板的连接

板与板的连接，一般采用强度等级不低于 C20 的细石混凝土或砂浆灌缝（图11-58a）。

当楼面有振动荷载或房屋有抗震设防要求时，板缝内应设置拉接钢筋（图 11-58b）。此时，板间缝隙应适当加宽。

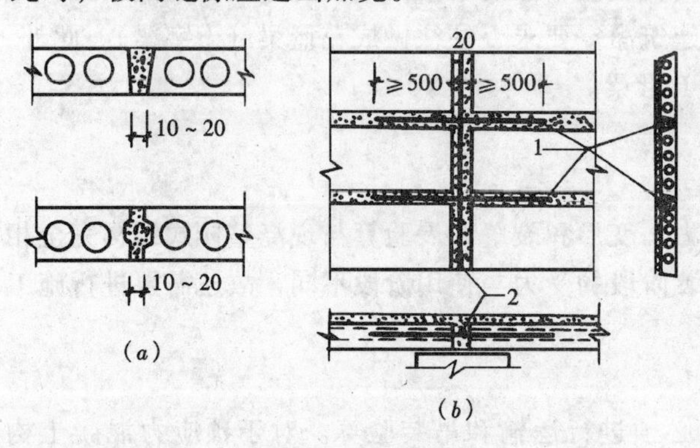

图 11-58 板与板的连接构造

(a) 一般连接构造；(b) 有抗震要求时的连接构造；

1—拉接钢筋，间距≤2000mm；2—通长构造钢筋

(二) 板与墙和板与梁的连接

板与墙和梁的连接，分支承与非支承两种情况。

板与其支承墙和梁的连接，一般采用在支座上坐浆（厚度约为 10 ~ 20mm）。板在砖墙上支承宽应≥100mm，在钢筋混凝土梁上应≥60 ~ 80mm（图 11-59），方能保证可靠地连接。

板与非支承墙和梁的连接，一般采用细石混凝土灌缝（图 11-60a）。当板长≥5m 时，应在板的跨中设置二根直径为 8mm 的联系筋（图 11-60b），或将钢筋混凝土圈梁设置于楼盖平面处（图 11-60c），以增强其整体性。

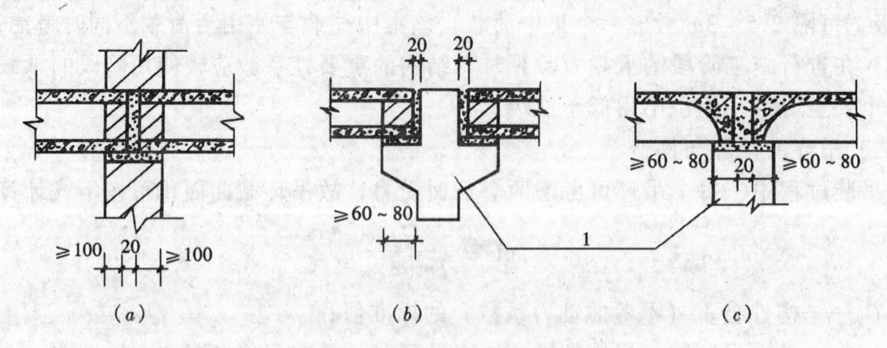

图 11-59 板与支承墙和板与支承梁的连接构造

(a) 板与墙的连接；(b)、(c) 板与钢筋混凝土梁的连接；

1—钢筋混凝土梁

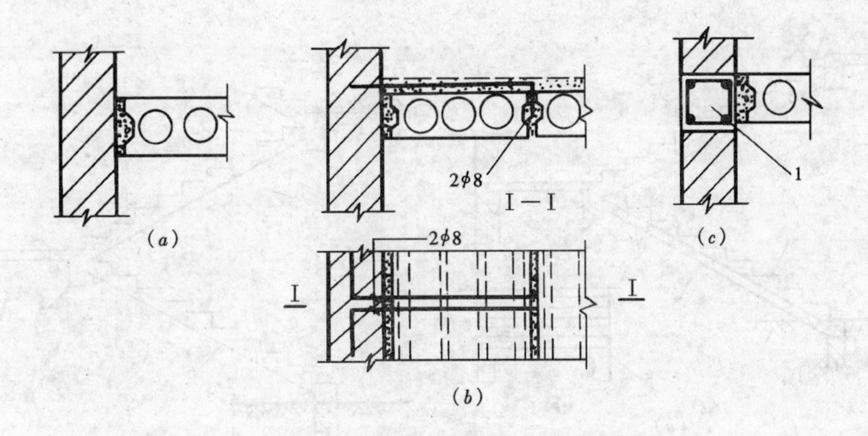

图 11-60　板与非支承墙的连接构造

（a）板长＜5m时；（b）、（c）板长≥5m时；

1—钢筋混凝土圈梁

（三）梁与墙的连接

梁在砖墙上的支承长度，应满足梁内受力钢筋在支座处的锚固要求和支座处砌体局部抗压承载力的要求。当砌体局部抗压承载力不足时，应按砌体结构设计规范设置梁下垫块。预制梁也应在支承处坐浆10～20mm；必要时，在梁端设置拉结钢筋。

第五节　楼梯、雨篷计算与构造

除前述各种类型的楼盖（或屋盖）外，房屋建筑中的楼梯、雨篷、阳台、挑梁等也属梁板结构。这些结构构件由于工作条件的不同，外形比较特殊。如：楼梯包含有斜向搁置的受弯构件；雨篷、阳台、挑梁包含悬挑的受弯构件，因而在外形、计算及构造上均各具特点。本节着重介绍楼梯和雨篷的计算与构造。

一、楼梯的计算与构造

楼梯是多层及高层房屋建筑的重要组成部分。因承重及防火要求，一般采用钢筋混凝土楼梯。这种楼梯按施工方法的不同可分为现浇式和装配式；按结构受力状态可分为梁式、板式、剪刀式和螺旋式（图11-61*a*、*b*、*c*、*d*）。前两种属平面受力体系，后两种则为空间受力体系。本节主要介绍常见的梁式和板式楼梯。

（一）钢筋混凝土现浇楼梯

现浇楼梯由梯段和平台两部分组成，其平面布置和踏步尺寸等由建筑设计确定。通常现浇楼梯的梯段可以是一块斜放的板，板端支承在平台梁上，最下梯段的一端可支承在地垅墙上（图11-61*b*）。这种形式的楼梯称为板式楼梯。梯段上的荷载可直接传给平台梁或地垅墙。这种楼梯下表面平整，因而施工支模较方便，外观也较轻巧，但斜板较厚（约为跨度的1/30～1/25），适用于梯段水平投影在3m以内的楼梯。当梯段较长时，为节约材料，可在斜板两侧或中间设置斜梁，这种楼梯称为梁式楼梯（图11-61*a*）。作用于楼梯上的荷载先由踏步板传给斜梁，再由斜梁传给平台梁或地垅墙。但这种楼梯施工支模较复杂，并显得较笨重。由于上述两种楼梯的组成和传力路线不同，其计算方法也有各自的特点。

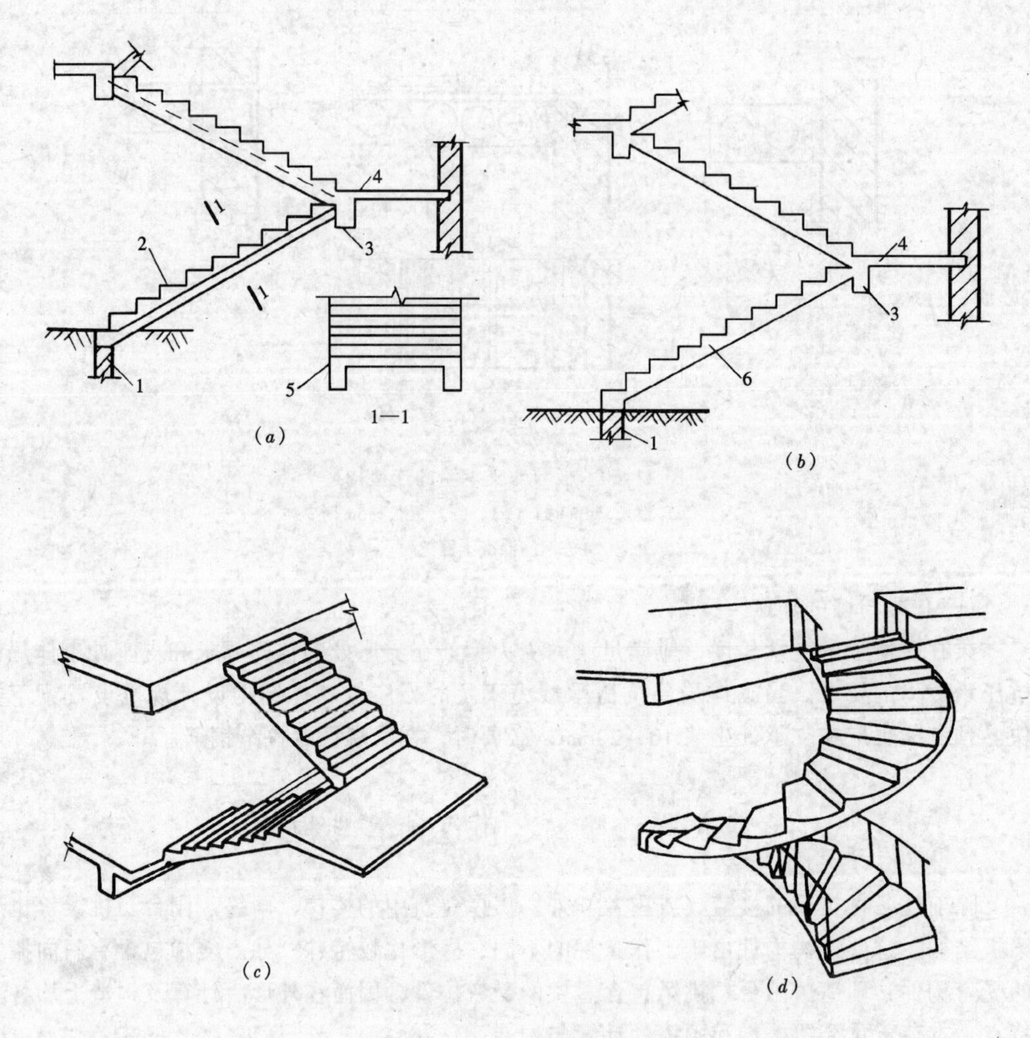

图 11-61 各种形式楼梯的示意图

(a) 梁式楼梯；(b) 板式楼梯；(c) 剪刀式楼梯；(d) 螺旋楼梯；

1—地垅墙；2—踏步板；3—平台梁；4—平台板；5—斜梁；6—梯段板

1. 梁式楼梯的计算

梁式楼梯的计算包括踏步板、斜梁、平台板及平台梁的计算，其计算简图如图 11-62 所示。

(1) 踏步板的计算

踏步板是支承在斜梁上的单向板，可取一个踏步作为计算单元，其截面为五边形(图 11-63*a*)，为简化计算，可根据图 11-63(*b*)中三角形 *ABC*(踏步)全部受压时，混凝土受压区合力的大小和作用点不变的原则，将五边形截面折算成等效矩形截面，其宽和高分别为：

$$\left.\begin{aligned} b &= \frac{0.75a_1}{\cos\varphi} \\ h &= \frac{2b_1}{3}\cos\varphi + d \end{aligned}\right\} \qquad (11\text{-}19)$$

式中 a_1——踏步宽度；

b_1——踏步高度；

d——踏步板伸入斜梁的底板厚度；

φ——梯段与水平面的夹角。

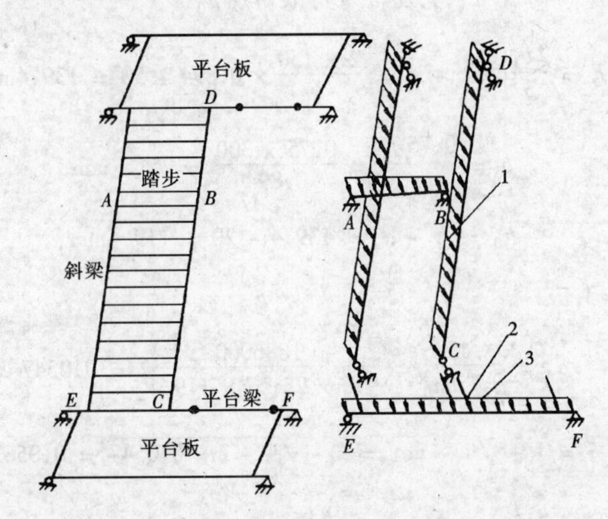

图 11-62 梁式楼梯的计算简图

1—踏步板支座反力；2—斜梁支座反力；3—平台板支座反力

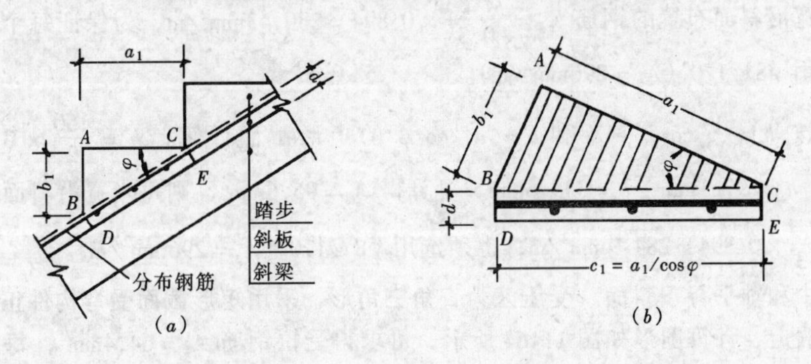

图 11-63 踏步板的截面图

这样，踏步板可按宽为折算宽度 b 高为折算高度 h 的矩形截面进行配筋计算。这比一般按截面面积相等的原则换算（$h=\dfrac{b_1}{2}\cos\varphi+d$）的用钢量节约，而比按较精确法计算的用钢量稍多，故计算是偏安全的。

【例 11-4】 某梁式楼梯踏步板，计算跨度为 2.5m，踏步高 $b_1=150$mm，宽 $a_1=300$mm，底板厚 $d=50$mm，混凝土强度等级为 C20（$f_{cm}=9.6\text{N/mm}^2$），钢筋为 HPB235 级钢（$f_y=210\text{N/mm}^2$），水平投影荷载设计值 $g+q=2.7$kN/m。试计算踏步板受拉钢筋 A_s。

【解】 一、斜梁倾斜角 φ 及垂直于斜面的均布荷载 $g'+q'$

$$\varphi = \text{arctg}\frac{150}{300} = 29°31', \cos 29°31' = 0.894;$$

$$g' + q' = (g+q)\cos\varphi = 2.7 \times 0.894 = 2.414\text{kN/m}。$$

二、跨中最大弯矩

$$M = \frac{1}{8}(g' + q')l_0^2 = \frac{1}{8} \times 2.414 \times 2.5^2 = 1.886\text{kN} \cdot \text{m}$$

三、等效矩形截面高度 h、宽度 b 及有效高度 h_0

$$h = \frac{2b_1}{3}\cos\varphi + d = \frac{2 \times 150}{3} \times 0.894 + 50 = 139.4\text{mm}$$

$$b = \frac{0.75a_1}{\cos\varphi} = \frac{0.75 \times 300}{0.894} = 251.7\text{mm}$$

$$h_0 = h - a_s = 139.4 - 20 = 119.4\text{mm}$$

四、受拉钢筋 A_s

$$\alpha_s = \frac{M}{\alpha_1 f_c b h_0^2} = \frac{1886000}{9.6 \times 251.7 \times 119.4^2} = 0.0547$$

$$\xi = 1 - \sqrt{1 - 2\alpha_s} = 1 - \sqrt{1 - 2 \times 0.0547} = 0.0563$$

$$A_s = \xi \frac{\alpha_1 f_c}{f_y} b h_0 = 0.0563 \frac{9.6}{210} \times 251.7 \times 119.4 = 77.33\text{mm}^2$$

每米宽沿斜面布置的钢筋 $A_s = \frac{77.33}{0.3} \times 0.894 = 230.43\text{mm}^2/\text{m}$，为保证每个踏步 2 根钢筋，故选用 $\phi 8$@170（$A_s = 296\text{mm}^2/\text{m}$）。

如果按 $h = \frac{b_1}{2}\cos\varphi + d$ 和 $b = a_1/\cos\varphi$ 的矩形截面计算，$h = \frac{150}{2} \times 0.894 + 50 = 117.1\text{mm}$，$h_0 = 97.1\text{mm}$，$b = 335.6\text{mm}$，可算得 $A_s = 95.6\text{mm}^2$，则每米宽沿斜面布置的钢筋为 $A_s = \frac{96.5}{0.3} \times 0.894 = 284.9\text{mm}^2/\text{m}$，也须选用 $\phi 8$@170（$A_s = 296\text{mm}^2/\text{m}$）。

若按中和轴平行于斜面、受压区为直角三角形，采用矩形截面受弯构件正截面承载能力计算的假定，计算图形如图 11-64 所示，可求得受拉钢筋 $A_s = 64.4\text{mm}^2$，每米宽沿斜面布置的钢筋为 $191.8\text{mm}^2/\text{m}$，仍须选用 $\phi 8$@170mm（$A_s = 296\text{mm}^2/\text{m}$）。显然，按第一种算法较为简便可靠。

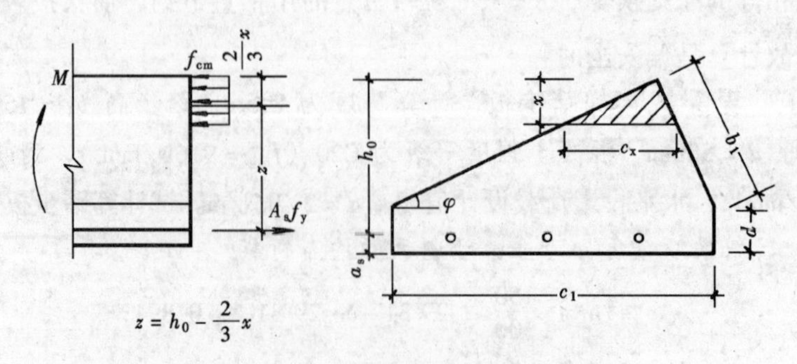

图 11-64 例 11-4 踏步板的截面计算简图

（2）斜梁的计算

楼梯斜梁通常是支承于上、下平台梁或底层的地垅墙，按简支梁计算。除直线形斜梁外，还有折线形斜梁。

斜梁承受由踏步板传来的均布荷载。不论是直线形或折线形斜梁，都简化成水平简支梁计算（图 11-65）。同时，作用在斜梁上的恒荷载部分亦应换算成水平投影长度上的均布荷载。然后计算其最大弯矩 M_{max} 和最大剪力 V_{max}。但算得的剪力应乘以 $\cos\varphi$。斜梁的截面高度 h 应按垂直于斜面的梁高取用，并可按倒 L 形截面进行计算。

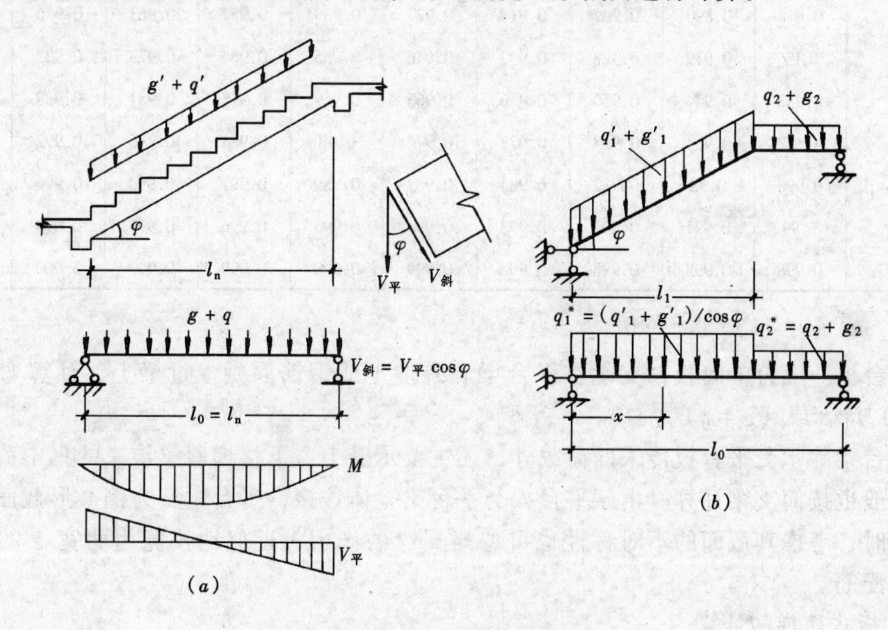

图 11-65　斜梁的计算简图

（a）直线形斜梁；（b）折线形斜梁

对于折线形斜梁，由于倾斜段和水平段作用的荷载不同（图 11-65b），故应先按剪力 $V=0$ 的条件，求出最大弯矩截面的位置，然后再计算最大弯矩 M_{max}。

为便于计算，根据平段和斜段的荷载比（q_2^*/q_1^*）以及斜段水平投影长与折梁跨度比（l_1/l_0），可编制最大弯矩截面位置系数 β 的表格（表 11-19），β 查得后，最大弯矩和最大剪力按下列公式计算：

$$\left.\begin{aligned} M_{max} &= \frac{\beta^2}{8} q_1^* l_0^2 \\ V_{max} &= \frac{\beta}{2} q_1^* l_0 \cos\varphi \end{aligned}\right\} \tag{11-20}$$

最大弯矩截面至斜梁左边支座的水平距离为：

$$x = \frac{\beta}{2} l_0 \tag{11-20a}$$

应该说明，在斜梁中还将产生轴力 N，但因其影响甚小，设计时可不予考虑。

（3）平台板与平台梁的计算

系　数　β　　表 11-19

q_2^*/q_1^* \ l_1/l	0.0	0.1	0.2	0.3	0.4	0.5	0.6	0.7	0.8	0.9
0.50	0.75	0.775	0.80	0.825	0.85	0.875	0.90	0.925	0.95	0.975
0.55	0.793	0.818	0.838	0.858	0.878	0.899	0.919	0.939	0.960	0.980
0.60	0.84	0.856	0.872	0.888	0.904	0.92	0.936	0.952	0.968	0.984
0.65	0.878	0.890	0.902	0.914	0.927	0.939	0.951	0.963	0.976	0.988
0.70	0.91	0.919	0.928	0.937	0.946	0.955	0.964	0.973	0.982	0.991
0.75	0.938	0.944	0.950	0.956	0.963	0.969	0.975	0.981	0.988	0.994
0.80	0.96	0.964	0.968	0.972	0.976	0.98	0.984	0.988	0.992	0.996
0.85	0.978	0.98	0.982	0.984	0.987	0.989	0.991	0.993	0.996	0.998
0.90	0.99	0.991	0.992	0.993	0.994	0.995	0.996	0.997	0.998	0.999
0.95	0.998	0.998	0.998	0.998	0.999	0.999	0.999	0.999	1.000	1.000

注：表中 $q_1^* = (g'_1 + q'_1)/\cos\varphi$，$q_2^* = g_2 + q_2$。

平台板一般为单向板，支承在平台梁和外墙上或钢筋混凝土过梁上，计算弯矩可取 $(g+q)\ l_0^2/8$ 或 $(g+q)\ l_0^2/10$。

平台梁除承受平台板传来的荷载外，还主要承受上、下楼梯斜梁传来的集中荷载，其设计一般也按简支梁计算。由于平台板与平台梁整体连接，平台梁实为倒 L 形截面，但受弯工作时，考虑其截面的不对称性也可忽略翼缘的作用，近似地按宽为肋宽 b 的矩形截面计算配筋。

2. 板式楼梯的计算

板式楼梯的计算包括梯段板、平台板和平台梁的计算。计算简图如图 11-66 所示。

(1) 梯段板的计算

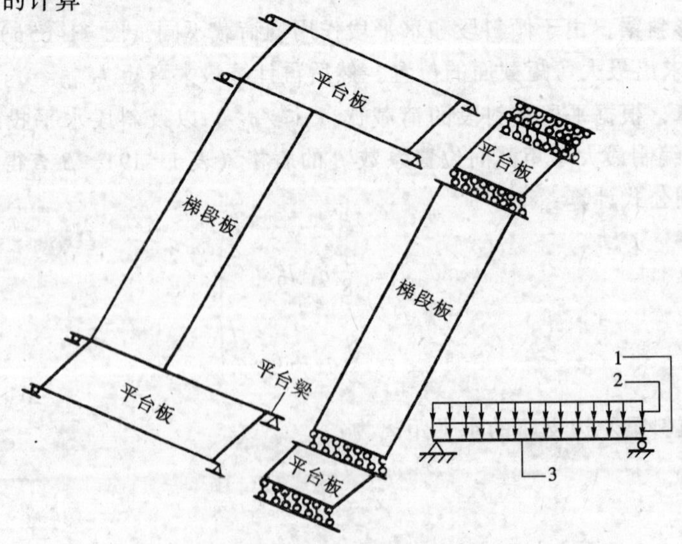

图 11-66　板式楼梯的计算简图

1—平台板传来；2—梯段板传来；3—平台梁

梯段板通常支承在上、下平台梁上，并与一端搁置在平台梁上另一端在墙上或窗过梁上的平台板连成一体（图 11-67*a*）。当上平台梁不能满足楼梯净空要求时，可取消该梁，做成如图 11-67（*b*）所示的折线形梯段板。对于室外楼梯或要求平台板与外墙脱开时，也可做成图 11-67（*c*）所示带悬挑的梯段板。

分析内力时，梯段板与前述斜梁的算法原则上相同。但是，考虑到平台梁、板对梯段板的嵌固作用，其跨中弯矩相对于简支有所减少，通常取 $M=(g+q)\ l_0^2/10$（图 11-67*a*、*c*）。图 11-67（*b*）所示的折线形梯段板，支承在下平台梁和砖墙上，可按折线形梁的计算方法确定其内力。

（2）平台梁的计算

平台板和梯段板支承在平台梁上，因此平台梁承受由它们传来的均布反力，这与梁式楼梯平台梁承受集中反力不同。板式楼梯平台梁的计算简图如图 11-66 所示。

3. 现浇楼梯的构造

楼梯各部件均属受弯的梁板构件，所以有关对梁板的构造要求都适用于楼梯各部件。下面着重介绍现浇楼梯各部件截面形式、尺寸以及配筋等构造要求。

梁式楼梯踏步板的高和宽由建筑设计确定，一般为 150mm 高和 300mm 宽，踏步底板厚 40~60mm，其配筋应保证每个踏步至少有 2ϕ8 的受力钢筋，分布钢筋采用 ϕ8 @200 沿梯段均匀布置，如图 11-68 所示。

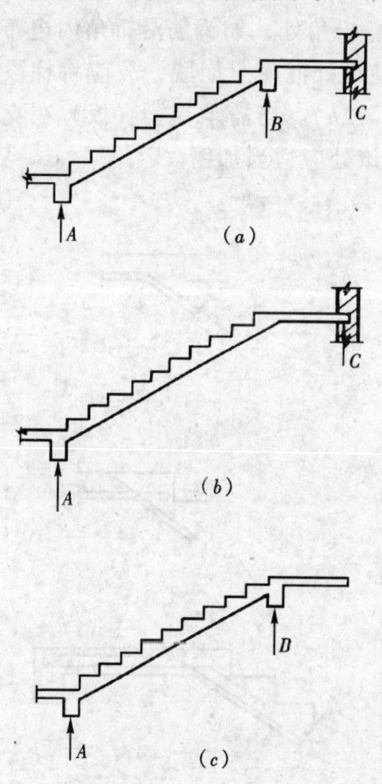

图 11-67　板式楼梯梯段板支承情况示意图

（*a*）直线梯段板；（*b*）折线形梯段板；（*c*）带悬挑的梯段板

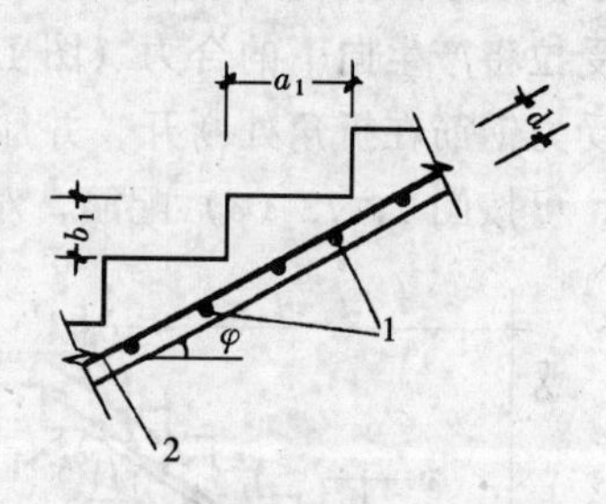

图 11-68　梁式楼梯踏步板配筋

1—受力钢筋；2—分布钢筋

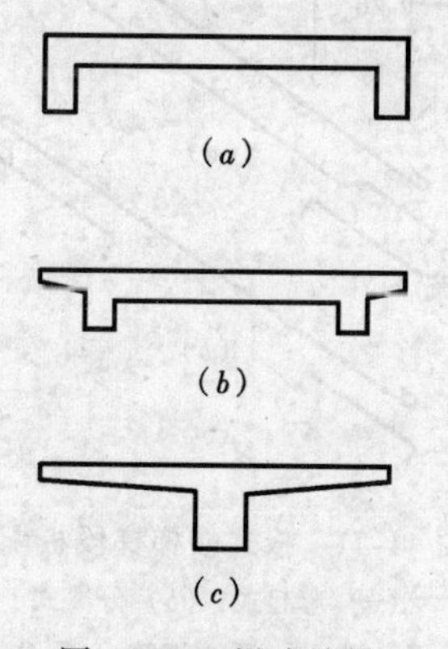

图 11-69　梁式楼梯斜梁的截面形式

梁式楼梯的斜梁，一般设在踏步板的两侧，与踏步底板构成Π形或双T形，即所谓的双梁式楼梯（图11-69*a*、*b*）。当楼梯宽度较小时，可将斜梁设在踏步板中间构成T形，即所谓的单梁式楼梯（图11-69*c*）。梁式楼梯斜梁的配筋一般如图11-70所示。

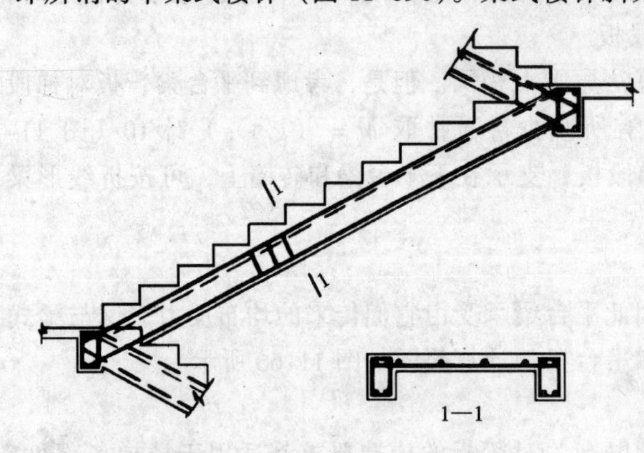

图11-70　梁式楼梯斜梁配筋图

应该指出，现浇梁式楼梯的踏步板不宜搁在墙上，虽然这样可省一根斜梁，但需在墙上预留槽口，因而造成施工麻烦，并削弱墙身承载力。

板式楼梯的踏步高和宽与梁式同，其斜板（即梯段板）板厚一般取 $l/30 \sim l/25$，常用厚度为100～120mm。

由于梯段板与平台梁整体连接，连接处板面在负弯矩作用下将出现裂缝，故应将平台板的负钢筋伸入梯段板，并不得小于 $l_0/4$ 的长度（图11-71），l_0 为梯段板的计算跨度即净跨跨长。梯段板的受力钢筋也有弯起式和分离式两种（图11-71*a*、*b*），为施工方便，工程中多采用分离式配筋。梯段板的分布钢筋要求每个踏步内至少配置一根 $\phi 8$ 的钢筋（图11-71）。

对于折线形的梁式（或板式）楼梯，在梁（板）折角处，如钢筋沿折角内边布置，由于钢筋受拉将产生向下的合力（图11-72*a*），可能使该处混凝土崩脱，故应将梯段板和平台板的受力钢筋在折角处断开，并加以锚固（图11-72*b*）。当需承受梁（板）在支座的负弯矩时，可按图11-72（*c*）配筋，对于斜梁箍筋在该处应适当加密。

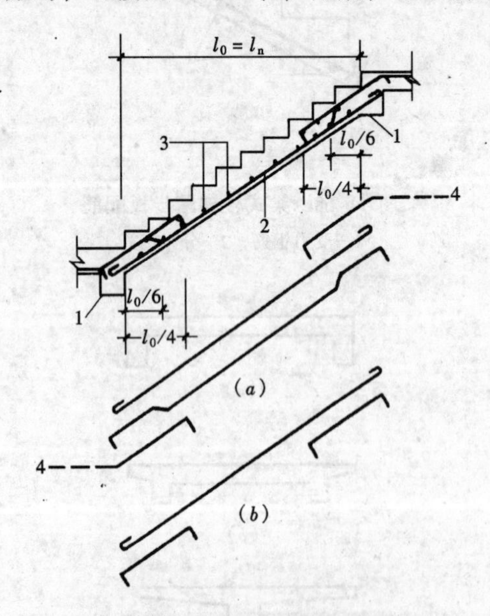

图11-71　板式楼梯梯段板配筋

（*a*）弯起式；（*b*）分离式

1—平台梁；2—受力钢筋；3—分布钢筋每个踏步一根；4—平台板伸来

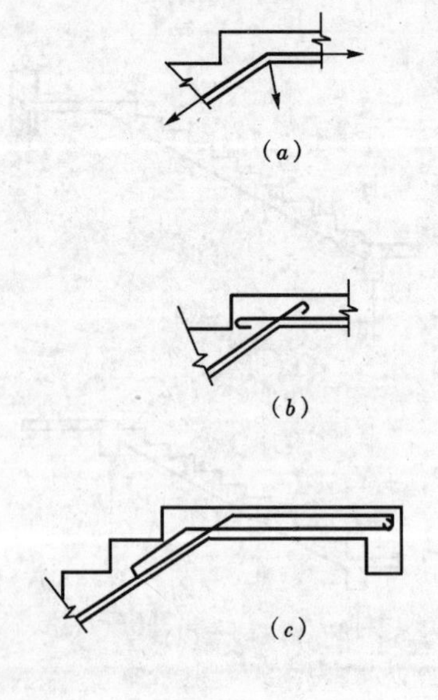

图11-72　折线形梁式（或板式）楼梯折角内边的配筋图

（二）装配式钢筋混凝土楼梯

在一般民用建筑中，为加快施工进度和降低造价，往往采用装配式楼梯。这种楼梯根据组成部件的不同，可分为小型和大型两种。

小型构件装配式楼梯由预制的踏步板、斜梁、平台梁和平台板组成。踏步板一般为倒L形，斜梁为锯齿形，平台梁为L形（图 11-73），平台板则采用空心板。这些预制构件的设计计算与一般受弯构件相同。

最简单的小型装配式楼梯由踏步板和平台板组成，它们均搁在砖墙上。施工时，随砌随搁。这种预制踏步板可以是平板、倒L形板或L形板（图 11-74*a*、*b*、*c*）。跨度在1.5m左右，适用于居住建筑。

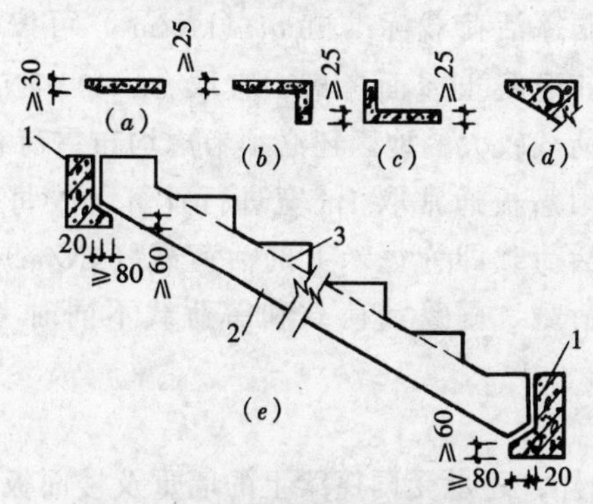

图 11-73　小型构件装配式楼梯

（*a*）平板；（*b*）倒L板；（*c*）L形板；

（*d*）异形空心板；（*e*）装配式楼梯剖面

1—平台梁；2—斜梁；3—采用

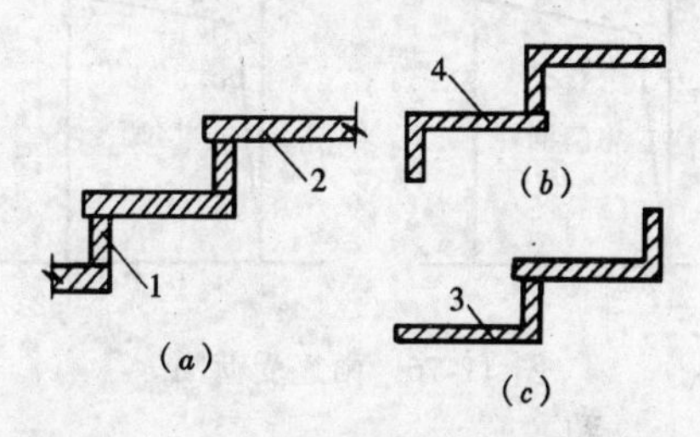

图 11-74　简易小型构件装配式楼梯

1—砖砌；2—预制平板；

3—L形板；4—倒L形板

当制作、运输和吊装条件具备时，可采用大型构件装配式楼梯。这种楼梯由预制整体梯段及预制平台梁和平台板组成。预制整体梯段可以是板式（图 11-75*a*），也可以是梁式（图 11-75*b*）。

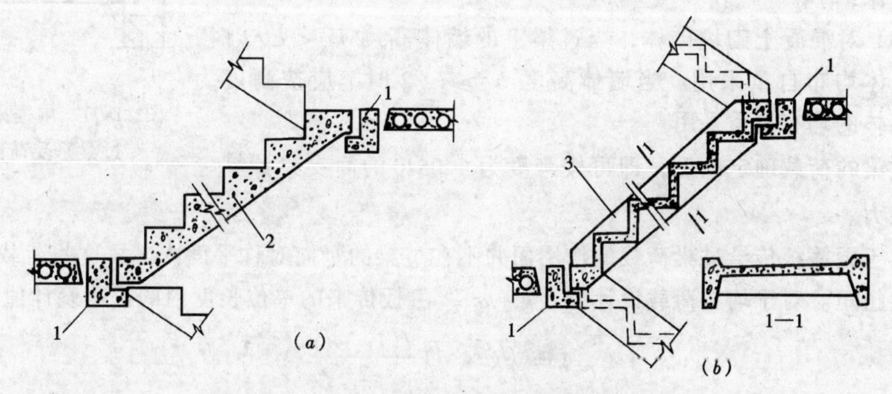

图 11-75　大型装配式楼梯

1—平台梁；2—板式预制梯段；3—梁式预制梯段

设计装配式楼梯时，须特别重视各组成构件之间的连接构造，一般应通过预埋件采用电焊连接。

二、雨篷的计算与构造

雨篷是房屋结构中最常见的悬挑构件。根据悬挑的大小，它有两种基本的结构布置方案：当悬挑较长时，在雨篷中布置悬挑边梁来支承雨篷板，这种方案可按梁板结构计算其内力；当悬挑较小时，则布置雨篷梁来支承悬挑的雨篷板。雨篷梁除支承雨篷板外，还兼作门窗过梁，承受上部墙体的重量和楼面梁板或楼梯平台传来的荷载。由于雨篷是一种悬挑结构，故除雨篷梁、板的承载能力需作计算外，还必须进行整体的抗倾覆验算。

（一）雨篷板的计算

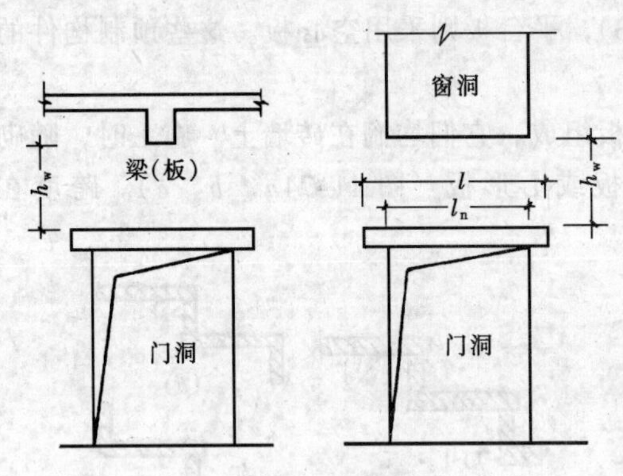

图 11-76　雨篷受荷图

雨篷板承受的荷载除自重，抹灰层重等恒荷载外还必须考虑施工或检修的集中荷载 F（$F=1$kN，当施工荷载较大时，应按实际情况考虑），且按作用于板端（图 11-76）考虑。均布的雨篷活荷载标准植 q_k（kN/m^2）可按不上人钢筋混凝土屋面考虑，宜取 $q_k=0.7$kN/m^2，在雪荷载较大的地区还必须考虑均布雪荷载。

雨篷板通常取 1m 宽进行计算，故每平方米的活荷载即为每米上的活荷载（kN/m）。但施工荷载、雨篷活荷载和雪荷载不同时考虑，按其不利情况进行设计计算。

（二）雨篷梁的计算

雨篷梁除承受雨篷板传来的恒荷载与活荷载外，还承受雨篷梁上的墙重及楼面板或平台板通过墙传来的恒荷载与活荷载。梁板荷载与墙体自重（图 11-77）按下列规定采用：

（1）对砖和小型砌块砌体，当梁、板下墙体高度 $h_w<l_n$ 时（l_n 为过梁净跨），应计入梁、板传来的荷载。当 $h_w \geqslant l_n$ 时，可不考虑梁、板荷载；

（2）对砖砌体，当过梁上的墙体高度 $h_w<l_n/3$ 时，按墙体均布自重采用。当墙体高度 $h_w \geqslant l_n/3$ 时，按高度为 $l_n/3$ 墙体的均布自重考虑；

（3）对混凝土砌块砌体，当过梁上的墙体高度 $h_w<l_n/2$ 时，应按墙体均布自重采用。当墙体高度 $h_w \geqslant l_n/2$ 时，应按高度为 $l_n/2$ 墙体的均布自重采用。

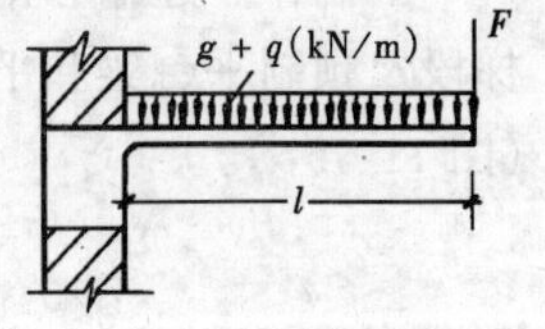

图 11-77　雨篷梁（或过梁）受荷图

过梁的荷载确定以后，即可按跨度为 $1.05l_n$ 的简支梁计算弯矩和剪力。

由于雨篷板传给过梁荷载的作用面并不在过梁的竖向对称平面内，故这些荷载将对过梁产生扭矩。对于均布荷载设计值（$g+q$），由板传来的单位长度内的扭矩设计值：

$$t=(g+q)\frac{l(l+b)}{2} \tag{11-21}$$

式中，b 为梁的宽度；l 为雨篷板悬挑跨长。

由 t 在梁端产生的最大扭矩设计值为：

$$T=\frac{1}{2}tl_n \tag{11-22}$$

t 和 T 分别为过梁单位长度上的外扭矩荷载和相应的内扭矩（内力），T 在梁内的分布如图 11-78 所示。

当施工或检修的集中荷载 F 与恒荷载组合产生的扭矩更为不利时，梁端最大扭矩应按这种荷载组合进行计算。

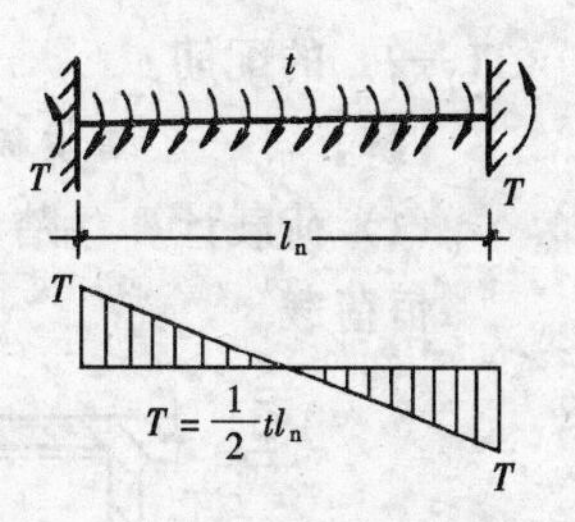

图 11-78 雨篷梁受扭计算简图

这样，雨篷梁应按弯剪扭构件进行纵筋及箍筋的计算。

（三）雨篷整体倾覆验算

由于雨篷为悬挑结构，雨篷板上的荷载将绕图 11-79（*a*）所示的 O 点产生倾覆力矩 M_{ov}，而梁自重、墙重以及梁板传来的恒荷载设计值将产生绕 O 点的抗倾覆力矩 M_r。O 点到雨篷板根部的距离，当 $l_1 \geqslant 2.2h_b$ 时，$x_0=0.3h_b$（h_b 为雨篷板根部的板厚），且不大于 $0.13l_1$；当 $l_1<2.2h_b$ 时，$x_0=0.13l_1$。抗倾覆要求须满足下列条件：

$$M_{ov} \leqslant M_r \tag{11-23}$$

式中 M_{ov}——按雨篷板上不利荷载组合计算的绕 O 点的倾覆力矩，对恒荷载和活荷载应分别乘以荷载分项系数。

M_r——按恒荷载标准值计算的绕 O 点的抗倾覆力矩，此时，荷载分项系数按 0.8 采用，即 $M_r=0.8G_r(l_2-x_0)$。图 11-79（*a*）中的 G_r 可按图 11-79（*b*）阴影部分所示范围内的恒荷载（包括砌体与楼面传来的）标准值计算。

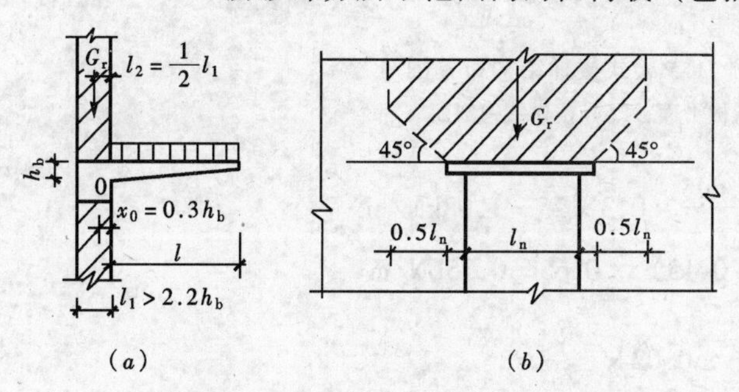

图 11-79 雨篷抗倾覆计算简图
（*a*）雨篷倾覆点；（*b*）抗倾覆力 G_r 的计算

倾覆点 O 向墙内移 $0.3h_b$ 或 $0.13l_1$，是考虑墙体在极限状态时，因受压较大局部压坏反力的合力内移的缘故。

当式（11-23）的条件不满足时，可适当增加雨篷梁的支承长度，以增大墙体自重（图 11-79*b*）。

（四）雨篷梁、板的构造

根据雨篷板为悬臂板的受力特点，可设计成变厚度板，其端部板厚一般不小于 50mm，根部板厚不小于 70mm。雨篷板受力钢筋按悬臂板计算确定，最小不得少于 ϕ8@200mm，受力钢筋必须伸入雨篷梁，并与梁中箍筋连接。此外，还必须按构造要求配置分布钢筋，一般不少于 ϕ8@200mm。

雨篷梁宽一般与墙厚相同，高度按计算确定，为保证足够的嵌固，雨篷梁伸入墙内的支承长度不小于 370mm。雨篷梁按弯剪扭构件设计配筋，其箍筋必须按抗扭箍筋要求制作。具体配筋构造见图 11-80 所示。

【例 11-5】 某数学楼楼梯活荷载标准值为 2.5kN/m²，踏步面层采用 30mm 厚水磨石，底面为 20mm 厚，混合砂浆抹灰，混凝土采用 C20，梁中受力钢筋采用 HRB335 级钢，其余钢筋采用 HPB235 级钢，楼梯结构布置如图 11-81（*a*）、（*b*）所示。试计算踏步板（TB—1）、斜梁（TL—1）和平台梁

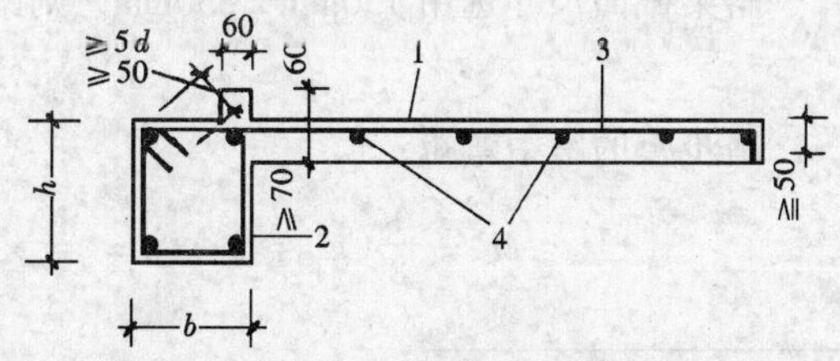

图 11-80 雨篷截面及配筋构造要求
1—雨篷板；2—雨篷梁；3—受力钢筋；4—分布钢筋

（TL—2）的配筋。

【解】 一、踏步板（TB—1）的计算

（1）荷载计算（踏步尺寸 $a_1 \times b_1 = 300\text{mm} \times 150\text{mm}$。底板厚 $d = 40\text{mm}$）

恒荷载

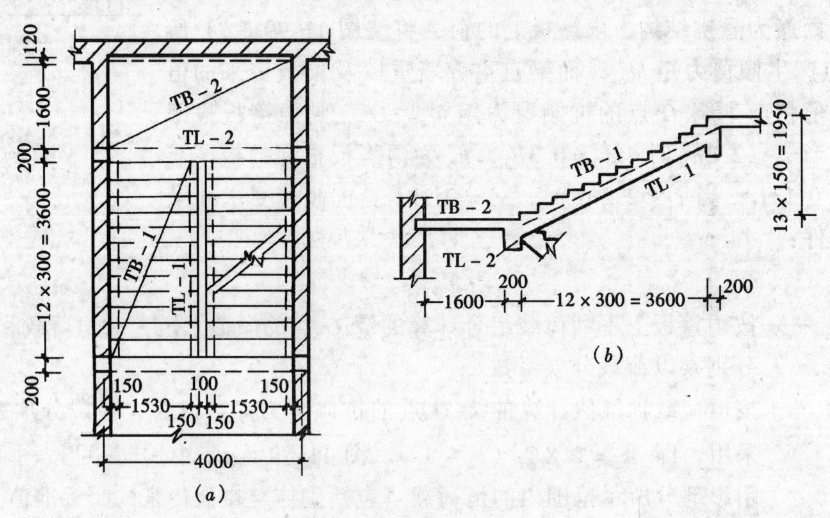

图 11-81　例 11-5 梁式楼梯结构布置图

（a）楼梯结构平面；（b）楼梯结构剖面

踏步板自重　$1.2 \times \dfrac{0.195 + 0.045}{2} \times 0.3 \times 25 = 1.08\text{kN/m}^*$

踏步面层重　$1.2 \times (0.3 + 0.15) \times 0.65 = 0.35\text{kN/m}$

踏步抹灰重　$1.2 \times \dfrac{0.3}{0.894} \times 0.02 \times$

$17.00 = 0.14\text{kN/m}$

$g = 1.57\text{kN/m}$

使用活荷载　$q = 1.4 \times 2.5 \times 0.3 = 1.05\text{kN/m}$

垂直于水平面的荷载及垂直于斜面的荷载分别为：

$$g + q = 2.62\text{kN/m}$$

$$g' + q' = 2.62 \times 0.894 = 2.34\text{kN/m}$$

（2）内力计算

斜梁截面尺寸选用 150mm × 350mm，则踏步的计算跨度为：

$$l_0 = l_\text{n} + b = 1.53 + 0.15 = 1.68\text{m}$$

踏步板的跨中弯矩：

$$M = \frac{1}{8}(g' + q')l_0^2 = \frac{1}{8} \times 2.34 \times 1.68^2 = 0.826\text{kN} \cdot \text{m}$$

---

* 计算踏步板自重时，前述 *ABCDE* 五角形踏步截面面积可按上底为 $d/\cos\varphi = 40/0.894 = 45\text{mm}$，下底为 $b_1 + d/\cos\varphi = 150 + 40/0.894 = 195\text{mm}$，高为 $a_1 = 300\text{mm}$ 的梯形截面计算。

(3) 截面承载力计算

取一块踏步（$a_1 \times b_1 = 300\text{mm} \times 150\text{mm}$）为计算单元，已知 $\cos\varphi = \cos 29°31' = 0.894$，等效矩形截面的高度 h 和宽度 b 分别为：

$$h = \frac{2}{3} b_1 \cos\varphi + d = \frac{2}{3} \times 150 \times 0.894 + 40 = 129.4\text{mm}$$

$$b = 0.75 a_1 / \cos\varphi = 0.75 \times 300/0.894 = 251.7\text{mm}$$

从而可求得

$$h_0 = h - a_s = 129.4 - 20 = 109.4\text{mm}$$

$$\alpha_s = \frac{M}{\alpha_1 f_c b h_0^2} = \frac{8.26 \times 10^5}{1 \times 9.6 \times 251.7 \times 109.4^2} = 0.0286$$

$$\xi = 1 - \sqrt{1 - 2\alpha_s} = 1 - \sqrt{1 - 2 \times 0.0286} = 0.029$$

$$A_s = \xi \frac{\alpha_1 f_c}{f_y} b h_0 = 0.029 \times \frac{9.6}{210} \times 251.7 \times 109.4 = 36.5\text{mm}$$

$$A_s = \rho_{min} b h_0 = 0.0015 \times 251.7 \times 109.4 = 41.30\text{mm}^2$$

踏步板应按 ρ_{min} 配筋，每米宽沿斜面配置的受力钢筋 $A_s = \frac{41.3 \times 1000}{300} \times 0.894 = 123.1\text{mm}^2/\text{m}$，为保证每个踏步至少有两根钢筋，故选用 $\phi 8 @170$（$A_s = 296\text{mm}^2/\text{m}$）。

二、楼梯斜梁（TL—1）计算

(1) 荷载

踏步板传来 $\frac{1}{2} \times 2.62 \times (1.53 + 2 \times 0.15) \times \frac{1}{0.3} = 7.99\text{kN/m}$

斜梁自重 $1.2 \times (0.35 - 0.04) \times 0.15 \times 25 \times \frac{1}{0.894} = 1.56\text{kN/m}$

斜梁抹灰 $1.2 \times (0.35 - 0.04) \times 0.02 \times 17 \times 2 \times \frac{1}{0.894} = 0.28\text{kN/m}$

楼梯栏杆 $1.2 \times 0.1 = 0.12\text{kN/m}$

总计 $g + q = 9.95\text{kN/m}$

(2) 内力计算

取平台梁截面尺寸 $b \times h = 200\text{mm} \times 450\text{mm}$，则斜梁计算跨度为：

$$l_0 = l_n + b = 3.6 + 0.2 = 3.8\text{m}$$

斜梁跨中弯矩及支座剪力分别为：

$$M = \frac{1}{8}(g + q) l_0^2 = \frac{1}{8} \times 9.95 \times 3.8^2 = 18.0\text{kN} \cdot \text{m}$$

$$V = \frac{1}{2}(g + q) l_n = \frac{1}{2} \times 9.95 \times 3.6 = 17.9\text{kN}$$

(3) 截面承载能力计算

取 $h_0 = h - a_s = 350 - 35 = 315\text{mm}$

翼缘有效宽度 b'_f

按梁跨考虑 $b'_f = l_0/6 = 3800/6 = 633\text{mm}$

按梁肋净距考虑 $b'_f = \frac{s_0}{2} + b = \frac{1530}{2} + 150 = 915\text{mm}$

由于 $h'_f/h=40/350>0.1$，b'_f 可不按翼缘厚度考虑，最后应取 $b'_f=633\text{mm}$

判别 T 形截面类型：

$\alpha_1 f_c b'_f h'_f(h_0-0.5h'_f)=1\times9.6\times633\times40\times(315-0.5\times40)=72\times10^6\text{N}\cdot\text{mm}>M=18\times10^6\text{N}\cdot\text{mm}$ 故按第一类 T 形截面计算

$$\alpha_s=\frac{M}{\alpha_1 f_c b'_f h_0^2}=\frac{18\times10^6}{1\times9.6\times633\times315^2}=0.03$$

$$\xi=1-\sqrt{1-2\times\alpha_s}=1-\sqrt{1-2\times0.03}=0.03$$

$$A_s=\xi\frac{\alpha_1 f_c}{f_y}bh_0=0.03\times\frac{1\times9.6}{300}\times633\times315=191\text{mm}^2$$

$$A_s=\rho_{\min}bh_0=0.0015\times150\times315=70.87\text{mm}^2$$

故选用 2 Φ 12（$A_s=226\text{mm}^2$）。

由于 $0.7f_t bh_0=0.7\times1.1\times150\times315=36400\text{N}>V=17900\text{N}$，可按构造要求配置箍筋，选用双肢箍 $\phi8$@300。

三、平台梁（TL—2）计算

（1）荷载

斜梁传来的集中力　　$G+Q=\frac{1}{2}\times9.95\times3.8=18.9\text{kN}$

平台板传来的均布恒荷载

$$1.2\times(0.65+0.06\times25+0.02\times17)\times\left(\frac{1.6}{2}+0.2\right)=2.99\text{kN/m}$$

平台板传来的均布活荷载　　$1.4\times\left(\frac{1.6}{2}+0.2\right)\times2.5=3.5\text{kN/m}$

平台梁自重　　$1.2\times0.2\times(0.45-0.06)\times25=2.34\text{kN/m}$

平台梁抹灰　　$2\times1.2\times0.02\times(0.45-0.06)\times17=0.32\text{kN/m}$

总计　　$g+q=9.15\text{kN/m}$

（2）内力计算（计算简图见图 11-82）

平台梁计算跨度

$l_0=l_n+a=3.76+0.24=4.00\text{m}$

$l_0=1.05l_n=1.05\times3.76=3.95\text{m}<4.00\text{m}$

故取　$l_0=3.95\text{m}$

跨中弯矩

$$M=\frac{1}{8}(g+q)l_0^2+2(G+Q)\frac{l_0}{2}-(G+Q)\left[\left(a+\frac{b}{2}\right)+\frac{b}{2}\right]=\frac{1}{8}\times9.15\times3.95^2+2\times18.9\times\frac{3.95}{2}-18.9\times\left[\left(1.68+\frac{0.25}{2}\right)+\frac{0.25}{2}\right]=56\text{kN}\cdot\text{m}$$

支座剪力

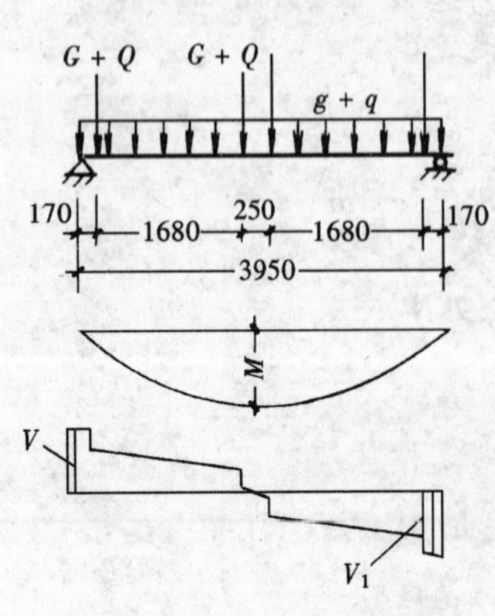

图 11-82　例 11-5 平台梁计算简图

$$V = \frac{1}{2}(g + q)l_n + 2(G + Q)$$

$$= \frac{1}{2} \times 9.15 \times 3.76 + 2 \times 18.9 = 55.0\text{kN}$$

考虑计算的斜截面应取在斜梁内侧，故

$$V = \frac{1}{2} \times 9.15 \times 3.76 + 18.9 = 36.1\text{kN}$$

(3) 正截面承载力计算

翼缘有效宽度 b'_f，按梁跨度考虑 $b'_f = l_0/6 = 3950/6 = 658\text{mm}$；按梁肋净距考虑 $b'_f = \frac{s_0}{2} + b = \frac{1600}{2} + 200 = 1000\text{mm}$。

取较小值 $b'_f = 658\text{mm}$。

判别 T 形截面类型：$\alpha_1 f_c b'_f h'_f(h_0 - 0.5h'_f) = 1 \times 9.6 \times 658 \times 60 \times (415 - 60/2) = 167 \times 10^6\text{N·mm} > M = 56 \times 10^6\text{N·mm}$，按第一类 T 形截面计算

$$\alpha_s = \frac{M}{\alpha_1 f_c b'_f h_0^2} = \frac{56 \times 10^6}{1 \times 9.6 \times 658 \times 415^2} = 0.0515$$

$$\xi = 1 - \sqrt{1 - 2a_s} = 1 - \sqrt{1 - 2 \times 0.0515} = 0.0529$$

$$A_s = \xi \frac{\alpha_1 f_c}{f_y} b'_f h_0 = 0.0529 \times \frac{9.6}{300} \times 658 \times 415 = 462\text{mm}^2$$

选用 2Φ18（$A_s = 509\text{m}^2$）。

(4) 斜截面承载力计算

由于 $0.7f_t bh_0 = 0.7 \times 1.1 \times 200 \times 415 = 63910\text{N} > V = 36100\text{N}$，可按构造要求配置箍筋，选用双肢箍 $\phi 8$@200。

(5) 附加箍筋计算

采用附加箍筋承受由斜梁传来的集中力，若附加箍筋仍采用双肢箍筋 $\phi 8$，则附加箍筋总数为：

$$m = \frac{G + Q}{nA_{sv1}f_{yv}}$$

$$= \frac{18900}{2 \times 50.3 \times 210} = 0.89 \text{个}$$

斜梁侧按构造附加 2 个 $\phi 8$ 的双肢箍筋。

踏步板（TB—1）、斜梁（TL—1）和平台梁（TL—2）的配筋图如图 11-83 (*a*)、(*b*)、(*c*) 所示。

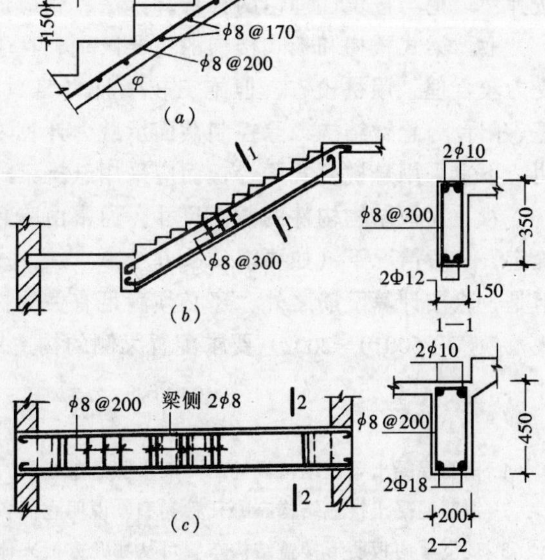

图 11-83 例 11-5 踏步板、斜梁和平台梁配筋图

(*a*) TB—1；(*b*) TL—1；(*c*) TL—2

小　　结

一、楼面、屋盖、楼梯等梁板结构设计的步骤是：(一) 结构选型和布置；(二) 结构计算（包括定简图、算荷载、内力分析、组合及截面配筋计算等）；(三) 绘制结构施工图（包括结构布置、构件模板及配筋图）。上述步骤，不仅适用于梁板结构，也适用于其他结构设计。

二、结构的选型和布置对其可靠性和经济性有重要意义。因此，应熟悉各种结构，如现浇单向板肋形楼盖、双向板肋形楼盖、井式楼盖、无梁楼盖、装配式楼盖等结构的受力特点及其结构适用范围，以便根据不同的建筑要求和使用条件选择合适的结构类型。

三、在现浇单向板肋形楼盖中，板和次梁均可按连续梁并采用折算荷载进行计算。对于主梁，在梁柱线刚度比大于等于3的条件下，也可按连续梁计算，忽略柱对梁的约束作用。

四、在考虑塑性内力重分布计算钢筋混凝土连续梁、板时，为保证塑性铰具有足够的转动能力和结构的内力重分布，应采用塑性好的钢筋，截面受压区高度 $x \leqslant 0.35h_0$，斜截面应具有足够的抗剪能力。为保证结构在使用阶段裂缝不至出现过早和开展过宽，设计中应对弯矩调幅予以控制。

五、在现浇肋形楼盖中，单向板实际上四边支承在主梁和次梁或墙上，故将在板的双向同时发生弯曲变形和内力，只是当长边与短边之比大于2时，弹性弯曲变形和内力才主要发生在短跨方向；而长跨方向的内力很小，故不必另行计算，但必须注意考虑温度收缩变形的作用，按《混凝土结构设计规范》(GB 50010—2002) 要求配置足够的构造钢筋。

六、现浇肋形楼盖和井式楼盖中的区格板，当长边与短边之比不大于2时，均应按双向板计算。当长边与短边长度之比大于2.0，但小于3.0时，宜按双向板计算；当按沿短边方向受力的单向板计算时，应沿长边方向布置足够数量的构造钢筋。双向板的内力也有按弹性理论与按塑性理论两种计算方法，相应地配筋构造有所不同。

七、梁式楼梯和板式楼梯的主要区别，在于楼梯梯段是采用梁承重还是板承重。前者受力较合理，用材较省，但施工较烦且欠美观，宜用于梯段较长的楼梯；后者反之。雨篷、阳台等悬臂结构，除控制截面承载力计算外，尚应作整体抗倾覆的验算。工程事故表明，不宜采用悬挑板式阳台，而应采用悬挑梁式阳台，以确保安全。

八、梁板结构构件的截面尺寸，通常由跨高比的刚度要求初定，其截面配筋按承载力确定，一般情况下（如要求 $a_f \leqslant l_0/200$、$w_{max} \leqslant 0.3mm$）可不必进行变形及裂缝宽度验算。但是，除按计算配筋之外，还必须满足有关的构造要求。特别要注意按《混凝土结构设计规范》(GB 50010—2002) 要求配置梁侧的构造钢筋（腰筋）。

思　考　题

1. 钢筋混凝土梁板结构设计的一般步骤是怎样的？

2. 钢筋混凝土楼盖结构有哪几种类型？说明它们各自的受力特点和适用范围。

3. 现浇单向板肋形楼盖结构布置可从哪几方面来体现结构的合理性？

4. 现浇单向板肋形楼盖中的板、次梁和主梁，当其内力按弹性理论计算时，如何确定其计算简图？当按塑性理论计算时，其计算简图又如何确定？如何绘制主梁的弯矩包络图？

5. 什么叫“塑性铰”？混凝土结构中的“塑性铰”与结构力学中的“理想铰”有何异同？

6. 什么叫“内力重分布”？“塑性铰”与“内力重分布”有何关系？

7. 什么叫“弯矩调幅”？考虑塑性内力重分布计算钢筋混凝土连续梁的内力时，为什么要控制“弯矩调幅”？

8. 考虑塑性内力重分布计算钢筋混凝土连续梁时，为什么要限制截面受压区高度？

9. 什么叫“单向板”、“双向板”？肋形楼盖中的区格板，实际上是属于哪一类受力特征的板？

10. 试绘出周边简支矩形板裂缝出现和开展的过程及破坏时板底裂缝分布示意图。

11. 利用单区格双向板弹性弯矩系数计算多区格双向板跨中最大弯矩和支座最小负弯矩时，采用了一些什么假定？

12. 现浇单向板肋形楼盖板、次梁和主梁的配筋计算和构造有哪些要点？

13. 常用楼梯有哪几种类型？它们的优缺点及适用范围有何不同？如何确定楼梯各组成构件的计算简图？

14. 雨篷板和雨篷梁有哪些计算要点和构造要求？

习　　题

11-1　5跨连续板的内跨板带如图11-84所示，板跨2.4m，受恒荷载标准值 $g_k = 3.5\text{kN/m}^2$，荷载分项系数为1.2，活荷载标准值 $q_k = 3.5\text{kN/m}^2$，荷载分项系数为1.4；混凝土强度等级为C20，HRB335级钢筋；次梁截面尺寸 $b \times h = 200\text{mm} \times 450\text{mm}$。求板厚及其配筋（考虑塑性内力重分布计算内力），并绘出配筋草图。

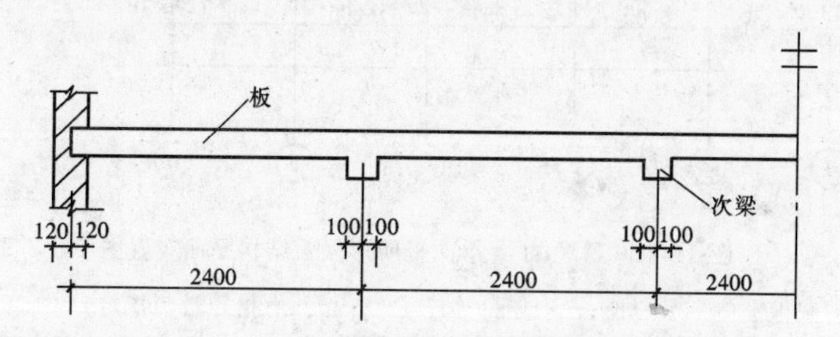

图 11-84　习题11-15跨连续板几何尺寸及支承情况

11-2　5跨连续次梁两端支承在370mm厚的砖墙上，中间支承在 $b \times h = 300\text{mm} \times 700\text{mm}$ 主梁上（图11-85）。承受板传来的恒荷载标准值 $g_k = 12\text{kN/m}$，分项系数为1.2，活荷载标准值 $q_k = 20\text{kN/m}$，分项系数为1.3。混凝土强度等级为C20，采用HRB335级钢筋，试考虑塑性内力重分布设计该梁（确定截面尺寸及配筋），并绘出配筋草图。

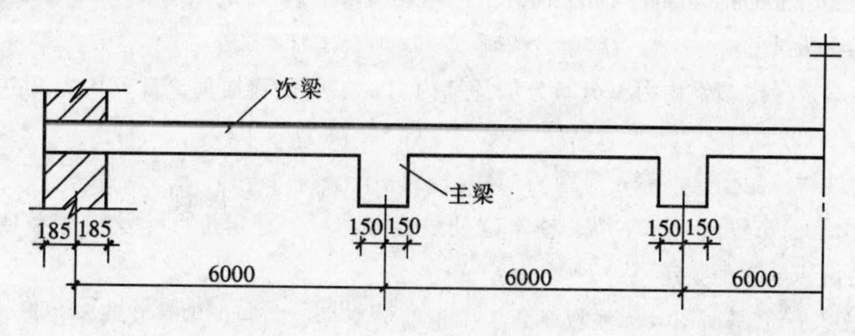

图 11-85　习题10-25跨连续次梁几何尺寸及支承情况

11-3　某现浇楼盖为单向板肋形楼盖，其板为两跨连续板，搁置于240mm厚的砖墙上，连续板左跨净跨度为 3m，右跨净跨度为 4m，板顶及板底粉刷自重标准值 $0.75kN/m^2$，分项系数 1.2，板上活荷载标准值为 $3kN/m^2$，分项系数为 1.4。试设计此板。

11-4　钢筋混凝土现浇单向板肋形楼盖设计。

1. 设计资料

某多层厂房，采用钢筋混凝土现浇单向板肋形楼盖，其三楼楼面结构布置简图如图 11-86 所示。楼面荷载、材料及构造等设计资料如下：

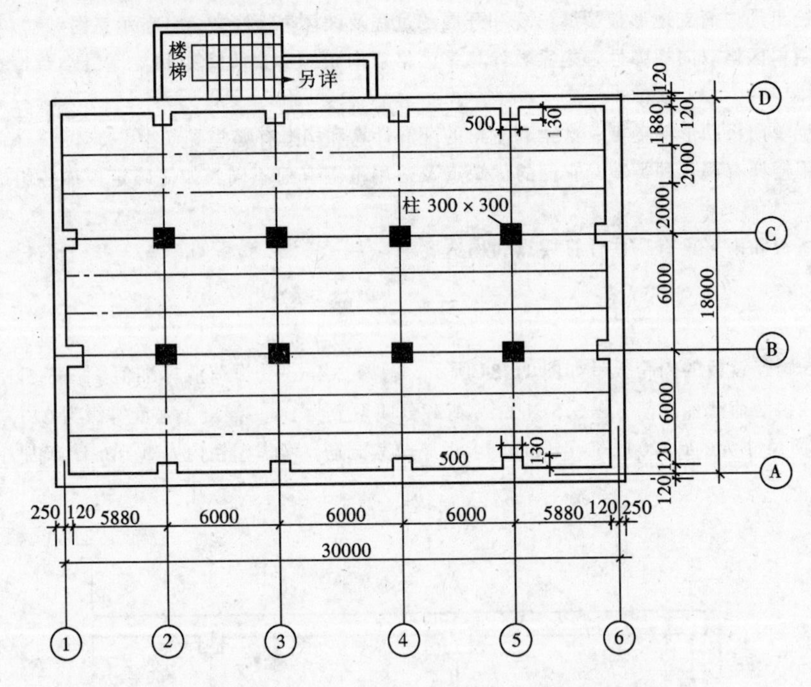

图 11-86　习题 11-4 单向板肋形楼盖结构平面布置图

（1）楼面活荷载标准值 $q_k = 6kN/m^2$（或 8、10、$12kN/m^2$，由指导教师指定）；

（2）楼面面层用 20mm 厚水泥砂浆抹面（或做 30mm 厚水磨石地面），板底及梁用 15mm 厚混合砂浆粉底；

（3）混凝土强度等级用 C20（或 C30，由指导教师指定），钢筋除主梁和次梁的纵向受力钢筋采用 HRB335 级钢筋外，其余均采用 HPB235 级钢筋；

（4）板伸入墙内 120mm，次梁伸入墙内 240mm，主梁伸入墙内 370mm；柱的截面尺寸为 300mm × 300mm（或 350mm × 350mm、400mm × 400mm，由指导教师指定）。

2. 设计内容和要求

（1）板和次梁按考虑塑性内力重分布方法计算内力；主梁按弹性理论计算内力，并绘出弯矩包络图和剪力包络图。

（2）绘楼盖结构施工图（一张 1 号图），其内容为：

1）楼面结构平面布置图（标注墙、柱定位轴线编号和梁、柱定位尺寸及构件编号，标出楼面板结构标高，该标高由指导教师指定）；

2）板模板图及配筋平面图（标注板厚、板中钢筋的直径、间距、编号及其定位尺寸）；

3）次梁模板及配筋图（标注次梁截面尺寸及几何尺寸，梁底标高，钢筋的直径、根数、编号及其定位尺寸）；

4）主梁的材料图、模板图及配筋图（按同一比例绘出主梁的弯矩包络图、抗弯承载力图、模板及配筋图，标注主梁截面尺寸及几何尺寸，梁底标高，钢筋的直径、根数、编号及其定位尺寸)。

此外，要求在图中列出一种构件的钢筋材料表（由指导教师指定）及有关设计说明，如混凝土强度等级、钢筋的级别、混凝土保护层厚度等。钢筋材料表格式如表 11-16 所示。

3. 课程设计目的

(1) 了解单向板肋形楼盖的荷载传递关系及其计算简图的确定；

(2) 通过板及次梁的计算、熟练掌握考虑塑性内力重分布的计算方法；

(3) 通过主梁的计算，熟练掌握按弹性理论分析内力的方法，并熟悉内力包络图和材料图的绘制方法；

(4) 了解并熟悉现浇梁板的有关构造要求；

(5) 掌握钢筋混凝土结构施工图的表达方式、制图规定，进一步提高制图的基本技能；

(6) 学会编制钢筋材料表（表 11-20)。

钢 筋 材 料 表 **表 11-20**

构件编号	钢筋编号	钢 筋 形 式	直径 (mm)	长度 (m)	根数	总长 (m)	重量 (kg)
3L—1 (主梁)	①	500 820 3285 820 2760 580 580	ϕ25	8.185	2	16.37	61.83
	②	200 580	ϕ8	1.66	50	83.00	32.16
	⋮	⋮	⋮	⋮	⋮	⋮	⋮

第十二章 单层厂房结构

提 要

本章的重点是：

1. 单层厂房结构的选型及布置。
2. 钢筋混凝土排架结构的内力分析及组合。
3. 钢筋混凝土排架柱、牛腿及柱下单独基础的计算与构造。

本章的难点是：

1. 单层厂房结构支撑的作用及布置。
2. 排架柱最不利内力组合的原则和方法。
3. 柱下单独基础冲切承载力计算。

第一节 单层厂房的结构选型

一、单层与多层

对于设备和产品均较重、较大的车间，如：冶金、机械厂房的炼钢、轧钢、铸造、锻压、金工、装配等车间，要求有较大的跨度，较高的净空和较重的吊车起重量，故宜采用单层厂房，以免笨重的产品和设备上楼。但单层厂房占地面积较大，对设备轻，或虽然设备较重但产品小而轻的车间，为节约用地和满足生产工艺上的要求，宜采用多层厂房。

二、单跨与多跨

一般厂房纵向长度总比横向跨度为大，且纵向柱距比横向柱距小，故横向刚度总比纵向刚度为小。这样，如能将一些性质相同或相近，而跨度较小各自独立的车间合并成一个多跨的厂房，使沿跨度方向的柱子增加，则可提高厂房结构的横向抗力，减少柱的截面尺寸，节约材料并减轻结构自重。此外，还可减少围护结构（墙或墙板）的面积，提高建筑面积利用系数，缩减厂房占地面积，减少工程管道、公共设施和道路长度等。统计表明，一般单层双跨厂房的结构自重约比单层单跨的轻20%，而三跨的又比双跨的轻10%～15%。因此，一般应尽可能考虑采用多跨厂房（图12-1*b*、*c*）。但多跨厂房的自然通风采光困难，须设置天窗或人工采光和通风。因此，对于跨度较大以及对邻近厂房干扰较大的车间，仍宜采用单跨厂房（图12-1*a*）。

三、等高与不等高

对于多跨厂房，为使结构受力明确合理、构件简化统一，应尽量做成等高厂房（图12-1*b*）。根据工艺要求，相邻跨高差不大于1m时，也应做成等高。但当高差大于2m，且低跨面积超过厂房总面积的40%～50%时，则应做成不等高的（图12-1*c*）。

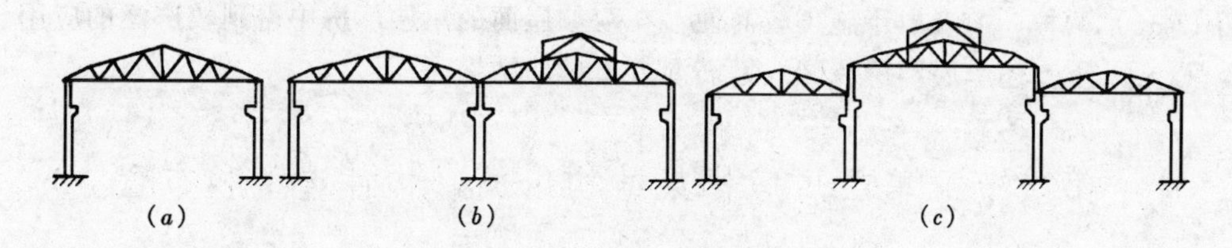

图 12-1　单跨与多跨排架

四、排架与刚架

单层厂房的横向承重结构通常有排架和刚架两种形式。

排架由屋面梁或屋架、柱和基础组成。排架的柱与屋架铰接而与基础刚接。根据结构材料的不同，排架分为：钢—钢筋混凝土排架、钢筋混凝土排架和钢筋混凝土—砖排架三种。

钢—钢筋混凝土排架由钢屋架、钢筋混凝土柱和基础组成，承载和跨越空间的能力均较大，宜用于跨度大于 36m、吊车起重量在 250t 以上的重型工业厂房。

钢筋混凝土—砖排架由钢筋混凝土屋面梁、砖柱和基础组成，承载和跨越空间的能力较小，宜用于跨度不大于 15m、檐高不大于 8m、吊车起重量不大于 5t 的轻型工业厂房。

钢筋混凝土排架由钢筋混凝土屋面梁或屋架、柱及基础组成，跨度在 36m 以内、檐高在 20m 以内、吊车起重量在 200t 以内的大部分工业厂房均可采用。由于它应用十分广泛，是本章的重点。

排架按受力和变形特点又有刚性排架和柔性排架之分。刚性排架是指屋面梁或屋架（简称横梁）变形很小，内力分析时横梁变形可忽略不计的排架。一般钢筋混凝土排架均属刚性排架。柔性排架是指横梁变形较大，内力分析时要考虑横梁变形的排架。由 7 字形钢筋混凝土屋面梁组成的锯齿形排架（图 12-2）以及由刚度较小的组合屋架组成的排架属柔性排架。

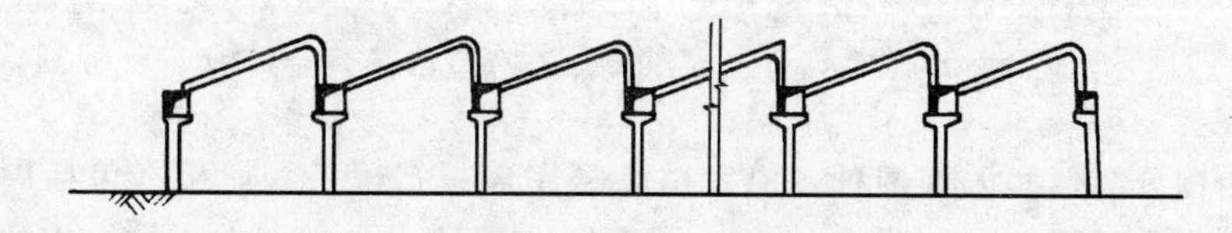

图 12-2　锯齿形排架

刚架也由横梁、柱和基础组成。与排架不同的是，刚架的梁与柱为刚接，而柱与基础当可能发生差异沉降时，常为铰接。

刚架按横梁形式的不同，分为折线形的门式刚架（图 12-3*a*、*b*）和拱形门式刚架

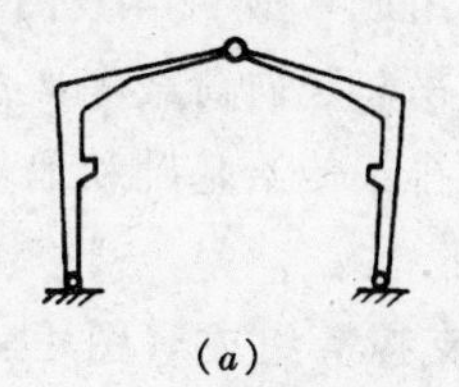

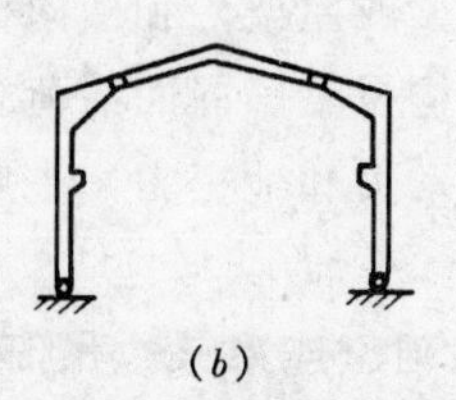

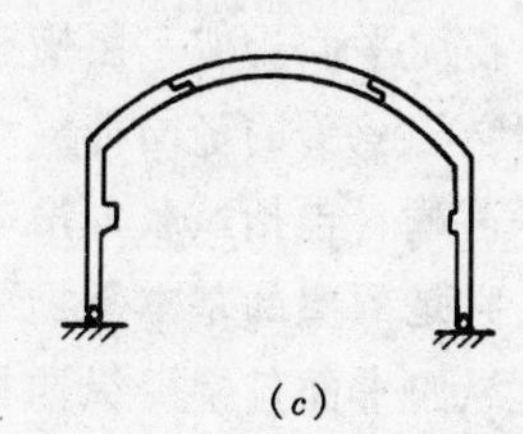

图 12-3　折线形和拱形门式刚架

（*a*）三铰拱折线形门式刚架；（*b*）两铰拱折线形门式刚架；（*c*）两铰拱拱形门式刚架

（图 12-3c）两种。前者由于施工较简便，在双坡屋面的单层厂房中得到较广泛的应用。

以下着重叙述单层厂房装配式钢筋混凝土排架结构。

第二节　单层厂房排架结构组成、构件选型和布置

一、结构组成

单层厂房由如图 12-4 所示的屋面板、屋架、吊车梁、连系梁、柱和基础等构件组成。这些构件又分别组成屋盖结构、横向平面排架、纵向平面排架和围护结构。

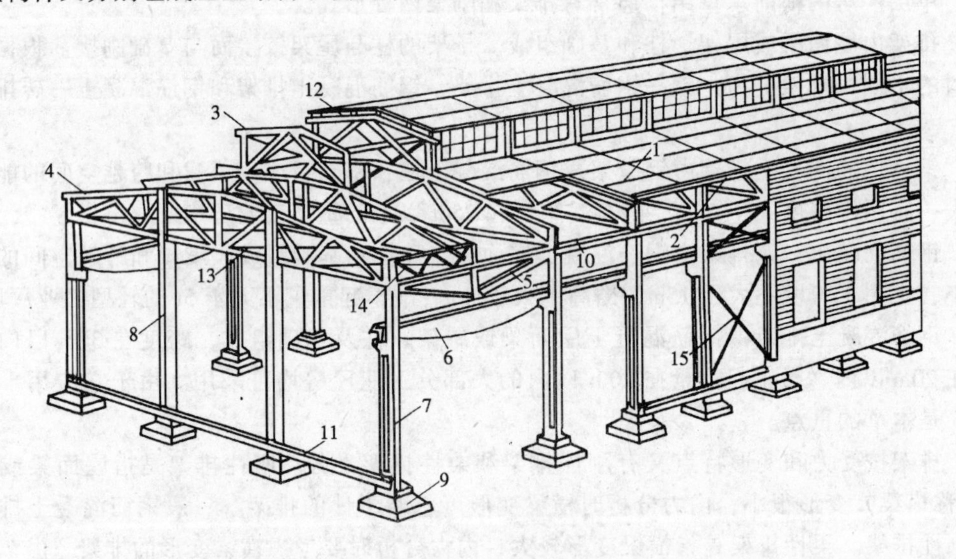

图 12-4　厂房结构构件组成概貌

1—屋面板；2—天沟板；3—天窗架；4—屋架；5—托架；6—吊车梁；7—排架柱；8—抗风柱；9—基础；10—连系梁；11—基础梁；12—天窗架垂直支撑；13—屋架下弦横向水平支撑；14—屋架端部垂直支撑；15—柱间支撑

屋盖结构分有檩和无檩两种。前者由小型屋面板、檩条和屋架（包括屋盖支撑）组成；后者由大型屋面板（包括天沟板）、屋面梁或屋架（包括屋盖支撑）组成。单层厂房中多采用无檩屋盖。有时为采光和通风，屋盖结构中还有天窗架及其支撑。此外，为满足工艺上抽柱的需要，还设有托架。屋盖结构的主要作用是承受屋面活荷载、雪载、自重以及其他荷载，并将这些荷载传给排架柱，其次还可起围护、通风和采光作用。屋盖结构的组成有：屋面板、天沟板、天窗架、屋架、托架及屋盖支撑（图 12-4、图 12-5）。

横向平面排架，由横梁（屋面梁或屋架）和横向柱列及基础组成（图 12-4 及图12-6)。厂房结构承受的竖向荷载（包括结构自重、屋面活荷载、雪载和吊车竖向荷载等）及横向水平荷载（包括风载、吊车横向制动力和地震力）主要通过横向排架传给基础和地基。因此，它是厂房的基本承重结构。

纵向平面排架由纵向柱列、基础、连系梁、吊车梁和柱间支撑等组成（图 12-4、图 12-7)，其作用是保证厂房结构的纵向刚度和稳定性，并承受屋盖结构（通过天窗端壁和山墙）传来的纵向风荷载、吊车纵向制动力、纵向地震力以及温度应力等。纵向平面排架

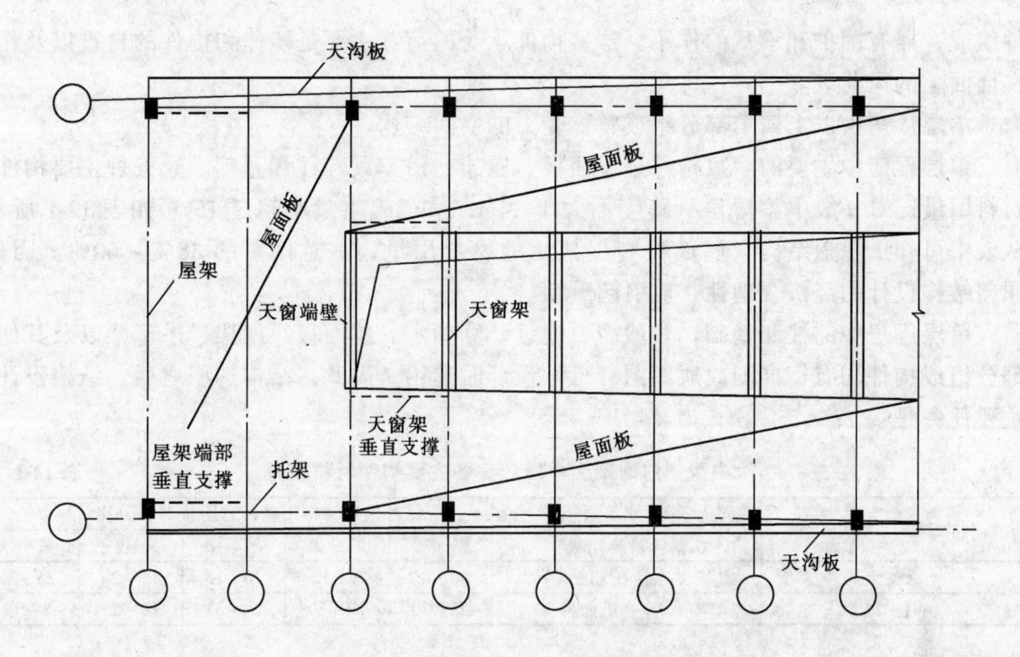

图 12-5 屋盖结构平面布置示意图

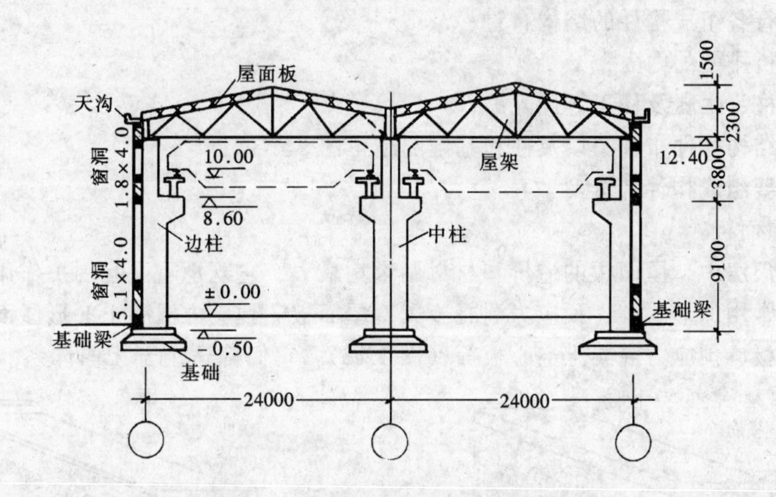

图 12-6 横向平面排架结构示意图

中的吊车梁，具有承受吊车荷载和连系纵向柱列的双重作用，也是厂房结构中的重要组成构件。

围护结构由纵墙、山墙（横墙）、墙梁、抗风柱（有时设抗风梁或桁架）、基础梁等构

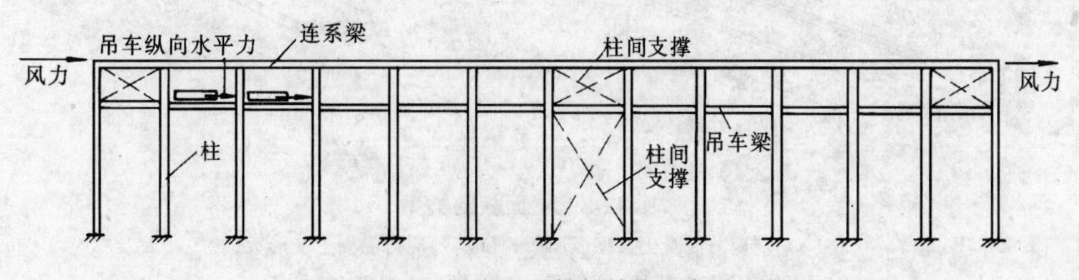

图 12-7 纵向平面排架结构示意图

件组成，兼有围护和承重的作用。这些构件承受的荷载主要是墙体和构件的自重以及作用在墙面上的风荷载。

单层厂房由以上四个部分组成整体受力的空间结构。

单层厂房中主要的承重构件是屋面板、屋架、吊车梁、柱和基础。这五种主要构件的材料用量，对一般中型厂房（跨度不大于24m，吊车起重量不超过15t）如表12-1所示。从表中可知，屋盖结构（屋面板和屋架）的材料用量，占总用量的38%～60%。因此，屋盖结构设计的经济合理性，应引起重视。

单层厂房中的柱和基础，一般需要通过计算确定。屋面板、屋架、吊车梁以及其他大部分组成构件均有标准图或通用图，可供设计时选用。因此，结构选型之后，结构设计的主要任务是：

中型钢筋混凝土单层厂房各主要构件材料用量　　表12-1

材　料	每 m^2 建筑面积构件材料用量	每种构件材料用量占总用量的百分比（%）				
		屋面板	屋　架	吊车梁	柱	基　础
混凝土	0.13～0.18m^3	30～40	8～12	10～15	15～20	25～35
钢　材	18～20kg	25～30	20～30	20～32	18～25	8～12

(1) 选用合适的标准构件；

(2) 进行各组成构件的结构布置；

(3) 分析排架的内力；

(4) 为柱、牛腿及柱下基础配筋；

(5) 绘结构构件布置图以及柱和基础的施工图。

二、主要组成构件的选型

（一）屋面板

在单层厂房中，屋面板的造价和材料用量均最大，它既承重又起围护作用。屋面板在厂房中比较常用的形式有：预应力混凝土大型屋面板、预应力混凝土F形屋面板、预应力混凝土单肋板、预应力混凝土空心板等（图12-8）。它们都适用于无檩体系。小型屋面板

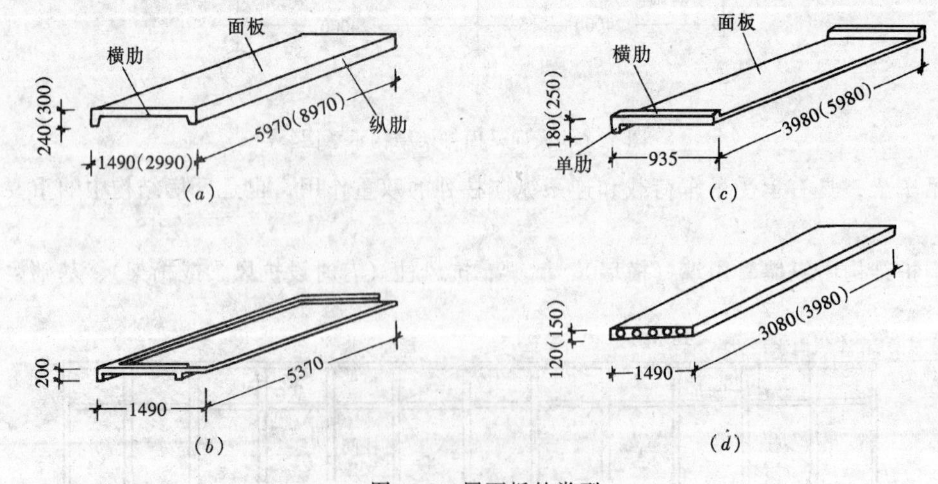

图12-8　屋面板的类型

（a）预应力混凝土大型屋面板；（b）预应力混凝土F形板；（c）预应力混凝土单肋板；（d）预应力混凝土空心板

（如预应力混凝土槽瓦）、瓦材用于有檩体系。

预应力混凝土大型屋面板（图 12-8a）由纵肋、横肋和面板组成。由这种屋面板组成的屋面水平刚度好，适用于柱距为 6m 或 9m 的大多数厂房，以及振动较大、对屋面刚度要求较高的车间。

预应力混凝土 F 形屋面板（图 12-8b）由纵肋、横肋和带悬挑的面板组成。板沿纵向互相搭接，横缝及脊缝加盖瓦和脊瓦，屋面用料省，但屋面水平刚度及防水效果不如预应力混凝土大型屋面板，适用于跨度、荷载较小的非保温屋面，不宜用于对屋面刚度及防水要求高的厂房。

预应力混凝土单肋板（图 12-8c）由单根纵肋、横肋及面板组成。与 F 形板类似，板沿纵向互相搭接，横缝及脊缝加盖瓦和脊瓦。屋面用料省但刚度差，适用于跨度和荷载较小的非保温屋面，而不宜用于对屋面刚度和防水要求高的厂房。

预应力混凝土空心板（图 12-8d）广泛用于楼盖（见第十一章梁板结构），也可作为屋面板用于柱距为 4m 左右的车间和仓库。

（二）屋面梁和屋架

屋面梁和屋架是厂房结构最主要的承重构件之一，它除承受屋面板、天窗架传来的荷载及其自重外，有时还承受悬挂吊车、高架管道等荷载。

屋面梁常用的有预应力混凝土单坡或双坡薄腹工形梁及空腹梁（图 12-9a、b、c）。这种梁式结构，便于制作和安装，但自重大、费材料，适用于跨度不大（18m 和 18m 以下）、有较大振动或有腐蚀性介质的厂房。

屋架可做成拱式和桁架式两种。拱式屋架常用的有钢筋混凝土两铰拱屋架（图 12-9d），其上弦为钢筋混凝土，而下弦为角钢。若顶节点做成铰接，则为三铰拱屋架（图 12-9e）。这种屋架构造简单，自重较轻，但下弦刚度小，适用于跨度为 15m 和 15m 以下的厂房。三铰拱屋架，如上弦做成先张法预应力混凝土构件，下弦仍为角钢，即成为预应力混凝土三铰拱屋架，其跨度可达到 18m。

桁架式屋架有三角形、梯形、拱形和折线形等多种（图 12-9f、g、h、i）。

三角形和梯形屋架，上、下弦杆内力不均匀，腹杆内力亦较大，因而自重较大，一般不宜采用。预应力混凝土梯形屋架，由于刚度好，屋面坡度平缓（1/12 ~ 1/10），适用于卷材防水的大型、高温及采用井式或横向天窗的厂房。

预应力拱形屋架，外形合理，可使上、下弦杆受力均匀，腹杆内力亦小，因而自重轻，可用于跨度 18 ~ 36m 的厂房。这种屋架由于端部坡度太陡，屋面施工较为困难。因此，在厂房中广泛采用端部加高的外形接近拱形的预应力混凝土折线形屋架（图 12-9i）。

当桁架式屋架跨度较小（18m 以内），也可采用三角形组合屋架（图 12-9j）。

（三）吊车梁

吊车梁是有吊车厂房的重要构件，它承受吊车荷载（竖向荷载及纵、横向水平制动力）、吊车轨道及吊车梁自重，并将这些力传给厂房柱。

吊车梁通常做成 T 形截面，以便在其上安放吊车轨道。腹板如采用厚腹的，可做成等截面梁（图 12-10a），如采用薄腹的，则腹板在梁端局部加厚，为便于布筋采用工形截面（图 12-10b）。

厚腹和薄腹吊车梁，均可做成普通钢筋混凝土与预应力混凝土的。跨度一般为 6m，

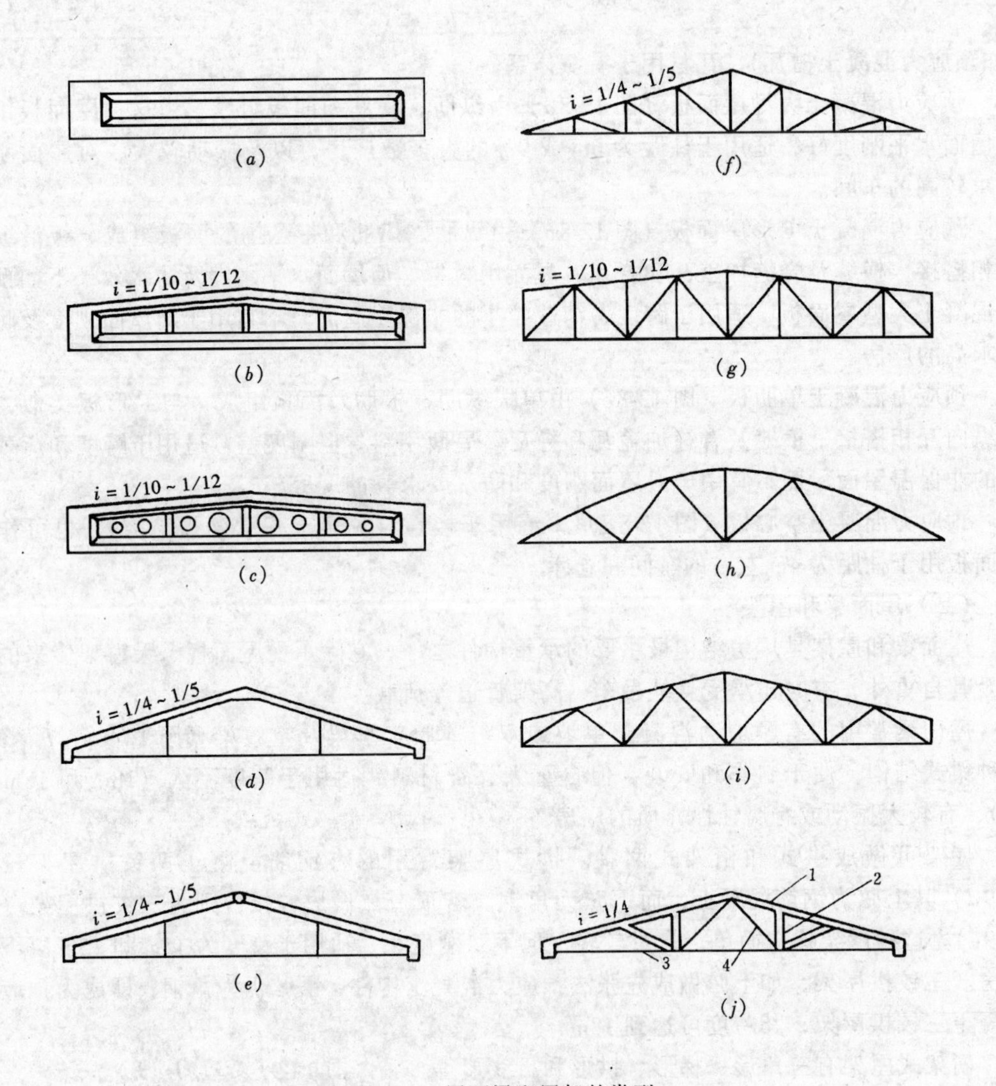

图 12-9 屋面梁和屋架的类型

(*a*) 单坡屋面梁；(*b*) 双坡屋面梁；(*c*) 空腹屋面梁；(*d*) 两铰拱屋架；(*e*) 三铰拱屋架；(*f*) 三角形屋架；(*g*) 梯形屋架；(*h*) 拱形屋架；(*i*) 折线形屋架；(*j*) 组合屋架

1、2—钢筋混凝土上弦及压腹杆；3、4—钢下弦及拉腹杆

吊车最大起重量则视吊车工作制的不同而有所区别。以等截面厚腹普通钢筋混凝土吊车梁为例，对轻级工作制（A1 ~ A3）吊车起重量最大可达 75t，中级工作制（A4 ~ A5）最大起重量为 30t，而重级工作制（A6 ~ A7）最大起重量为 20t。由于预应力可提高吊车梁的抗疲劳性能，因此，预应力混凝土吊车梁重级工作制最大起重量也可达 75t。

根据简支吊车梁弯矩包络图跨中弯矩最大的特点，也可做成变高度的吊车梁，如预应力混凝土鱼腹式吊车梁（图 12-10*c*）和预应力混凝土折线式吊车梁（图 12-10*d*）。这种吊车梁外形合理，但施工较麻烦，故多用于起重量大（10 ~ 120t）、柱距大（6 ~ 12m）的工业厂房。

对于柱距 4 ~ 6m、起重量不大于 5t 的轻型厂房，也可采用结构轻巧的桁架式吊车梁（图 12-10*e*、*f*）。

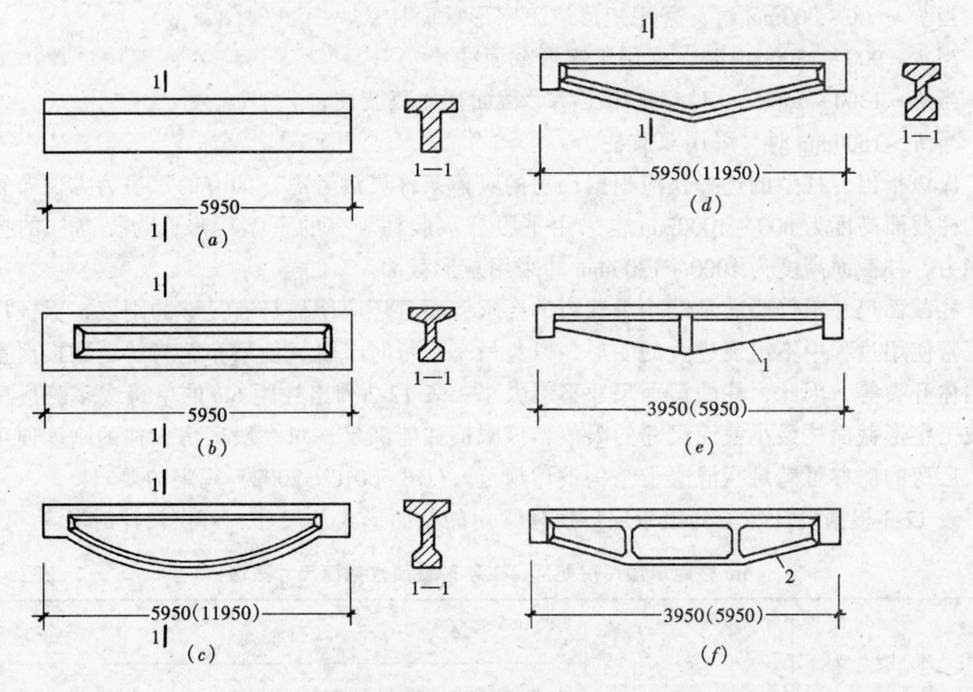

图 12-10　吊车梁型式

（a）厚腹吊车梁；（b）薄腹吊车梁；（c）鱼腹式吊车梁；

（d）折线形吊车梁；（e）、（f）桁架式吊车梁

1—钢下弦；2—钢筋混凝土下弦

（四）柱

柱是单层厂房中的主要承重构件。常用柱的形式有矩形、工字形截面柱以及双肢柱等。当厂房跨度、高度和吊车起重量不大，柱的截面尺寸较小时，多采用矩形或工字形截面柱（图 12-11a、b），而当跨度、高度、起重量较大，柱的截面尺寸也较大时，宜采用平腹杆或斜腹杆双肢柱（图 12-11c、d）。设计时可参考下列限制选择柱型：

当 $h \leqslant 500$mm 时，采用矩形截面柱；

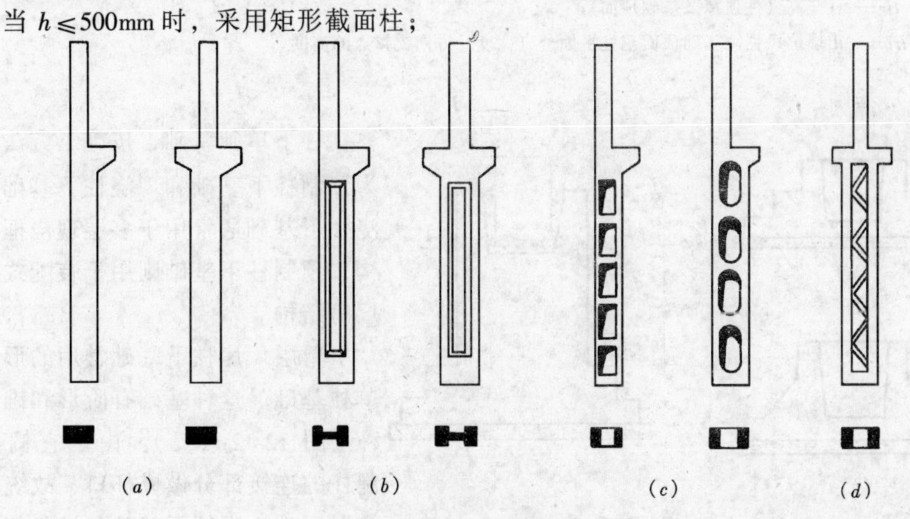

图 12-11　柱的形式

（a）矩形截面柱；（b）工字形截面柱；（c）平腹杆双肢柱；（d）斜腹杆双肢柱

当 $h=600\sim800$mm 时，采用矩形或工字形截面柱；

当 $h=900\sim1200$mm 时，采用工字形截面柱；

当 $h=1300\sim1500$mm 时，采用工字形截面柱或双肢柱；

当 $h>1600$mm 时，采用双肢柱。

应该指出，柱型的选择还应根据厂房的具体条件灵活考虑。如有的厂房为方便布置管道，柱截面高度为 800～1000mm 也采用平腹杆双肢柱。有的重型厂房，为提高柱的抗撞击能力，柱截面高度为 1000～1300mm 却采用矩形截面。

柱截面尺寸不仅要满足结构承载力的要求，而且还应使柱具有足够的刚度，保证厂房在正常使用过程中不出现过大的变形，以免吊车运行时卡轨，使吊车轮与轨道磨损严重以及墙体开裂等。因此，柱的截面尺寸不应太小。表 12-2 列出柱距 6m 的单跨或多跨厂房矩形或工字形截面柱最小截面尺寸的限值，该限值如能满足，对一般厂房，柱的刚度便可保证，厂房的侧移可满足《混凝土结构设计规范》（GB 50010—2002）规定的要求。

表 12-3 根据设计经验列出单层厂房柱常用的截面形式及尺寸，可供设计时参考。

6m 柱距单层厂房矩形、工字形截面柱截面尺寸限值　　表 12-2

柱的类型	b	h		
		$Q\leqslant10$t	10t $<Q<$ 30t	30t $\leqslant Q\leqslant$ 50t
有吊车厂房下柱	$\geqslant H_l/22$	$\geqslant H_l/14$	$\geqslant H_l/12$	$\geqslant H_l/10$
露天吊车柱	$\geqslant H_l/25$	$\geqslant H_l/10$	$\geqslant H_l/8$	$\geqslant H_l/7$
单跨无吊车厂房柱	$\geqslant H/30$	$\geqslant1.5H/25$（即 $0.06H$）		
多跨无吊车厂房柱	$\geqslant H/30$	$\geqslant H_l/20$		
仅承受风载与自重的山墙抗风柱	$\geqslant H_b/40$	$\geqslant H_l/25$		
同时承受由连系梁传来山墙重的山墙抗风柱	$\geqslant H_b/30$	$\geqslant H_l/25$		

注：H_l——下柱高度（牛腿顶面算至基础顶面）；

H——柱全高（柱顶算至基础顶面）；

H_b——山墙抗风柱从基础顶面至柱平面外（宽度）方向支撑点的高度。

（五）基础

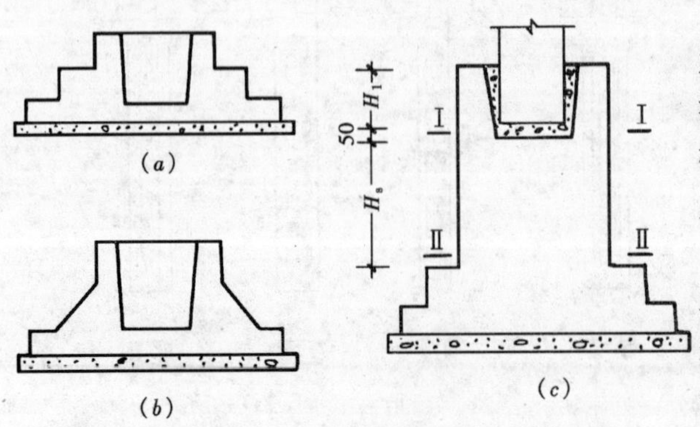

图 12-12　柱下单独基础的形式

（a）阶形基础；（b）锥形基础；（c）高杯口基础

柱下单独基础，按施工方法可分为预制柱下基础和现浇柱下基础。现浇柱下基础通常用于多层现浇框架结构，预制柱下基础则用于装配式单层厂房结构。

单层厂房柱下基础常用的形式是单独基础。这种基础有阶形和锥形两种（图 12-12a、b）。由于它们与预制柱的连接部分做成杯口，故统称为杯形基础。当柱下基础与设备基础或地坑冲突，以及地质条件差等原因，需要深埋时，为不使预制柱过长，且能与其他柱长一致，可做成图 12-12（c）所示的高杯口基础，它由杯口、短柱以及阶形或锥形底板组成。短柱是指杯口以下的基础上阶部分(即图中Ⅰ—Ⅰ截面到Ⅱ—Ⅱ截面之间的一段)。

在上部结构荷载大、地质条件差（持力层深）、对地基不均匀沉降要求严格控制的厂房中，可采用桩基础，它由桩和承台两部分组成（图 12-13)。它的分类、计算和构造要求详见《建筑地基基础设计规范》(GB 50007—2002)。

6m 柱距 A4～A5 工作级别吊车单层厂房柱截面形式、尺寸参考表 **表 12-3**

吊车起重量 (t)	轨顶标高 (m)	边柱		中柱	
		上柱（mm×mm）	下柱（mm×mm×mm）	上柱（mm×mm）	下柱（mm×mm×mm）
≤5	6～8	□400×400	Ⅰ400×600×100	□400×400	Ⅰ400×600×100
10	8	□400×400	Ⅰ400×700×100	□400×600	Ⅰ400×800×150
	10	□400×400	Ⅰ400×800×150	□400×600	Ⅰ400×800×150
15～20	8	□400×400	Ⅰ400×800×150	□400×600	Ⅰ400×800×150
	10	□400×400	Ⅰ400×900×150	□400×600	Ⅰ400×1000×150
	12	□500×400	Ⅰ500×1000×200	□500×600	Ⅰ500×1200×200
30	8	□400×400	Ⅰ400×1000×150	□400×600	Ⅰ400×1000×150
	10	□400×500	Ⅰ400×1000×150	□500×600	Ⅰ500×1200×200
	12	□500×500	Ⅰ500×1000×200	□500×600	Ⅰ500×1200×200
	14	□600×500	Ⅰ600×1200×200	□600×600	Ⅰ600×1200×200
50	10	□500×500	Ⅰ500×1200×200	□500×700	双 500×1600×300
	12	□500×600	Ⅰ500×1400×200	□500×700	双 500×1600×300
	14	□600×600	Ⅰ600×1400×200	□600×700	双 600×1800×300

注：□——矩形截面 $b \times h$；

Ⅰ——工字形截面 $b \times h \times h_f$；

双——双肢柱 $b \times h \times h_c$，b、h 为双肢柱截面宽和高，h_c 为单肢截面高度。

三、结构布置

结构布置包括屋盖结构（屋面板、天沟板、屋架、天窗架及其支撑等）布置；吊车梁、柱（包括抗风柱）及柱间支撑等布置；圈梁、连系梁及过梁布置；基础和基础梁布置。

屋面板、屋架及其支撑、基础梁等组成构件，一般按所选用的标准图的编号和相应的规定进行布置。柱和基础则根据实际情况自行编号布置。

下面就结构布置中几个主要问题进行说明。

(一) 柱网布置

厂房承重柱的纵向和横向定位轴线，在平面上形成的网格，称为柱网。柱网布置就是确定柱子纵向定位轴线之间的距离（跨度）和横向定位轴线之间的距离（柱距）。确定柱网尺寸，既是确定柱的位置，同时也是确定屋面板、屋架和吊车梁等构件的跨度，并涉及到厂房其他结构构件的布置。因此，柱网布置是否恰当，将直接影响厂房结构的经济合理性和先进性，与生产使用也密切相关。

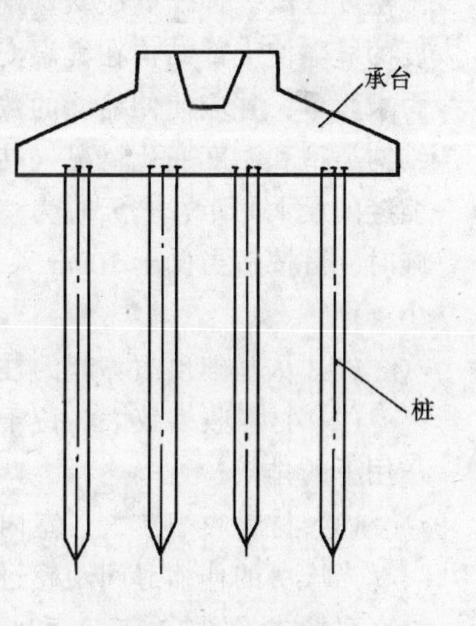

图 12-13 桩基础

柱网布置的一般原则是：符合生产工艺和正常使用的要求；建筑和结构经济合理；施

工方法上具有先进性；符合厂房建筑统一化基本规则；适应生产发展和技术革新的要求。

厂房跨度在18m以下时，应采用3m的倍数；在18m以上时，应采用6m的倍数。厂房柱距应采用6m或6m的倍数（图12-14）。当工艺布置和技术经济有明显的优越性时，亦可采用21m、27m和33m的跨度和9m或其他柱距。

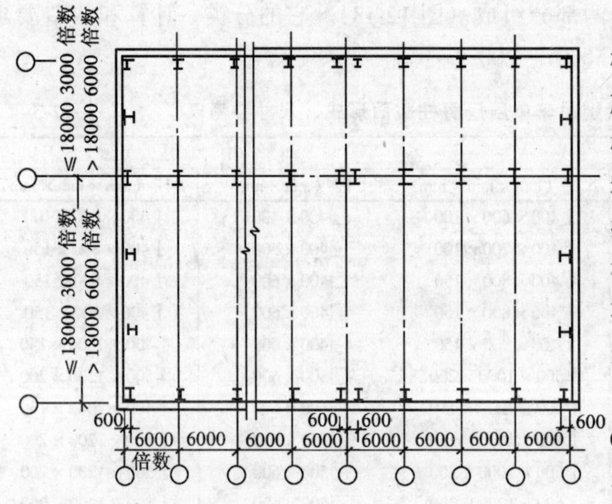

图12-14 厂房柱纵、横定位轴线

目前，工业厂房大多数采用6m柱距，因为从经济指标、材料消耗和施工条件等方面衡量，6m柱距比12m柱距优越。从现代化工业发展趋势来看，扩大柱距对增加车间有效面积、提高工艺设备布置的灵活性、减少结构构件的数量和加快施工进度等都是有利的。当然，由于构件尺寸增大，给制作和运输带来不便，对机械设备的能力也有更高的要求。12m柱距和6m柱距，在大小车间相结合时，两者可配合使用。此时，如布置托架，屋面板仍可采用6m的模板生产。

（二）变形缝

变形缝包括伸缩缝、沉降缝和防震缝三种。

如果厂房长度和宽度过大，当气温变化时，在结构内部产生的温度内力，可使墙面、屋面拉裂，影响正常使用。为减小厂房结构的温度应力，可设置伸缩缝将厂房结构分成若干温度区段。伸缩缝应从基础顶面开始，将两个温度区段的上部结构分开，并留出一定宽度的缝隙使上部结构在气温变化时，沿水平方向可自由地发生变形。温度区段的形状，应力求简单，并应使伸缩缝的数量最少。温度区段的长度（伸缩缝之间的距离），取决定于结构类型和温度变化情况（结构所处环境条件）。对于钢筋混凝土装配式排架结构，其伸缩缝的最大间距，露天时为70m，室内或土中时为100m。当屋面板上部无保温或隔热措施时，可按适当低于100m采用。此外，对于下列情况，伸缩缝的最大间距还应适当减小：

（1）从基础顶面算起的柱长低于8m时；

（2）材料收缩较大，位于气温干燥地区，夏季炎热且暴雨频繁的地区或经常处于高温作用下的排架；

（3）材料收缩较大，室内结构因施工外露时间较长时。

当厂房的伸缩缝间距超过《规范》规定的最大间距时，应验算温度应力。伸缩缝的做法有双柱式（图12-15a）和滚轴式（图12-15b）。双柱式用于沿横向设置的伸缩缝，而滚轴式用于沿纵向设置的伸缩缝。

在单层厂房中，一般不做沉降缝，只在下列特殊情况才考虑设置：如厂房相邻两部分高差很大（10m以上）；两跨间吊车起重量相差悬殊；地基承载力或下卧层土质有巨大差别；或厂房各部分施工时间先后相差很久；土壤压缩程度不同等情况。沉降缝应将建筑物从基础到屋顶全部分开，当两边发生不同沉降时不致相互影响。沉降缝可兼作伸缩缝。

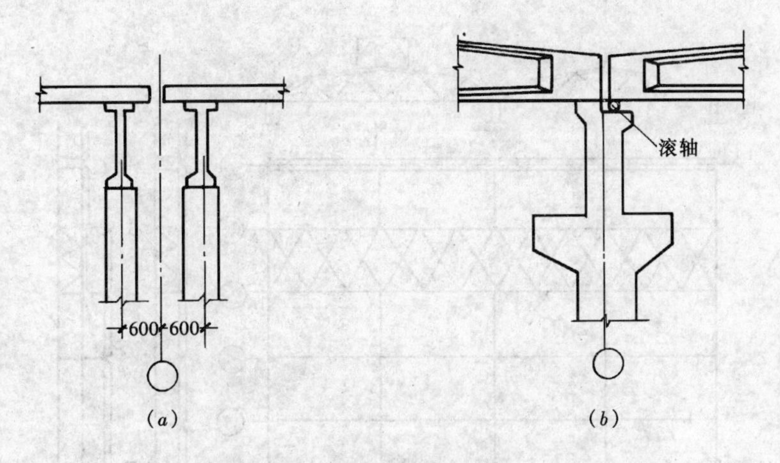

图 12-15　单层厂房伸缩缝的构造
(a) 双柱式（横向伸缩缝）；(b) 滚轴式（纵向伸缩缝）

防震缝是为减轻震害而采取的措施之一。当厂房平面、立面复杂、结构高度或刚度相差很大，以及在厂房侧边布置附房（如生活间、变电所、炉子间等）时，设置抗震缝将相邻部分分开。地震区的厂房，其伸缩缝和沉降缝均应符合防震缝的要求。防震缝的宽度在厂房纵横跨交接处、大柱网厂房或不设柱间支撑的厂房可采用 100～150mm，其他情况可采用 50～90mm。

(三) 支撑的布置

在装配式钢筋混凝土单层厂房中，支撑是使厂房结构形成整体、提高厂房结构构件刚度和稳定的重要部件。实践证明，支撑如果布置不当，不仅会影响厂房的正常使用，甚至引起工程事故，应予足够重视。这里主要介绍各种支撑的作用和布置原则，关于具体的布置方法及支撑与其他构件的连接构造，可参阅有关标准图集。

1. 屋盖支撑

屋盖支撑包括设置在屋架（屋面梁）间的垂直支撑、水平系杆，在上、下弦平面内的横向水平支撑和在下弦平面内的纵向水平支撑。

(1) 屋架（屋面梁）间的垂直支撑及水平系杆

屋架垂直支撑和下弦水平系杆的作用是，保证屋架的整体稳定（抗倾覆），当吊车工作时（或有其他振动时）防止屋架下弦发生侧向颤动。上弦水平系杆则用以保证屋架上弦或屋面梁受压翼缘的侧向稳定，防止局部失稳，并可减小屋架上弦平面外的压杆计算长度。

当屋面梁（或屋架）的跨度 $l \leqslant 18$m，且无天窗时，一般可不设垂直支撑和水平系杆，但对梁支座应进行抗倾覆验算；当 $l > 18$m 时，应在第一或第二柱间设置垂直支撑并在下弦设置通长水平系杆（图 12-16a）。当为梯形屋架时，除按上述要求处理外，还需在伸缩缝区段两端第一或第二柱间内，在屋架支座处设置端部垂直支撑。

(2) 屋架（屋面梁）间的横向水平支撑

上弦横向水平支撑的作用是形成刚性框架，增强屋盖的整体刚度，保证屋架上弦或屋面梁上翼缘的侧向稳定，同时可将抗风柱传来的风力传递到纵向排架柱顶。

当屋面为大型屋面板，并与屋架或梁有三点焊接，且屋面板纵肋间的空隙用 C20 级细

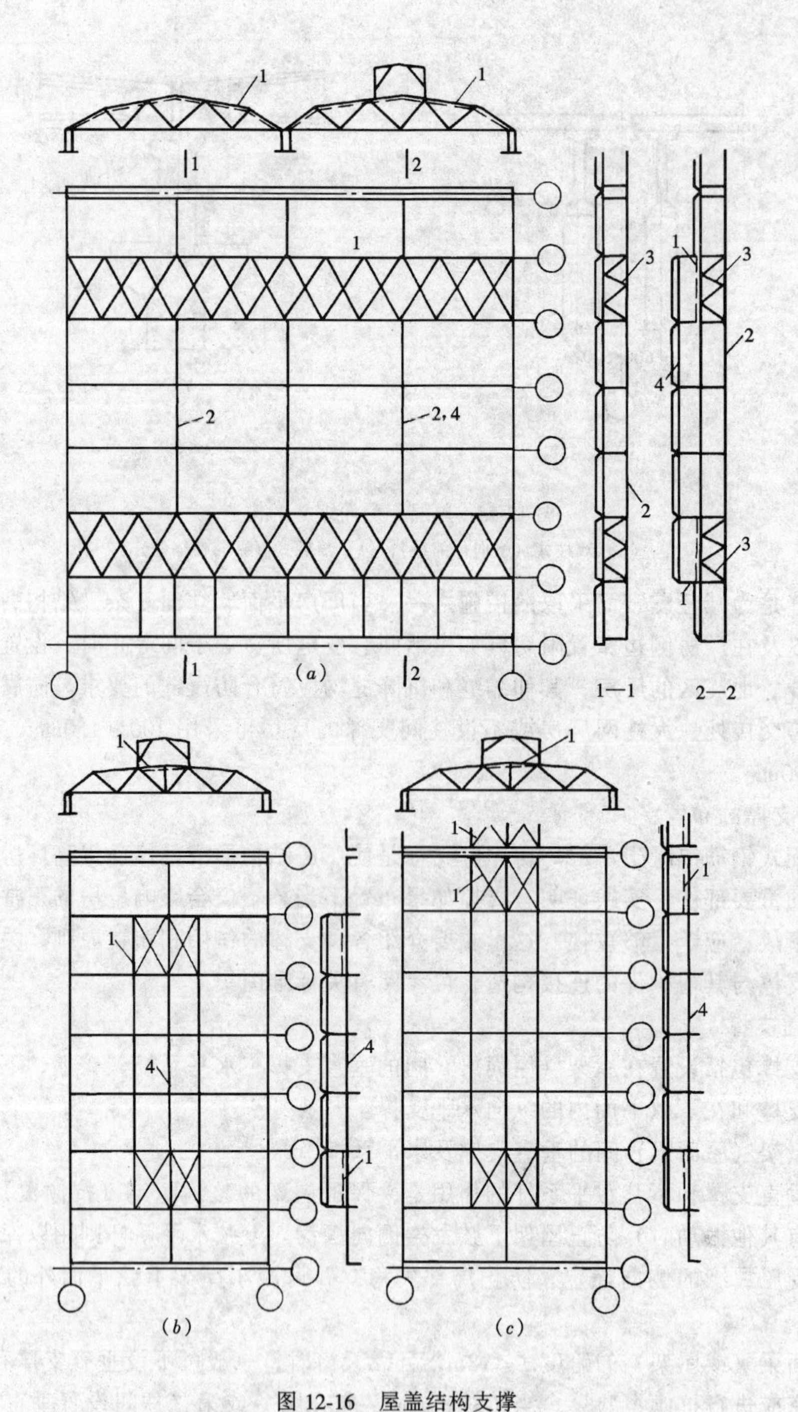

图 12-16 屋盖结构支撑

(a) 有檩体系屋盖；(b) 天窗不通过伸缩缝；(c) 天窗通过伸缩缝

1—上弦横向水平支撑；2—下弦系杆；3—垂直支撑；4—上弦系杆

石混凝土灌实，能保证屋盖平面稳定并能传递山墙风力，屋面板可起上弦横向支撑的作用。因此，可不必设置上弦横向水平支撑。凡屋面为有檩体系，或山墙风力传至屋架上弦，而大型屋面板的连接不符合上述要求时，应在屋架上弦平面的伸缩缝区段内两端的第一或第二柱间各设一道上弦横向水平支撑（图 12-16*a*）。当天窗通过伸缩缝时，应在伸缩缝处天窗缺口下设置上弦横向水平支撑（图 12-16*c*）。当天窗不通过伸缩缝时，其横向水平支撑和系杆如图 12-16（*b*）所示。

下弦横向水平支撑的作用是将屋架下弦受到的水平力传至纵向排架柱顶。因此，当屋架下弦设有悬挂吊车或受有其他水平力，或抗风柱与屋架下弦连接，抗风柱风力传至下弦时，则应设置下弦横向水平支撑。

(3) 屋架（屋面梁）间的纵向水平支撑

下弦纵向水平支撑的作用是，提高厂房刚度，保证横向水平力的纵向分布，加强横向排架的空间工作。设计时应根据厂房跨度、跨数和高度，屋盖承重结构方案，吊车起重量及工作级别等因素，考虑是否在下弦平面端节间中设置纵向水平支撑。如下弦尚设有横向支撑时，则纵、横支撑应尽可能形成封闭的支撑体系（图 12-17*a*）。任何情况下，如设有托架，应设置纵向水平支撑（图 12-17*b*）。如只在部分柱间设置托架，则必须在设有托架的柱间及两端相邻的一个柱间布置纵向水平支撑（图 12-17*c*），以承受屋架传来的横向风力。

(4) 天窗架间的支撑

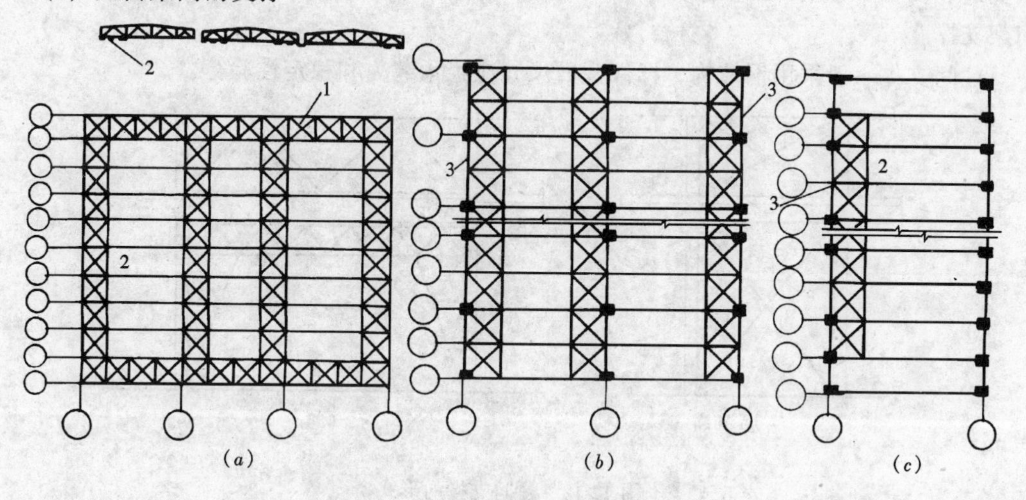

图 12-17 下弦纵向水平支撑的布置

（*a*）下弦纵横封闭的支撑体系；（*b*）全部柱间设托架；（*c*）部分柱间设托架

1—下弦横向水平支撑；2—下弦纵向水平支撑；3—托架

天窗架间的支撑包括天窗架上弦横向水平支撑和天窗架间的垂直支撑，前者的作用是传递天窗端壁所受的风力和保证天窗架上弦的侧向稳定，当屋盖为有檩体系或虽为无檩体系，但大型屋面板的连接不起整体作用时，应设置这种支撑。后者的作用是保证天窗架的整体稳定，应在天窗架两端的第一柱间设置。天窗架支撑与屋架上弦支撑应尽可能布置在同一柱间。

2. 柱间支撑

柱间支撑的作用主要是提高厂房纵向刚度和稳定性。对于有吊车的厂房，柱间支撑分上部和下部两种。前者位于吊车梁上部，用以承受山墙上的风力并保证厂房上部的纵向刚度；后者位于吊车梁下部，用以承受上部支撑传来的力和吊车梁传来的纵向制动力，并把它们传至基础（图 12-7）。一般单层厂房，凡属下列情况之一者，应设置柱间支撑：

(1) 设有悬臂式吊车或3t及以上的悬挂式吊车；

(2) 设有工作级别为A6～A7的吊车或工作级别为A1～A5、吊车起重量在10t及以上时；

(3) 厂房跨度在18m及以上或柱高在8m以上时；

(4) 纵向柱列的总数在7根以下时；

(5) 露天吊车栈桥的柱列。

当柱间设有承载力和稳定性足够的墙体，且与柱连接紧密能起整体作用，吊车起重量又较小（不大于5t）时，可不设柱间支撑。

柱间支撑通常设在伸缩缝区段的中央或临近中央的柱间。这样布置，当温度变化或混凝土收缩时，有利于厂房结构的自由变形，而不至发生过大的温度或收缩应力。

当柱顶纵向水平力没有简捷途径（如通过连系梁）传递时，必须在柱顶设置一道通长的纵向水平系杆。

柱间支撑宜用杆件交叉的形式，杆件倾角通常在35°～55°之间（图12-18*a*）。当柱间因交通、设备布置或柱距较大而不宜或不能采用交叉支撑时，可采用图12-18（*b*）所示的门架支撑。

柱间支撑一般采用钢结构，杆件截面尺寸应经承载力和稳定性验算。

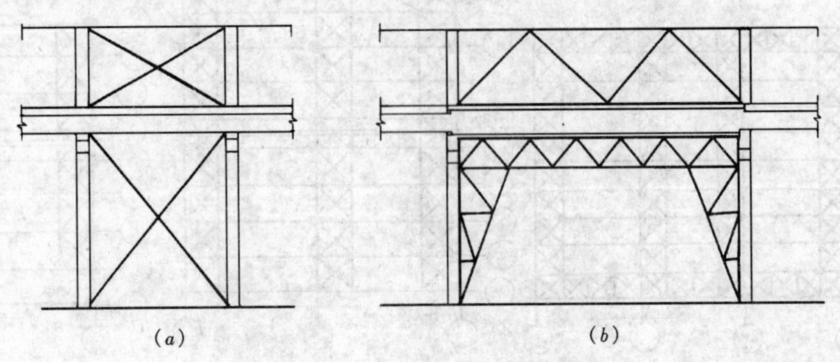

图12-18　柱间支撑的形式

（*a*）交叉支撑；（*b*）门架支撑

（四）抗风柱的布置

单层厂房的端墙（山墙），受风面积较大，一般须设置抗风柱将山墙分成几个区格，以使墙面受到的风荷载，一部分直接传给纵向柱列；另一部分则经抗风柱上端通过屋盖结构传给纵向柱列和经抗风柱下端传给基础。

当厂房高度和跨度均不大（如柱顶在8m以下，跨度为9～12m）时，可采用砖壁柱作为抗风柱；当高度和跨度较大时，一般都采用钢筋混凝土抗风柱。前者在山墙中，后者设置在山墙内侧，并用钢筋与之拉接（图12-19）。在很高的厂房中，为减少抗风柱的截面尺寸，可加设水平抗风梁（图12-19*a*）或桁架，作为抗风柱的中间铰支点。

抗风柱一般与基础刚接，与屋架上弦铰接，根据具体情况，也可与下弦铰接或同时与上、下弦铰接。抗风柱与屋架连接必须满足两个要求：一是在水平方向必须与屋架有可靠的连接，以保证有效地传递风荷载；二是在竖向应允许两者之间有一定相对位移的可能性，以防厂房与抗风柱沉降不均匀时产生的不利影响。因此，抗风柱和屋架一般采用竖向

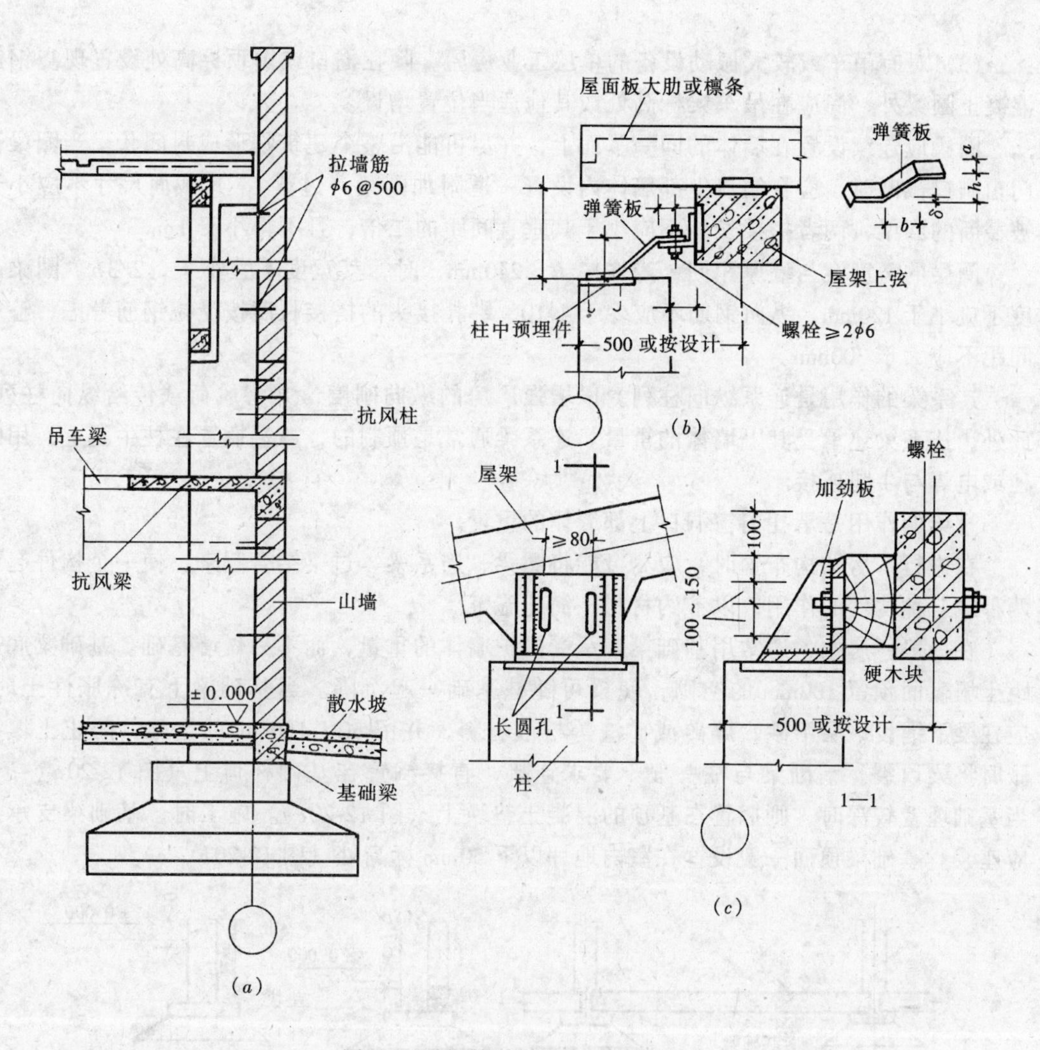

图12-19 钢筋混凝土抗风柱构造

(a) 与山墙用拉墙筋连接；(b) 与屋架上弦用弹簧板连接；(c) 与屋架用通过长圆孔的螺栓连接

可移动、水平向又有较大刚度的弹簧板连接（图12-19*b*）；如厂房沉降较大时，则宜采用通过长圆孔的螺栓进行连接（图12-19*c*）。

（五）圈梁、连系梁、过梁和基础梁的布置

当用砌块砌筑厂房围护墙时，一般要设置圈梁、连系梁、过梁和基础梁。

圈梁的作用是将墙体同厂房柱箍在一起，以加强厂房的整体刚度，防止由于地基的不均匀沉降或较大振动荷载对厂房引起的不利影响。圈梁设在墙内，并与柱用钢筋拉接。圈梁不承受墙体重量，故柱上不设置支承圈梁的牛腿。

圈梁的布置与墙体高度、对厂房的刚度要求及地基情况有关。一般单层厂房可参照下列原则布置：

(1) 对无吊车的厂房，檐口标高为5~8m时，应在檐口附近布置一道；当檐高大于8m时，应增加设置数量。

(2) 对无吊车的厂房，檐口标高为4~5m时，应在檐口标高处设置圈梁一道，檐口标高大于5m时，应增加设置数量。

(3) 对有吊车或较大振动设备的单层工业房屋，除在檐口或窗顶标高处设置现浇钢筋混凝土圈梁外，尚应在吊车梁标高处或其他适当位置增设。

圈梁应连续设置在墙体的同一平面上，并尽可能沿整个建筑物形成封闭状。当圈梁被门窗洞口截断时，应在洞口上部墙体内设置一道附加圈梁（过梁），其截面尺寸不应小于被截断的圈梁，两者搭接长度不应小于其垂直间距的二倍，且不得小于1m。

圈梁的宽度宜与墙厚相同，当增厚 $h \geqslant 240$mm，时，其宽度不宜小于，$2/3h$。圈梁高度不应小于120mm，纵向钢筋不应少于4ϕ10，绑扎接头的搭接长度按受拉钢筋考虑，箍筋间距不应大于300mm。

连系梁的作用是连系纵向柱列，以增强厂房的纵向刚度，并将风荷载传给纵向柱列。此外，连系梁还承受其上墙体的重量。连系梁通常是预制的，两端搁置在柱牛腿上，用螺栓或电焊与牛腿连接。

过梁的作用是承托门窗洞口上部墙体的重量。

在进行厂房结构布置时，应尽可能将圈梁、连系梁、过梁结合起来，使一个构件起到两种或三种构件的作用，以节约材料，简化施工。

在一般厂房中，通常用基础梁来承受围护墙体的重量，而不另做墙基础。基础梁底部距土壤表面预留100mm的空隙，使梁可随柱基础一起沉降。当基础梁下有冻胀性土时，应在梁下铺设一层干砂、碎砖或矿渣等松散材料，并留50~150mm的空隙，防止土壤冻胀时将梁顶裂。基础梁与柱一般不要求连接，直接搁置在基础杯口上（图12-20a、b）；当基础埋置较深时，则搁置在基顶的混凝土垫块上（图12-20c）。施工时，基础梁支承处应座浆。基础梁顶面一般设置在室内地坪以下50mm标高处（图12-20b、c）。

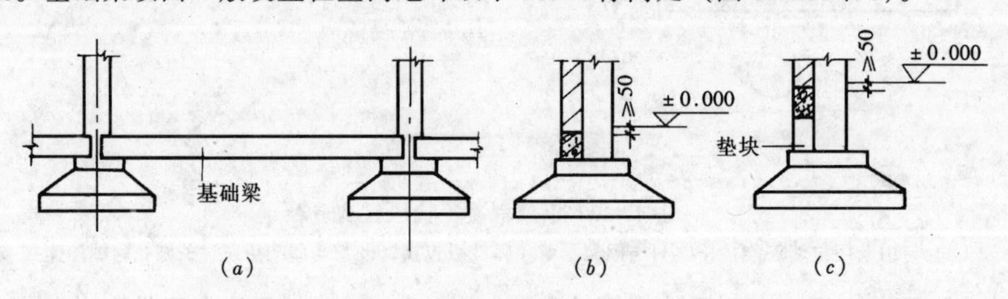

图12-20 基础梁的布置

当厂房不高、地基比较好、柱基础又埋得较浅时，也可不设基础梁，而做砖石或混凝土基础。

连系梁、过梁和基础梁均有全国通用图集，可供设计时选用。

第三节 排架计算

排架计算的目的是为了确定柱和基础的内力。厂房结构实际上是空间结构。为计算方便，一般分别按纵向和横向平面排架近似地进行计算。

纵向平面排架的柱较多，通常其水平刚度较大，分配到每根柱的水平力较小，因而往往不必计算。因此，厂房结构计算主要归结于横向平面排架的计算（以下简称排架计算）。当然，当纵向柱列较少（不多于7根）或需要考虑地震荷载时，仍应进行纵向平面排架的计算。

排架计算的主要内容是：确定计算简图、荷载计算、内力分析和内力组合。必要时，还应验算排架的侧移。

一、排架计算简图

（一）基本假定

根据实践经验和构造特点，对于不考虑空间工作的平面排架，其计算简图可作如下假定：

1. 排架柱上端铰接于屋架（或屋面梁），下端嵌固于基础顶面

装配式钢筋混凝土单层厂房结构，由于屋架或屋面梁为预制构件，与柱在其轴线位置处用螺栓连接或焊接，可传递轴力和剪力，传递弯矩的数量很小，故可近似假定为铰支。

柱下端插入基础杯口有足够的深度，柱与杯壁间采用细石混凝土浇捣并连成一体，且地基的应力和变形有所控制，基础的转动量一般很小，因此可假定为嵌固于基础顶面。但是，当地基土质较差、变形较大，或有较大的地面荷载（如大面积堆料等），则应考虑基础位移和转动对排架内力的影响。

2. 横梁（屋架或屋面梁）为轴向变形可忽略不计的刚杆

实践经验表明，对于屋面梁或下弦杆刚度较大的大多数屋架，其轴向变形很小，可视为无轴向变形的刚杆，故可认为横梁两端的水平位移相等。但是，对于组合屋架、两铰或三铰拱屋架，应考虑其轴向变形对排架内力的影响。

（二）计算简图

铰接排架为超静定结构，其内力与排架柱的截面刚度有关。厂房结构一般设有单层吊车（也有设双层吊车的），柱为一阶变截面柱（设双层吊车时为二阶变截面柱）。因此在计算简图中，首先应确定变截面（一般为柱牛腿顶面）的位置。以一阶变截面柱为例，牛腿顶面以上为上柱，其高度为 H_1（或 H_u），可由柱顶标高减去牛腿顶面标高求得。前者由建筑剖面给出，后者则可由工艺要求的吊车轨顶标高减去吊车梁及其上轨道构造高度求得。吊车梁高度以及轨道构造高度均可由吊车梁及其轨道联接构造的标准图查得。

计算简图中，柱的总高 H_2（或 H）可由柱顶标高减去基础顶面标高求得。基础顶面标高一般为 -0.5m 左右。当持力层较深时，基顶标高主要取决于持力层的标高，一般要求基底进入持力层至少 300mm，若按构造要求假定基础高度，并已知室内外地面高差，即不难推得基顶标高。基础高度可按构造要求初估，一般在 0.9 ~ 1.2m 之间。柱的总高求得后，即可求得下柱的高度 $H_l = H_2 - H_1$。

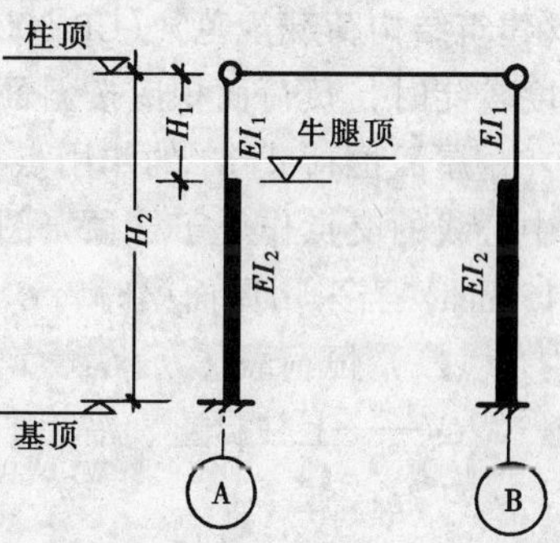

图 12-21 单跨排架计算简图

计算简图中，柱的轴线应分别取上、下柱截面的形心线。图 12-21 所示为单跨排架的计算简图。

各部分柱的截面抗弯刚度 EI，可由预先假定的截面形状和尺寸确定。如果柱实际的 EI 值与计算假定值相差在 30% 以内，通常可不再重算。

二、排架荷载计算

作用在横向排架上的荷载分恒荷载和活荷载两类。恒荷载一般包括屋盖自重 G_1、上

柱自重 G_2、吊车梁及轨道等零件重 G_3、下柱自重 G_4 及有时支承在柱牛腿上的围护结构重 G_5。活荷载一般包括屋面活荷载 Q_1、吊车水平制动力 T_{max}、吊车垂直荷载 D_{max} 和 D_{min}、均布风荷载 w_1 和 w_2 以及作用在屋盖支承处（如柱顶）的集中风荷载 F_w 等（图 12-22*a*）。

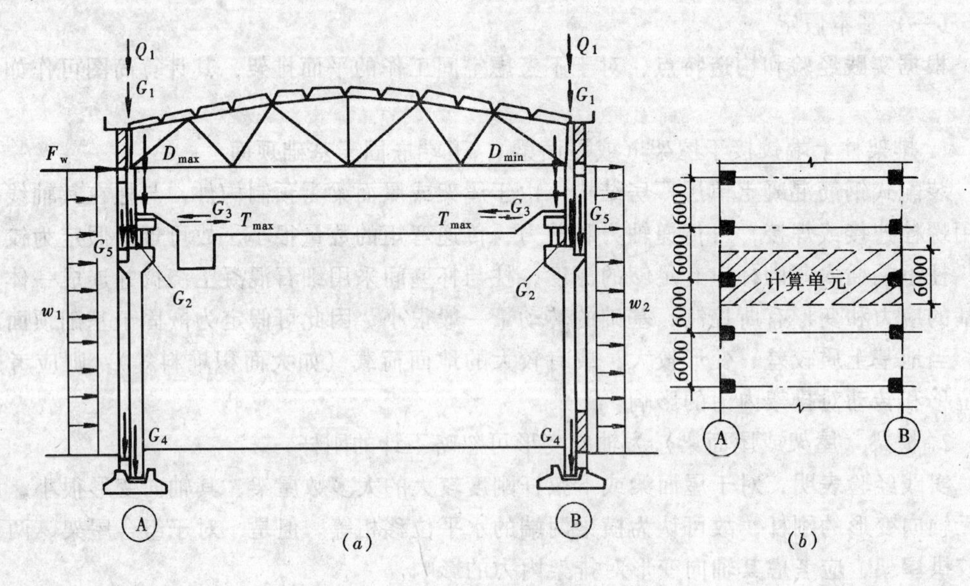

图 12-22　排架受荷总图及计算单元

（*a*）排架受荷总图；（*b*）排架荷载计算单元

除吊车等移动荷载外，排架的负荷范围一般如图 12-22*b* 中阴影部分所示，并作为确定各种荷载大小的计算单元。

（一）屋盖恒荷载 G_1

屋盖恒荷载包括各构造层（如保温层、隔热层、防水层、隔离层、找平层等）重、屋面板、天沟板、屋架、天窗架及其支撑重等，可按屋面构造详图、屋面构件标准图以及《建筑结构荷载规范》（GB 50009—2001）（以下简称《荷载规范》）等进行计算。当屋面坡度较陡时，负荷面积应按斜面面积计算。

屋面恒荷载 G_1 的作用点视不同情况而定。如当采用屋架时，G_1 通过屋架上弦与下弦中心线的交点作用于柱顶（图 12-23）。一般屋架上、下弦中心线的交点至柱外边的距离为 150mm。当采用屋面梁时，G_1 通过梁端支承垫板的中心线作用于柱顶。

（二）恒荷载 G_2、G_3、G_4 和 G_5 等

G_2——上柱自重，沿上柱中心线作用（图 12-22*a*）。G_2 按上柱截面尺寸和柱高计算。

G_3——吊车梁及轨道等零件自重，可按吊车梁及轨道连接构造的标准图采用。G_3 沿吊车梁中心线作用于牛腿顶面，一般吊车梁中心线到柱外边缘（边柱）或柱中心线（中柱）的距离为 750mm。

G_4——下柱自重，沿下柱中心线作用（图 12-22*a*），按下柱高及其截面尺寸计算。对于工字形截面柱，考虑到沿柱高方向部分为矩形截面（如柱的下部及牛腿部分），可乘以 1.1~1.2 的增大系数。

G_5——由柱牛腿上的承墙梁传来的围护结构自重，根据围护结构的构造和《荷载规范》规定的材料重度计算，G_5 沿承墙梁中心线作用于柱牛腿顶面。

（三）屋面活荷载 Q_1

屋面活荷载包括屋面均布活荷载、雪荷载和灰荷载三种，均按屋面水平投影面积计算。

屋面活荷载按《荷载规范》采用*，当施工荷载较大时，应按实际情况考虑。

屋面雪荷载根据建筑地区和屋面形式按《荷载规范》采用，其标准值

$$s = \mu_r s_o \tag{12-1}$$

式中 s_o——基本雪压，由《荷载规范》中全国基本雪压分布图查得；

μ_r——屋面积雪分布系数，根据屋面形式由《荷载规范》查得，如单跨、等高双跨厂房，当屋面坡度不大于25°时，$\mu_r = 1.0$。各种外形不同的厂房，其屋面积雪分布系数见附表5-1。

屋面灰荷载，对于生产中有大量排灰的厂房及其邻近的建筑，应按《荷载规范》的规定值采用。

屋面均布活荷载，不应与雪荷载同时考虑。灰荷载则应与雪荷载或屋面活荷载两者中的较大值同时考虑，并选其较大者。

屋面活荷载确定之后，即可按计算单元中的负荷面积计算 Q_1，其作用位置与 G_1 相同。

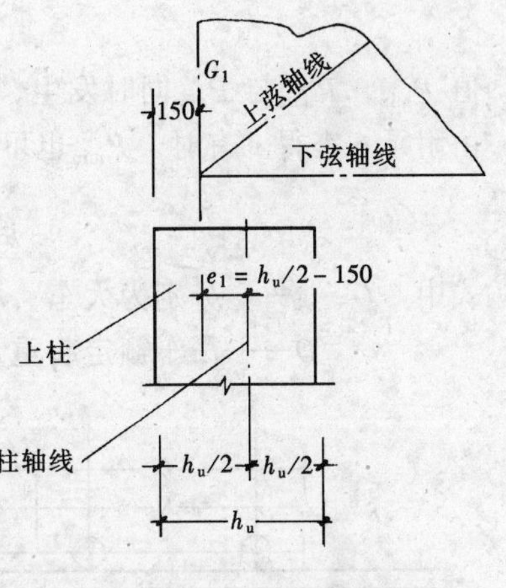

图 12-23 恒荷载 G_1 的作用位置

（四）吊车荷载 D_{max}、D_{min}和 T_{max}

吊车按承重骨架的形式分为单梁式和桥式两种，工业厂房中一般采用桥式吊车。

桥式吊车按其利用等级（按使用期内要求的总工作循环次数分级）和荷载状态（吊车达到其额定值的频繁程度）分成8个工作级别A1级～A8级）。与工作级别A1～A3、A4～A5、A6～A7、A8相对应的吊级工作制等级分别为轻级、中级、重级、超重级四种工作制。一般满载机会少，运行速度低以及不需要紧张而繁重工作的场所，如水电站、机械检修站等的吊车属于轻级工作制；机械加工车间和装配车间的吊车属于中级工作制；一般冶炼车间和参加连续生产的吊车属于重级工作制。

桥式吊车由大车（桥架）和小车组成。大车在吊车梁的轨道上沿厂房纵向行驶，小车在大车的导轨上沿厂房横向运行，小车上装有带吊钩的卷扬机。吊车对横向排架的作用有吊车竖向垂直荷载（简称垂直荷载）和横向水平荷载（简称水平荷载），分述如下：

1. 吊车垂直荷载 D_{max}、D_{min}

当小车吊有规定的最大起重量标准值 Q 开到大车某一侧的极限位置时（图 12-24），在这一侧的每个大车轮压为吊车的最大轮压标准值 P_{max}，而在另一侧的为最小轮压标准

* 根据《建筑结构荷载规范》（GB 50009—2001），不上人屋面均布活荷载的标准值为0.5kN/m²；上人屋面为2.0kN/m²。

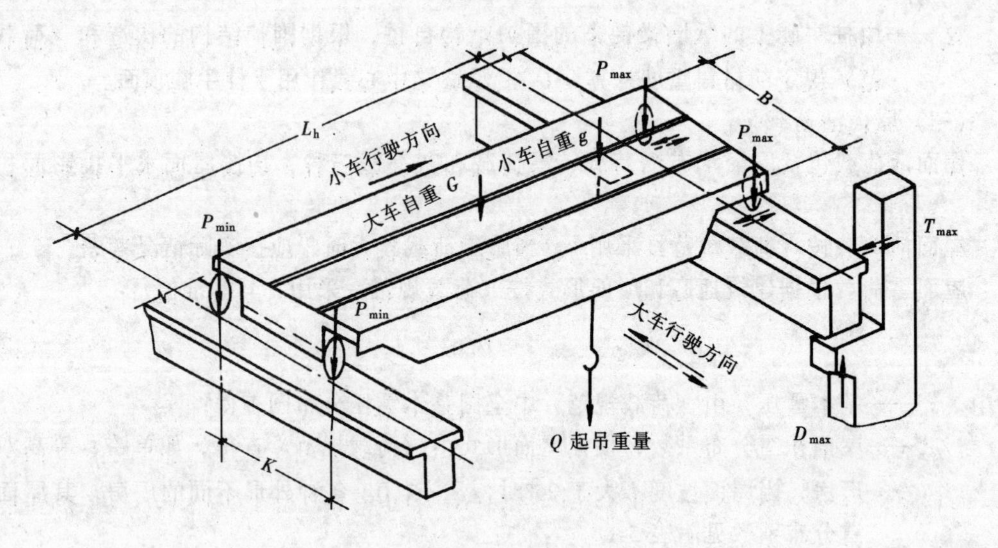

图 12-24　桥式吊车的受力状况

值 P_{min}，P_{max}与 P_{min}同时发生，它们通常可根据吊车型号、规格（起重量 Q 和跨度 L_h），由附录 6 查得。有时，P_{min}也可按下式计算：

$$P_{min} = \frac{G + g + Q}{2} - P_{max} \tag{12-2}$$

式中　G、g——分别为大车、小车自重的标准值；

Q——吊车额定起重量的标准值。

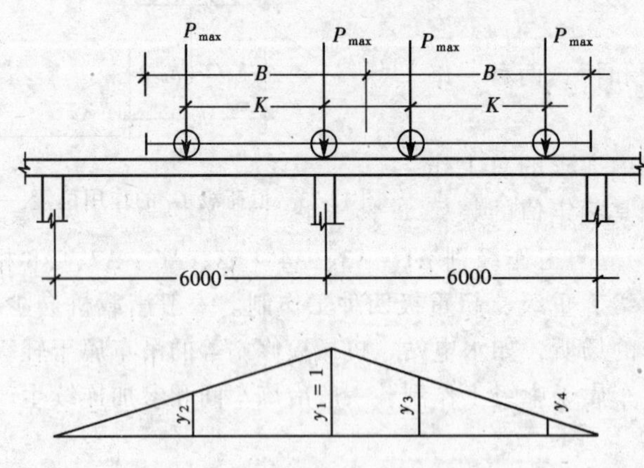

图 12-25　吊车梁支座反力影响线

式（12-2）用于四轮吊车，故等式右边第一项分母为 2。

吊车是移动的，因此，由 P_{max}产生的支座（柱）的最大垂直反力（荷载）的标准值 D_{kmax}，可以利用吊车梁的支座垂直反力影响线进行计算。另一排架柱上，则由 P_{min}产生 D_{kmin}。D_{kmax}、D_{kmin}就是作用在排架上的吊车垂直荷载的标准值，两者也是同时发生的。利用图 12-25 所示的支座反力影响线以及吊车梁的跨度 L_h、吊车的宽度 B 和轮距 K（附录 6），吊车垂直荷载的设计值 D_{max}和 D_{min}可按下式计算：

$$\left.\begin{aligned} D_{max} &= \gamma_Q D_{kmax} = \gamma_Q \left[P_{1max}(y_1 + y_2) + P_{2max}(y_3 + y_4) \right] \\ D_{min} &= \gamma_Q D_{kmin} = \gamma_Q \left[P_{1min}(y_1 + y_2) + P_{2min}(y_3 + y_4) \right] \end{aligned}\right\} \tag{12-3}$$

式中　P_{1max}、P_{2max}——两台起重量不同的吊车最大轮压的标准值，且 $P_{1max} > P_{2max}$；

y_1、y_2、y_3、y_4——与吊车轮子相对应的支座反力影响线上的竖标，可按图 12-25 所示的几何关系求得；

γ_Q——可变荷载分项系数，$\gamma_Q = 1.4$。

当两台吊车完全相同时，式（12-3）可简化为

$$\left.\begin{aligned} D_{max} &= \gamma_Q D_{kmax} = \gamma_Q P_{max} \Sigma y_i \\ D_{min} &= \gamma_Q D_{kmin} = \gamma_Q \frac{P_{min}}{P_{max}} D_{max} \end{aligned}\right\} \tag{12-3a}$$

式中　Σy_i——各轮子下影响线竖标的总和。

当厂房内有多台吊车时，《荷载规范》规定：对一层吊车单跨厂房按不多于两台吊车计算排架上的吊车垂直荷载；对一层吊车多跨厂房，每个排架宜按不多于四台吊车进行计算；当某跨近期及远期均肯定只设一台吊车时，该跨方可按一台吊车考虑。

2. 吊车水平荷载 T_{max}

当吊车吊起重物小车在运行中突然刹车时，由于重物和小车的惯性将产生一个横向水平制动力，这个力通过吊车两侧的轮子及轨道传给两侧的吊车梁（图 12-26a、b）并最终传给两侧的柱。吊车横向水平制动力应按两侧柱的刚度大小分配。为简化计算，《荷载规范》允许近似地平均分配给两侧柱（图 12-26e、f）。对于四轮吊车，当它满载运行时，每个轮子产生的横向水平制动力的标准值 T 可按下式计算：

$$T = \frac{\alpha}{4}(Q + g) \tag{12-4}$$

式中　Q——吊车额定起重量标准值；

g——小车自重的标准值；

α——横向制动力系数，对于硬钩吊车 $\alpha = 0.2$，对于软钩吊车：

当 $Q \leqslant 10$t 时，$\alpha = 0.12$；

当 $Q = 16 \sim 50$t 时，$\alpha = 0.10$；

当 $Q \geqslant 75$t 时，$\alpha = 0.08$。

每个轮子传给吊车轨道的横向水平制动力的标准值 T 确定后，便可按与吊车垂直荷载相同的方法来确定最终作用于排架柱上的吊车水平荷载的设计值，两者仅荷载作用方向不同，由图 12-26（c）可得：

$$T_{max} = \gamma_Q T_{kmax} = \gamma_Q [T_1(y_1 + y_2) + T_2(y_3 + y_4)] \tag{12-4a}$$

当两台吊车完全相同时，上式可简化为：

$$T_{max} = \gamma_Q T_{kmax} = \gamma_Q T \Sigma y_i \tag{12-4b}$$

因各轮子所对应的 y_i 值与吊车垂直荷载情况完全相同，故 T_{max} 亦可按下式计算：

$$T_{max} = \frac{T}{P_{max}} D_{max} \tag{12-4c}$$

考虑到小车沿左、右方向行驶时均可能刹车，故 T_{max} 的作用方向既可向左又可向右。由于 T 是通过设在吊车梁顶面处的连接件（图 12-26d）传给柱子的，因而 T_{max} 可近似地作用于吊车梁顶面标高处。

《荷载规范》规定，在计算吊车横向水平荷载 T_{max} 时，无论单跨或多跨厂房的每个排

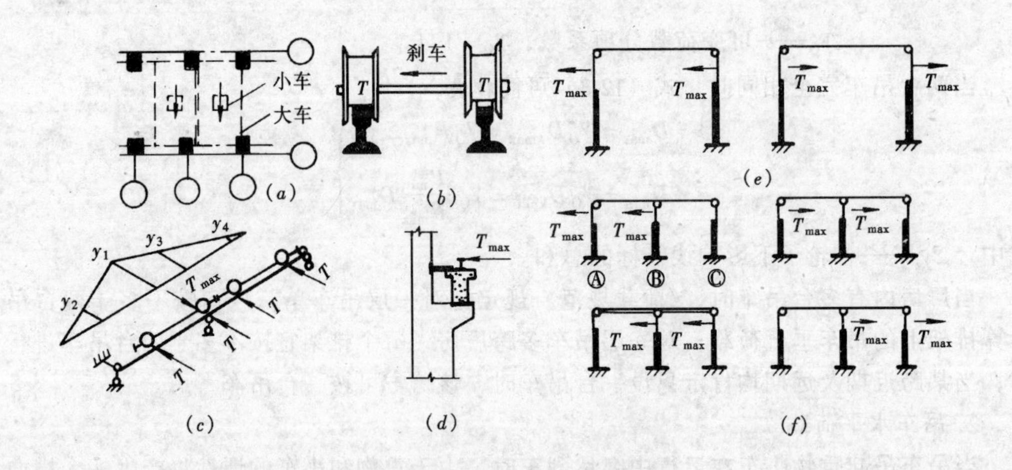

图 12-26 吊车横向水平荷载

(a) 两台吊车的位置；(b) 横向刹车力 T；(c) T_{max}计算简图；(d) T_{max}作用位置；(e) 单跨排架的吊车横向荷载；(f) 双跨排架的吊车横向荷载

架，最多考虑两台吊车同时刹车。

当吊车（大车）沿厂房纵向运行突然刹车时，吊车自重及吊重的惯性将引起吊车纵向制动力，并由吊车一侧的所有制动轮传至轨道（图 12-27*a*），最后通过吊车梁传给纵向柱列或柱间支撑。每台吊车纵向制动力 T_0 的设计值可按下式计算：

$$T_0 = \gamma_Q mT = \gamma_Q m \frac{nP_{max}}{10} \tag{12-5}$$

式中 P_{max}——吊车最大轮压；

n——吊车每侧的制动轮数，对于一般四轮吊车，$n=1$；

m——起重量相同的吊车台数，不论单跨或多跨厂房，当 $m>2$ 时，取 $m=2$。

作用在纵向排架上的吊车水平荷载的作用位置如图 12-27（*b*）所示。

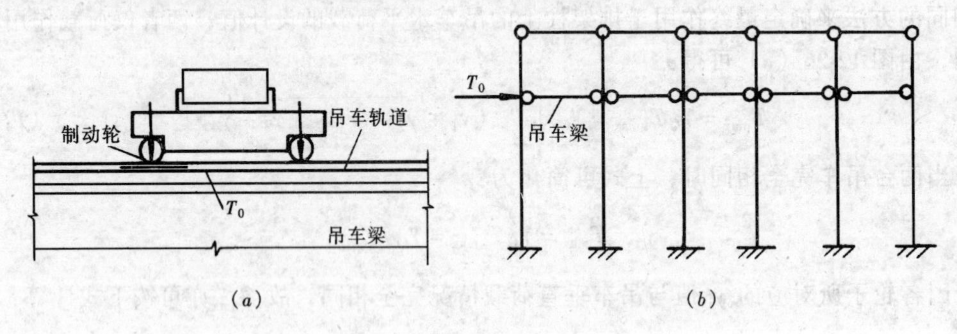

图 12-27 作用于纵向排架的吊车水平荷载

在计算作用于纵向排架的吊车水平荷载时，不论单跨或多跨厂房最多只考虑两台吊车同时刹车。当无柱间支撑时，吊车水平荷载将由同一伸缩缝区段内所有各柱共同负担，按各柱沿厂房纵向的抗侧移刚度大小分配；当设有柱间支撑时，全部纵向水平荷载由柱间支撑承担。

（五）风荷载 w_1、w_2、F_w

风是具有一定速度运动的气流，当它遇到厂房受阻时，将在厂房的迎风面产生正压区（风压力），而在背风面和侧面形成负压区（风吸力），作用在厂房上的风压力和风吸力与风的吹向一致，其值与基本风压 w_0、建筑物的体型和高度等因素有关，可按下式进行计算：

$$w = \mu_s \mu_z w_0 \tag{12-6}$$

式中 w_0——基本风压值，按《荷载规范》中“全国基本风压分布图”查取；

μ_s——风压体型系数，一般垂直于风向的迎风面 $\mu_s = 0.8$，背风面 $\mu_s = -0.5$。各种外形不同的厂房，其风压体型系数见附录 7；

μ_z——风压高度变化系数，其值与地面粗糙度有关，地面粗糙度分 A、B、C、D 四类：

A 类指近海海面、海岛、海岸、湖岸及沙漠地区；

B 类指田野、乡村、丛林、丘陵以及房屋比较稀疏的乡镇和城市郊区；

C 类指有密集建筑群的城市市区；

D 类指有密集建筑群且房屋较高的城市市区。

四类不同地面粗糙度的风压高度变化系数见附表 8-1。

根据式（12-6）算得的风荷载标准值，是沿厂房高度 z 处的风压力（或风吸力）值，故沿厂房高度作用的风荷载为变值。但为简化计算，可近似假定为沿厂房高度不变的均布风荷载（w_1、w_2），并按柱顶标高处的 μ_z 进行计算。排架计算单元宽度 B 范围内的风荷载设计值：

$$w = \gamma_Q w_k = \gamma_Q \mu_s \mu_z w_0 B \tag{12-7}$$

式中 γ_Q——可变荷载分项系数，$\gamma_Q = 1.4$。

按上式确定的迎风面的风压力 w_1 和背风面的风吸力 w_2 的设计值为：

$$\left.\begin{aligned} w_1 &= 1.4 \times 0.8 \mu_z w_0 B = 1.12 \mu_z w_0 B \\ w_2 &= 1.4 \times 0.5 \mu_z w_0 B = 0.7 \mu_z w_0 B \end{aligned}\right\} \tag{12-7a}$$

F_w 是柱顶以上屋面风荷载水平分力之和。由于假定排架横梁抗拉压刚度为无穷大的刚杆，因此，可以将柱顶以上屋面风荷载的水平分力之和，视为一集中力作用于同一跨间左边柱或右边柱的柱顶，而忽略在力的平移过程中变形的影响。如对于图 12-28 所示单跨厂房排架，柱顶集中风力设计值为：

$$\begin{aligned} F_w &= 1.4\ [\ (0.8+0.5)\ \mu_z w_0 B h_1 - (0.6-0.5)\ \mu_z w_0 B h_2] \\ &= (1.82 h_1 - 0.14 h_2)\ \mu_z w_0 B \end{aligned} \tag{12-7b}$$

风压高度变化系数按下列规定计算：有矩形天窗时，按天窗檐口标高计算；无矩形天窗时，按厂房檐口标高或柱顶标高计算。

风荷载是变向的，既要考虑风从左边吹来的受力情况，又要考虑风从右边吹来的受力情况。

三、排架内力计算

在进行排架内力分析之前，首先要确定在排架上有哪几种可能单独考虑的荷载情况。

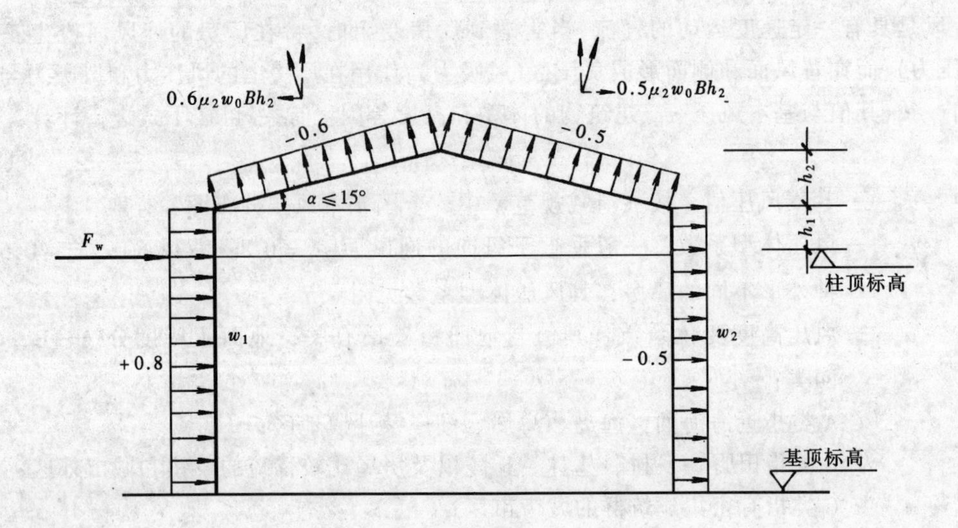

图 12-28 风压体型系数及风荷载

以单跨排架为例，若不考虑地震荷载，可能有如下 8 种单独考虑的荷载情况：

情况 1 恒荷载（G_1、G_2、G_3、G_4 及 G_5）；

情况 2 屋面活荷载（Q_1）；

情况 3 吊车垂直荷载 D_{max}作用在 A 柱（D_{min}作用在 B 柱）；

情况 4 吊车垂直荷载 D_{min}作用在 A 柱（D_{max}作用在 B 柱）；

情况 5 吊车水平荷载 T_{max}作用在 A、B 柱，方向从左向右；

情况 6 吊车水平荷载 T_{max}作用在 A、B 柱，方向从右向左；

情况 7 风荷载（w_1、w_2、F_w）从左向右作用；

情况 8 风荷载（w_1、w_2、F_w）从右向左作用。

对于双跨排架，则可能有 12 种需要单独考虑的荷载情况。

需要单独考虑的荷载情况确定之后，即可对每种荷载情况利用结构力学的方法进行排架内力计算。在计算中，如考虑受荷特点及厂房的空间工作，排架结构可能遇到图 12-29 所示的三种计算简图。现将每种简图的内力计算分述如下：

（一）柱顶为不动铰支排架的内力计算

结构对称、荷载对称的排架以及两端有山墙的两跨或两跨以上的无檩屋盖等高厂房排架，当吊车起重量 $Q<30$t 时，可按柱顶为不动铰支的排架（图 12-29a）计算内力。此时，每根柱可单独按如图 12-30 所示的一次超静定结构计算。

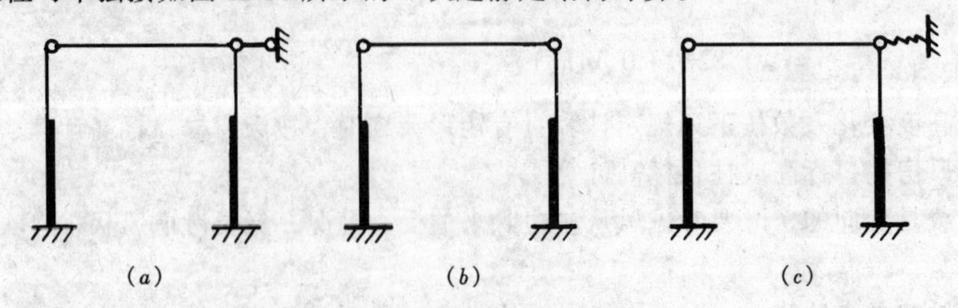

图 12-29 排架的三种计算简图

（a）柱顶为不动铰支排架；（b）柱顶为可动铰支排架；（c）柱顶为弹性支承铰支排架

单跨排架在恒荷载作用下，一般属于结构对称、荷载对称的情况，因此，在恒荷载 G_1、G_2、G_3、G_4、G_5 作用下，可按图 12-30 的简图计算。考虑到厂房结构构件安装顺序，吊车梁和柱等构件是在屋架（或屋面梁）未吊装之前就位的，这时排架尚未形成。因此，对吊车梁和柱自重可不按排架计算，而按图 12-31 所示的悬臂柱分析内力。由于按图 12-30 和图12-31计算在 G_2、G_3、G_4 作用下柱的内力，对总的结果影响很小，在设计中两者均有采用，但按图 12-31 计算较为简便和符合实际受力情况。

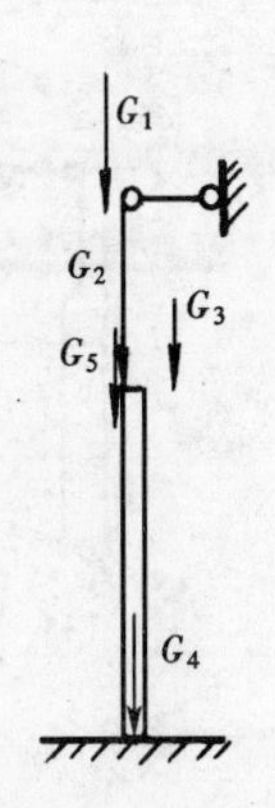

图 12-30 上端不动铰支、下端嵌固的柱

下面仅以 G_1 的作用为例，说明变阶柱的内力按柱顶为不动铰支时的实用计算方法。

作用在柱顶的集中力 G_1，对上柱中心线的偏心距为 e_1（图 12-32a、b），为计算方便利用力的平移法则，可将 G_1 移到上柱中心线处，但需附加一个力矩 $M_1 = G_1 e_1$（图 12-32c），进一步又将 G_1 移至下柱中心线处，但需在牛腿顶面再附加一个力矩 $M_2 = G_1 e_2$（图 12-32d）。这样，图 12-32（a）所示的受力图可以变换成分别作用在柱顶和牛腿顶的力矩 M_1 和 M_2 以及一个沿下柱轴线作用的集中力 G_1，后者由于并不使柱产生弯矩和剪力，因而最后可按图 12-32（d）所示的受力图进行内力计算。其他集中力（如 G_2、G_3、G_5 等）均可作类似的变换，以便于计算。

图 12-32（d）所示的计算简图为一次超静定结构，用结构力学的方法不难求得在 M_1 和 M_2 分别作用下的柱顶反力 R_1 和 R_2。在 M_1 作用下（图 12-33a）柱顶反力：

$$R_1 = \frac{-\beta_1 M_1}{H_2} \tag{12-8}$$

在 M_2 作用下（图 12-33b），柱顶反力：

$$R_2 = \frac{-\beta_2 M_2}{H_2} \tag{12-9}$$

图 12-31 悬臂柱

柱顶反力 R 规定以向左为正，反之为负。故式（12-8）和（12-9）右边的负号表示实际上反力向右。以上式中 β_1、β_2 可分别由附录 9 图 2、图 3 查得或按图中的公式计算。

在 M_1 和 M_2 共同作用下的柱顶反力（$R = R_1 + R_2$）求得之后，即可按悬臂柱计算柱各控制截面中的内力，并绘出弯矩图和剪力图。

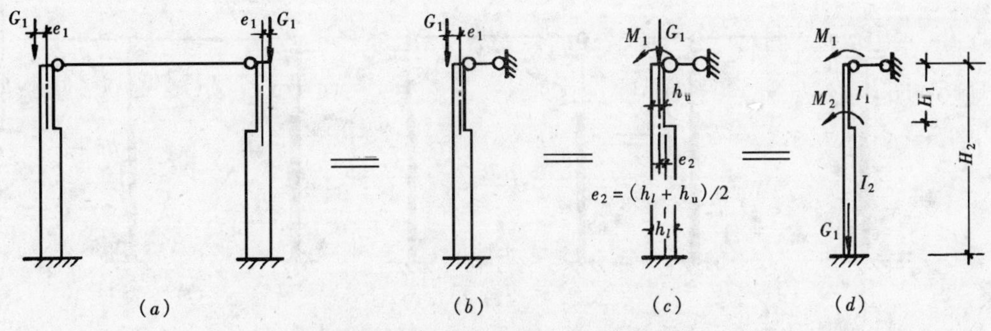

图 12-32 G_1 作用下受力图的等效变换

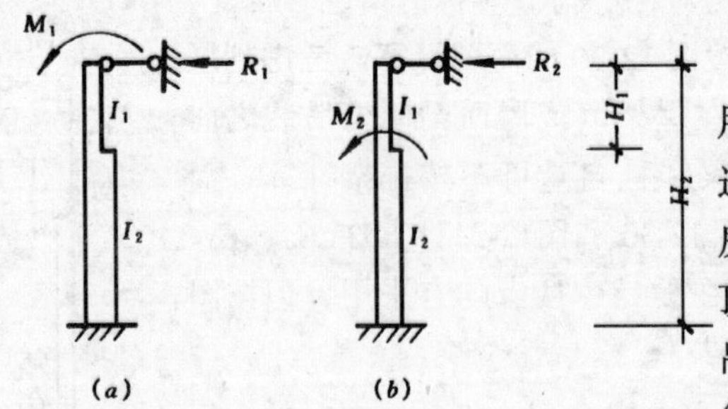

图 12-33 G_1 作用下的内力计算

(a) M_1 作用于柱顶；(b) M_2 作用于牛腿顶

（二）柱顶为可动铰支排架的内力计算

在风荷载以及局部荷载（如吊车荷载）作用下的排架，一般按照柱顶为可动铰支的排架进行内力计算。这种排架计算特点是不考虑厂房空间工作，相邻的排架不提供任何反力，柱顶可以不受外部阻力地发生水平侧移。现以在吊车荷载（D_{max}、D_{min} 和 T_{max}）以及风荷载（F_w、w_1、w_2）作用下的受力情况为例，说明这种简图的内力实用计算方法。

1. 吊车荷载（D_{max}、D_{min}和 T_{max}）

吊车荷载为厂房中的一种局部荷载，原则上可考虑厂房的空间工作，但对于下列情况排架计算不考虑空间作用：

情况 1　当厂房仅一端有山墙或两端均无山墙，且厂房长度小于 36m 时；

情况 2　天窗跨度大于厂房跨度的 1/2，或天窗布置使厂房屋盖沿纵向不连续时；

情况 3　厂房柱距大于 12m 时（包括一般柱距小于 12m，但有个别柱距不等，且最大柱距超过 12m 的情况）；

情况 4　当屋架下弦为柔性拉杆时。

(1) 在吊车垂直荷载（D_{max}、D_{min}）作用下（图 12-34）排架内力计算

根据力的平移法则和叠加原理，图 12-34（a）与图 12-34（b）、（c）的叠加是等效的。后两种简图可用剪力分配法及不动铰支柱的反力公式进行计算。如：排架在 $M_{Dmax}=D_{max}e_3$ 作用下，柱顶将不受阻地发生水平侧移（图 12-34d），该图又可视为由图 12-34（e）

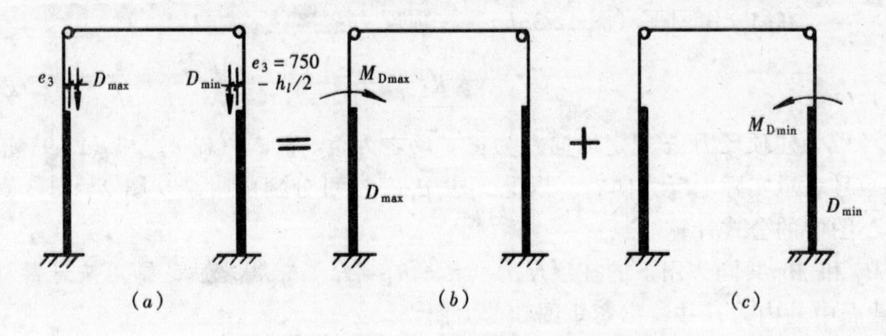

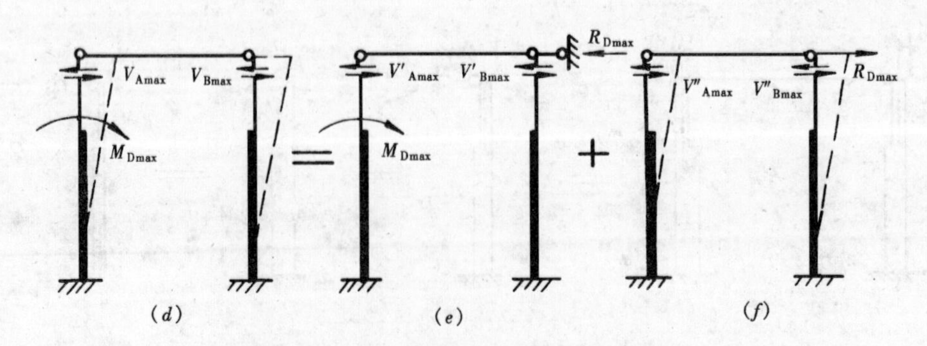

图 12-34　吊车垂直荷载作用下的内力计算

和图 12-34（f）叠加而成。图 12-34（e）为假想柱顶有一个水平推力，将排架推回到原来的位置，此推力的大小即为上端为不动铰支时的柱顶反力。图 12-34（f）为将柱顶反力反向作用于排架柱顶，使结构发生符合实际情况的变形。这两种简图内力状态的叠加，即为原简图（12-34d）的内力状态。因此，可求得在 M_{Dmax}作用下的 A、B 柱的柱顶剪力（绕杆端顺时针转为正，反之为负）：

$$V_{Amax} = V'_{Amax} + V''_{Amax} = -R_{max} + \frac{R_{max}}{2} = \frac{-R_{max}}{2}$$

$$V_{Bmax} = V'_{Bmax} + V''_{Bmax} = 0 + \frac{R_{max}}{2} = \frac{R_{max}}{2}$$

同理可得，在 $M_{Dmin} = D_{min}e_3$ 作用下的 A、B 柱的柱顶剪力：

$$V_{Amin} = \frac{R_{min}}{2}$$

$$V_{Bmin} = -\frac{R_{min}}{2}$$

因此，在 M_{Dmax}和 M_{Dmin}共同作用下，A、B 柱的柱顶剪力：

$$\left.\begin{aligned} V_A &= V_{Amax} + V_{Amin} = -\frac{R_{max} - R_{min}}{2} \\ V_B &= V_{Bmax} + V_{Bmin} = \frac{R_{max} - R_{min}}{2} \end{aligned}\right\} \tag{12-10}$$

式中

$$\left.\begin{aligned} R_{max} &= \frac{\beta_2 M_{Dmax}}{H_2} \\ R_{min} &= -\frac{\beta_2 M_{Dmin}}{H_2} \end{aligned}\right\} \tag{12-10a}$$

将式（12-10a）代入（12-10）式，得

$$\left.\begin{aligned} V_A &= -\frac{0.5\beta_2（M_{Dmax} + M_{Dmin}）}{H_2} \\ V_B &= \frac{0.5\beta_2（M_{Dmax} + M_{Dmin}）}{H_2} \end{aligned}\right\} \tag{12-11}$$

A、B 柱柱顶剪力求得后，即可按悬臂柱计算 A、B 柱的内力，并可绘出相应的内力图（M、N、V 图）。

以上为当 D_{max}作用于 A 柱时单跨排架的内力计算，当 D_{min}在 A 柱时，A、B 柱的柱顶剪力同样可按式（12-11）计算，并可按悬臂柱求其内力和绘出相应的内力图，不难发现其内力图与 D_{max}在 A 柱的内力图刚好相反，故此种情况不必另行计算。

（2）在吊车水平荷载（T_{max}）作用下排架内力计算

如前所述，吊车水平制动力可近似平均分配给两侧的柱子（图 12-35a）。对于单跨排架，由于结构对称荷载为反对称，故横梁内力为零，即 A、B 柱的柱顶剪力为零。于是，在吊车水平荷载作用下，可按图 12-35（b）所示的悬臂柱计算。

以上为 T_{max}向右作用时的内力计算，当 T_{max}向左作用时，其内力大小与前者相等而方向相反，也不必另行计算。

2. 风荷载（F_W、w_1 和 w_2）作用下（图 12-37）排架内力计算

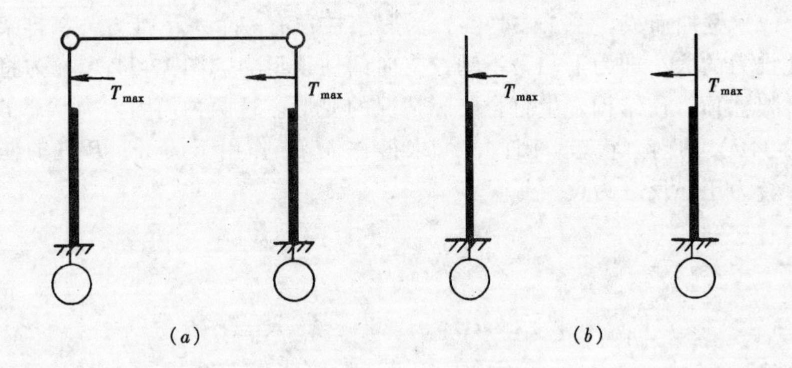

图 12-35 吊车水平荷载下的内力计算

在风荷载（F_W、w_1 和 w_2）作用下，图 12-37（a）所示单跨排架的内力，也可利用不动铰支柱顶反力公式和剪力分配法进行计算。

(1) 柱顶反力公式

对于下端为嵌固上端为不动铰支的单阶柱，当水平均布荷载沿上柱全高作用时（图 12-36a），用力法不难求得柱顶反力：

$$R_{Wu} = \beta_{Wu} w H_2 \tag{12-12}$$

当水平均布荷载沿上、下柱全高作用时（图 12-36b），其柱顶反力：

$$R_w = \beta_w w H_2 \tag{12-13}$$

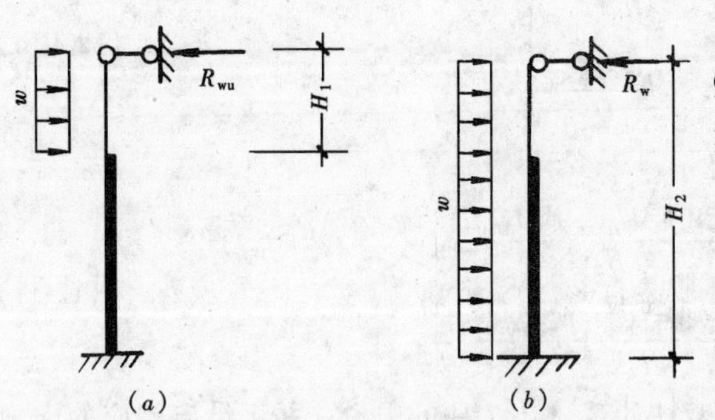

图 12-36 水平均布风荷载下的柱顶反力
(a) w 沿上柱作用；(b) w 沿柱全高作用

以上式中系数 β_{wu}、β_w 可分别由附录 9 图 7、图 8 查得或按图中相应的公式计算。

(2) 风荷载作用下排架内力计算

以单跨排架为例，在 F_w、w_1、w_2 共同作用下（图 12-37a）的内力，可由它们单独作用下（图 12-37b、c、d）的内力叠加得到。

① 在 F_w 作用下的柱顶剪力

单跨排架 A、B 柱刚度相等，由剪力分配系数公式可知，$\mu_A = \mu_B = 0.5$ 故 A、B 柱的柱顶剪力：

$$V_{Aw} = V_{Bw} = 0.5 F_w \tag{12-14}$$

② 在 w_1 作用下的柱顶剪力

在 w_1 作用下排架柱顶将发生水平侧移（图 12-37e），其内力计算，亦如前所述，可先在柱顶用一个水平力将排架柱顶推回原位（图 12-37f），此水平力即为在 w_1 作用下的不动铰支柱柱顶反力 R_{w1}。然后将此水平力反向作用使排架柱顶发生与原结构相同的水平侧移（图 12-37g）。这样，后两者内力之和即为原结构的内力，故 A、B 柱的柱顶剪力（图 12-37e、f、g）：

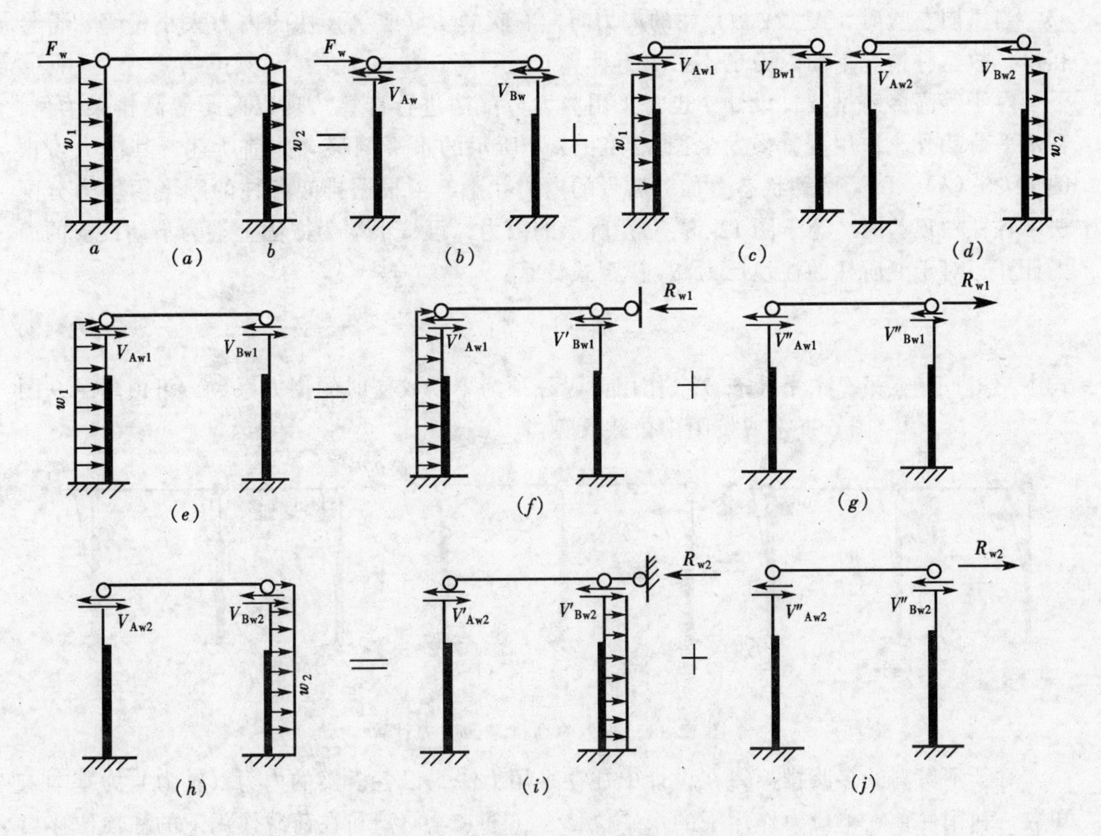

图 12-37　风荷载作用下排架内力计算

$$
\left.\begin{aligned}
V_{\mathrm{Aw1}} &= V'_{\mathrm{Aw1}} + V''_{\mathrm{Aw1}} = -R_{\mathrm{w1}} + \frac{R_{\mathrm{w1}}}{2} = -\frac{R_{\mathrm{w1}}}{2} \\
V_{\mathrm{Bw1}} &= V'_{\mathrm{Bw1}} + V''_{\mathrm{Bw1}} = 0 + \frac{R_{\mathrm{w1}}}{2} = \frac{R_{\mathrm{w1}}}{2}
\end{aligned}\right\} \tag{12-15}
$$

式中　$R_{\mathrm{w1}} = \beta_{\mathrm{w}} H_2 w_1$。

③ 在 w_2 作用下的柱顶剪力

同理可求得在 w_2 作用下的柱顶剪力（图 12-37h、i、j）：

$$
\left.\begin{aligned}
V_{\mathrm{Aw2}} &= V'_{\mathrm{Aw2}} + V''_{\mathrm{Aw2}} = 0 + \frac{R_{\mathrm{w2}}}{2} = \frac{R_{\mathrm{w2}}}{2} \\
V_{\mathrm{Bw2}} &= V'_{\mathrm{Bw2}} + V''_{\mathrm{Bw2}} = \frac{R_{\mathrm{w2}}}{2} - R_{\mathrm{w2}} = -\frac{R_{\mathrm{w2}}}{2}
\end{aligned}\right\} \tag{12-16}
$$

式中　$R_{\mathrm{w2}} = \beta_{\mathrm{w}} H_2 w_2$。　　（12-16$a$）

最后，利用叠加原理即可求得在 F_{w}、w_1 和 w_2 作用下 A、B 柱的柱顶剪力：

$$
\left.\begin{aligned}
V_{\mathrm{A}} &= 0.5[F_{\mathrm{w}} - \beta_w H_2(w_1 - w_2)] \\
V_{\mathrm{B}} &= 0.5[F_{\mathrm{w}} + \beta_w H_2(w_1 - w_2)]
\end{aligned}\right\} \tag{12-17}
$$

柱顶剪力求得后，在风荷载作用下的排架柱的内力即可按悬臂柱进行计算。

当风向左吹时，A（或 B）柱的内力与向右吹的 B（或 A）柱的内力大小相等、符号相反，故这种情况下的内力也不必另行计算。

对于等高多跨排架，设计中也常采用剪力分配法进行计算。现以两跨等高排架为例，在水平荷载 T_{max} 作用下，将发生图 12-38（a）所示的水平侧移。如前所述，其内力可由图 12-38（b）、（c）两种状态叠加。后者的内力状态，可根据排架各柱的刚度用剪力分配法求各柱柱顶剪力。至于图 12-38（b）所示的内力，可按下端为嵌固上端为不动铰支的简图计算，对于变阶柱的柱顶反力 R_T 按下式计算：

$$R_T = \beta_T T_{max} \tag{12-18}$$

式中　β_T——在吊车水平荷载 T_{max} 作用下，柱顶为不动铰支时的反力系数，可由附录 9 图 4～图 6 查得或按图中公式计算。

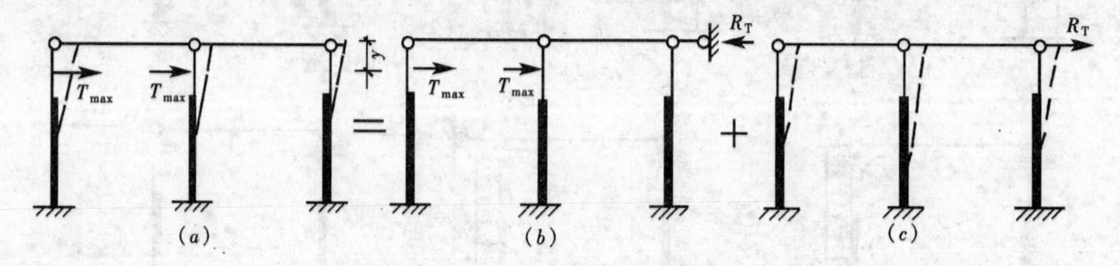

图 12-38　两跨等高排架的内力计算

对于不等高的多跨排架，在设计中往往采用力法，以各横梁的内力（轴力）为基本未知数，利用柱顶在单位力作用下的水平位移 δ（图 12-39a）和在荷载作用下的柱顶位移 Δ（图 12-39b、c、d、e、f），建立力法典型方程组，解方程组即可求得在各种荷载情况下的各横梁内力，于是各柱的内力可按悬臂柱进行计算。

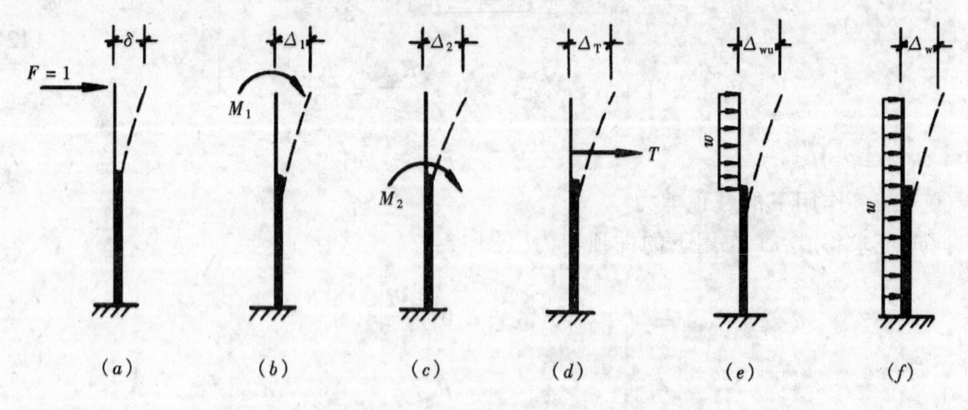

图 12-39　变阶柱水平位移 δ 和 Δ 的计算

柱顶在单位水平力作用下的水平位移 δ 和在各种荷载作用下的柱顶位移 Δ，可利用附录 9 的图表进行计算。

（三）柱顶为弹性铰支排架的内力计算

如前所述，对于吊车等局部荷载作用下的厂房排架，可用假想在柱顶设置的弹性支座来考虑厂房的空间作用。

如图 12-40（a）所示的在集中力 F 作用下的厂房结构，如果相邻排架提供的总弹性

支座反力为 R_e，则直接受荷排架实际承受的力为：

$$F - R_e = R - R_e = \mu R = \mu F \tag{12-19}$$

式中 $\mu = 1 - \dfrac{R_e}{R}$——厂房整体空间作用分配系数，根据有檩无檩、有无山墙、吊车起重量、厂房长度和跨度在0.8~0.9之间变化；

R——柱顶为不动铰支排架的反力，$R = F$；

R_e——柱顶为弹性铰支排架的反力。

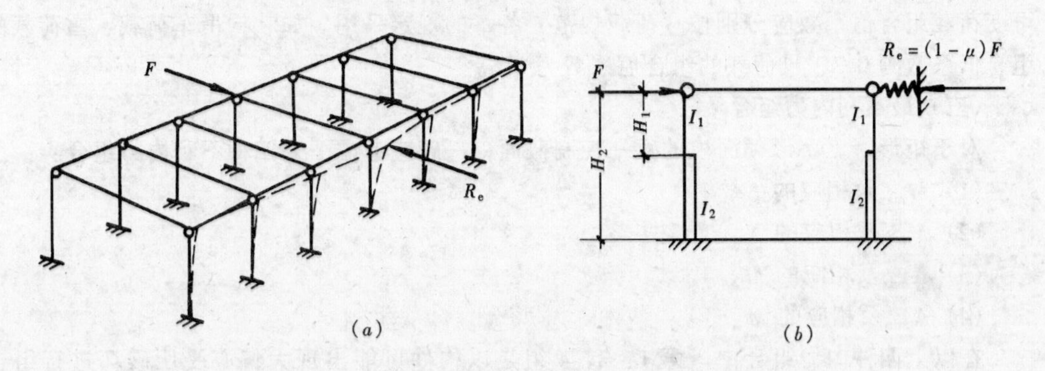

图 12-40 厂房在柱顶集中力作用下的整体空间工作

(a) 相邻排架提供的弹性铰支反力 R_e；(b) 考虑整体空间工作的计算简图

这样，受力排架即可按如图 12-40 (b) 所示的简图计算，弹性支座提供的反力为 $R_e = (1-\mu)F$。计算表明，考虑空间作用上柱弯矩增加，而下柱弯矩减小，总用钢量有所降低（约5%~20%）。

目前，在设计实践中，对前述空间工作十分显著的厂房结构，考虑了厂房空间工作影响，按柱顶为不动铰支排架分析内力；但对那些可按柱顶为弹性支座的厂房结构，多数未考虑空间工作的影响，仍按平面排架进行内力计算。

四、排架柱的最不利内力组合

求得各种荷载情况的内力（M、N）后，即可进行排架柱的最不利内力组合。

内力组合是在荷载组合的基础上针对柱的若干控制截面进行的。

(一) 控制截面

在一般单阶柱厂房中，由各种荷载作用引起的上柱弯矩最大值一般都发生在其底部截面（与牛腿顶面相邻的截面）；对下柱一般多发生在其顶部截面（牛腿顶面）和底部截面（基础顶面）。考虑到单层厂房柱在上、下柱两段范围内配筋一般都不变化，因此，在设计中都取上柱底部截面（截面 1-1）、下柱顶部截面（截面 2-2）和下柱底部截面（截面 3-3）这三个截面作为柱设计的控制截面（图 12-41），并根据这些控制截面的最不利内力组合值确定上、下柱的配筋。

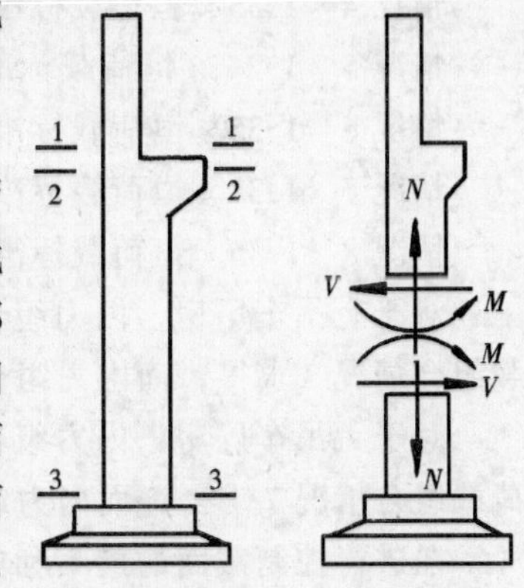

图 12-41 单阶柱的设计控制截面及正号内力的规定

（二）荷载组合

作用在排架上的各种荷载，除自重外，其他荷载均为可变荷载。它们可能同时出现，有的并达到其最大值，但其组合内力并不一定是最不利的，因为它们对排架的作用可能互相抵消。它们同时达到最大值也几乎是不可能的。如50年一遇的大风与50年一遇的大雪几乎不可能同时出现，50年一遇的大风与吊车满载刹车同时发生的概率也是极小的。因此，《荷载规范》规定，在进行最不利内力组合时，对一般排架结构，由可变荷载效应控制的基本组合，当有两种或两种以上的可变荷载参与组合时，荷载组合系数取0.9；当只有一种可变荷载参与组合时，可变荷载组合系数均取1.0。由永久荷载效应控制的组合，可变荷载组合值系数应分别按《荷载规范》各章的规定采用。如软钩吊车荷载、雪荷载的组合值系数为0.7、风荷载的组合值系数为0.6。

（三）最不利内力组合

对于矩形、工字形截面柱的每一控制截面，一般应考虑下列四种不利内力组合：

(1) M_{max}及相应的 N、V；

(2) M_{min}及相应的 N、V；

(3) N_{max}及相应的 M、V；

(4) N_{min}及相应的 M、V。

在以上四种内力组合中，第1、2、4组是以构件可能出现大偏心受压破坏进行组合的；第3组则是从构件可能出现小偏心受压破坏进行组合的。全部内力组合使柱避免出现任何一种形式破坏。

计算表明，在以上四种组合之外，还可能存在更不利的内力组合。但工程实践经验表明，按上述四种内力组合确定柱的最不利内力，结构的安全性一般是可以得到保证的。

在恒荷载、屋面活荷载、吊车荷载和风荷载作用下的排架结构，对于每一个控制截面上的不利内力，可能出现8种荷载组合情况：

情况1　1.2^{*} ×恒荷载标准值+0.9×1.4（屋面活荷载标准值+吊车荷载标准值+风荷载标准值）

情况2　1.2^{*}×恒荷载标准值+0.9×1.4（吊车荷载标准值+风荷载标准值）

情况3　1.2^{*}×恒荷载标准值+0.9×1.4（屋面活荷载标准值+吊车荷载标准值）

情况4　1.35×恒荷载标准值+0.9×1.4（屋面活荷载标准值+风荷载标准值）

情况5　1.2^{*}×恒荷载标准值+1.4×风荷载标准值

情况6　1.35×恒荷载标准值+1.4×吊车荷载标准值

情况7　1.35×恒荷载标准值+1.4×屋面活荷载标准值

情况8　1.35×恒荷载标准值

对于有吊车厂房，内力组合1和2往往由荷载组合情况1和2确定，内力组合3由荷载组合情况3求得，而内力组合4则由荷载组合情况5得到。

对于无吊车厂房，内力组合1和2往往由荷载组合情况4、5或7确定，内力组合3由荷载组合情况7求得，而内力组合4由荷载组合情况5得到。

在进行控制截面的最不利内力组合时，应遵守最不利而又是可能的这一总原则，具体

---

* 恒载效益对结构有利时为1.0。

应遵从和注意以下各点：

（1）组合中的第一个内力为主要内力，应使其绝对值为最大；

（2）任一组合中都必须包括由恒荷载引起的内力；

（3）D_{max}作用在 A 柱与 D_{max}作用在 B 柱两种情况不可能同时出现，只能选择其中一种情况参加组合；

（4）T_{max}的作用必须与 D_{max}的作用同时考虑，因为有 T_{max}必有 D_{max}，T_{max}向左与向右视需要择一参加组合；

（5）对于有多台吊车的厂房，《荷载规范》规定：吊车垂直荷载，对一层吊车的单跨厂房最多只考虑两台吊车，多跨厂房最多不多于四台。吊车横向水平荷载，无论单跨还是多跨厂房最多只考虑两台。考虑到多台吊车同时满载的可能性极小，故《荷载规范》又规定：多台吊车引起的内力参加组合时，各种吊车荷载情况的内力应予折减，两台吊车参加组合时，工作级别为 A1 ~ A5 的吊车，折减系数取 0.9，工作级别为 A6 ~ A8 的吊车，取 0.95；当四台吊车参加组合时，工作级别为 A1 ~ A5 的吊车，折减系数取 0.8，工作级别为 A6 ~ A8 的吊车，取 0.85；

（6）风荷载可能从左、右两个方向作用于厂房，只能择一组合，不可同时考虑；

（7）屋面活荷载按最不利原则考虑；

（8）组合 N_{min}时，对于 $N=0$ 的风荷载也应考虑组合。

此外，对称配筋的柱、内力组合（1）和（2）可合并为$|M|_{max}$与相应的 N 和 V。对于 1-1 和 2-2 控制截面内力一般只组合 M 和 N，对于 3-3 截面为设计基础，除组合 M、N 外，还要组合 V。对于 $e_0 \geqslant 0.55h_0$ 的柱，为验算裂缝宽度，作用于排架上的荷载还应进行荷载效应标准组合计算。对于需要进行变形验算的单层厂房，传至基础底面上的荷载应进行准永久组合，此时风荷载、地震作用和吊车荷载均不予考虑。

排架柱的最不利内力组合可参考设计例题表 12-8 进行计算。

第四节　单层厂房柱设计

由于生产工艺要求不同，厂房的高度、跨度、跨数、剖面形状和吊车起重量也各不相同，因而要使单层厂房柱完全定型化和标准化是极其困难的。目前，虽然对常用的、柱顶标高不超过 13.2m、跨度不超过 24m、吊车起重量不超过 30t 和单跨、等高双跨、等高三跨和不等高三跨厂房柱给出了标准设计(如标准图集 CG335)，但在许多情况下设计者要自行设计。

柱的截面形式和尺寸按前节所述确定后，主要任务是进行柱的截面配筋计算（包括使用阶段和施工阶段的计算）以及柱牛腿设计。

一、柱截面配筋计算

（一）使用阶段计算要点

（1）截面尺寸　截面 1-1 用上柱的截面尺寸，且通常为矩形；截面 2-2、3-3 用下柱的截面尺寸，为矩形或工字形。

（2）材料　混凝土强度等级为 C20、C30 和 C40，对于柱以采用较高强度等级的混凝土为宜，柱中钢筋，纵向受力钢筋宜采用 HRB400 级钢筋，受力较小的柱也可采用 HRB335 或 HPB235 级钢筋，高强度钢筋在非预应力混凝土柱中，其强度由于不能充分利用，故不宜采用；横向箍筋一般采用 HPB235 或 HRB335 级钢筋。

(3) 内力组合的取舍　装配式钢筋混凝土厂房结构中的柱常采用对称配筋，故其不利内力组可简化为$|M|_{max}$相应的 N、V，N_{max}相应的 M、V 及 N_{min}相应的 M、V 三种。根据偏心受压构件 ηM-N 的相关曲线可知：对于大偏心受压，当 ηM 相等或相近，N 小者不利；对于小偏心受压，当 ηM 相等或相近，N 大者不利；在任何情况下，N 相等或相近，ηM 大者为不利。根据上述原则，可舍弃部分内力组。

(4) 确定偏心距增大系数 η 和稳定系数 φ 所需的单层厂房柱的计算长度 l_0 见附表 10-1。

然后按第六章所述方法进行截面配筋计算。

（二）施工阶段验算要点

对于钢筋混凝土预制柱，在施工阶段的验算一般是指对吊装过程中的验算。吊装可以采用平吊也可以采用翻身吊。当柱中配筋能满足运输、吊装时的承载力和裂缝的要求时，宜采用平吊（图 12-42*a*），以简化施工。但是，当平吊需增加柱中配筋时，则宜考虑改用翻身吊（图 12-42*d*）。

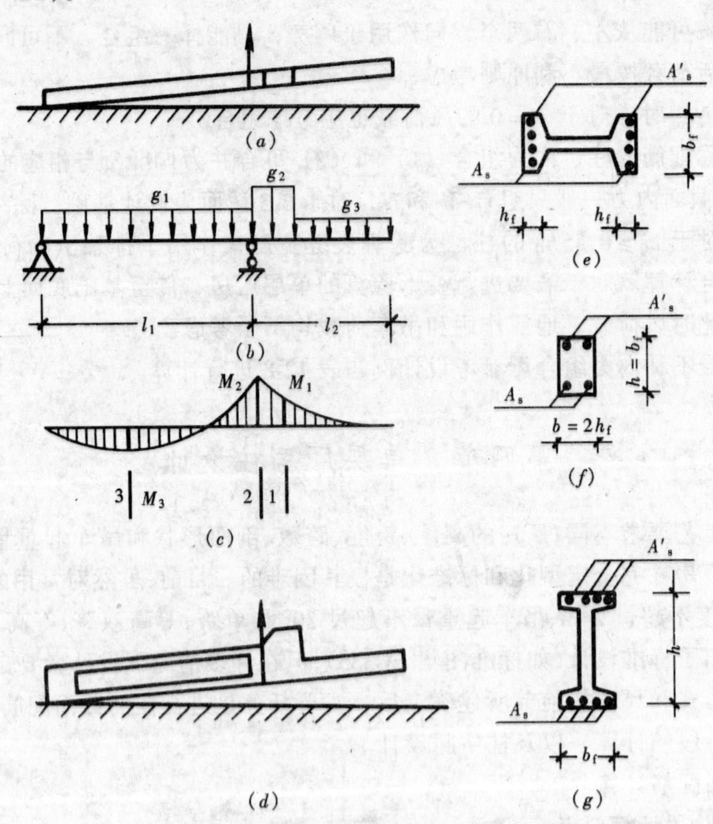

图 12-42　柱吊装阶段的验算

(*a*) 平卧起吊；(*b*) 计算简图；(*c*) 弯矩图；(*d*) 翻身起吊；

(*e*)、(*f*) 平吊的工作截面及等效截面；(*g*) 翻身吊的工作截面

无论是平吊还是翻身吊，柱子的吊点一般都设在牛腿的下边缘处，其计算简图如图 12-42（*b*）所示。考虑到起吊时的动力作用，柱的自重须乘以 1.5 的动力系数。当采用翻

身吊时，截面的受力方向与使用阶段的一致，因而承载力和裂缝均能满足要求，一般不必进行验算。当平吊时，截面的受力方向是柱的弯矩作用平面外方向，截面有效高度大为减小。对于工字形截面，腹板位于中和轴，其作用甚微，可予忽略，故可将 H 形截面（图 12-42*e*）简化为宽为 $2h_f$、高为 b_f 的矩形截面（图 12-42*f*）。此时，受力钢筋 A_s 和 A'_s 只考虑两翼缘最外边的一根钢筋（每翼缘取一根，故 A_s 和 A'_s 均为两根。如翼缘外边缘还有构造用的架立钢筋，也可考虑其工作，计入 A_s 和 A'_s 中），由于本项验算为施工阶段的验算，《混凝土结构设计规范》（GB 50010—2002）规定，结构的重要性系数，可降低一级取用。

构件施工阶段的承载力验算，采用弯矩设计值按第四章双筋受弯构件的公式进行。裂缝宽度的验算则采用弯矩的标准值按第八章方法进行。

柱在施工阶段的弯矩图及控制截面如图 12-42（*c*）所示。

二、牛腿设计

牛腿是排架柱极为重要的组成部分，它支承吊车梁或屋架等承重构件，负荷大，应力状态复杂，在设计上应予足够重视。

根据牛腿上垂直荷载（如 D_{max}、G_3）作用点到牛腿根部的水平距离 a 与牛腿有效高度 h_0 的比值（即牛腿的剪跨比）不同，可将牛腿划分为长牛腿和短牛腿两种。比值 $a/h_0 \leqslant 1$ 时为短牛腿（图 12-43*a*）；比值 $a/h_0 > 1$ 时为长牛腿（图 12-43*b*）。后者的受力特点与悬臂梁极为接近，可按悬臂梁的抗弯和抗剪进行设计计算。故下面仅介绍短牛腿的设计方法。

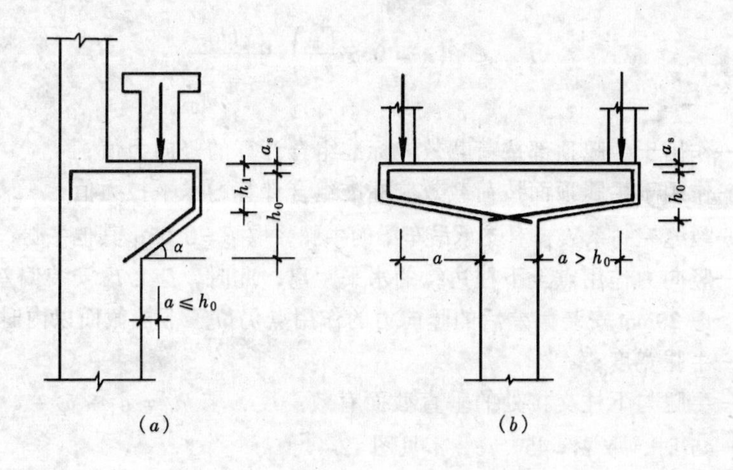

图 12-43　牛腿的类型

（*a*）短牛腿；（*b*）长牛腿

（一）牛腿几何尺寸的确定

配筋计算之前，应先确定牛腿的几何尺寸。

牛腿的几何尺寸包括牛腿的宽度及顶面的长度，牛腿外边缘高度和底面倾斜角度以及牛腿的总高度。

1. 牛腿的宽度及顶面的长度

牛腿的宽度与柱宽相等，其顶面的长度与吊车梁中线的位置、吊车梁端部的宽度以及

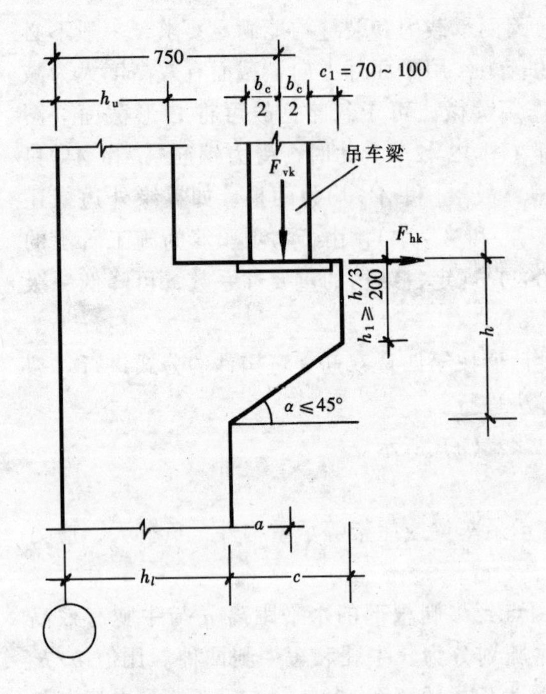

图 12-44 牛腿几何尺寸的确定

吊车梁至牛腿端部的距离 c_1 有关。一般吊车梁的中线到上柱外边缘的水平距离为 750mm，吊车梁的宽度可由采用的标准图集查得，而吊车梁边缘至牛腿端部的水平距离 c_1 通常为 70～100mm（图 12-44）。由此，牛腿顶面的长度即不难确定。

2. 牛腿外边缘高和底面倾斜角度

为避免牛腿端部截面过小，防止造成非正常的破坏，《混凝土结构设计规范》（GB 50010—2002）规定，牛腿外边缘的高度 h_1 要求大于等于 $h/3$（h 为牛腿总高），且不小于 200mm；底面倾角 α 要求不大于 45°。设计中，一般可取 $h_1=200\sim300$mm，$\alpha=45°$，即可初定牛腿的总高 h。

3. 牛腿的总高度

牛腿的总高度 h 主要由斜截面抗裂条件控制。为使牛腿在正常使用阶段不开裂，应对前述由构造要求初定的牛腿总高度 h 按下式进行验算：

$$F_{vk}\leqslant\beta\left(1-0.5\frac{F_{hk}}{F_{vk}}\right)\frac{f_{tk}bh_0}{0.5+\dfrac{a}{h_0}} \tag{12-20}$$

式中 F_{vk}——作用于牛腿顶部按荷载效应标准组合计算的竖向力值；

F_{hk}——作用于牛腿顶面按荷载效应标准组合计算的水平拉力值；

β——裂缝控制系数：对支承吊车梁的牛腿，取 $\beta=0.65$；其他牛腿，取 $\beta=0.80$；

a——竖向力作用点至下柱边缘的水平距离，此时，应考虑安装偏差 20mm；当考虑 20mm 安装偏差后的竖向力的作用点仍位于下柱截面以内时，取 $a=0$；

b——牛腿宽度；

h_0——牛腿与下柱交接处的垂直截面有效高度，取 $h_0=h_1-a_s+c\cdot\tan\alpha$，当 $\alpha>45°$时，取 $\alpha=45°$，c、α 见图 12-44。

（二）牛腿的配筋计算与构造

试验表明，牛腿在即将破坏时的工作状况接近于一三角桁架（图 12-45），其水平拉杆由纵向受拉钢筋组成，斜压杆由竖向力作用点与牛腿根部之间的混凝土组成。斜压杆的承载力（即牛腿斜截面的抗剪承载力）主要取决定于混凝土的强度等级，与水平箍筋和弯起钢筋没有直接关系。在试验分析和多年设计经验和工程实践的基础上，《混凝土结构设计规范》（GB 50010—2002）认为，只要牛腿中按构造要求配置一定数量的箍筋和弯筋，斜压杆承载力即可保证。因此，牛腿的配筋计算可归结于对三角桁架拉杆——牛腿顶面的纵向受力钢筋的计算。

由 $\Sigma M_A=0$ 得

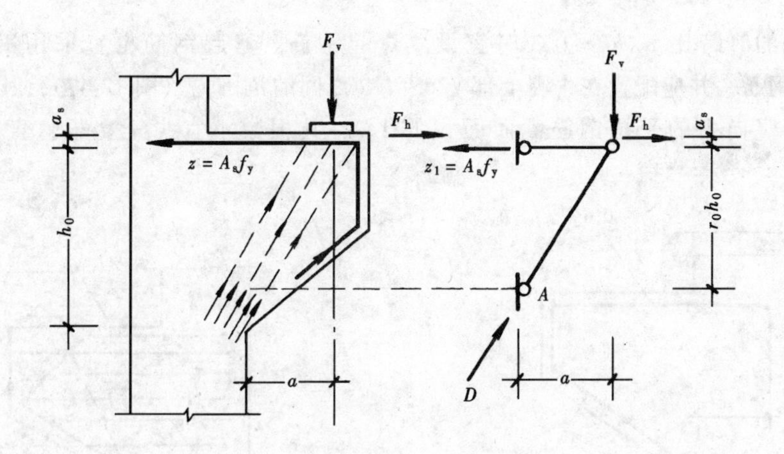

图 12-45　牛腿计算简图

$$F_v \cdot a + F_h(\gamma_0 h_0 + a_s) = A_s f_y \gamma_0 h_0$$

由上式可知，牛腿的纵向受力钢筋由承受竖向力所需的受拉钢筋和承受水平拉力所需的水平锚筋组成，其总面积 A_s 应按下式计算：

$$A_s \geqslant \frac{F_v \cdot a}{f_y \gamma_0 h_0} + \frac{F_h(\gamma_0 h_0 + a_s)}{f_y \gamma_0 h_0} \tag{12-21}$$

《混凝土结构设计规范》（GB 50010—2002）取 $\gamma_0 = 0.85$，$\frac{\gamma_0 h_0 + a_s}{\gamma_0 h_0} = 1 + \frac{a_s}{\gamma_0 h_0} \approx 1.2$，上式可表达为：

$$A_s \geqslant \frac{F_v a}{0.85 f_y h_0} + 1.2\frac{F_h}{f_y} \tag{12-22}$$

式中　F_v——作用在牛腿顶部的竖向力设计值；

F_h——作用在牛腿顶部的水平拉力设计值；

a——竖向力 F_v 作用点至下柱边缘的水平距离，当 $a < 0.3h_0$ 时，取 $a = 0.3h_0$。

牛腿纵向受力钢筋的总面积除按式（12-22）计算配筋外，尚应满足下列构造要求：

纵向受力钢筋宜采用 HRB335 级或 HRB400 级钢筋，全部纵向受力钢筋及弯起钢筋宜沿牛腿外边缘向下伸入下柱内 150mm（图 12-46），并有足够的伸入上柱的钢筋抗拉强度充分利用时的锚固长度；

承受竖向力所需的纵向受拉钢筋的配筋率不应小于 0.2% 及 $0.45f_t/f_y$，也不宜大于 0.6%，且根数不应少于 4 根，直径不应小于 12mm（图 12-46），纵向受拉钢筋不得下弯兼作弯起钢筋用。承受水平拉力的水平锚筋应焊在预埋件上，直径不应小于 12mm，且不少于 2 根。

牛腿还应按《混凝土结构设计规范》（GB 50010—2002）规定的构造要求设置水平箍筋，以便形成骨架和限制斜裂缝开展。水平箍筋直径宜为 6～12mm，间距宜为 100～150mm，且在上部 $2/3h_0$ 高度范围内的水平箍筋的总面积不宜小于承受竖向力的受拉钢筋截面面积的 1/2。

当牛腿的剪跨比 $a/h_0 \geqslant 0.3$ 时宜设置弯起钢筋。弯起钢筋也宜采用 HRB335 级或 HRB400 级钢筋，并应配置在牛腿上部 $l/6 \sim l/2$ 之间的范围内（图 12-47），其截面面积不宜小于承受竖向力的受拉钢筋截面面积的 1/2，其根数不宜少于 2 根，直径不应小于 12mm。

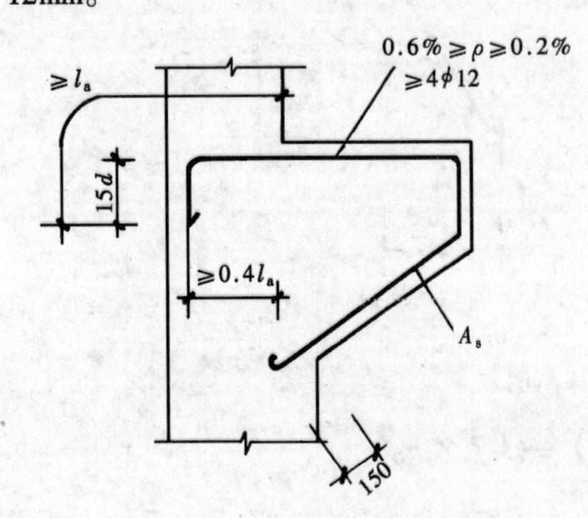

图 12-46 牛腿纵向受力钢筋

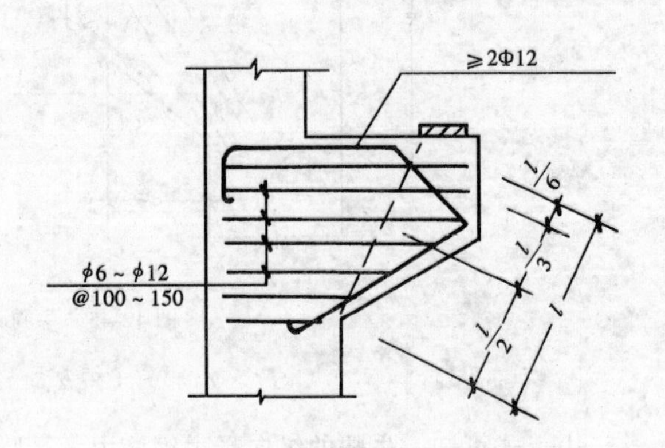

图 12-47 牛腿水平箍筋与弯起钢筋

（三）局部承压验算

垫板下局部承压验算可按下式进行：

$$\sigma = \frac{F_{vk}}{A} \leqslant 0.75 f_c \tag{12-23}$$

式中 A——局部承压面积，$A = ab$，其中 a、b 分别为垫板的长和宽。

当式（12-23）不满足时，应采取必要措施，如加大承压面积，提高混凝土强度等级或在牛腿中加配钢筋网等。

第五节 柱下单独基础设计

柱下单独基础按受力性能可分为轴心受压基础和偏心受压基础；按施工方法可分为预制柱下基础和现浇柱下基础。现浇柱下基础常用于多层现浇框架结构。当以恒荷载为主时，多层框架结构的中间柱可视为轴心受压。预制柱下基础常用于装配式单层厂房结构，且一般为偏心受压。

单层厂房中的柱基础，最常用的是预制柱下杯形基础。这种基础虽然在构造上与现浇基础有所不同，但当杯口灌缝后，其受力性能和现浇柱下基础的完全一样。因此，柱下单独基础均按现浇柱下基础进行计算。

一、基础的作用及其设计要求

现以截面尺寸为 0.3m×0.3m 的轴心受压方柱为例说明基础的作用。该柱承受 1800kN 的轴向力，如直接竖立在地基土上，假定土反力均匀分布，则土反力：

$$P = \frac{F_k}{A} = \frac{1800}{0.3 \times 0.3} = 20000\text{kN/m}^2$$

以上数值远超过一般地基土的承载力（200～300kN/m²），由于土体的弹性模量很小，地基将发生较大的沉降，甚至引起土体塑性流动破坏（图 12-48*a*）。

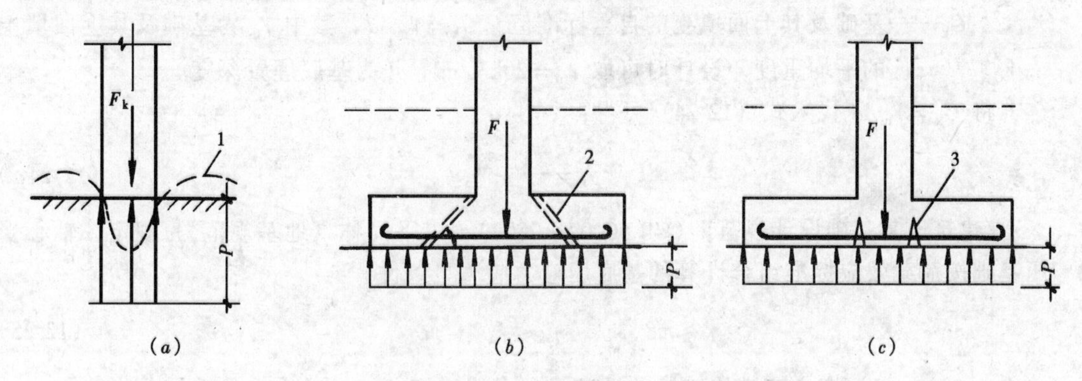

图 12-48　地基基础的破坏形式

（*a*）地基破坏；（*b*）冲切破坏；（*c*）受弯破坏

1—土体塑性流动或大沉降；2—冲切破坏锥面；3—垂直裂缝

因此，为了增大柱与地基土的接触面积，将柱下端扩大即形成基础。如将基底面积 A 增大为 3m×3m，暂且忽略基础及其上回填土自重，则土反力 $p=1800/(3\times3)=200\text{kN/m}^2$，对于容许承载力为 200～300kN/m² 的地基，将不会发生过大的沉降。基础可起到将上部结构的荷载扩散到地基的作用，但是，如果扩大部分的高度 h 太小，在轴向力 F 的作用下又将沿具有一定倾角的锥面发生冲切破坏（图 12-48*b*），锥体外围的扩大部分退出工作，使柱与地基土的接触面大为减小，导致地基土过大沉降或破坏。因此，基础必须有足够的高度，才能起到传递荷载和保持稳定的作用。此外，如果基底的配筋太少，在轴向力 F 的作用下还可能发生如图 12-48（*c*）所示的弯曲破坏，使柱两侧的扩大部分退出工作，引起地基沉降过大或破坏。这样，基底还必须有足够的配筋，才能发挥其作用。

总之，为避免发生前述地基基础三种不同形式的破坏，对钢筋混凝土柱下单独基础要求进行基底外形尺寸、基础高度和基底配筋这三个方面的设计计算。

此外，当扩展基础的混凝土强度等级小于柱的混凝土强度等级时，尚应验算柱下扩展基础顶面处的局部受压承载力。

二、轴心受压柱下单独基础的计算

（一）基础底面的外形尺寸的确定

如前所述，基础底面外形尺寸是由地基的承载力和变形条件确定的。由基础底面传给地基的荷载包括两部分：一部分是上部结构传来的荷载，如柱子和基础梁传来的荷载；另一部分是基础及其上土层的自重。如在上述荷载作用下基底压应力为均匀分布，则这种基础称为轴心受压基础（图 12-49），基底相应于荷载效应标准组合时的压应力值可按下式计算：

$$p_k=\frac{F_k}{A}+\frac{G_k}{A} \tag{12-24}$$

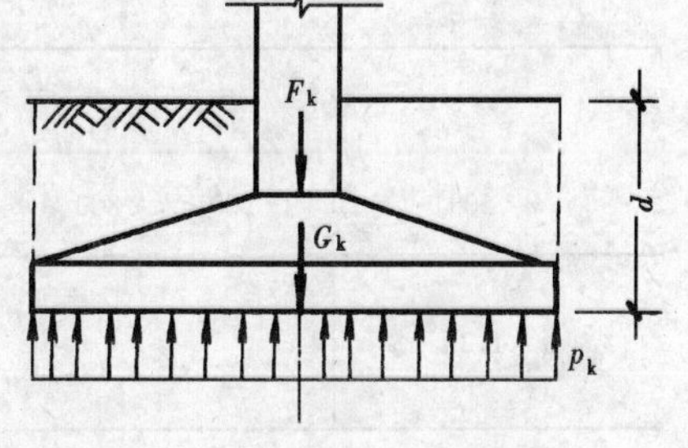

图 12-49　轴心受压柱下单独基础计算简图

式中　F_k——柱传至基础顶面的轴心压力标准值；

A——基础底面面积，$A=ab$，其中 a、b 为基底的长和宽；

G_k——基础及其上回填土的自重标准值，$G_k=\gamma_m Ad$，其中 γ_m 为基础及其上回填土的平均重度，设计时可取 $\gamma_m=20\text{kN/m}^3$，d 为基底埋置深度。

将 $G_k=\gamma_m Ad$ 代入式（12-24）可得：

$$p_k=\frac{F_k}{A}+\gamma_m d \tag{12-24a}$$

《建筑地基基础设计规范》（GB 50007—2002）（以下简称《地基规范》）规定，轴心受压基础按荷载效应标准组合计算的基底压应力应满足条件：

$$p_k\leqslant f_a \tag{12-25}$$

式中　f_a——经深度和宽度修正后的地基承载力特征值。

将按式（12-24a）计算的 p_k 值代入式（12-25），即可获得基底面积：

$$A=\frac{F_k}{f_a-\gamma_m d} \tag{12-26}$$

根据上述地基土承载力条件确定的基底外形尺寸，原则上还须经过地基的变形验算，如符合可不作地基变形计算的丙级建筑物的条件者，可直接按式（12-26）确定基底外形尺寸。

（二）基础高度的确定

柱下单独基础的高度需要满足两个要求：一个是构造要求；另一个是抗冲切承载能力要求。设计中往往先根据构造要求和设计经验初步确定基础高度，然后进行抗冲切承载力验算。

对于现浇柱下基础，为锚固柱中的纵向受力钢筋，要求基础有效高度 h_0 大于或等于柱中纵向受力钢筋的锚固长度 l_a，即 $h_0\geqslant l_a$（图 12-50a）。

对于预制柱下的基础，为嵌固柱子，要求杯口有足够的深度 H_1；同时为抵抗在吊装过程中柱对杯底底板的冲击，要求杯底有足够的厚度 a_1。此外，为使预制柱与基础牢固结合为一体，柱和杯底之间尚应留空 50mm，以便浇灌细石混凝土。因此，基础的高度：

$$h\geqslant h_1+a_1+50 \tag{12-27}$$

式中　h_1、a_1——分别为杯口的深度和杯底的厚度，可分别按表 12-4 和表 12-5 采用。

柱的插入深度 h_1（mm）　　**表 12-4**

矩形或工形截面柱				双肢柱
$h<500$	$500\leqslant h<800$	$800\leqslant h\leqslant 1000$	$h>1000$	
$h\sim 1.2h$	h	$0.9h$ 且 $\geqslant 800$	$0.8h$ 且 $\geqslant 1000$	$\left(\frac{1}{3}\sim\frac{2}{3}\right)h_a$ $(1.5\sim 1.8)\ h_b$

注：1. h 为柱截面长边，b 为短边；对双肢柱，h_a 为整个截面长边，h_b 为整个截面短边尺寸；

2. 柱为轴心或小偏心受压时，h_1 可适当减小；当 $e_0>2h$ 时，h_1 应适当加大。

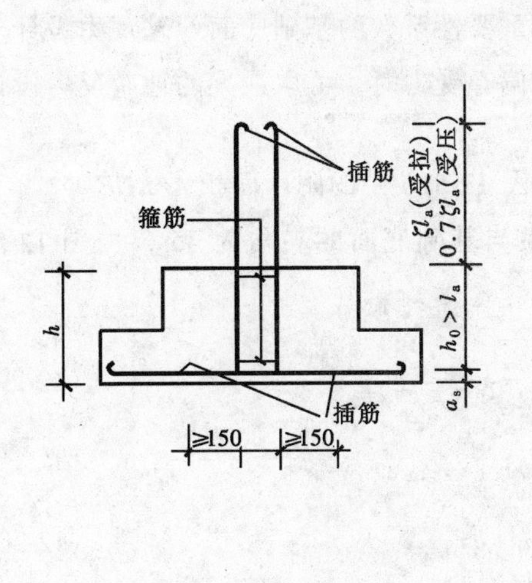

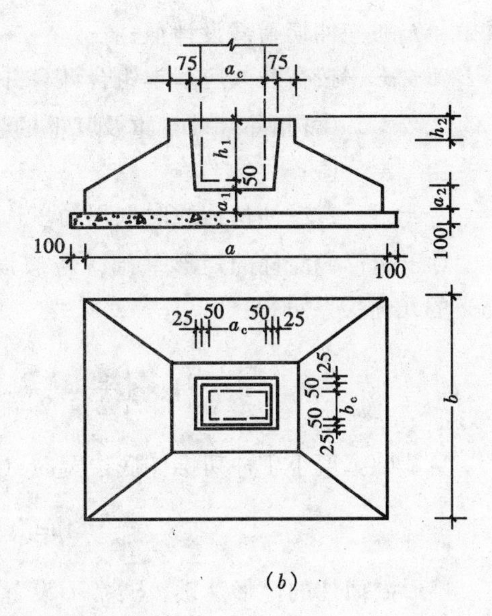

图 12-50 基础构造要求

（a）现浇柱下基础；（b）预制柱下基础

注：ζ 系数与位于同一连接区段内钢筋搭接接头面积百分率有关，当该百分率为≤25%、50%、100%时，相应的 ζ 值为 1.2、1.4、1.6。

基础的杯底厚度和杯壁厚度　　表 12-5

柱截面长边尺寸 h（mm）	杯底厚度 a_1（mm）	杯壁厚度 l（mm）
$h<500$	≥150	150~200
$500\leqslant h<800$	≥200	≥200
$800\leqslant h<1000$	≥200	≥300
$1000\leqslant h<1500$	≥250	≥350
$1500\leqslant h<2000$	≥300	≥400

注：1. 双肢柱的 a_1 值可适当加大；
2. 当有基础梁时，基础梁下的杯壁厚度应满足其支承宽度的要求；
3. 柱子插入杯口部分的表面应凿毛，柱子与杯口之间的空隙，应用比基础混凝土强度等级高一级的细石混凝土充填密实，当达到设计强度的 70%以上时，方能进行上部吊装。

基础高度初定后，即可验算其抗冲切承载力。由于向上的基础及其上回填土自重引起的土壤反力与向下的基础及其上回填土自重相互抵消。因此，柱下单独基础仅在向下的轴心压力 F 和向上的均布土壤净反力 p_n 共同作用下，发生如图 12-51（a）、（d）所示的破坏，破坏锥面以内的柱下锥体部分，在轴向压力 N 作用下发生向下移动的趋势，而破坏锥面以外的基础部分，在土壤净反力 p_n 作用下，发生向上的移动。这种破坏属于混凝土剪应变（或剪应力）达到其极限值的冲切破坏，考察其原因是破坏锥面以外四周土壤净反力的合力（冲切荷载）大于四个破坏锥面上的抗冲切力的合力。若按一个抗冲切面考虑，冲切荷载设计值：

$$F_l=p_sA_l \tag{12-28}$$

式中　F_l——冲切荷载设计值；

p_s——按荷载效应基本组合计算并考虑结构重要性系数的基础底面地基反力设计值（可扣除基础自重及其上的土重），当偏心受力时，可取最大的地基反力设计值；

A_l——考虑冲切荷载时取用的多边形面积（图 12-51b 中的阴影面积 $ABCDEF$）。

对于矩形截面柱的矩形基础，若假设破坏锥面与基础底面的夹角为 45°，由图 12-51（b）的几何关系可得：

$$A_l=\left(\frac{a}{2}-\frac{a_c}{2}-h_0\right)b-\left(\frac{b}{2}-\frac{b_c}{2}-h_0\right)^2 \tag{12-29}$$

当基础宽度小于冲切锥体底边宽时（图 12-51c）：

$$A_l=\left(\frac{a}{2}-\frac{a_c}{2}-h_0\right)b \tag{12-30}$$

矩形截面柱的矩形基础，通常不设置抗剪的箍筋和弯起钢筋，其抗冲切的承载力与冲切破坏锥面的面积和混凝土抗拉强度有关，《混凝土结构设计规范》（GB 50010—2002）规定，破坏锥面（一个抗冲切面）上的承载力的设计值 $F_{l,u}$，可按下列经验公式计算：

$$F_{l,u}=0.7\beta_{hp}f_t b_m h_0 \tag{12-31}$$

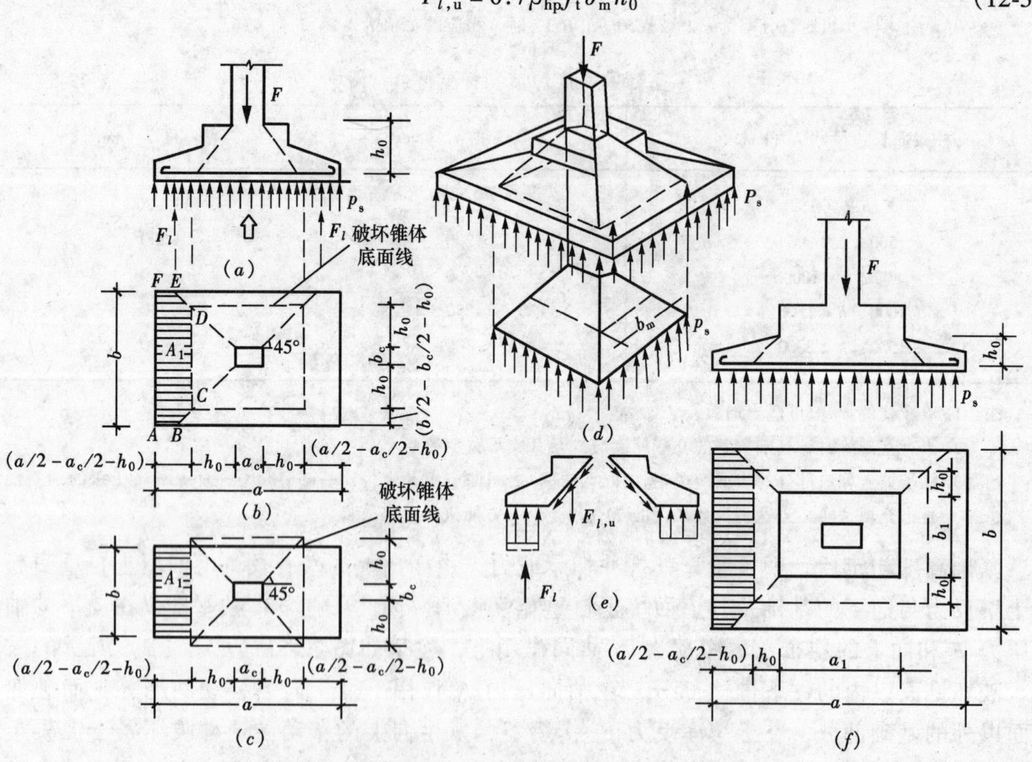

图 12-51　轴心受压柱下单独基础冲切破坏计算简图

（a）冲切破坏受力图；（b）$b>b_c+2h_0$ 时的多边形面积 A_1；

（c）$b<b_c+2h_0$ 时的多边形面积 A_1；（d）冲切破坏锥体斜截面上、下底边长平均值；（e）冲切力与抗冲切力；（f）下阶抗冲切计算

式中　h_0——基础冲切破坏锥体的有效高度：当计算柱与基础交接处的抗冲切承载能力时，h_0 为基础柱边的截面有效高度；当计算基础变阶处的抗冲切承载能力时，h_0 为下阶的截面有效高度（图 12-51f）可取两个方向有效高度的平均值；

b_m——冲切破坏锥体最不利一侧斜截面的上边长 b_t 与下边长 b_b 的平均值：

$$b_m=\frac{b_t+b_b}{2};$$

b_t——冲切破坏锥体最不利一侧斜截面的上边长：当计算柱与基础交接处的冲切承载能力时，取柱宽 b_c；当计算基础变阶处的冲切承载能力时，取上阶宽 b_1（图 12-51f）；

b_b——冲切破坏锥体最不利一侧斜截面的下边长：当计算柱与基础交接处的冲切承载力时，$b_b=b_c+2h_0$，h_0 为基础柱边截面有效高度；当计算基础变阶处的冲切承载能力时，$b_b=b_1+2h_0$，h_0 为变阶处截面有效高度；

β_{hp}——受冲切承载力截面高度影响系数，当 h 不大于 800mm 时，β_{hp}取 1.0；当 h 大于 2000mm 时，β_{hp}取 0.8，其间接线性内插法取用*。

为避免发生冲切破坏，基础应满足下列抗冲切承载能力的条件，即

$$F_l\leqslant 0.7\beta_{hp}f_t b_m h_0 \tag{12-32}$$

按上式即可验算初定的基础高度是否足够；如不满足，应调整基础高度或分阶的高度，直到满足要求。基础高度确定后，即可进行分阶：当 $h>1000$mm 时宜分为三阶；当 h 在 500～1000mm 时分宜为两阶；当 $h\leqslant 500$mm 时可只做一阶。

（三）基础底面配筋计算

基础在上部结构传来的荷载与土壤净反力的共同作用下，可以把它倒过来，视为一均布荷载作用下支承于柱上的悬臂板。为简化计算，可将基础作如图 12-52 虚线所示的划分，并把每一单元都视为一嵌固于柱边的悬臂板，彼此互无联系。在均布的土壤净反力作用下，根据梯形受荷面积，不难求得图示截面Ⅰ-Ⅰ、Ⅱ-Ⅱ的弯矩：

$$M_{\mathrm{I}}=\frac{p_s}{24}(a-a_c)^2(2b+b_c) \tag{12-33}$$

$$M_{\mathrm{II}}=\frac{p_s}{24}(b-b_c)^2(2a+a_c) \tag{12-34}$$

基础由于配筋率较低，截面抗弯的内力臂系数 γ 变化很小，一般可近似取 $\gamma\approx 0.9$。于是沿长边布置的基底钢筋，可按下式计算：

$$A_{s\mathrm{I}}=\frac{M_{\mathrm{I}}}{0.9f_y h_0} \tag{12-35}$$

沿短边布置的基底钢筋，可按下式计算：

$$A_{s\mathrm{II}}=\frac{M_{\mathrm{II}}}{0.9f_y(h_0-d_m)} \tag{12-36}$$

式中　h_0、(h_0-d_m)——截面Ⅰ-Ⅰ和截面Ⅱ-Ⅱ的有效高度，其差为两个方向钢筋直径的平均值。

---

* 也可按 $\beta_{hp}=\sqrt[4]{800/h_0}$计算。

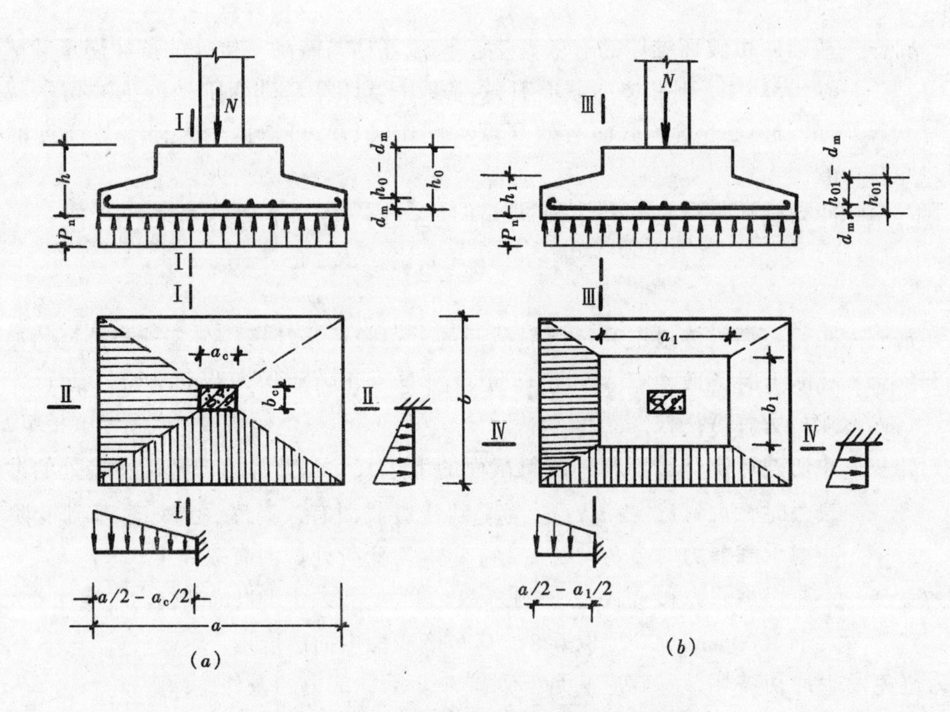

图 12-52　轴心受压单独基础的配筋计算简图

(a) 柱边截面；(b) 变阶处截面

对于变阶基础，可用上述同样方法计算变阶处的弯矩 $M_{Ⅲ}$ 和 $M_{Ⅳ}$ 及相应的 $A_{sⅢ}$ 和 $A_{sⅣ}$（图 12-52b），但需将基础的上阶视为柱，即式（12-33）、式（12-34）中的 a_c、b_c 视为上阶的长和宽，式（12-35）、式（12-36）中的 h_0 视为下阶的有效高度。最后，选用 $A_{sⅠ}$ 和 $A_{sⅢ}$ 较大者配置平行于长边的钢筋（直径、根数或间距），选用 $A_{sⅡ}$ 和 $A_{sⅣ}$ 较大者配置平行于短边的钢筋，且直径和间距应满足构造要求。

在基础设计中，以截面Ⅰ-Ⅰ和Ⅱ-Ⅱ控制配筋为宜。如果 $A_{sⅢ}>A_{sⅠ}$ 及 $A_{sⅣ}>A_{sⅡ}$ 时，可调整上阶的长、宽或下阶的高度，使 $A_{sⅢ}\leqslant A_{sⅠ}$，$A_{sⅣ}\leqslant A_{sⅡ}$。

对于锥形基础，当其宽（基底短边）高比小于或等于 2.5 时，《建筑地基基础设计规范》（GB50007—2002）给出了任意截面弯矩设计值的简化计算公式。

三、偏心受压柱下单独基础的计算

偏心受压柱下单独基础与轴心受压的区别仅在于基底土壤反力分布不同，因而在确定基础底面外形尺寸、基础高度和基底配筋时，需要考虑这一特点，并按基底土壤反力大的一侧来控制基础的设计计算。

（一）基础底面土壤反力分析

在单层厂房中，在基顶处由柱传来的力有轴向力、弯矩和剪力，此外，还可能有基础梁传来的偏心压力以及其上的回填土自重。利用力的平移法则，可将它们简化为作用于基底的偏心压力 N_k，其偏心距为 $e_o=M_k/N_k$。根据 e_0 的不同，基底土壤反力可能出现三种分布情况：

当 $e_0<a/6$ 时，基底偏心压力 N_k 作用于基础底面核心范围以内，基底全部受压，土壤反力的分布呈梯形（图 12-53a），边缘最大、最小土壤反力分别为：

$$p_{\max} = \frac{N_k}{A} + \frac{N_k e_0}{W} \tag{12-37}$$

$$p_{\min} = \frac{N_k}{A} - \frac{N_k e_0}{W} \tag{12-38}$$

当 $e_o = a/6$ 时，基底偏心力 N_k作用在底面核心边缘上，距 N_k较远一侧基础边缘土壤反力 $p_{\min} = 0$，土壤反力的分布为三角形（图 12-53b），距 N_k较近一侧基础边缘的土壤反力 $p_{\max}$仍可按公式（12-37）计算。

当 $e_0 > a/6$ 时，距 N_k较远一侧基础边缘将与地基脱开，土壤反力呈三角形分布（图 12-53c）。根据土壤反力合力作用点与 N_k的作用点相重合的条件，不难求得基底土壤反力分布的长度（基础与地基接触的长度）$s = 3c$，其中 c 为 N_k到基底土壤反力较大边缘的距离，$c = a/2 - e_0$。然后，根据静力平衡条件可得距 N_k较近一侧基础底面边缘的土壤最大反力

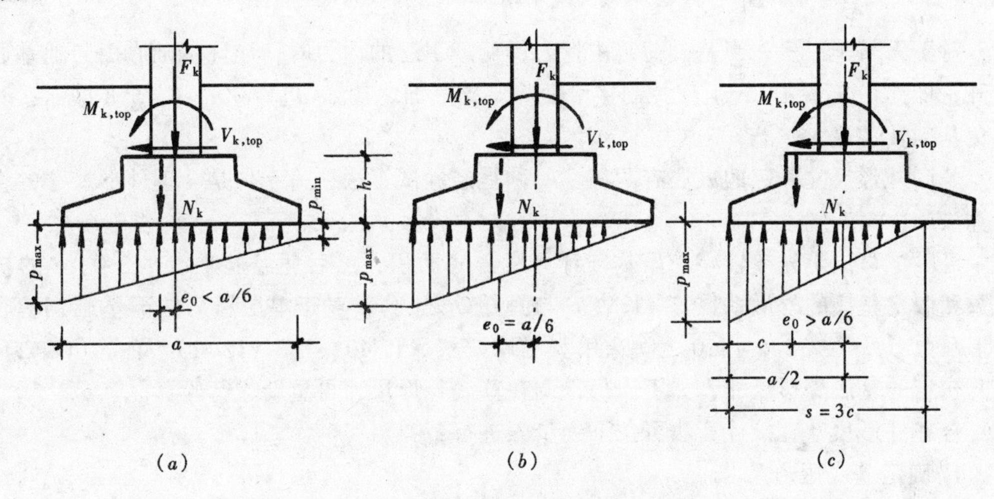

图 12-53　偏心受压柱下单独基础基底土壤反力分布

（a）$e_0 < a/6$；（b）$e_0 = a/6$；（c）$e_0 > a/6$

$$p_{\max} = \frac{2N_k}{3cb} = \frac{2N_k}{3\left(\frac{a}{2} - e_0\right)b} \tag{12-39}$$

式中　N_k——作用于基底的总压力标准值，等于柱及基础梁传来的压力 F_k 与基础及其上回填土自重 G_k 之和，即 $N_k = F_k + G_k$；

e_0——N_k对基底的偏心距，$e_0 = M_k/N_k$；

M_k——作用于基底的总弯矩标准值，等于柱传至基顶的弯矩 $M_{k,top}$与相应的剪力 $V_{k,top}$乘基础高度 h 之和，即 $M_k = M_{k,top} + V_{k,top}h$；

a——基底的长边尺寸；

b——基底的短边尺寸；

F_k、$M_{k,top}$、$V_{k,top}$——作用于基顶的轴向力、弯矩和剪力标准值。

在荷载效应基本组合值（设计值）作用下，土壤净反力的分析（不考虑基础及其上回填土自重），同样可按上述方法进行。

（二）基底外形尺寸的确定

偏心受压柱下单独基础，基底外形尺寸同样由地基土的承载力和变形条件确定。《建筑地基基础设计规范》（GB 50007—2002）规定对于可不作变形验算的丙级建筑物，其基底的土壤反力应满足下列要求：

$$p_{k,max} \leqslant 1.2 f_a \tag{12-40}$$

$$p_{k,m} \leqslant f_a \tag{12-41}$$

式中　$p_{k,m}$——基底平均土壤反力，$p_{k,m} = (p_{k,max} + p_{k,min})/2$。

对于有吊车厂房，为使基础底面与地基全部接触（偏心压力 N_k作用于基底面核心以内），尚应满足条件：

$$p_{k,min} \geqslant 0 \tag{12-42}$$

对于无吊车厂房，当基础荷载中计入风荷载引起的内力时，允许基础底面与地基局部脱开，即允许 $e_0 > a/6$，但应控制接触面与基础底面之比 $s/a = 3c/a \geqslant 0.75$ 亦即 $e_0 \leqslant a/4$，以免基础转动过大。

基底外形尺寸确定的方法有两种：一种是经验试算法，另一种是合理外形尺寸的直接计算法。

经验试算法是先按轴心受压基础计算所需底面积，然后凭经验乘以 1.2～1.4 的扩大系数和假定基底的外形系数 β（长边 a 与短边 b 之比），对于单层厂房柱下基础，基底的外形系数 β 一般在 1.5～2.0 之间选用。然后按式（12-40）、式（12-41）及式（12-42）等验算初定的基底外形尺寸，如不满足，调整基底外形尺寸再重新进行验算。

合理外形尺寸直接计算法可按下列步骤进行：

1. 确定基底短边尺寸

$$b = \sqrt{\frac{F_k}{f_a - \gamma_m d}} \quad \text{（满足式（12-41））} \tag{12-43}$$

2. 计算基底长边尺寸

$$a = \beta b \quad \text{（满足式（12-40））} \tag{12-44}$$

式中　β——基底外形系数，可根据系数 c_0 和 α 值由附录 11 图 1（$c_0 \leqslant 0.5$）或附录 11 图 2（$c_0 > 0.5$）查得，

$$c_0 = \frac{M_{k,top} + V_{k,top} h}{bF_k} = \frac{M_k}{bF_k}$$

$$\alpha = \frac{f_a}{\gamma_m d}$$

3. 验算基底总偏心压力 N_k的偏心距 e_0

对一般有吊车的厂房柱下单独基础：

$$e_{0,bot} \leqslant \frac{a}{6} \tag{12-45}$$

对一般无吊车的厂房柱下单独基础，考虑风荷载时：

$$e_{0,\mathrm{bot}} \leqslant \frac{a}{4} \tag{12-46}$$

式中

$$e_{0,\mathrm{bot}} = \frac{M_{\mathrm{k}}}{N_{\mathrm{k}}} = \frac{M_{\mathrm{k,top}} + V_{\mathrm{k,top}}h}{F_{\mathrm{k}} + \gamma_{\mathrm{m}}Ad} \tag{12-47}$$

按上述方法确定的基底外形尺寸，不仅经济合理，而且能满足式（12-40）、（12-41）和（12-42）的要求，可不必进行基底土壤反力的验算。

（三）基础高度的确定

确定偏心受压基础的高度，其方法原则上与轴心受压基础的相同，仍可按式（12-32）进行抗冲切验算。不同的是，在式（12-29）中 F_l 应考虑土壤净反力不均匀分布的影响，此时，F_l 可近似按下式计算：

$$F_l = p_{\mathrm{s,max}}A_l \tag{12-48}$$

式中 $p_{\mathrm{s,max}}$——基底的最大土壤净反力设计值（图 12-54*a*、*b*）；

A_l——计算冲切荷载时所取用的部分基础底面积，仍按式（12-29）或式（12-30）计算。

变阶处的抗冲切验算可按上述方法进行，但须把基础上阶当作柱子考虑（图 12-54）。

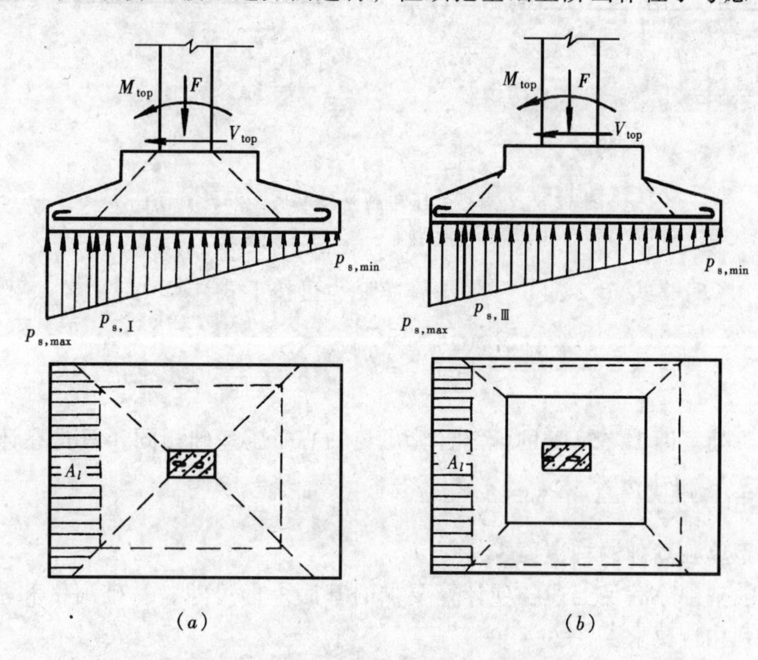

图 12-54　偏心受压基础抗冲切计算简图

（*a*）柱边抗冲切；（*b*）变阶处抗冲切

（四）基础底面配筋计算

偏心受压基础基底配筋计算的方法原则上与轴心受压的相同，只是控制截面上的弯矩（M_{I} 与 M_{II} 或 M_{III} 与 M_{IV}）的计算有所不同，在式（12-33）和（12-34）中，土壤净反力 p_{s} 也应考虑不均匀分布的影响。在计算 M_{I} 时，式（12-33）中的土壤净反力设计值可按下式确定：

$$p_s = \frac{p_{s,max} + p_{s,Ⅰ}}{2} \tag{12-49}$$

式中　$p_{sⅠ}$——截面Ⅰ-Ⅰ（柱边）处的土壤净反力设计值（图 12-55*a*）。

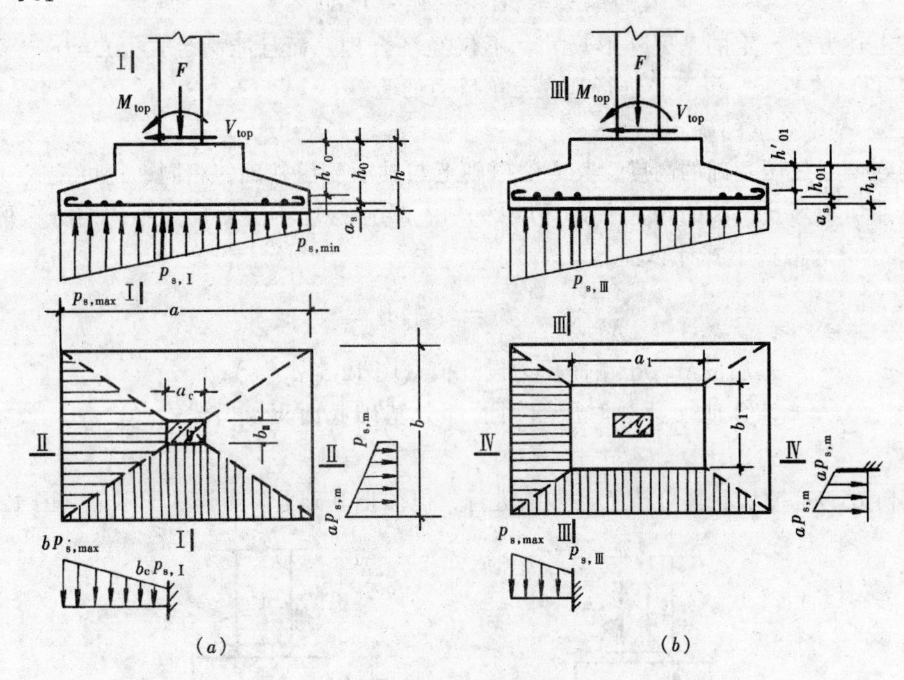

图 12-55　偏心受压单独基础基底配筋计算简图

（*a*）柱边截面；（*b*）变阶处截面

在计算 $M_Ⅱ$ 时，式（12-34）中的土壤净反力可按下式计算：

$$p_s = p_{s,m} = \frac{p_{s,max} + p_{s,min}}{2} \tag{12-50}$$

基础变阶处（图 12-55*b*）的配筋计算也与轴心受压基础相同，只是在计算 $M_Ⅲ$ 和 $M_Ⅳ$ 时，要分别用 $\frac{p_{s,max} + p_{s,Ⅲ}}{2}$ 和 $\frac{p_{s,max} + p_{s,min}}{2}$ 代替 p_s 即可。

四、柱下单独基础的构造要求

柱下单独基础除满足上述各项计算要求的基底外形尺寸、基础高度和基底配筋之外，还应满足下列构造要求。

1. 混凝土强度等级

基础混凝土强度等级应不低于 C20，通常采用 C20～C25。

2. 钢筋保护层

当基础设于比较干燥且土质好的土层上时，如取消垫层，基础钢筋的保护层厚度不小于 70mm；当基础设于湿、软土层上时，应设置厚度不小于 100mm 的素混凝土垫层，其混凝土强度等级常用 C10，此时受力钢筋的混凝土保护层厚度不小于 40mm。

3. 基底受力钢筋

受力筋一般采用 HPB235 级或 HRB335 级钢筋，其直径不宜小于 10mm，间距不宜大于 200mm，但也不宜小于 100mm。当基础底面尺寸大于或等于 2.5m 时，为节约钢材，受力钢筋的长度可缩短 10%，并按图 12-56（*b*）交错布置。

4. 现浇柱下基础的插筋和箍筋

为施工方便，往往在基顶留施工缝。因此，需在基础中配置插筋（图 12-56*a*），其直径和根数与底层柱中的纵向受力钢筋完全一致。当符合柱为轴心受压或小偏心受压；基础高度大于等于 1200mm；或柱为大偏心受压基础高度大于等于 1400mm 的条件时，可仅将与柱中四角的钢筋相连接的插筋向下伸至基础底面的钢筋网处，并弯长度不小于 150mm 的直钩（图 12-56*a*），其余插筋伸入基础的长度至少也应满足锚固长度的要求。插筋向上伸出基础顶面则需要足够的搭接长度（钢筋受拉时为 ζl_a，且不小于 300mm，受压时为 $0.7\zeta l_a$，且不小于 200mm）。根据设计经验，柱中纵向受力钢筋在八根以内时，可做一次搭接，当钢筋超过 8 根时，则宜分两次搭接。

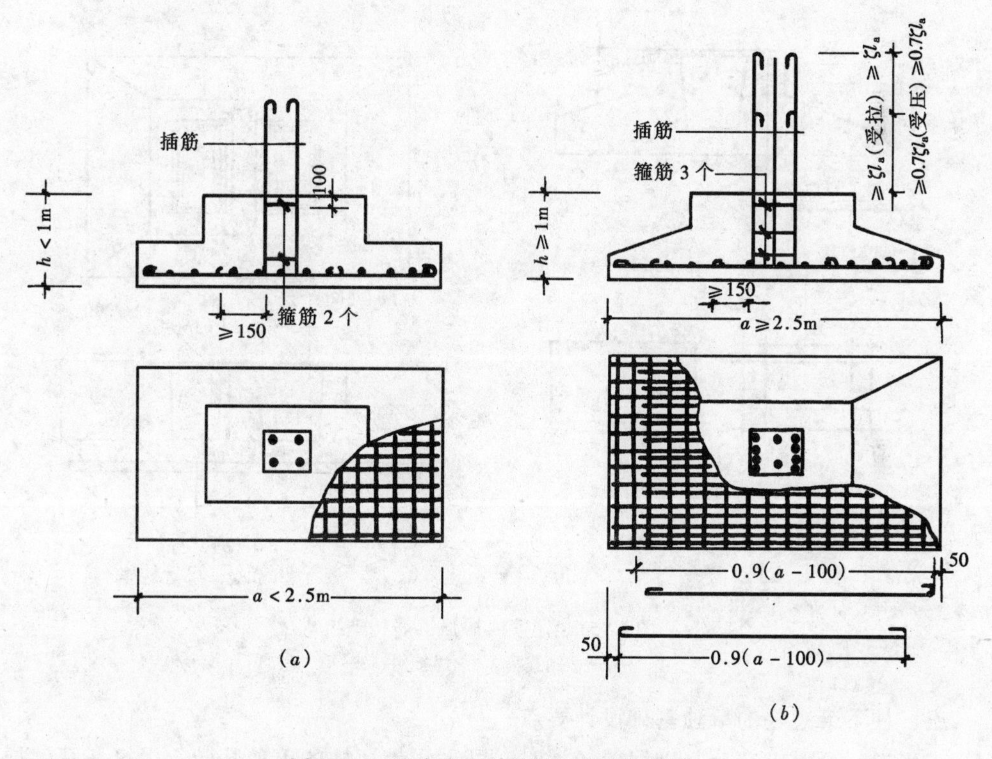

图 12-56　现浇柱下单独基础的构造要求

插筋的直径、根数和搭接长度关系重大，在设计和施工中均要十分谨慎，反复核对，不可弄错。

为固定插筋的位置，在基础内需设置水平箍筋，其直径和形式与柱中的箍筋相同。当基础高度 $h \geqslant 1$m 时，通常采用三道箍筋；当基础高度 $h < 1$m 时，可只设置二道箍筋。插筋与柱中钢筋搭接长度范围内的箍筋应按构造要求加密。这部分加密的箍筋在柱子配筋图中绘出，一般不在基础施工图上表示。

5. 预制柱下基础的杯壁加强钢筋

当柱截面为轴心受压或小偏心受压，且 $t/h_2 \geqslant 0.65$ 时；或为大偏心受压，且 $t/h_2 \geqslant 0.75$ 时，杯壁内一般可不设加强钢筋。但是，当柱根部截面为轴心受压或小偏心受压，且 $0.5 \leqslant t/h_2 < 0.65$ 时，杯壁内可按图 12-57（*a*）和表 12-6 的规定设置加强钢筋。其他情况下应按计算配筋。上述符号 t 为杯壁厚度，h_2 为杯壁高度（图 12-57*a*）。对于双杯口基础（如伸缩缝处的基础），当两个杯口之间的宽度 $a_1 < 400$mm 时，该处宜按图 12-57（*b*）的要求配筋。

杯壁内加强钢筋直径规定 **表 12-6**

柱截面长边尺寸 h（mm）	$h < 1000$	$1000 \leqslant h < 1500$	$1500 \leqslant h \leqslant 2000$
加强钢筋直径（mm）	8～10	10～12	12～16

注：表中钢筋置于杯口顶部，每边两根。

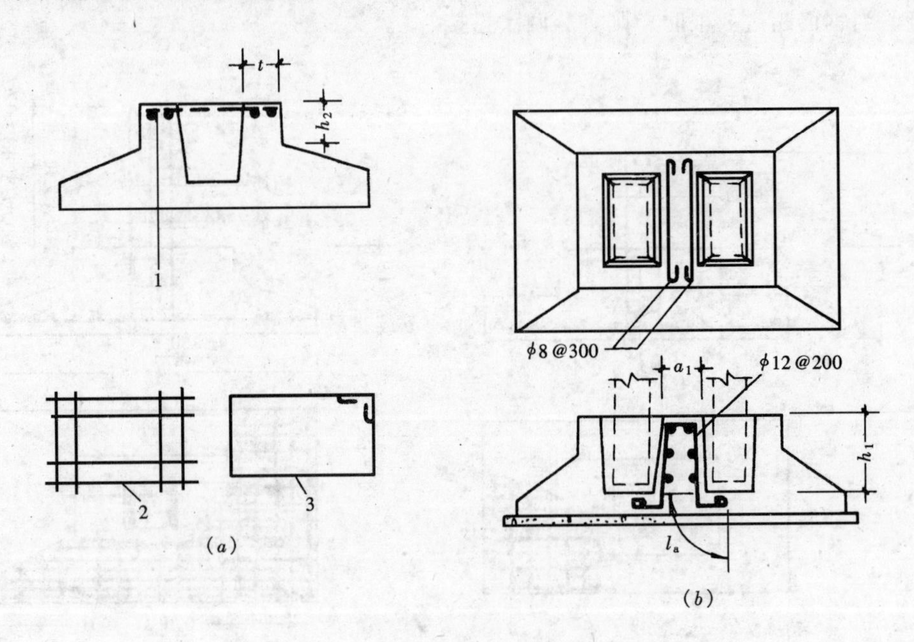

图 12-57 杯壁内加强钢筋构造要求

1—焊接网或箍；2—焊接网；3—箍

五、柱下带短柱的单独基础设计要点

工程中，当要求部分基础埋置较深时，可采用带短柱的单独基础，以统一基础顶面标高。

现浇柱下带短柱的单独基础（长颈基础或高脖子基础），短柱的截面尺寸可按短柱线刚度为上柱线刚度的 6 倍确定。

预制柱下带短柱的单独基础（高杯口基础），短柱（图 12-58）的截面尺寸，主要由杯壁厚度的构造要求确定。高杯口基础杯壁的厚度应符合表 12-7 的要求，插入深度符合表 12-4 的规定，且符合下列条件，杯壁和短柱可按图 12-58 配筋：

（1）吊车起重量 $Q \leqslant 75$t，轨顶标高 $\leqslant 14$m，基本风压 < 0.5kPa 的工业厂房，其基础短柱的高度不大于 5m；

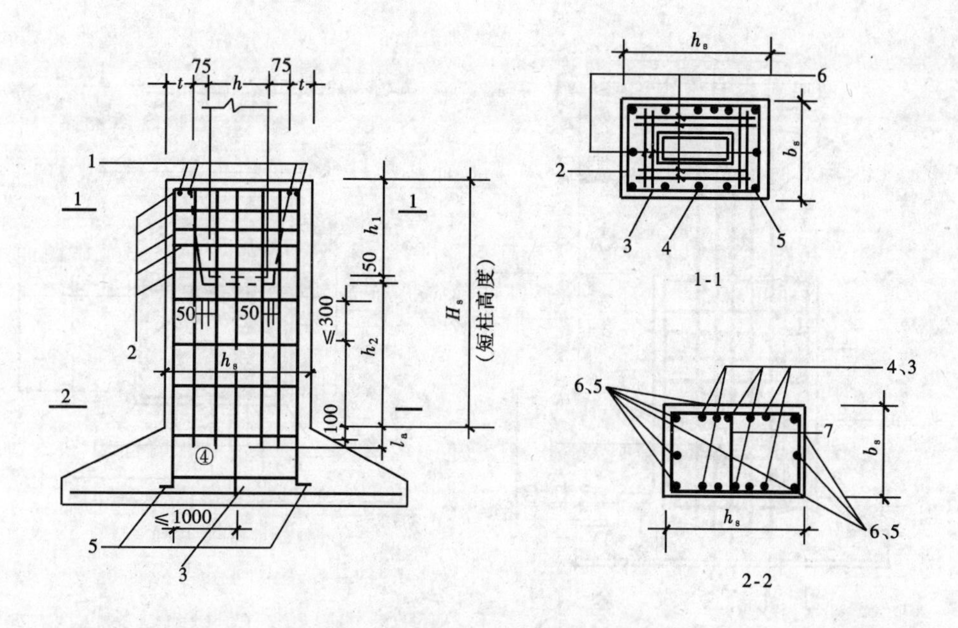

图 12-58　高杯口基础的配筋构造要求

1—顶层钢筋网不小于 $\phi16$（焊接）；2—杯口壁内横向钢筋 $\phi8@150$；3—插入基础底部纵向钢筋每米不应少于 1 根；4—短柱长边纵向钢筋当 $h_s\leqslant1000$ 时用 $\phi12@300$；当 $h_s>1000$ 时用 $\phi16@300$；5—短柱四角配筋不小于 $4\phi20$；6—短柱短边纵向钢筋（包括角筋 5）每边不少于 $0.05\%b_sh_s$ 也不少于 $\phi12@300$；7—短柱中拉结筋 $\phi8@600$

（2）吊车起重量 $Q>75\text{t}$，基本风压 $>0.5\text{kPa}$，且 $E_2I_2/E_1I_1\geqslant10$（式中 E_1、I_1 分别为预制钢筋混凝土柱的弹性模量及对其截面短轴的惯性矩，E_2、I_2 分别为短柱的钢筋混凝土弹性模量及对其截面短轴的惯性矩），其短柱高度不大于 5m；

（3）当基础短柱的高度大于 5m，但符合条件 $\Delta_2/\Delta_1\leqslant1.1$（式中 Δ_1 为单位水平力作用在以高杯口基础顶面为固定端的柱顶时，柱顶的水平位移；Δ_2 为单位水平力作用在以短柱底面为固定端的柱顶时，柱顶的水平位移）。

高杯口基础的杯壁厚度 t　　**表 12-7**

柱截面长边尺寸 h（mm）	杯壁厚度 t（mm）	柱截面长边尺寸 h（mm）	杯壁厚度 t（mm）
$600<h\leqslant800$	$\geqslant250$	$1000<h\leqslant1400$	$\geqslant350$
$800<h\leqslant1000$	$\geqslant300$	$1400<h\leqslant1600$	$\geqslant400$

从图 12-58 可知，高杯口基础短柱的纵向钢筋，除满足计算要求外，短柱四角⑤号钢筋直径不宜小于 20mm，并让其伸至基础底板钢筋网上。短柱沿长边配置的③、④号纵向钢筋，当长边边长小于等于 1000mm 时，其钢筋直径不应小于 12mm，间距不应大于 300mm；当长边尺寸大于 1000mm 时，其钢筋直径不应小于 16mm，间距不应大于 300mm，且每隔 1m 左右伸下一根并作 150mm 的直钩支承在基础底部的钢筋网上，其余钢筋锚固至基础底板顶面下 l_a 处（图 12-58）。短柱短边每隔 300mm 应配置直径不小于 12mm 的⑥号纵向钢筋，且每边的配筋率不少于 0.05%短柱的截面面积。短柱中的②号箍筋直径不应小于 8mm，间距不应大于 300mm；当抗震设防裂度为 8 度和 9 度时，箍筋直径不应小于 8mm，间距不应大于 150mm。

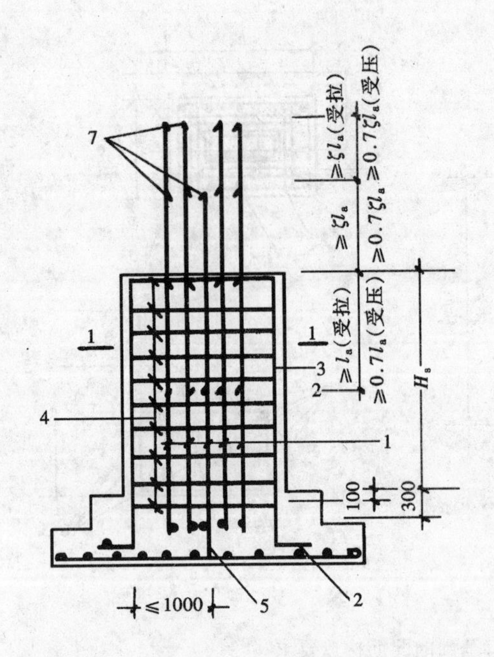

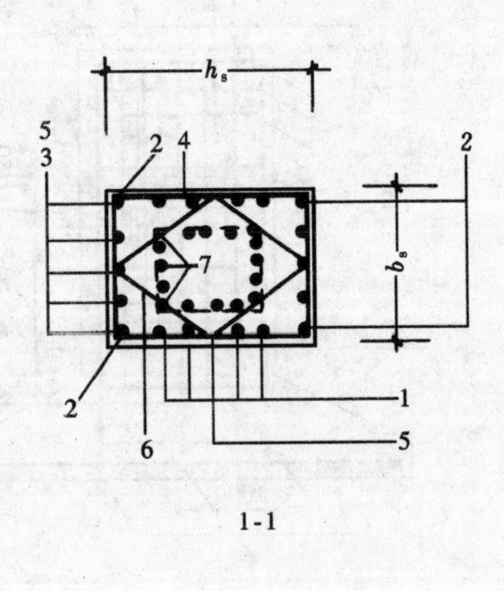

图 12-59 现浇带短柱柱下基础的配筋构造

1—短柱长边纵向钢筋，当 $h_s \leqslant 1000$ 时用 $\phi12@300$；当 $h_s > 1000$ 时用 $\phi16@300$；2—短柱四角纵向钢筋不小于 $\phi20$，插入基底；3—短柱短边纵向钢筋（包括角筋 2 和插入基底的纵筋 5）每边不少于 $0.05\% b_s h_s$，也不少于 $\phi12@300$；4—短柱内横向箍筋 $\phi8@300$；5—插入基础底部纵向钢筋每米不应少于一根；6—短柱内附加箍筋或拉筋不少于 $\phi8@600$；7—短柱插筋，直径根数与其上柱中相同

短柱通常可按 2-2 截面（图 12-58）素混凝土构件计算，当承载力不满足时，可加大其截面尺寸或提高混凝土强度等级。当纵向力偏心距 $e_0 > 0.45h_s$（h_s 为短柱截面高度）时，宜按钢筋混凝土构件计算。

一般情况下，带短柱的基础底面积、底板冲切验算、柱与杯口的连接构造等均与普通柱基础的相同。

现浇混凝土柱下带短柱的基础，其配筋构造可参考图 12-59。

第六节 屋架设计要点

屋架设计可能遇到两种情况：对按标准图选定的屋架进行复核；根据使用要求自行设计。

一、屋架的外形和杆件截面尺寸

屋架的外形应与厂房的使用要求、跨度以及屋面结构相适应。同时，应尽可能接近简支梁的弯矩图形，使杆件内力分布均匀。屋架高跨比一般采用 1/10 ~ 1/6。屋架节间长度要有利于改善杆件受力条件和便于布置天窗架。上弦节间长度一般采用 3m，屋架跨度大时，为减少节点和腹杆数，可用 4.5 ~ 6m。下弦节点长度一般采用 4.5m 和 6m。

上、下弦及端斜压杆应采用相同的截面宽度，以利制作。上弦截面宽度应不小于 200mm，高度不小于 180mm。下弦高度不小于 140mm；当为预应力屋架时，尚应满足预应力钢筋孔道和锚具尺寸的构造要求。腹杆截面一般不小于120mm×100mm。此外，腹杆长度（中心线之间距离）与截面短边之比不应大于40（对拉杆）或35（对压杆）。

当屋架高跨比满足上述要求时，一般可不验算挠度。如需验算，可按铰接桁架简图用虚功原理计算。

二、荷载及其组合

作用于屋架上的荷载，包括屋面板传来的恒荷载与活荷载（屋面使用荷载、雪荷载或灰荷载）、屋架及其支撑自重，有时还有天窗架立柱传来的集中荷载、悬挂吊车或其他悬吊设备重量。

为求出各杆最不利内力，必须对作用于屋架上的荷载进行组合。一般应考虑图12-60所示的几种荷载情况，其中安装活荷载取0.5kN/m^2，当施工安装荷载较大时，应按实际情况采用。

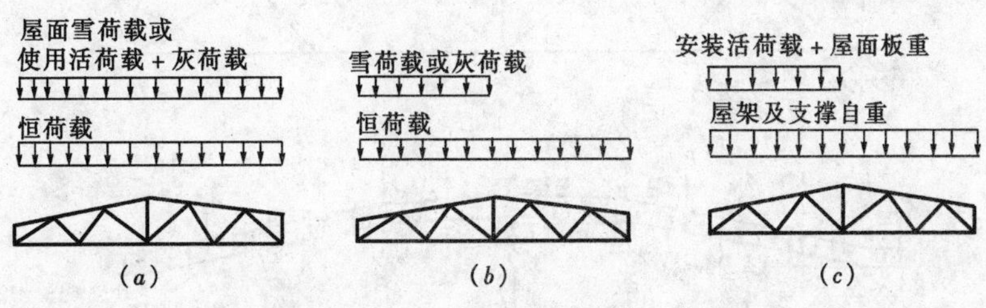

图12-60　屋架的荷载组合

三、计算简图和内力计算

钢筋混凝土屋架严格地说是高次超静定的刚接桁架（图12-61*a*），其计算十分复杂。在一般情况下如图12-61（*b*）所示计算简图，可近似按以下两种简图分别计算：上弦弯矩可按不动铰支的折线形连续梁（图12-61*c*）用弯矩分配法计算（当各节间长度相差小于10%时，可近似地按等跨连续梁利用系数表计算）；上弦及其他各杆轴向力可按铰接桁架（图12-61*d*）用数解法或图解法计算，也可利用现成的系数表计算。对于下弦，一般不考虑自重引起的弯矩。但是，当有节间荷载时，可按上弦那样计算。

四、杆件截面选择

屋架混凝土强度等级一般采用C30，预应力混凝土屋架则用C30～C40。预应力钢筋宜采用预应力钢铰线或钢丝，也可采用热处理钢筋；非预应力纵筋应优先采用HRB335级钢筋，也可采用HPB235级钢筋，横向钢筋宜采用冷拔低碳钢丝或HPB235级钢筋。

屋架有节间荷载时，在屋架平面内上弦杆同时承受轴向力和弯矩，应选取内力的不利组合，按偏心受压构件进行配筋计算。此时，上弦杆的跨中截面应考虑在弯矩作用平面内挠曲对轴向力偏心距增大的影响，其计算长度可取节间长度；计算节点处截面时，可不考虑挠曲对偏心距增大的影响。在屋架平面外上弦杆只承受轴向力，可按轴心受压构件验算其承载力。此时，计算长度可取3m（当屋面板的宽度不大于3m且每块板与屋架有三点焊接时）或取横向支撑与屋架上弦连接点之间的距离（当为有檩体系，且连接点有檩条拉通时）。

下弦杆当不考虑自重弯矩的影响时，可按轴心受拉构件设计，否则应按偏心受拉构件设计。

腹杆在不同荷载组合作用下，同一杆件可能受拉或受压，应按轴心受拉或受压构件设

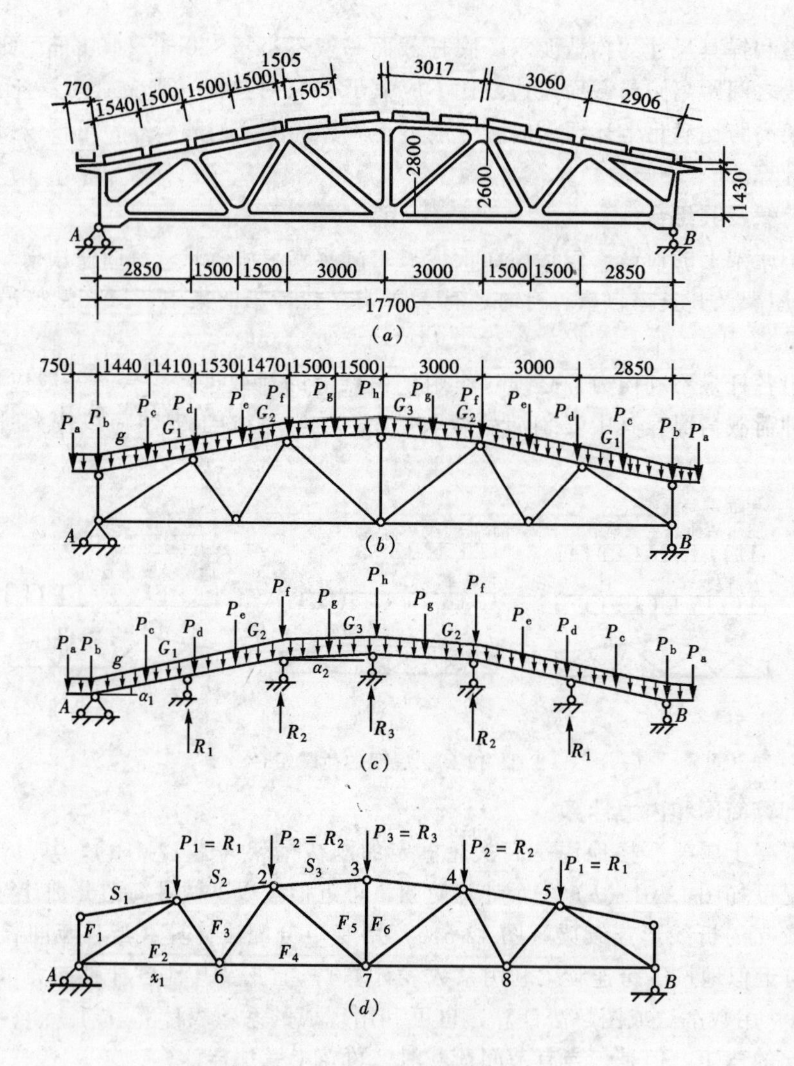

图 12-61 屋架计算简图

(a) 实际结构；(b) 计算简图；(c) 按连续梁计算屋架上弦；(d) 按理想铰结桁架计算各杆轴向力

计。压腹杆在屋架平面内的计算长度 l_0 取 $0.8l$，但梯形屋架端斜压杆取 $l_0 = l$；在屋架平面外取 $l_0 = l$，以上 l 为腹杆长度，按杆件轴心线交点之间的距离计算。

屋架各杆件的配筋构造应符合《混凝土结构设计规范》(GB 50010—2002) 有关规定或参考屋架标准图集。

五、节点构造

节点是保证屋架正常工作的重要部分。节点截面发生突变，一般有 3 ~ 5 根杆件汇交，受力相当复杂，如果构造不当或施工质量差，在节点附近将过早地出现裂缝，影响屋架的使用和安全，因此必须重视节点设计。

端节点是下弦杆和上弦杆或端斜腹杆汇交处，屋架的支座反力较大，若为预应力屋架，还承受很大的张拉力。因此，该节点特别重要。由于端斜腹杆引起的水平剪力往往很大，因而端节点应有足够的水平长度，一般取700 ~ 900mm。端节点斜腹杆与下弦杆的内

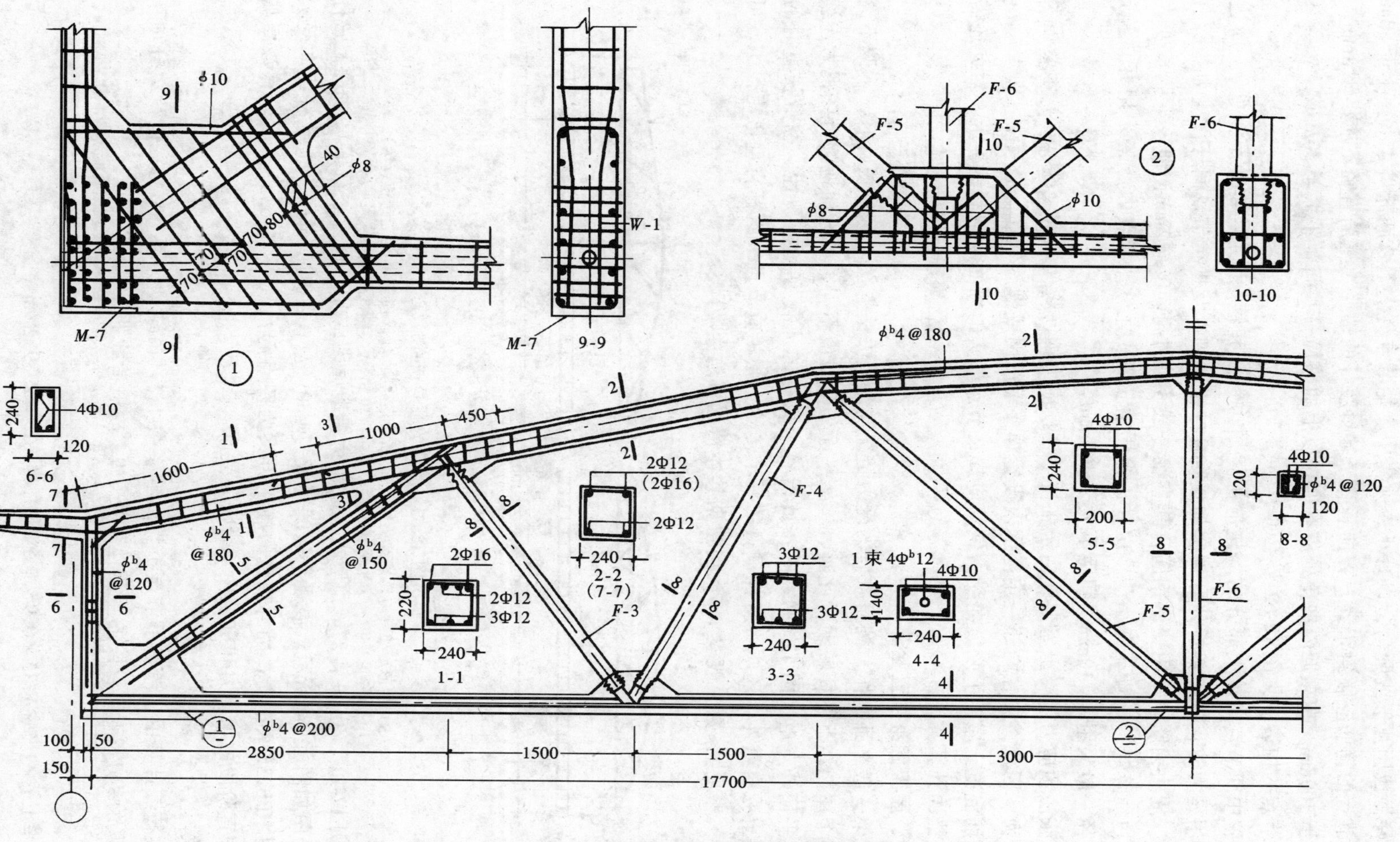

图 12-62　18m 预应力混凝土折线形屋架配筋图

夹角最好做成圆弧形或圆角，以减小应力集中。端节点突出下弦底部尺寸不宜小于50mm。

端节点的箍筋应倾斜布置，方向垂直于端斜腹杆的轴线。箍筋直径不应小于8mm，间距不大于100mm。在靠近内夹角处应有四根以上的箍筋，其间距不大于50mm。

端节点的构造参见图12-62节点①。

下弦中间节点沿扩大部分的周边应配置周边钢筋和箍筋（图12-62节点②）。周边钢筋的作用是为防止外边转折处开裂，加强腹杆的锚固，以及抵抗节点间杆件应力差所引起的剪力。周边钢筋宜采用变形钢筋，其直径一般不宜小于10～12mm，伸入下弦长度（从下弦上边线算起）一般不应小于$30d$（d为周边钢筋直径）。节点内严禁采用开口箍筋，箍筋直径一般采用8～10mm，间距不大于100mm。

后张法预应力混凝土屋架，由于张拉下弦预应力钢筋将使端部（端节点）承受很大的局部压力。因此，应在端部一定范围内设置焊接钢筋网或螺旋钢筋。

钢筋混凝土屋架下弦纵向受力钢筋应焊在节点端头的锚固角钢和钢板上，对此还需进行焊接锚固计算。

六、屋架翻身扶直验算

屋架一般平卧制作，翻身扶直的受力情况与吊装方法有关。翻身扶直时，下弦不离地面，整个屋架绕下弦杆转动。此时，屋架平面外受力最不利，可近似地将上弦视为连续梁计算其平面外弯矩（图12-63），并按此验算上弦杆的承载力和抗裂性。翻身扶直时的荷载，除上弦自重外，还应将腹杆重量的一半传给上弦相应节点（腹杆自重弯矩很小，可忽略不计）。动力系数一般取1.5，但根据具体情况可适当增减。

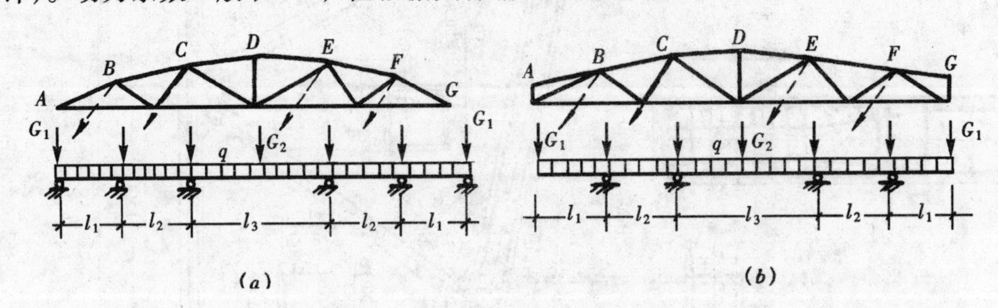

图12-63　屋架的翻身扶直验算

（a）拱形屋架（五跨连续梁）；（b）折线形屋架（两端带悬挑的三跨连续梁）

【例12-1】　已知某27m预应力混凝土折线形屋架的几何尺寸、截面尺寸及上弦杆截面配筋图如图12-64所示。混凝土强度等级为C30（$f_{tk}=2.01\text{N/mm}^2$），上弦杆纵向受力钢筋采用HPB235级钢筋，翻身扶直的施工方案为四点起吊（图12-63a）。试验算该屋架在翻身扶直阶段的承载力和抗裂性是否满足要求。

【解】　一、荷载计算

在荷载计算中，考虑了节点扩大影响系数1.1，吊装动力系数1.5，恒荷载分项系数1.35以及结构在施工阶段的重要性系数0.9，故恒荷载的设计值为：

上弦自重：

$$g=1.1\times1.5\times1.35\times0.9\times0.24\times0.24\times25=2.89\text{kN/m}$$

腹杆自重传给节点集中荷载的设计值：

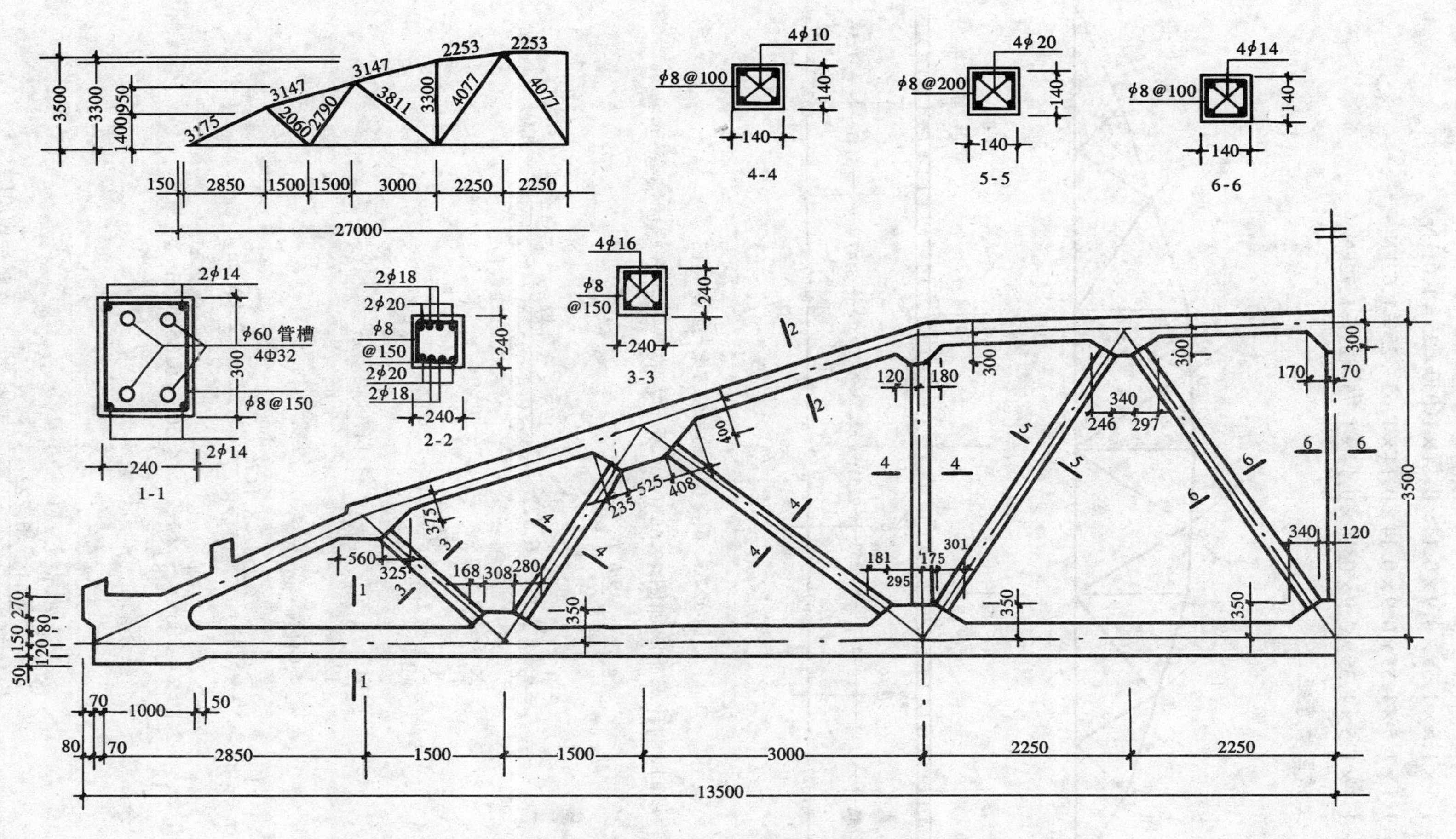

图 12-64　27m 预应力混凝土折线形屋架几何尺寸模板图及截面配筋图

$G_1 = 1.1 \times 1.5 \times 1.35 \times 0.9 \times 0.14 \times 0.14 \times 1.030 \times 25 = 1.01\text{kN}$

$G_2 = 1.1 \times 1.5 \times 1.35 \times 0.9 \times 0.14 \times 0.14 \times 1.65 \times 25 = 1.62\text{kN}$

$G_3 = 1.1 \times 1.5 \times 1.35 \times 0.9 \times 0.14 \times 0.14 \times 1.75 \times 25 = 1.72\text{kN}$

二、上弦固端弯矩

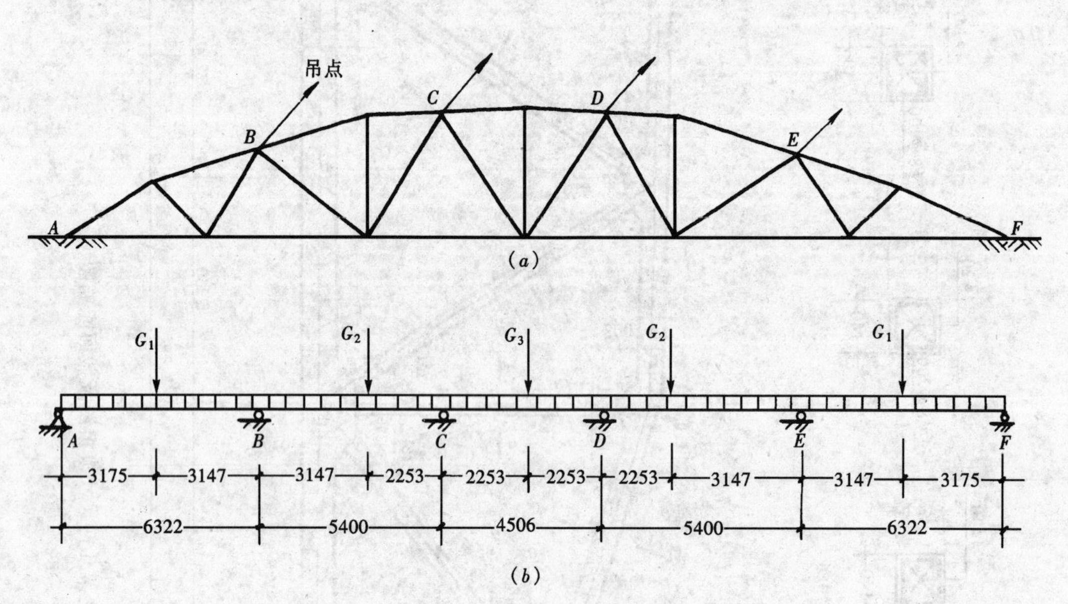

图 12-65　翻身扶直的吊装方案与计算简图

翻身扶直时的计算简图如图 12-65（b）所示，故上弦各杆端固端弯矩：

$$M_{F,BA} = \frac{g}{8} l_{AB}^2 + \frac{ab}{2l_{AB}}\left(1 + \frac{a}{l_{AB}}\right) G_1$$

$$= \frac{1}{8} \times 2.89 \times 6.322^2 + \frac{3.175 \times 3.147}{2 \times 6.322}\left(1 + \frac{3.147}{6.322}\right) \times 1.01$$

$$= 15.64\text{kN} \cdot \text{m}$$

$$M_{F,BC} = \frac{1}{12} g \times l_{BC}^2 + \frac{ab^2}{l_{BC}^2} G_2$$

$$= \frac{1}{12} \times 2.89 \times 5.4^2 + \frac{3.147 \times 2.253^2}{5.4^2} \times 1.62$$

$$= 7.91\text{kN} \cdot \text{m}$$

$$M_{F,CB} = \frac{1}{12} \times 2.89 \times 5.4^2 + \frac{2.253 \times 3.147^2}{5.4^2} \times 1.62 = 8.26\text{kN} \cdot \text{m}$$

$$M_{F,CD} = \frac{1}{12} \times 2.89 \times 4.506^2 + \frac{1}{8} \times 1.72 \times 4.506 = 5.86\text{kN} \cdot \text{m}$$

三、分配系数与弯矩分配

$$\mu_{BA} = \frac{\frac{3}{4} \times \frac{1}{6.322}}{\frac{3}{4} \times \frac{1}{6.322} + \frac{1}{5.4}} = 0.39 \qquad \mu_{BC} = 0.61$$

$$\mu_{CB} = \frac{\frac{1}{5.4}}{\frac{1}{5.4}+\frac{1}{4.506}} = 0.455 \qquad \mu_{CD} = 0.545$$

上弦杆各杆端弯矩计算如图 12-66 所示。

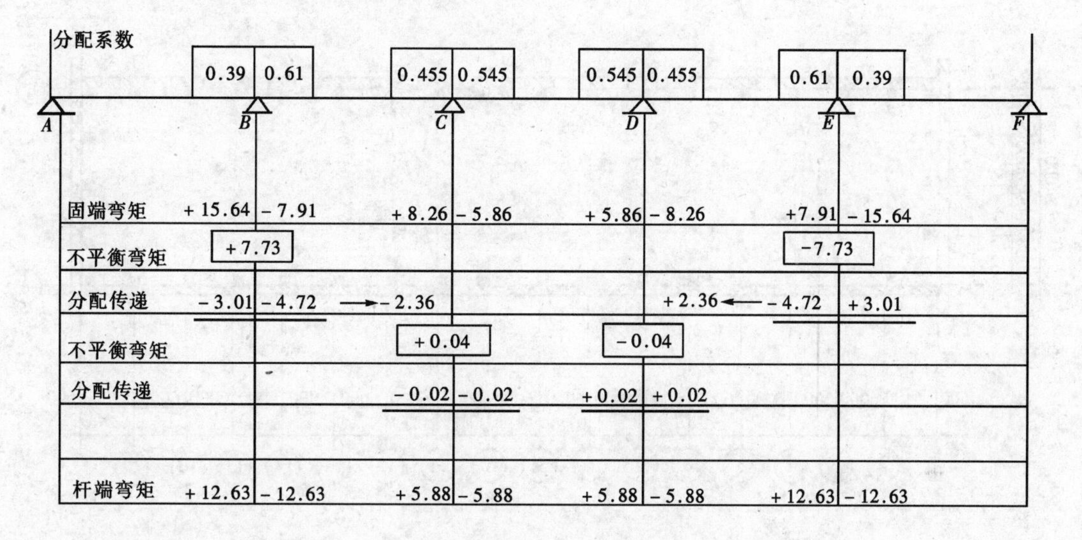

图 12-66　上弦各杆端弯矩计算

支座弯矩以 B 支座处最大，相应边跨跨中弯矩 $M=\frac{1}{8}\times 2.89\times 6.322^2+\frac{3.175\times 3.147}{6.322}\times 1.01-\frac{12.63}{2}=9.72\text{kN·m}$，故以 B 支座为验算控制截面，$M_B=12.63\text{kN·m}$。

四、截面验算

1. 上弦截面承载力验算，考虑上下各配 2 ϕ20 的 HPB235 级钢筋，则

$M_u=f_yA_s\,(h_0-a'_s)=210\times 628\,(205-35)=22419600\text{N·m}=22.42\text{kN·m}>M_B=11.23\text{kN·m}$（可）

2. 上弦裂缝宽度验算

$$\rho_{et}=\frac{A_s}{A_{et}}=\frac{628}{0.5\times 240\times 240}=0.022$$

$$\sigma_s=\frac{M_k}{0.87h_0A_s}=\frac{12630000/1.35}{0.87\times 205\times 628}=83.5\text{N/mm}^2$$

$$\psi=1.1-\frac{0.65\times 2.01}{0.022\times 83.5}=0.39>0.2$$

$$W_{max}=2.1\times 0.39\times\frac{83.5}{2.1\times 10^5}\left(1.9\times 25+0.08\frac{20}{0.022}\right)=0.039\text{mm}<0.2\text{mm}\text{（可）}$$

验算表明，若能在扶直过程中确保屋架下弦不离开原胎模支座，四吊点又能均匀受力，则上述吊装方案是安全可靠的。某现场 20 榀屋架安全扶直吊装的实践也证明，该方案是可行的。

【例 12-2】 单跨厂房钢筋混凝土排架（柱与基础）设计

一、工程名称 ××厂装配车间

二、设计资料

（1）装配车间跨度 24m，总长 102m，中间设伸缩缝一道，柱距 6m（图 12-67）。

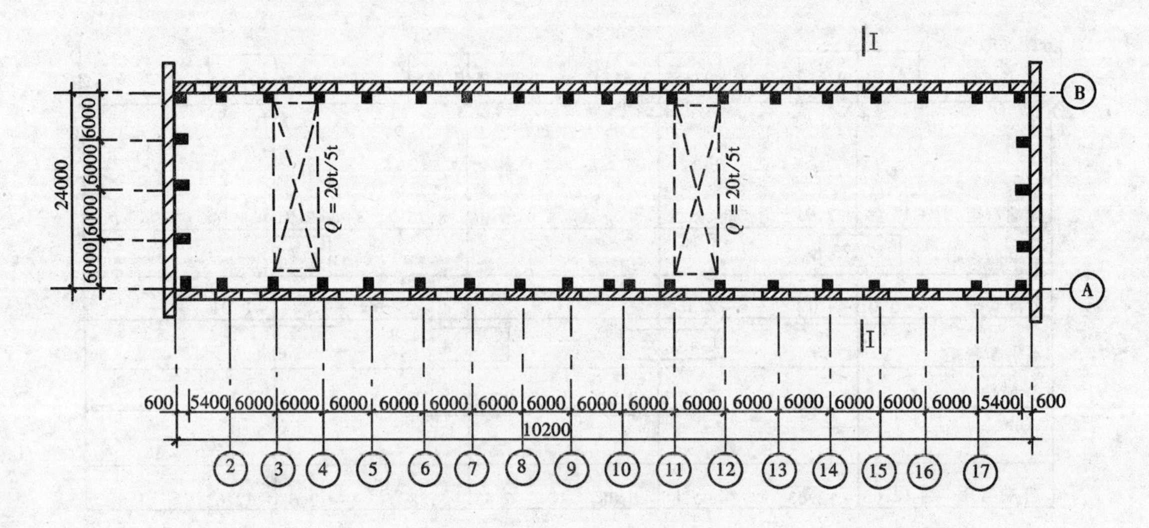

图 12-67 柱结构平面布置图

（2）车间内设有两台 20t/5t 软钩吊车，工作级别 A5 级，其轨顶设计标高 10.0m。

（3）建筑地点：××市郊区，设计使用年限 50 年。

（4）车间所在场地，地坪下 1.15m 内为填土，填土下层 3.5m 内为均匀亚黏土，地基承载力特征值 $f_a = 220kN/m^2$，地下水位为 -4.05m，无腐蚀性，无软弱下卧层。基本风压 $w_0 = 0.30kN/m^2$，基本雪压 $s_0 = 0.25kN/m^2$。

（5）厂房中标准构件选用情况：

1）屋面板采用 G410（一）标准图集中的预应力混凝土大型屋面板，板重（包括灌缝在内）标准值为 $1.4kN/m^2$。屋面采用中南标《屋 9》高聚物改性沥青卷材防水，不上人，有保温层。

2）天沟板采用 G410（三）标准图集中的 JGB77—1 天沟板，板重标准值 2.02kN/m。

3）天窗架采用 G316 中的 ⊓ 形钢筋混凝土天窗架 CJ9—03，自重标准值 2×36kN/每榀，天窗端壁选用 G316 中的 DB9—3，自重标准值 2×57kN/每榀（包括自重、侧板、窗挡、窗扇、支撑、保温材料、天窗电动开启机、消防栓等）。

4）屋架采用 G415（三）标准图集中的预应力混凝土折线形屋架，屋架自重标准值 106kN/每榀。

5）吊车梁采用 G425 标准图集中的先张法预应力混凝土吊车梁 YXDL6-8，吊车梁高 1200mm，自重标准值 44.2kN/根，轨道及零件重 1kN/m，轨道及垫层构造高度 200mm。

（6）排架柱及基础材料选用情况：

1）柱：

混凝土：强度等级 C30（$f_c = 14.3kN/mm^2$，$f_t = 1.43N/mm^2$，$f_{tk} = 2.01N/mm^2$）；

钢筋：纵向受力钢筋采用 HRB400 级钢筋（$f_y=360\text{N/mm}^2$，$E_s=2\times10^5\text{N/mm}^2$），箍筋采用 HPB235 级钢筋。

2）基础

混凝土：强度等级 C20（$f_c=9.6\text{N/mm}^2$，$f_t=1.1\text{N/mm}^2$）

钢筋：采用 HRB335 级钢筋（$f_y=300\text{N/mm}^2$）。

三、结构计算

（一）尺寸计算

1. 上柱高及柱全高的计算

根据图 12-68 及有关设计资料

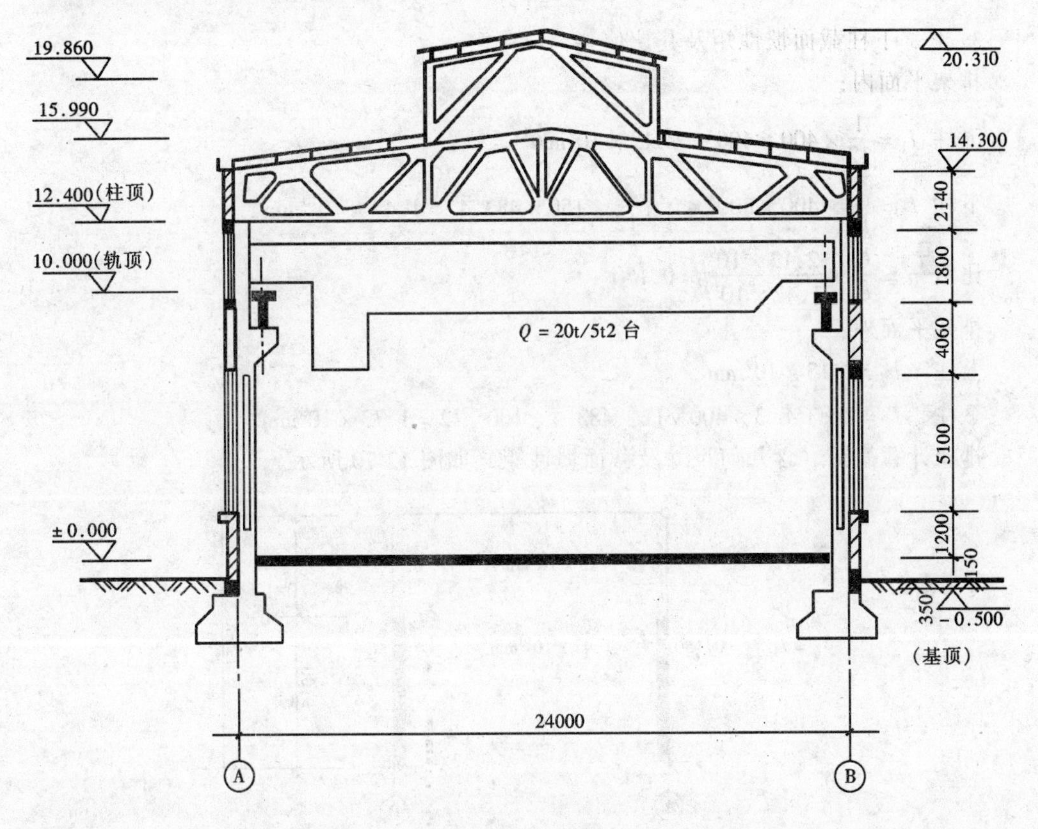

图 12-68 Ⅰ-Ⅰ剖面

上柱高 H_1 = 柱顶标高 − 轨顶标高 + 吊车梁高 + 轨道构造高 = 12.4 − 10 + 1.2 + 0.20 = 3.8m

全柱高 H_2 = 柱顶标高 − 基顶标高 = 12.4 − （−0.5） = 12.9m

故下柱高 $H_L=H_2-H_1=12.9-3.8=9.1\text{m}$

上柱与全柱高的比值 $\lambda=\dfrac{3.8}{12.9}=0.295$

2. 初定柱截面尺寸

根据表 12-3 的参考数据，上柱采用矩形，$b\times h=400\text{mm}\times400\text{mm}$，下柱选用工字形，$b\times h\times h_f=400\text{mm}\times800\text{mm}\times150\text{mm}$（其余尺寸见图 12-69）。

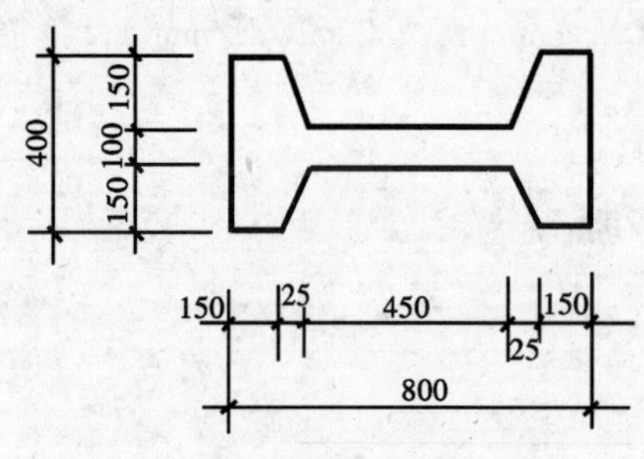

图 12-69　工字形截面尺寸

根据表 12-2 关于下柱截面宽和高的限值，验算初定截面尺寸。对于下柱截面宽度

$$\frac{H_2}{22}=\frac{9100}{22}=413\text{mm}，可取\ b\approx 400\text{mm}$$

对于下柱截面高度，有吊车时

$$\frac{H_2}{12}=\frac{9100}{12}=758<h=800\text{mm}（可）$$

无吊车时

$$\frac{1.5H_2}{25}=\frac{1.5\times 12900}{25}=774\text{mm}<h=800\text{mm}（可）$$

3. 上、下柱截面惯性矩及其比值

排架平面内：

上柱 $I_1=\frac{1}{12}\times 400\times 400^3=2.13\times 10^9\text{mm}^4$

下柱 $I_2=\frac{1}{12}\times 400\times 800^3-2\times\frac{1}{12}\times 150\times 483.4^3=1.42\times 10^{10}\text{mm}^4$

比值 $n=\frac{I_1}{I_2}=\frac{2.13\times 10^9}{1.42\times 10^{10}}=0.150$

排架平面外：

上柱　$I_1=2.13\times 10^9\text{mm}^4$

下柱　$I_2=2\times 158.3\times 400^3/12+483.4\times 100^3/12=1.73\times 10^9\text{mm}^4$

排架计算简图（含几何尺寸及截面惯性矩）如图 12-70 所示。

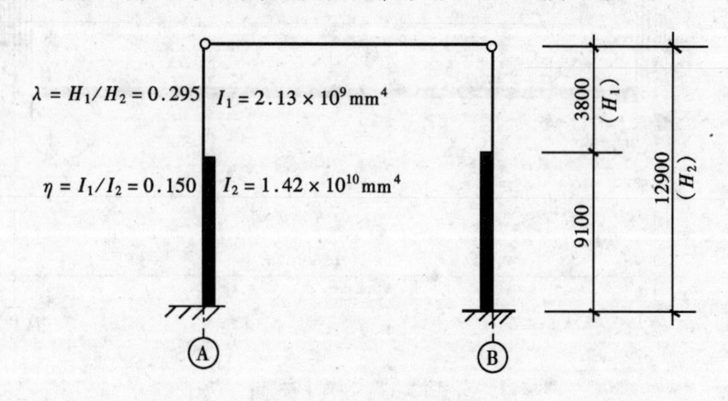

图 12-70　排架计算简图

（二）荷载计算

1. 恒荷载

（1）屋盖结构自重

预应力混凝土大型屋面板	$1.2\times 1.4=1.68\text{kN/m}^2$
干铺 150 厚加气混凝土砌块	$1.2\times 4\times 0.15=0.72\text{kN/m}^2$
20 厚 1:8 水泥加气混凝土碎渣找平	$1.2\times 6\times 0.02=0.14\text{kN/m}^2$
刷基层处理剂一遍	$1.2\times 0.05=0.06$
20 厚 1:2.5 水泥砂浆找平层	$1.2\times 20\times 0.02=0.48\text{kN/m}^2$

4厚SBS改性沥青防水卷材上带页岩保护层 $1.2\times1.03=1.24\text{kN/m}^2$

$\Sigma g=4.32\text{kN/m}^2$

天沟板 $1.2\times2.02\times6=14.54\text{kN}$

天窗端壁 $1.2\times57=68.4\text{kN}$

屋架自重 $1.2\times106=127.2\text{kN}$

则作用于一端柱顶的屋盖结构自重设计值为：

$G_1=4.32\times6\times12+14.54+68.4+127.2/2=457.6\text{kN}$（381.3kN）

$e_1=h_u/2-150=400/2-150=50\text{mm}$

(2) 柱自重

上柱自重设计值 $G_2=1.2\times25\times0.4\times0.4\times3.8=18.24\text{kN}$（15.2kN）

$$e_2=\frac{h_i}{2}-\frac{h_u}{2}=\frac{800}{2}-\frac{400}{2}=200\text{mm}$$

下柱自重设计值 $G_4=1.2\times25\times9.1\left(0.15\times0.4\times2+0.45\times0.1+2\times\frac{0.1+0.4}{2}\times0.025\right)\times1.1=48.46\times1.1^{*}=53.3\text{kN}$（44.4kN）**

$$e_4=0$$

(3) 吊车梁及轨道等自重设计值 $G_3=1.2\times(44.2+1\times6)=60.24\text{kN}$（50.2kN）

$$e_3=750-\frac{h_l}{2}=750-\frac{800}{2}=350\text{mm}$$

2. 屋面活荷载

由《荷载规范》可知，对不上人的钢筋混凝土屋面，为提高检修时的可靠度，其均布活荷载的标准值可取为0.7kN/m^2，大于该厂房所在地区的基本雪压 $s_0=0.25\text{kN/m}^2$，故屋面活荷载设计值在每侧柱顶产生的压力为：

$Q_1=1.4\times0.7\times6\times12=70.56\text{kN}$（50.40kN）

$e_1=50\text{mm}$

3. 吊车荷载

由附表6-2查得

$P_{k,max}=202\text{kN}$，$P_{k,min}=60\text{kN}$，$B=5600\text{mm}$，$K=4400\text{mm}$，$g_k=77.2\text{kN}$

根据 B 与 K 及反力影响线，可算得与各轮对应的反力影响线竖标（图12-71），于是可求得作用于柱上的吊车垂直荷载设计值

$D_{max}=0.9\gamma_Q P_{max}\Sigma y_i=0.9\times202\times1.4(1+0.267+0.8+0.067)=543\text{kN}$（388kN）

$D_{min}=\frac{P_{k,min}}{P_{k,max}}D_{max}=\frac{60}{202}\times543=161\text{kN}$（115kN）

$e_3=750-\frac{h_l}{2}=750-\frac{800}{2}=350\text{mm}$

作用于每个轮子上的吊车水平制动力的设计值

$T=\frac{\alpha}{4}(\gamma_Q Q_k+\gamma_G g_k)=\frac{0.1}{4}(1.4\times200+1.2\times77.2)=9.32\text{kN}$（6.93kN）

---

* 1.1是考虑下柱仍有部分为400×800的矩形截面而乘的增大系数；

** 圆括弧内的数字为荷载标准值。

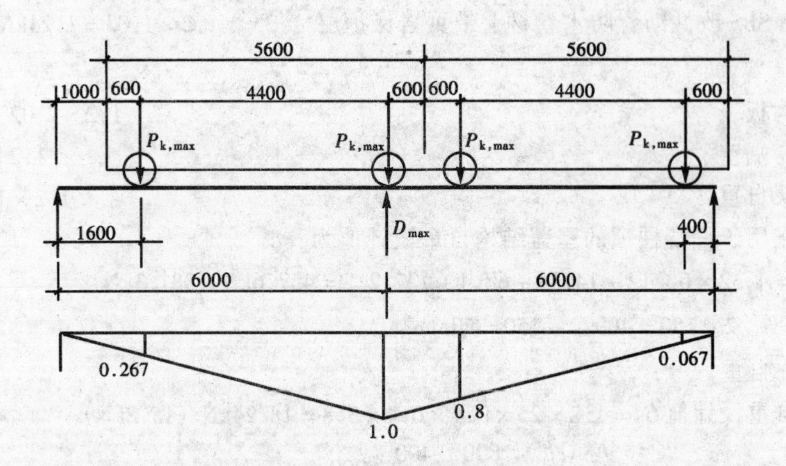

图 12-71 D_{max}计算图示

则作用于排架上的吊车水平荷载设计值，按比例关系由 D_{max}求得

$$T_{max}=\frac{T}{\gamma_Q P_{k,max}}D_{max}=\frac{9.32}{1.4\times202}\times543=17.9\text{kN}\ (13.3\text{kN})$$

其作用点到柱顶的垂直距离

$$y=H_1-h_c=3.8-1.2=2.6\text{m}$$

$$\frac{y}{H_1}=\frac{2.6}{3.8}=0.684$$

4. 风荷载

××地区的基本风压 $w_0=0.30\text{kN/m}^2$，对于大城市市郊，风压高度变化系数 μ_z 按 B 类地区考虑。高度的取值：对 w_1、w_2 按柱顶标高 12.4m 考虑，查附表 8-1 得 $\mu_z=1.08$；对 F_w 按天窗檐口标高 19.86m 考虑，查附表 8-1 得 $\mu_z=1.24$。风载体型系数 μ_s 的分布查附录 7-1 序号 7 如图 12-72 所示。故风荷载设计值：

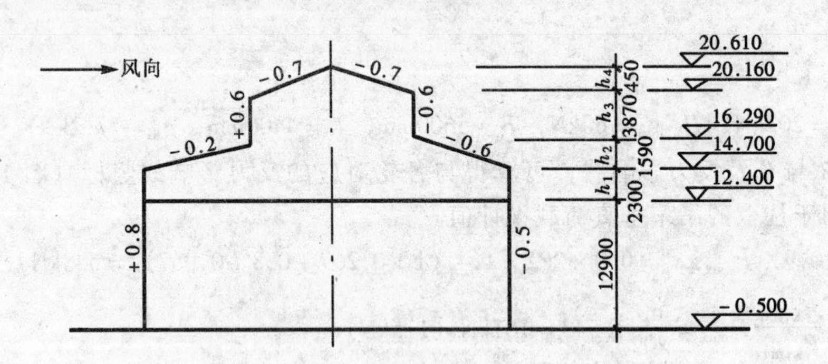

图 12-72 风荷载体型系数

$$\begin{aligned}F_w&=\gamma_Q\ (1.3h_1+0.4h_2+1.2h_3)\ \mu_z w_0 B\\&=1.4\ (1.3\times2.3+0.4\times1.59+1.2\times3.87)\ \times1.24\times0.30\times6\\&=25.8\text{kN}\ (18.4\text{kN})\end{aligned}$$

$$w_1=\gamma_Q\mu_{s1}\mu_z w_0 B=1.4\times0.8\times1.08\times0.30\times6=2.17\text{kN/m}\ (1.55\text{kN/m})$$

$w_2 = \gamma_Q \mu_{s2} \mu_z w_0 B = 1.4 \times 0.5 \times 1.08 \times 0.3 \times 6 = 1.36\text{kN/m}$ (0.97kN/m)

排架受荷总图如图 12-73 所示。

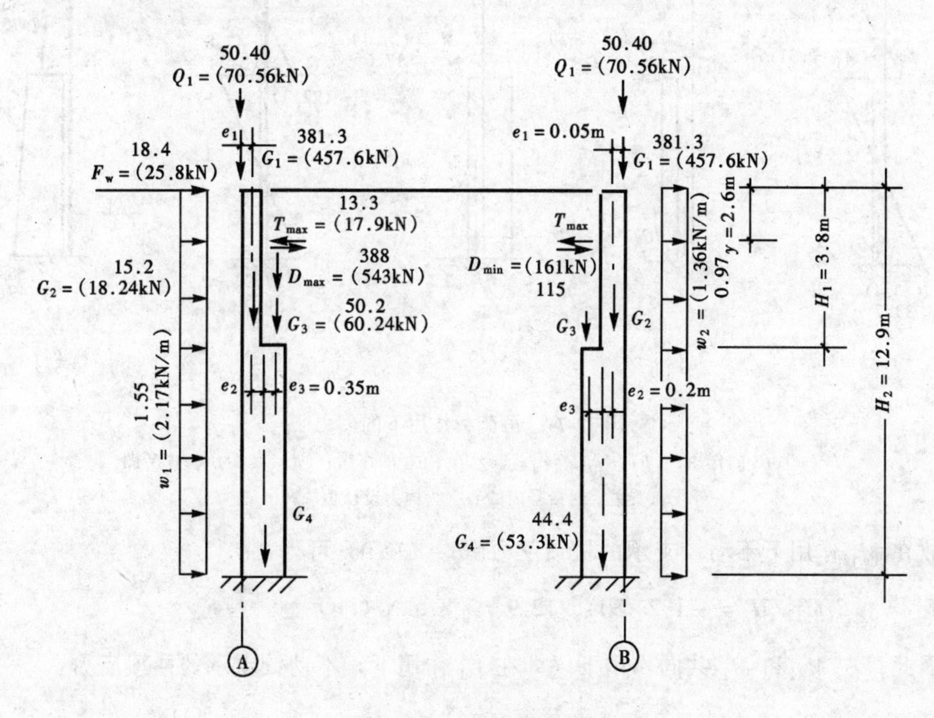

图 12-73 排架受荷总图

注：圆括弧内的数字为荷载设计值。

（三）内力计算

1. 恒荷载

如前所述，根据恒荷载的对称性和考虑施工过程中的实际受力情况，可将图 12-73 中的恒荷载 G_1、G_2 及 G_3 和 G_4 的作用简化为图 12-74 的（a）、（b）、（c）所示的计算简图。

(1) 在 G_1 作用下

$M_{11} = G_1 e_1 = 457.6 \times 0.05 = 22.9\text{kN·m}$ (19.1kN·m)

$M_{12} = G_1 e_2 = 457.6 \times 0.20 = 91.5\text{kN·m}$ (76.3kN·m)

已知 $n = 0.15$，$\lambda = 0.295$，由附录 9 图 2 中的公式得：

$$\beta_1 = \frac{3}{2} \cdot \frac{1 - \lambda^2 \ (1 - 1/n)}{1 + \lambda^3 \ (1/n - 1)} = \frac{3}{2} \cdot \frac{1 - 0.295^2 \ (1 - 1/0.15)}{1 + 0.295^3 \ (1/0.15 - 1)} = 1.95$$

故在 M_{11} 作用下不动铰支承的柱顶反力由式（12-8）可得：

$R_{11} = -\beta_1 M_{11} / H_2 = -1.95 \times 22.9 / 12.9 = -3.5\text{kN}$ (→)

由附录 9 图 3 中的公式可得：

$$\beta_2 = \frac{3}{2}\left[\frac{1 - \lambda^2}{1 + \lambda^3 \ (1/n - 1)}\right] = \frac{3}{2}\left[\frac{1 - 0.295^2}{1 + 0.295^3\left(\dfrac{1}{0.15} - 1\right)}\right] = 1.2$$

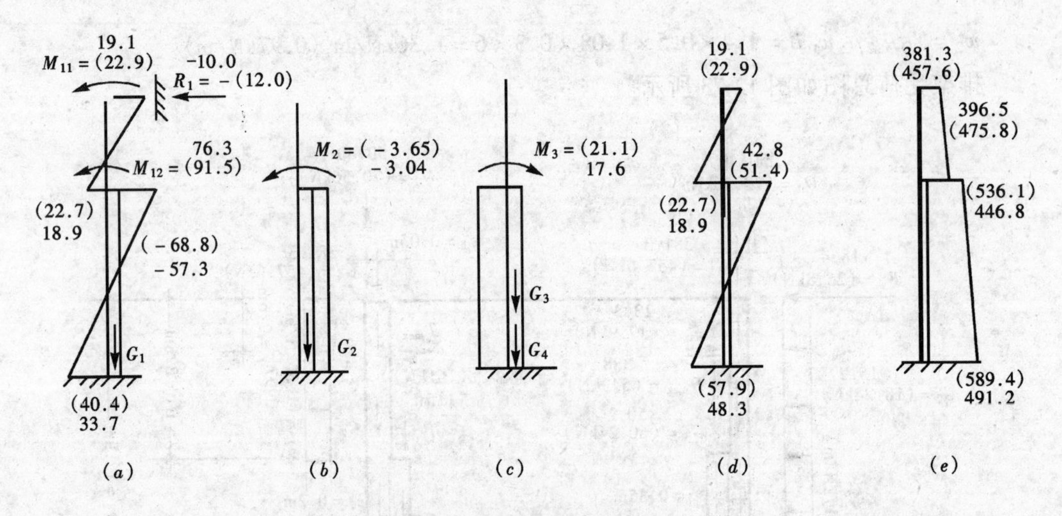

图 12-74　恒荷载作用下的内力

(a) G_1 的作用；(b) G_2 的作用；(c) G_3、G_4 的作用；(d) M 图；(e) N 图

注：圆括号内的数字为内力设计值。

故在 M_{12}作用下不动铰支承的柱顶反力由式（12-9）可得：

$R_{12} = -\beta_2 M_{12}/H_2 = -1.2\times91.5/12.9 = -8.5\text{kN}$（→）

因此，在 M_{11}和 M_{12}共同作用下（即在 G_1 作用下）不动铰支承的柱顶反力：

$R_1 = R_{11} + R_{12} = -3.5 - 8.5 = -12.0\text{kN}$（→）

相应的弯矩图如图 12-74（a）所示。

(2) 在 G_2 作用下

$M_2 = -G_2e_2 = -18.24\times0.2 = -3.65\text{kN·m}$（↶）

相应的弯矩图如图 12-74（b）所示。

(3) 在 G_3、G_4 作用下

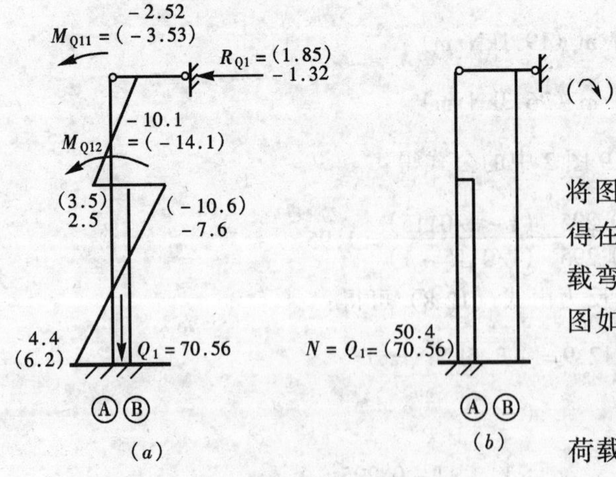

图 12-75　屋面活荷作用下的内力

(a) M 图（kN·m）；(b) N 图（kN）

$M_3 = G_3e_3 = 60.24\times0.35 = 21.1\text{kN·m}$（↷）

相应的弯矩图如图 12-74（c）所示。将图 12-74（a）、(b)、(c) 的弯矩图叠加，得在 G_1、G_2、G_3 和 G_4 共同作用下的恒荷载弯矩图（图 12-74d），相应的轴向力 N 图如图 12-74（e）所示。

2. 屋面活荷载

对于单跨排架，Q_1 与 G_1 一样为对称荷载，且作用位置相同，仅数值大小不一。故由 G_1 的内力图按比例可求得 Q_1 的内力图。如：柱顶不动铰支承反力为：

$$R_{Q1}=\frac{Q_1}{G_1}\times R_1=-\frac{70.56}{457.6}\times 12.0$$

$$=-1.85\text{kN}\ (\rightarrow)$$

相应的 M 图和 N 图如图 12-75（a）、（b）所示。

3. 吊车荷载（未考虑厂房整体空间工作）

(1) 吊车垂直荷载作用

1）D_{max}作用在 A 柱的情况

图 12-73 中吊车垂直荷载作用下的内力，可按如图 12-76 所示的简图进行计算。因此，A、B 柱的柱顶剪力可按下列公式计算：

$$V_{AD}=-0.5\ [M_{Dmax}+M_{Dmin}]\ \beta_2/H_2$$

$$=-0.5\ [543\times0.35+161\times0.35]\ 1.2/12.9$$

$$=-11.5\text{kN}$$ （绕杆端反时针转）

$$V_{BD}=0.5\ [M_{Dmax}+M_{Dmin}]\ \beta_2/H_2$$

$$=0.5\ [543\times0.35+161\times0.35]\ 1.2/12.9$$

$$=11.5\text{kN}$$ （绕杆端顺时针转为正）

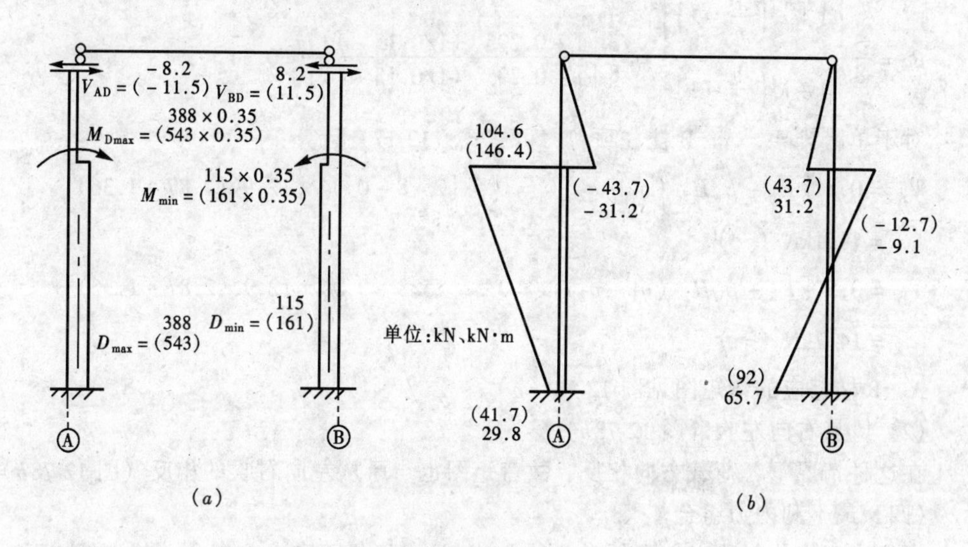

图 12-76 吊车垂直荷载作用下的内力

（a）计算简图；（b）M 图

相应的弯矩如图 12-76（b）所示。

2）D_{min}在 A 柱的情况

由于结构对称，故只须将 A 柱与 B 柱的内力对换，并注意内力变号即可。

(2) 吊车水平荷载作用

1）T_{max}从左向右作用在 A、B 柱的内力，可按如图 12-77（a）所示的简图进行计算。因此，A、B 柱的柱顶剪力：

$V_{AT}=V_{BT}=0$，故相应的弯矩图如图 12-77（a）所示。

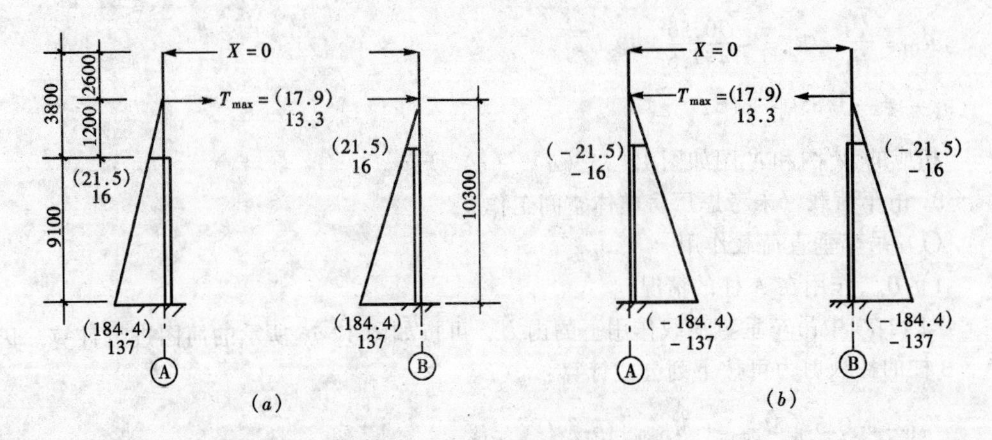

图 12-77　吊车水平荷载作用下的内力

2）T_{max}从右向左作用在 A、B 柱的情况，仅荷载方向相反，故弯矩仍可利用上述计算结果，但弯矩图也与之相反（图 12-77*b*）。

4. 风荷载

(1) 风从左向右吹（图 12-78*a*）

先求柱顶反力系数 β_w。当风荷载沿柱高均匀分布时，由附录 9 图 8 中的公式可得：

$$\beta_w = \frac{3}{8}\frac{\left[1+\lambda^4\left(\frac{1}{n}-1\right)\right]}{1+\lambda^3\left(\frac{1}{n}-1\right)} = \frac{3}{8}\frac{\left[1+0.295^4\ (1/0.15-1)\right]}{\left[1+0.295^3\ (1/0.15-1)\right]} = 0.34$$

对于单跨排架，A、B 柱柱顶剪力可按式（12-17）计算：

$$V_A = 0.5\ [F_w - \beta_w H_2\ (q_1 - q_2)] = 0.5\ [25.8 - 0.34\times 12.9\ (2.87 - 1.36)]$$
$$= 11.1\text{kN}\ (\rightarrow)$$

$$V_B = 0.5\ [F_w + \beta_w H_2\ (q_1 - q_2)] = 0.5\ [25.8 + 0.34\times 12.9\ (2.87 - 1.36)]$$
$$= 14.7\text{kN}\ (\rightarrow)$$

A、B 柱相应的弯矩图见图 12-78（*a*）。

(2) 风从右向左吹（图 12-78*b*）

在这种情况下，荷载方向相反，故弯矩图也与风从左向右吹的相反（图 12-78*b*）。

（四）最不利内力组合

本例由于结构对称，故只须对 A（或 B）柱进行最不利内力组合，其步骤如下：

(1) 确定需要单独考虑的荷载项目。本例为不考虑地震荷载的单跨排架，共有 8 种需单独考虑的荷载项目，由于小车无论向右或向左运行中刹车时，A、B 柱在 T_{max}作用下，其内力的大小相等而符号相反，在组合时可列为一项。因此，单独考虑的荷载项目共 7 项。

(2) 将各种荷载作用下设计控制截面（1-1、2-2、3-3）的内力 *M*、*N*（3-3 截面还有剪力 *V*）填入组合表（表 12-8）。填表时要注意有关内力符号的规定。

(3) 根据最不利又是可能的原则，确定每一内力组的组合项目，并算出相应的组合值。计算中，当风荷载与活荷载（包括吊车荷载）同时考虑时，除恒荷载外，其余荷载作

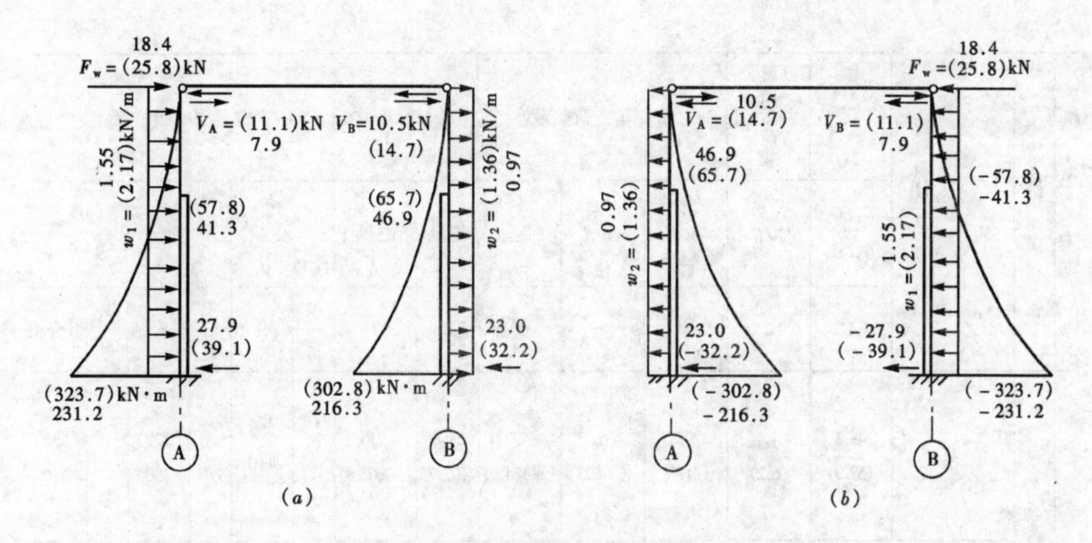

图 12-78 风荷载作用下的内力计算

注：圆括弧内的数字为内力设计值

用下的内力均应乘以 0.9 的组合系数。

排架柱全部内力组合计算结果列入表 12-8。

排架柱荷载基本组合及标准组合的内力组合表 表 12-8

柱号	截面	荷载项目 / 内力	恒荷载 $G_1.G_2$ $G_3.G_4$ 1	屋面活荷载 Q_1 2	吊车荷载 D_{max}在A柱 3	吊车荷载 D_{min}在A柱 4	吊车荷载 T_{max} 5	风荷载 左风 6	风荷载 右风 7	内力组合 N_{max}及M、V 项目	内力组合 N_{max}及M、V 组合值	内力组合 N_{min}及M、V 项目	内力组合 N_{min}及M、V 组合值	内力组合 $\|M\|_{max}$及N、V 项目	内力组合 $\|M\|_{max}$及N、V 组合值
A柱	1-1	M (kN·m)	18.9 (22.7) [25.5]	2.5 (3.50)	-31.2 (-43.7)	-31.2 (-43.7)	±16.0 (±21.5)	41.3 (57.8)	-46.9 (-65.7)	①+②	[29.0]	①+0.9×(③+⑤+⑦)	(-94)	①+0.9×(③+⑤+⑦)	(-94)
		N (kN)	396.5 (475.8) [535.3]	50.4 (70.6)	0.00	0.0	0.0	0.0	0.0		[606]		(396.5)		(396.5)
	2-2	M	-42.8 (51.4)	-7.6 (-10.6)	104.6 (146.4)	9.1 (12.7)	±16.0 (±21.5)	41.3 (57.8)	-46.9 (-65.7)	①+0.9×(②+③+⑤+⑥)	(142.2)	①+⑦	(-109)	①+0.9×(③+⑤+⑥)	(151.7)
		N	446.8 (536.1)	50.4 (70.6)	388.0 (543.0)	115.0 (161.0)	0.0	0.0	0.0		(1088)		(446.8)		(1025)

续表

柱号	截面	荷载项目 / 内力	恒荷载	屋面活荷载	吊车荷载			风荷载		内力组合					
			$G_1.G_2$ $G_3.G_4$	Q_1	D_{max} 在A柱	D_{min} 在A柱	T_{max}	左风	右风	N_{max} 及 M、V		N_{min} 及 M、V		$\|M\|_{max}$ 及 N、V	
			1	2	3	4	5	6	7	项目	组合值	项目	组合值	项目	组合值
A柱	3-3	M	48.3 (57.9)	4.4 (6.2)	29.8 (41.7)	−65.7 (−92)	±137.0 (±184.4)	231.2 (323.7)	−216.3 (−302.8)		(558) 410		(372) 280		(558) 410
		N	491.2 (589.4)	50.4 (70.6)	388.0 (543.0)	115.0 (161.0)	0.0	0.0	0.0	①+(②+③+⑤+⑥)×0.9	(1142) 886	①+⑥	(491.2) 491.2	①+0.9×(②+③+⑤+⑥)	(1142) 886
		V	10 (12.0)	1.32 (1.85)	−8.2 (−11.5)	−8.2 (−11.5)	±13.3 (±17.9)	27.9 (+39.1)	−23.0 (−32.2)		(54.6) 40.9		(51.1) 37.9		(54.6) 40.9

注：1. 圆括号内的数字为恒载分项系数取 1.2（有利时取 1.0）时的内力设计值及其组合值；

2. 方括号内的数字为恒载分项系数取 1.35 时的内力设计值及其组合值；

3. 非括号内的数字为内力标准值或荷载效应标准组合值。

（五）柱子设计

1. 柱截面配筋计算

（1）最不利内力组的选用　由于截面 3-3 的弯矩和轴向力的设计值均比截面 2-2 的大，故下柱的配筋由截面 3-3 的最不利内力组确定，而上柱的配筋由截面 1-1 的最不利内力组确定。经比较，用于上、下柱截面配筋计算的最不利内力组列入表 12-9。

（2）确定柱在排架方向的初始偏心距 e_i、计算长度 l_0 及偏心距增大系数 η（表 12-9）。

柱在排架方向的 e_i、l_0 及 η **表 12-9**

截面	内力组		e_0 (mm)	h_0 (mm)	e_i (mm)	ζ_1	l_0 (mm)	h (mm)	ζ_2 (mm)	η
1-1	M (kN·m)	−29	48	360	68	1.0	7600	400	0.960	2.310
	N (kN)	606								
	M	−94	237	360	257	1	7600	400	0.960	1.350
	N	369.5								

续表

截面	内力组		e_0 (mm)	h_0 (mm)	e_1 (mm)	ζ_1	l_0 (mm)	h (mm)	ζ_2 (mm)	η
3-3	M	372	757	750	784	1	19350	800	0.908	1.363
	N	491.2								
	M	558	489	750	515	1	9100	800	1.000	1.135
	N	1142								

注：1. $e_0 = M/N$；

2. $e_i = e_0 + e_a$；

3. $e_a = h/30$，当 $e_a < 20$mm 时，取 $e_a = 20$mm；

4. $\zeta_1 = 0.5f_cA/N$，$\zeta_1 > 1.0$ 时，取 $\zeta_1 = 1.0$；

5. $\zeta_2 = 1.15 - 0.01l_0/h$，$l_0/h < 15$ 时，取 $\zeta_2 = 1.0$，考虑吊车荷载 $l_0 = 2.0H_u$（上柱），$l_0 = 1.0H_l$（下柱），不考虑吊车荷载 $l_0 = 1.5H$；

6. $\eta = 1 + \frac{1}{1400e_i/h_0}\left(\frac{l_0}{h}\right)^2\zeta_1\zeta_2$。

（3）柱在排架平面内的截面配筋计算（表 12-10）

柱在排架平面内的截面配筋计算　　表 12-10

截面	内力组		e_i (mm)	η	$\frac{e}{e'}$ (mm)	x (mm)	$\xi_b h_0$ (mm)	偏心情况	$A_s = A'_s$ (mm²) 计算	$A_s = A'_s$ (mm²) 实配
1-1	M (kN·m)	−29	68	2.310	$\frac{322}{8}$	106	0.55 × 360 = 198	大偏心	60.2	763 (3Φ18)
	N (kN)	606								
	M	−94	257	1.350	$\frac{512}{182}$	64.6	198	大偏心	690	
	N	369.5								
3-3	M	372	784	1.363	$\frac{1434}{704}$	85.9	0.55 × 750 = 413	大偏心	1652	1740 (2Φ22 + 2Φ25)
	N	491.2								
	M	558	515	1.135	$\frac{945}{225}$	324.6	413	大偏心	1624	
	N	1142								

注：1. e_i、η 见表 12-9；

2. $e = \eta e_i + \frac{h}{2} - a_s$；

3. x，上柱 $x = N/b\alpha f_c = N/400 \times 14.3 = N/5720$，下柱当 $N \leqslant b'_f h'_f \alpha f_c$ 时，$x = N/\alpha f_c b'_f = N/5720$，当 $N > \alpha f_c b'_f h'_f$ 时，$x = [N - (b'_f - b)h'_f\alpha f_c]/b\alpha f_c = [N - (400 - 100)158 \times 14.3]/100 \times 14.3 = N/1430 - 474$；

4. A_s、A'_s，上柱 $x < \xi_b h_0$

$$A_s = A'_s = \frac{Ne - bx(h_0 - x/2)\alpha_1 f_c}{f_y(h_0 - a'_s)} = \frac{Ne - 5720x(h_0 - x/2)}{216000}$$

下柱，当 $2a'_s \leqslant x \leqslant h'_f$ 时

$$A_s = A'_s = \frac{Ne - b'_f x(h_0 - x/2)\alpha_1 f_c}{f_y(h_0 - a'_s)} = \frac{Ne - 5720x(h_0 - x/2)}{210000};$$

当 $\xi_b h_0 > x > h'_f$ 时

$$A_s = A'_s = \frac{Ne - [(b'_f - b)h'_f(h_0 - h'_f/2) + bx(h_0 - x/2)]\alpha_1 f_c}{f_y(h_0 - a'_s)}$$

$$= \frac{Ne - [(400 - 100) \times 158.3 \times (750 - 158.3/2) + bx(h_0 - x/2)]1 \times 14.3}{300 \times (750 - 50)}$$

$$= \frac{Ne - [455579000 + 1430x(750 - x/2)]}{216000}$$

上柱或下柱，当 $x < 2a'_s$ 时

$A_s = A'_s = \frac{Ne'}{f_y(h_0 - a'_s)}$，$e' = \eta e_i - h/2 + a'_s$。

（4）柱在排架平面外承载力验算

上柱 $N_{max}=606kN$，当不考虑吊车荷载时，按附表 10-1，$l_o=1.2H=1.2\times12900=15480mm$，$l_o/b=15480/400=38.7$，查上册表 3-1，$\varphi=0.35$，$A_s=A'_s=763mm^2$，

$N_u=\varphi\ (f_cA_c+2f_yA'_s)\ =0.35\ (14.3\times400\times400+2\times300\times763)\ =961000N=961kN>N_{max}=606kN$（可）

下柱 $N_{max}=1142kN$，当考虑吊车荷载时，查附表 10，$l_0=1.0H_1=9100mm$，$I=I_2=1.729\times10^9mm^4$，

$A=400\times800-2\times\ (450+500)\ \times150/2=177500mm^2$

$i=\sqrt{I_2/A}=\sqrt{1.729\times10^9/1.775\times10^5}=\sqrt{9740}=98.7mm$

$l_0/i=9100/98.7=92.2$，查表 3-1，$\varphi=0.588$，$A_s=A'_s=1740mm^2$，故

$N_u=0.588\ (14.3\times177500+2\times300\times1740)\ =2536000N=2536kN>N_{max}=1142kN$（可）

（5）裂缝宽度验算

由内力组合表可知，验算裂缝宽度的荷载效应标准组合值。

截面 3-3，$M_k=410kN\cdot m$，$N_k=886kN$，相应的 $e_0=463mm$，$e_0/h_0=463/760=0.609>0.55$，故应作裂缝宽度验算。1-1 截面因 $e_0/h_0<0.55$，因而可不作此项验算。

$$\rho_{et}=A_s/A_{et}=1740/\left[0.5\times100\times800+(400-100)158.3\right]=0.0199$$

$$\eta_s=1+\frac{1}{4000\dfrac{e_0}{h_0}}\left(\frac{l_0}{h}\right)^2=1+\frac{1}{4000\times\dfrac{463}{760}}\left(\frac{19350}{800}\right)^2=1.24$$

$e=\eta_se_0+\dfrac{h}{2}-a_s=1.24\times463+800/2-40=934mm$，则纵向受拉钢筋 A_s 合力至受压区合力作用点间的距离为：

$$z=\left[0.87-0.12\ (1-\gamma')\ \left(\frac{h_0}{e}\right)^2\right]h_0$$

$$=\left[0.87-0.12\times\left(1-\frac{(400-100)\ \times150}{100\times760}\right)\left(\frac{760}{934}\right)^2\right]\times760=637mm$$

纵向受拉钢筋 A_s 的应力

$$\sigma_{sk}=\frac{N_k\ (e-z)}{A_sz}=\frac{886000\ (934-637)}{1940\times637}=237.4N/mm^2$$

裂缝间纵向受拉钢筋应变不均匀系数

$$\psi=1.1-\frac{0.65f_{tk}}{\rho_{et}\sigma_{ss}}=1.1-\frac{0.65\times2.01}{0.0199\times237.4}=0.823$$

故等效直径及最大裂缝开展宽度

$$d_{eq}=\frac{\Sigma n_id_i^2}{\Sigma n_id_i}=\frac{2\times22+2\times25^2}{2\times22+2\times25}=23.6mm$$

$$w_{max}=\alpha_{cr}\psi\frac{\sigma_{sk}}{E_s}\left(1.9c+0.08\frac{d_{eq}}{\rho_{te}}\right)=2.1\times0.823\times\frac{237.4}{2.0\times10^5}\times\left(1.9\times25+0.08\times\frac{23.6}{0.0199}\right)$$

$=0.292mm<0.3mm$（可）

2. 柱牛腿设计

(1) 牛腿几何尺寸的确定

牛腿截面宽度与柱宽相等为400mm，若取吊车梁外侧至牛腿外边缘的距离 $c_1 = 80\text{mm}$，吊车梁端部宽为340mm，吊车梁轴线到柱外侧的距离为750mm，则牛腿顶面的长度为750 − 400 + 340/2 + 80 = 600mm，相应牛腿水平截面高为600 + 400 = 1000mm，牛腿外缘高度 h_1 = 500mm，倾角 $\alpha = 45°$，于是牛腿的几何尺寸如图12-79所示。

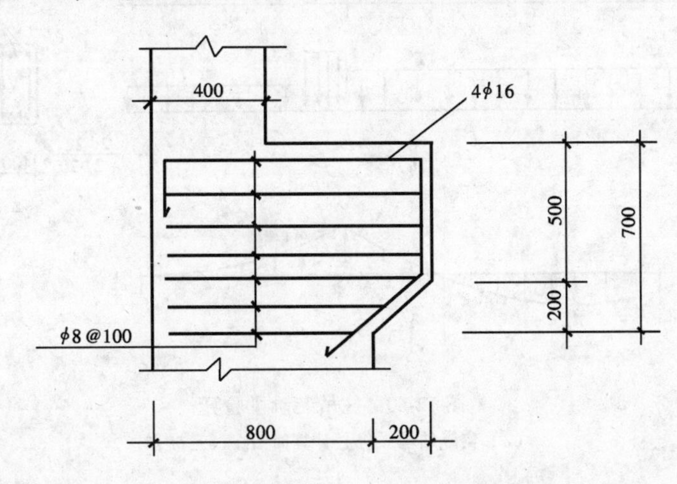

图12-79 牛腿的几何尺寸及配筋示意图

(2) 牛腿的配筋

由于吊车垂直荷载作用于下柱截面内，即 $\alpha = 750 - 800 + 20 = -30\text{mm} < 0$，故该牛腿可按构造要求配筋；纵向钢筋取4Φ16，箍筋取 $\phi 8@100$（图12-79）。

(3) 牛腿局部挤压验算

设垫板的长和宽为400mm×400mm，局部压力荷载效应标准组合值 $F_{vk} = D_{maxs} + G_{3s} = 543/1.4 + 60.24/1.2 = 438\text{kN}$，故局部挤压应力：

$$\sigma_{sk} = \frac{F_{vk}}{A} = \frac{438000}{400 \times 400} = 2.7\text{N/mm}^2 < 0.75 f_c = 0.75 \times 15 = 11.25\text{N/mm}^2 \text{（可）}$$

3. 柱的吊装验算

(1) 吊装方案

一点翻身起吊，吊点设在牛腿与下柱交接处（图12-80a）。

(2) 荷载计算

上柱自重 $g_1 = 1.35 \times 1.5 \times 25 \times 0.4 \times 0.4 = 8.1\text{kN/m}$

牛腿自重 $g_2 = 1.35 \times 1.5 \times 25 \times \dfrac{0.4\left[1.0 \times 0.7 - \left(\dfrac{0.2}{2}\right)^2\right]}{0.7} = 19.9\text{kN/m}$

下柱自重 $g_3 = 1.35 \times 1.5 \times 25 \times 0.1775 = 9.0\text{kN/m}$

计算简图如图12-80（b）所示。

(3) 内力计算

$$M_1 = \frac{1}{2} \times 8.1 \times 3.8^2 = 58.5\text{kN·m}$$

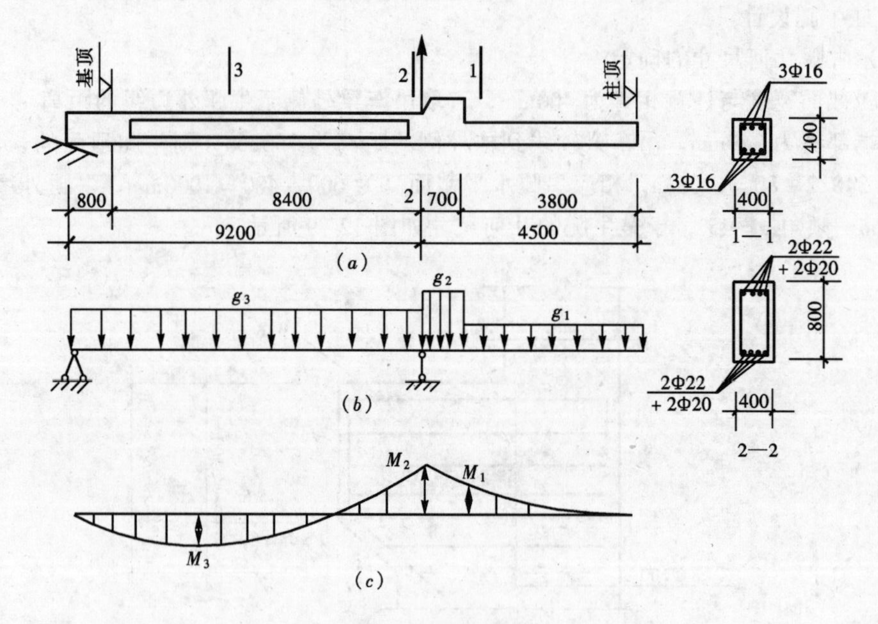

图 12-80 柱吊装阶段验算

(a) 实际结构；(b) 计算简图；(c) M 图

$M_2=\dfrac{1}{2}\times8.1\times4.5^2+\dfrac{1}{2}$（19.9－8.1）$\times0.7^2=84.9\text{kN·m}$；

$M_3=\dfrac{1}{8}\times9.0\times9.2^2-84.9/2=52.8\text{kN·m}$

弯矩图如图 12-80（c）所示。

(4) 截面承载力计算

截面 1-1　$b\times h=400\text{mm}\times400\text{mm}$，$h_0=365\text{mm}$，$A_s=A'_s=603\text{mm}^2$，$f_y=300\text{N/mm}^2$，故截面承载力

$M_u=A_sf_y$（$h_0-a'_s$）$=763\times300\times$（365－35）$=75.500000\text{N·mm}=75.5\text{kN·m}>M=58.5\text{kN·m}$（可）

截面 2-2　$b\times h=400\text{mm}\times800\text{mm}$，$h_0=765\text{mm}$，$A_s=A'_s=1388\text{mm}^2$，$f_y=300\text{N/mm}^2$，故截面承载力

$M_u=A_sf_y$（$h_0-a'_s$）$=1740\times300\times$（765－35）$=381\times10^6\text{N·mm}=381\text{kN·m}>84.9\text{kN}$（可）

(5) 裂缝宽度验算

由承载力计算可知，裂缝宽度验算截面 1-1 即可。钢筋应力：

$$\sigma_{ss}=\frac{M_k}{0.87A_sh_0}=\frac{58500000/1.35}{0.87\times763\times365}=178.8\text{N/mm}^2$$

按有效受拉混凝土面积计算的纵向钢筋配筋率 $\rho_{et}=\dfrac{A_s}{0.5bh}=\dfrac{763}{0.5\times400\times400}=0.0095<0.01$，取 $\rho_{te}=0.01$

故 $\psi = 1.1 - \frac{0.65 f_{tk}}{\rho_{et}\sigma_s} = 1.1 - \frac{0.65 \times 2.01}{0.01 \times 178.8} = 0.37$

$$w_{max} = \alpha_{cr}\psi\frac{\sigma_{ss}}{E_s}\left(1.9c + 0.08\frac{d_{eq}}{\rho_{te}}\right) = 2.1 \times 0.37 \times \frac{178.8}{2.0 \times 10^5}\left(1.9 \times 25 + 0.08\frac{18}{0.01}\right) =$$

$0.133\text{mm} < 0.3\text{mm}$（可）

实际上，吊装荷载为短期作用，最大裂缝宽度应为 0.133/1.5 = 0.09mm。

（六）基础设计

1. 荷载计算

（1）由柱传至基顶的荷载

荷载的标准组合（基本组合）值由表 12-8 可得：

第一组　$M_{max,k} = 410$（558）kN·m、$N = 886$（1142）kN、$V = 40.9$（54.6）kN

第二组* $M_{min,k} = -328.8$（-463.4）kN·m、$N = 595$（734）kN、$V = -30$（-43.4）kN

第三组　$N_{min,k} = 419.2$（419.2）kN、$M = 280$（372）kN·m、$V = 37.9$（51.1）kN

（2）由基础梁传至基顶的荷载

墙重（含两面粉灰）

$$[(14.3 + 0.5 - 0.45) \times 6 - 4(5.1 + 1.8)] \times 5.24 = 306.6\ (367.9)\ \text{kN}$$

窗重　$(4 \times 5.1 + 4 \times 1.8) \times 0.45 = 12.4$（14.9）kN

基础梁　$(0.2 + 0.3) \times 0.45 \times 6 \times 25/2 = 16.9$（20.3）kN

由基础梁传至基顶荷载的标准值（设计值）　$G_{k,s} = 335.9$（403.1）kN

G_5 对基础底面中心的偏心距 $e_5 = 0.3/2 + 0.8/2 = 0.55\text{m}$，相应的偏心弯矩标准值（设计值）为

$G_{k,s}e_5 = -335.9 \times 0.55 = -184.7$（221.7）kN·m

（3）作用于基底的弯矩和相应基顶的轴向力

假定基础高度为 800 + 50 + 250 = 1100mm = 1.1m，则作用于基底的弯矩及其相应基顶的轴向力的标准值（设计值）分别为：

第一组　$M_k = 410 + 1.1 \times 40.9 - 184.7 = 270.3$（396.4）kN·m

$F_k = 886 + 335.9 = 1221.9$（1545.1）kN

第二组　$M_k = -328.8 - 1.1 \times 30.0 - 184.7 = 546.5$（732.8）kN·m

$F_k = 595 + 335.9 = 930.9$（1137.1）kN

第三组　$M_k = 280 + 1.1 \times 37.9 - 184.7 = 137$（206.5）kN·m

$F_k = 419.2 + 335.9 = 755.1$（822.3）kN

---

* 表 12-8 中的组合项目为① + 0.9（④ + ⑤ + ⑦），其标准组合值为 $M_{k,top} = -328.8$（-463.4）kN·m、$N_{k,top} = 595$（734）kN、$V_{k,top} = -30$（-43.4）kN，半圆括号内的数值为基本组合值。

基础的受力情况如图 12-81 所示。

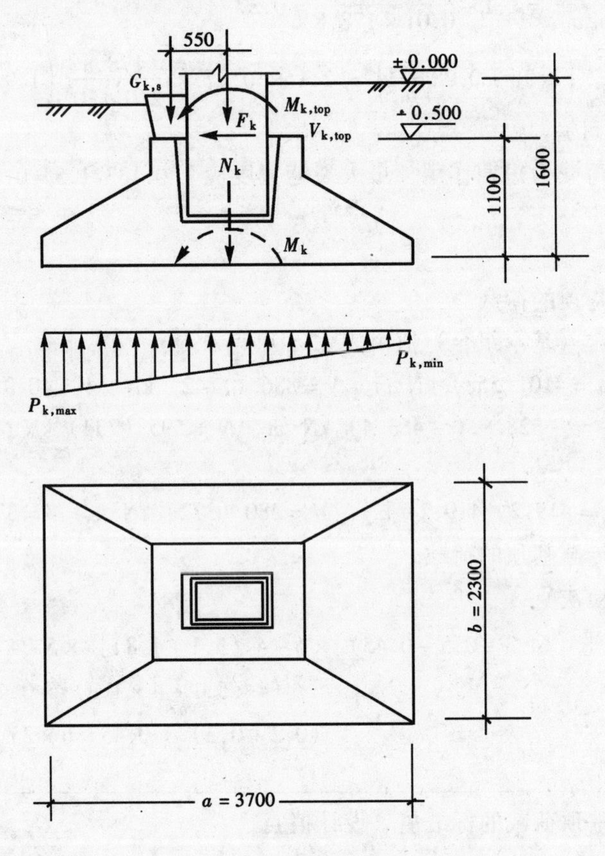

图 12-81 基础底面尺寸的确定

2. 确定基底尺寸*

按第二组荷载设计值进行计算。该例由于宽度和深度修正对地基承载力影响较小，计算中取 $f_a = 220\text{kN/m}^2$。

(1) 基底短边尺寸

$$b = \sqrt{\frac{F_k}{f_a - \gamma d}} = \sqrt{\frac{930.9}{220 - 20 \times 1.6}} = 2.23\text{m}，取\ b = 2.3\text{m}$$

(2) 基底外形系数及长边尺寸

$$c_0 = \frac{M_k}{bF_k} = \frac{546.5}{2.3 \times 930.9} = 0.26 < 0.5$$

$$\alpha = \frac{f_a}{\gamma d} = \frac{220}{20 \times 1.6} = 6.9$$

查附录 11 图 1 得 $\beta = 1.60$ 故长边尺寸 $a = \beta b = 1.60 \times 2.3 = 3.68$，取 $a = 3.7\text{m}$。

* 因该单层厂房吊车额定起重量为 20t、厂房跨度为 24m，地基承载力标准值为 220kN/m^2，属可不作地基变形计算的丙级建筑物。

(3) 验算 $e_0 \leqslant a/6$ 的条件

$$e_{0k} = \frac{M_k}{N_k} = \frac{546.5}{930.9 + 20 \times 2.3 \times 3.7 \times 1.6} = 0.544\text{m} < a/6 = 3.7/6 = 0.617\text{m}\ (\text{可})$$

(4) 验算其他两组荷载设计值作用下的基底应力

第一组

$$p_{k,\max} = \frac{N_k}{A} + \frac{M_k}{w} = \frac{F_k}{A} + \gamma d + \frac{M_k}{w} = \frac{1221.9}{2.3 \times 3.7} + 20 \times 1.6 + \frac{270.3}{\frac{1}{6} \times 2.3 \times 3.7^2} = 143.6 + 32$$

$$+ 51.5 = 227.1\text{kN/m}^2 < 1.2 f_a = 1.2 \times 220 = 264\text{kN/m}^2\ (\text{可})$$

$$p_{k,\min} = 143.6 + 32 - 51.5 = 124.1\text{kN/m}^2 > 0\ (\text{可})$$

$$p_{k,m} = 143.6 + 32 = 175.6\text{kN/m}^2 < f_a = 220\text{kN/m}^2\ (\text{可})$$

第三组

$$p_{k,\max} = \frac{755.1}{2.3 \times 3.7} + 20 \times 1.6 + \frac{137}{\frac{1}{6} \times 2.3 \times 3.7^2} = 88.7 + 32 + 26.1 = 115\text{kN/m}^2 < 1.2f = 1.2 \times 220 = 264\text{kN/m}^2\ (\text{可})$$

$$p_{k,\min} = 88.7 + 32 - 26.1 = 94.6\text{kN/m}^2 > 0\ (\text{可})$$

$$p_{k,m} = 88.7 + 32 = 120.7\text{kN/m}^2 < 220\text{kN/m}^2\ (\text{可})$$

最后，确定基底的尺寸为 2.3m × 3.7m（图 12-81）。

3. 确定基底的高度

前面已初步假定基础的高度为 1.1m，如采用锥形杯口基础，根据图 12-50b 的构造要求，初步确定的基础剖面尺寸如图 12-82 所示。由于上阶底面落在柱边破坏锥面之内。故该基础只须进行变阶处的抗冲剪力验算。

(1) 在各组荷载效应基本组合设计值作用下的土壤最大净反力

第一组

$$p_{s,\max} = \frac{1545.1}{8.51} + \frac{396.4}{5.248} = 257\text{kN/m}^2$$

第二组

$$p_{s,\max} = \frac{1137.1}{8.51} + \frac{732.8}{5.248} = 273\text{kN/m}^2$$

第三组

$$p_{s,\max} = \frac{822.3}{8.51} + \frac{206.5}{5.248} = 136\text{kN/m}^2$$

抗冲切计算按第二组荷载设计值作用下的土壤净反力进行计算。

(2) 在第二组荷载作用下的冲切力

冲切力近似按最大土壤净反力 $p_{s,\max}$ 计算，即取 $p_s \approx p_{s,\max} = 273\text{kN/m}^2$

由于基础宽度 $b = 2.3\text{m}$，小于冲切锥体底边宽 $\left(\frac{b_1}{2} + h_{01}\right)2 =$ （0.575 + 0.655）2 = 2.46m，

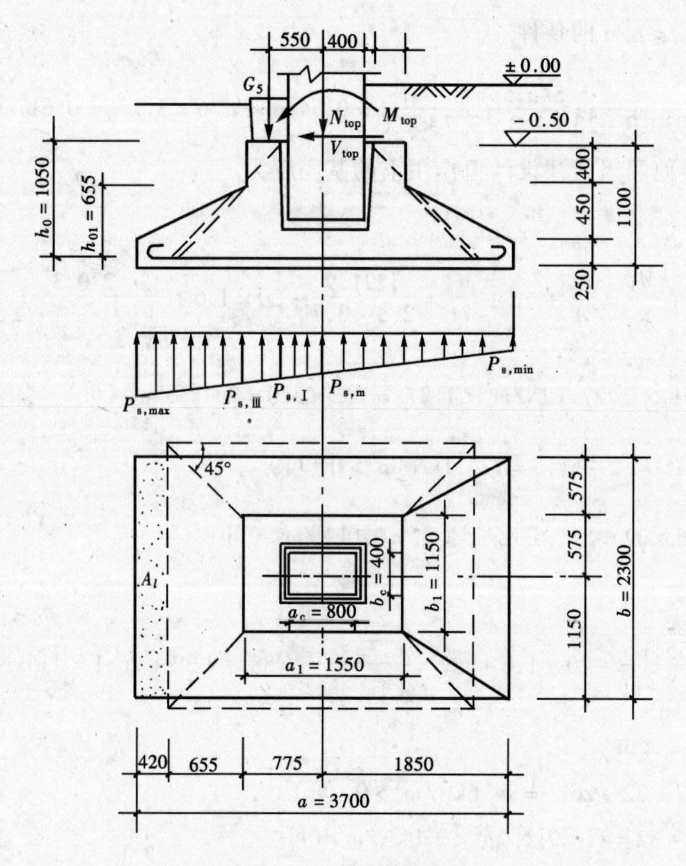

图 12-82 基础抗冲切验算简图

故

$$A_l=\left(\frac{a}{2}-\frac{a_1}{2}-h_{01}\right)b=\left(\frac{3.7}{2}-\frac{1.55}{2}-0.655\right)2.3=0.966\text{m}^2$$

$$F_l=p_{s,max}A_l=273\times0.966=263.7\text{kN}$$

(3) 变阶处的抗冲切力

由于基础宽度小于冲切锥体底边宽，故

$$b_m=\frac{b_t+b_b}{2}\approx\frac{1.15+2.3}{2}=1.725\text{m}$$

$$F_{l,u}=0.7\beta_{hp}f_tb_mh_0=0.7\times0.983\times0.96\times1725\times655=746000\text{N}=746\text{kN}>F_l=263.7\text{kN}$$

(可)

若基础混凝土强度等级改用 C15（$f_t=0.91\text{N/mm}^2$）

则 $F_{l,u}=0.7\times0.983\times0.91\times1725\times655=707.500\text{N}=707.5\text{kN}>F_l=263.7\text{kN}$（可）

因此，基础的高度及分阶可按图 12-82 所示的尺寸采用。

4. 基底配筋计算

包括沿长边和短边两个方向的配筋计算。沿长边方向的钢筋用量，由前述三组荷载作用下最大土壤净反力的分析可知，应按第二组荷载设计值作用下的土壤净反力进行计算。而沿短边方向，由于为轴心受压，其钢筋用量应按第一组荷载设计值作用下的平均土壤净反力进行计算。

(1) 沿长边方向的配筋计算

在第二组荷载设计值作用下，前面已算得 $p_{s,max}=273\text{kN/m}^2$，相应于柱边及变阶处的土壤净反力（图 12-83$a$）：

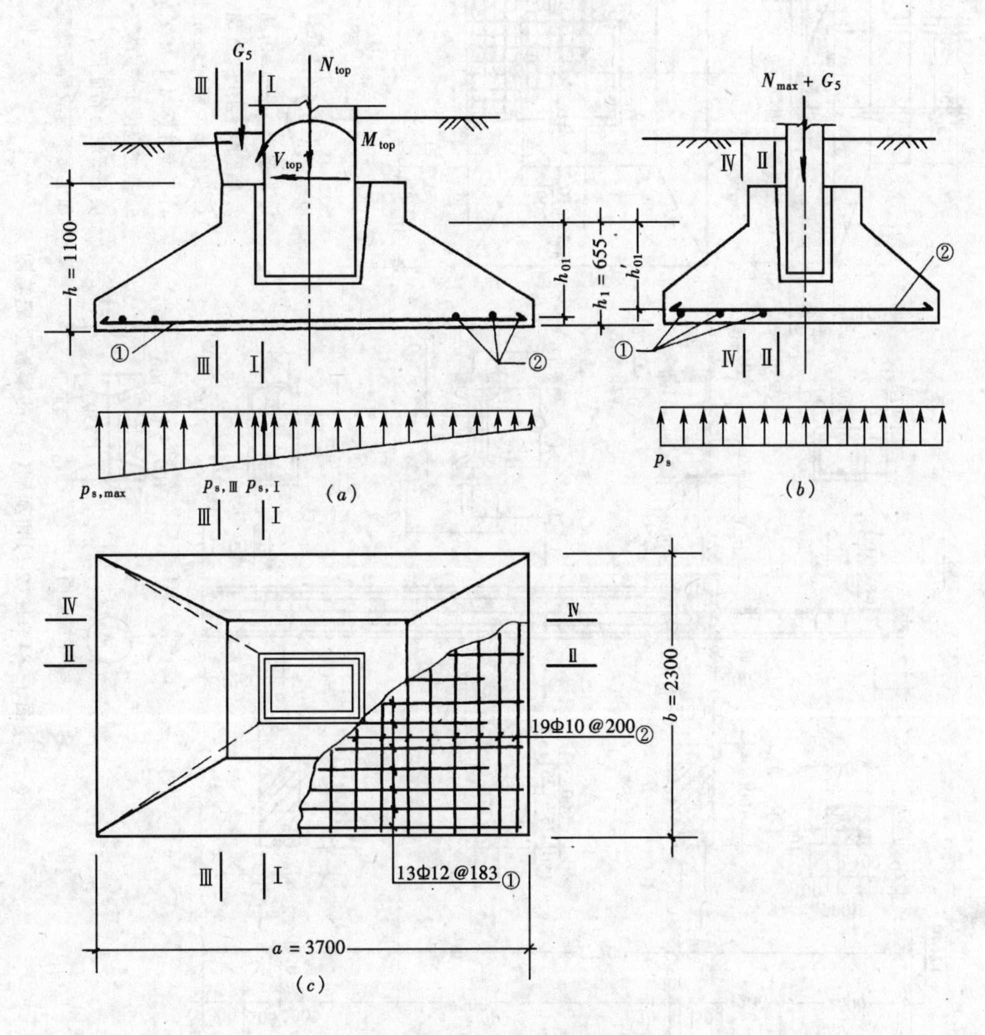

图 12-83　基底配筋计算简图

(a) 弯矩作用平面内的受力图；(b) 弯距作用平面外受力图；(c) 基底配筋图

$$p_{sⅠ}=\frac{1137.1}{8.51}+\frac{732.8}{5.248}\times\frac{0.4}{1.85}=163.8\text{kN/m}^2$$

$$p_{sⅢ}=\frac{1137.1}{8.51}+\frac{732.8}{5.248}\times\frac{0.775}{1.85}=192.1\text{kN/m}^2$$

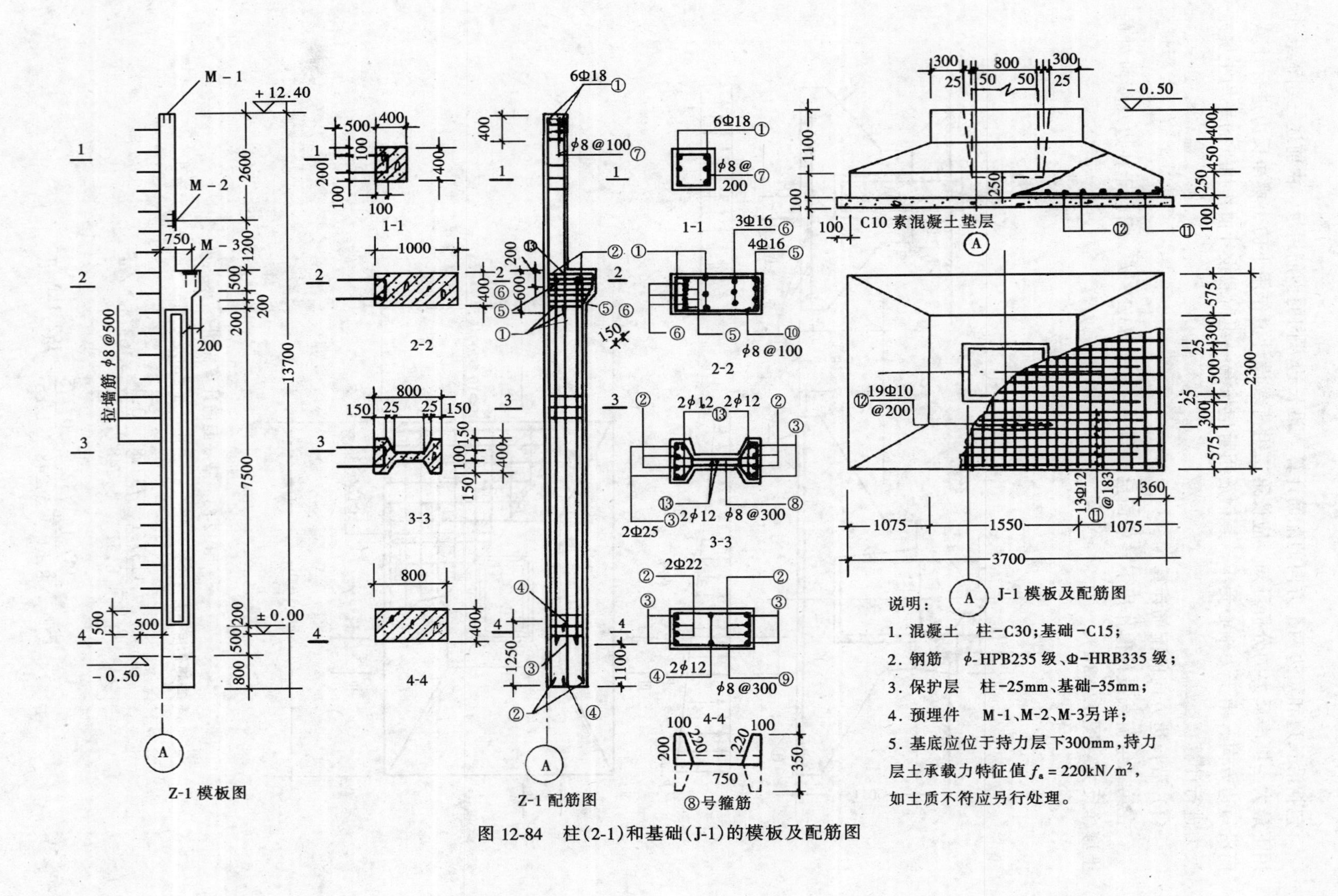

说明：

1. 混凝土　柱-C30；基础-C15；
2. 钢筋　ϕ-HPB235 级、Φ-HRB335 级；
3. 保护层　柱-25mm、基础-35mm；
4. 预埋件　M-1、M-2、M-3另详；
5. 基底应位于持力层下300mm，持力层土承载力特征值 $f_a = 220kN/m^2$，如土质不符应另行处理。

图 12-84　柱(2-1)和基础(J-1)的模板及配筋图

则 $M_1=\frac{1}{48}$ $(p_{s,\max}+p_{s,\mathrm{I}})(a-a_c)^2(2b+b_c)-G_5e_5=\frac{1}{48}(273+163.8)(3.7-0.8)^2(2\times2.3+0.4)-403.1\times0.15=322.2\text{kN}\cdot\text{m}$

$$A_{s\mathrm{I}}=\frac{M_1}{0.9f_yh_0}=\frac{322.2\times10^6}{0.9\times300\times1055}=1131\text{mm}^2$$

$$M_{\mathrm{II}}=\frac{1}{48}(273+192.1)(3.7-1.55)^2(2\times2.3+1.15)=257.5\text{kN}\cdot\text{m}$$

$$A_{s\mathrm{II}}=\frac{257.5\times10^6}{0.9\times300\times655}=1456\text{mm}^2$$

选用 13 Φ 12（Φ 12@183）$A_s=1469\text{mm}^2>1456\text{mm}^2$（可）

（2）沿短边方向的配筋计算

在第一组荷载设计值作用下，均匀分布的土壤净反力（图 12-83*b*）

$$p_{nm}=\frac{N}{A}=\frac{1545.1}{8.51}=181.6\text{kN/m}^2$$

$$M_{\mathrm{II}}=1/24\times181.6\times(2.3-0.4)^2(2\times3.7+0.8)=224\text{kN}\cdot\text{m}$$

$$A_{s\mathrm{II}}=\frac{224\times10^6}{0.9\times300\times1045}=794\text{mm}^2$$

$$M_{\mathrm{IV}}=1/24\times181.6\times(2.3-1.15)^2(2\times3.7+1.55)=89.6\text{kN}\cdot\text{m}$$

$$A_{s\mathrm{IV}}=\frac{89.6\times10^6}{0.9\times300\times645}=514.5\text{mm}^2$$

选用 19 Φ 10（Φ 10@200），$A_s=1491.5\text{mm}^2>794\text{mm}^2$（可）

基础底面沿两个方向的配筋简图如图 12-83*c* 所示，由于长边 a 大于 2.5m，其钢筋长度可切断 10%，如交错布置，钢筋可用同一编号。

该例单层厂房排架柱（Z-1）和基础（J-1）的模板和配筋的施工详图见图 12-84。

小　　结

一、单层厂房进入施工图阶段结构设计的内容和步骤是：（一）结构选型和布置；（二）结构计算（包括定简图、算荷载、内力分析和组合及构件截面配筋计算等）；（三）绘结构施工图（包括各种结构构件布置、模板及配筋图）。

二、单层厂房结构布置包括屋面结构、柱及柱间支撑、吊车梁、过梁、圈梁、基础及基础梁等结构构件的布置。其中尤其要重视屋面支撑系统及柱间支撑系统的布置。它们不仅影响个别构件的承载力（如屋架上弦杆），而且与厂房的整体性和空间工作有关。

三、单层厂房一般只按横向平面排架计算；当横向排架少于 7 榀或须考虑地震荷载时，也应对纵向排架进行计算。横向平面排架根据屋盖的刚度、有无山墙（或横墙）、厂房的跨数和跨度等以及考虑受荷特点，在计算中可能遇到柱顶为不动铰支排架、可动铰支排架以及弹性铰支三种排架计算简图。第一种为厂房空间作用很大或承受对称竖向荷载时采用；第二种为厂房空间作用很小时采用；第三种为考虑厂房空间作用时采用。

四、为保证结构的可靠性，排架柱应根据最不利荷载组合下的内力进行设计。荷载组合的原则是最不利又是可能的。考虑到屋面活荷载、吊车荷载与风荷载等可变荷载在使用期间不可能同时达到峰值。因此，对一般排架结构的基本组合，当同时考虑两个和两个以上的可变荷载时，除恒荷载外，均可简化为乘以 0.9 的组合系数。

五、排架柱的设计内容包括在使用阶段排架平面内（偏心受压）、排架平面外（轴心受压）各控制截面的配筋计算，施工阶段的吊装验算以及牛腿的计算和构造，并绘制柱（包括牛腿）的模板图与配筋图。

六、柱下单独基础的底面尺寸、基础高度（包括变阶处的高度）以及基底沿长边和短边两个方向的配筋应分别满足地基土承载力、基础抗冲切以及抗弯承载力的要求。此外，还应遵守有关构造要求。

七、吊车梁、屋架也是厂房的主要承重构件，一般可选用标准图。但为处理这类构件的工程事故或遇到特殊情况时，还应了解它们各自的受力特点及设计要点，在参考有关专著的基础上，掌握这类构件的计算和构造。

思考题

1. 单层厂房结构设计在施工图阶段的内容和步骤是什么？

2. 单层厂房横向承重结构有哪几种结构类型？它们各自的适用范围如何？

3. 单层厂房结构布置的内容和要求是什么？结构布置的目的何在？

4. 单层厂房中有哪些支撑？它们的作用是什么？

5. 根据厂房的空间作用和受荷特点在内力计算时可能遇到哪几种排架计算简图？它们分别在什么情况下采用？

6. 荷载组合的原则是什么？荷载组合中为什么要引入荷载组合值系数？对一般排架结构荷载效应基本组合的简化规则是什么？

7. 什么是单层厂房的整体空间作用？哪些荷载作用下厂房的整体空间作用最明显？单层厂房整体空间作用的程度和哪些因素有关？

8. 排架柱的截面尺寸和配筋是怎样确定的？

9. 牛腿有哪两种类型？牛腿的尺寸和配筋如何确定？

10. 柱下单独基础的底面尺寸、基础高度（包括变阶处的高度）以及基底配筋是根据什么条件确定的？为什么在确定基底尺寸时要采用全部土壤反力？而在确定基础高度和基底配筋时又采用土壤净反力（可不考虑基础及其台阶上回填土自重）？

习题

12-1 某单跨厂房柱距为6m，内设两台软钩桥式吊车，起重量 $Q=30/5\text{t}$，若水平制动力按一台考虑，求柱承受的吊车最大垂直荷载和水平荷载的设计值。吊车数据如下：

起重量（t）	跨度（m）	最大轮压（kN）	卷扬机小车重（kN）	吊车总重（kN）	轮距（mm）	吊车宽（mm）
30/5	22.5	297	107.6	370	5000	6260

12-2 用图乘法推导单阶悬臂柱柱顶在 $F=1$（图12-85）作用下水平位移的计算公式。

12-3 用力法求图11-86所示结构铰支端的反力。M 作用在牛腿顶面处。

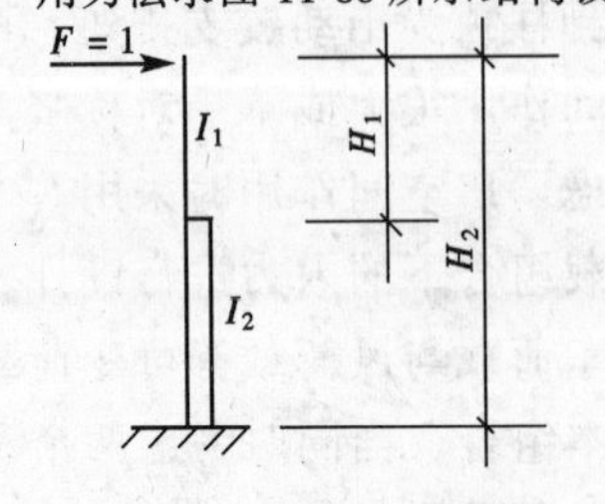

图12-85 习题12-2附图

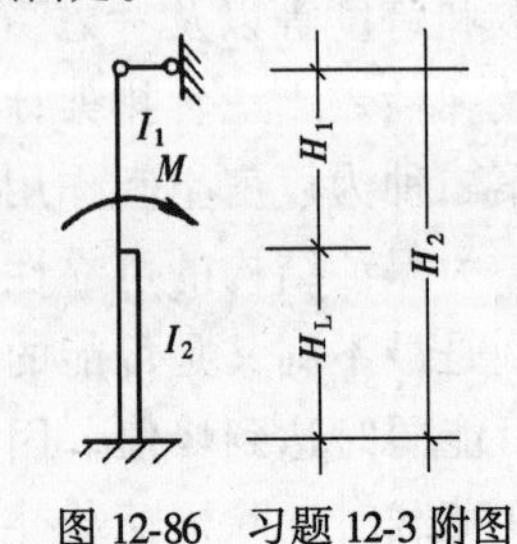

图12-86 习题12-3附图

12-4　已知单层厂房柱距为 6m，基本风压 $w_0 = 0.35\text{kN/m}^2$，其体型系数和外形尺寸如图 11-87 所示，求作用在排架上的风荷载。

12-5　如图 12-88 所示的两跨排架，在 A 柱牛腿顶面处作用的力矩 $M_{max} = 211.1\text{kN·m}$，在 B 柱牛腿顶面处作用的力矩 $M_{min} = 134.5\text{kN·m}$，$I_1 = 2.13 \times 10^9\text{mm}^4$，$I_2 = 14.52 \times 10^9\text{mm}^4$，$I_3 = 5.21 \times 10^9\text{mm}^4$，$I_4 = 17.76 \times 10^9\text{mm}^4$，上柱高 $H_u = 3.8\text{m}$，全柱高 $H = 12.9\text{m}$，求排架内力。

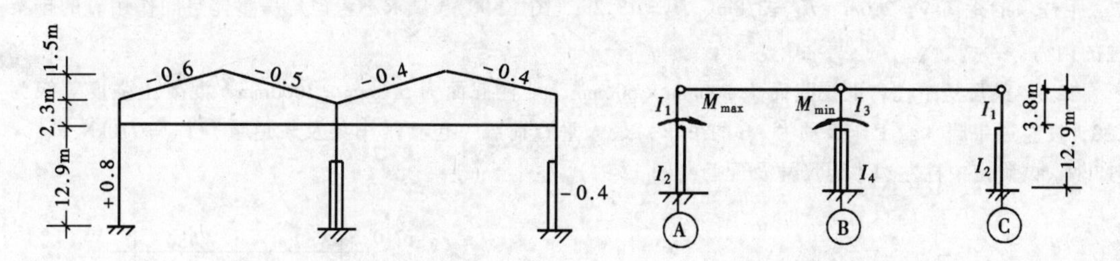

图 12-87　习题 12-4 附图　　　　图 12-88　习题 12-5 附图

12-6　某单层厂房柱网布置和排架尺寸如图 12-89 所示，厂房内设有两台 $Q = 20/5\text{t}$，跨度 $l = 16.5\text{m}$ 工作级别为 A3 的吊车；$P_{max} = 202\text{kN}$、$P_{min} = 60\text{kN}$、$B = 5600\text{mm}$、$K = 4400\text{mm}$ 已知 $n = I_1/I_2 = 0.144$，$\lambda = H_1/H_2 = 0.26$，试求最大轮压作用在Ⓐ轴线柱上时排架柱的内力。

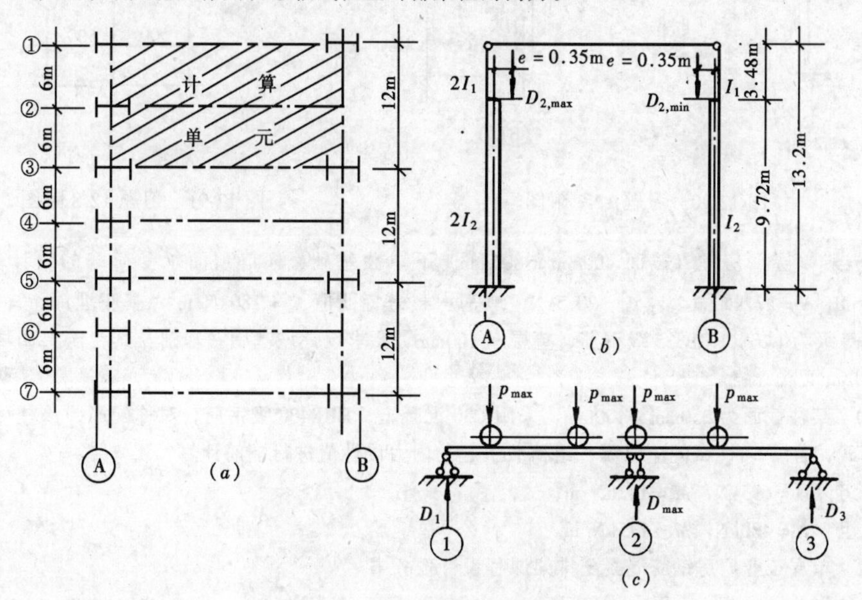

图 12-89　习题 12-6 附图

提示：(1) $D_{2,max}$和 $D_{2,min}$按下列公式计算：

$$D_{2,max} = D_{max} + \frac{D_1 + D_3}{2}$$

$$D_{2,min} = D_{max}\frac{p_{min}}{p_{max}}$$

式中　p_{max}、p_{min}——分别为每个轮子的最大轮压和最小轮压标准值；

D_{max}、D_1、D_3——按图 12-89 (*c*) 所示的简图计算。

(2) 求每榀排架的实际内力时，对弯矩 M、剪力 V，Ⓐ轴线的柱应将图 12-89 (*b*) 所示合并排架的内力除以 2 得②轴线排架柱的 M 和 V；对于轴向力 N 应按该柱实际承受的最大、最小的吊车竖向荷载计算。

(3) 参与组合的吊车台数为 2 时，工作级别为 A3 的吊车，其竖向荷载和水平荷载的标准值应乘以 0.9 的折减系数。

12-7 某单跨厂房跨度 24m，长度 72m，采用大型屋面板屋盖体系，两端有山墙，内设两台 $Q=20/5$t 的双钩桥式吊车，已算出 $D_{max}=603.5$kN、$D_{min}=179.3$kN，对下柱的偏心距 $e=0.35$m；$T_{max}=19.85$kN，T_{max}距柱顶的距离 $y=2.6$m、$H_1=3.8$m、$H_2=13.2$m（图 12-90）。试求不考虑厂房整体空间作用时的排架柱的内力。

12-8 某厂房中柱，上柱截面为 500mm×600mm，下柱截面为 500mm×1000mm，混凝土强度等级为 C30，柱左边牛腿承受工作级别为 A6 的吊车，最大垂直荷载（包括吊车梁及轨道重）$F_V=710$kN $F_{VK}=515$kN，试确定中柱左边牛腿尺寸及配筋（图 12-91）。

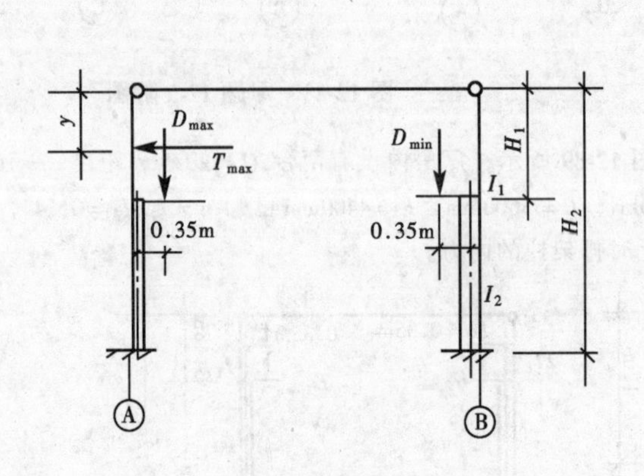

图 12-90 习题 12-7 附图

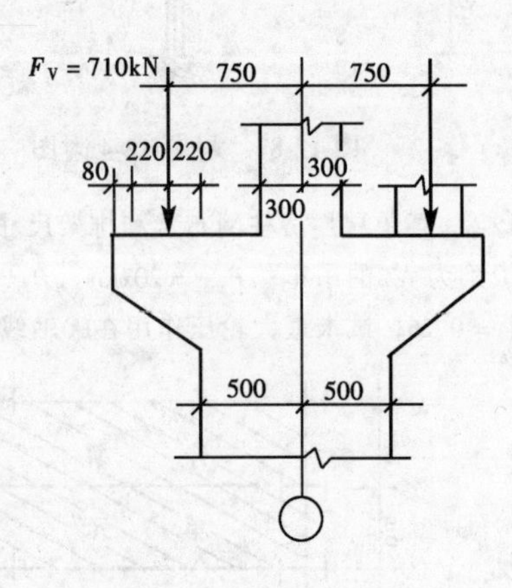

图 12-91 习题 12-8 附图

12-9 某单层厂房柱（截面 400mm×800mm）下单独基础，杯口顶面承受荷载的设计值为 $F_K=625.7$kN，$M_{k,top}=271$kN·m、$V_{k,top}=20.5$kN，地基承载力特征值 $f_a=180$kN/m^2，基底埋深 $d=1.55$m，混凝土强度等级为 C20，HRB335 级钢筋，垫层厚 100mm，要求设计该基础（基础及其台阶上回填土平均重度为 20kN/m^3）。

12-10 某柱截面为 350mm×400mm，采用 C30 混凝土，HRB400 级钢筋，对称配筋，该柱可能承受下列两组荷载，若 $\eta=1$，试问应以哪一组荷载引起的内力设计值进行配筋计算？$A_s=A'_s=$？

第一组 $N=695$kN，$M=182$kN·m；

第二组 $N=400$kN，$M=175$kN·m。

12-11 单层工业厂房钢筋混凝土排架课程设计任务书

工程名称—××省××厂××车间

建筑地点—××市郊

车间长 90m，跨度 18m，柱距 6m，在车间中部，有温度伸缩缝一道，厂房两端设有山墙。

车间内根据工艺要求设二台 5t 的电动单梁起重机，吊车工作制为 A4，地面操纵。

车间⑨~⑪轴线平面和Ⅰ-Ⅰ剖面如图 12-92 所示。

屋架下弦（柱顶）标高为 9m，起重机（吊车）轨顶标高 7.5m，基础底面标高为 -1.6m 左右，该处的地基承载力特征值为 180kN/m^2。

屋面构造为：大型屋面板承重层；20 厚 1:3 水泥砂浆找平层；60 厚 1:10 水泥膨胀珍珠岩保温层；20 厚 1:3 水泥膨胀珍珠岩找平层；刷基层处理剂一道，铺二层 3 厚 APP 改性沥青卷材防水层面上撒白石子。

该车间主要承重构件选用如下：

1. 屋面板

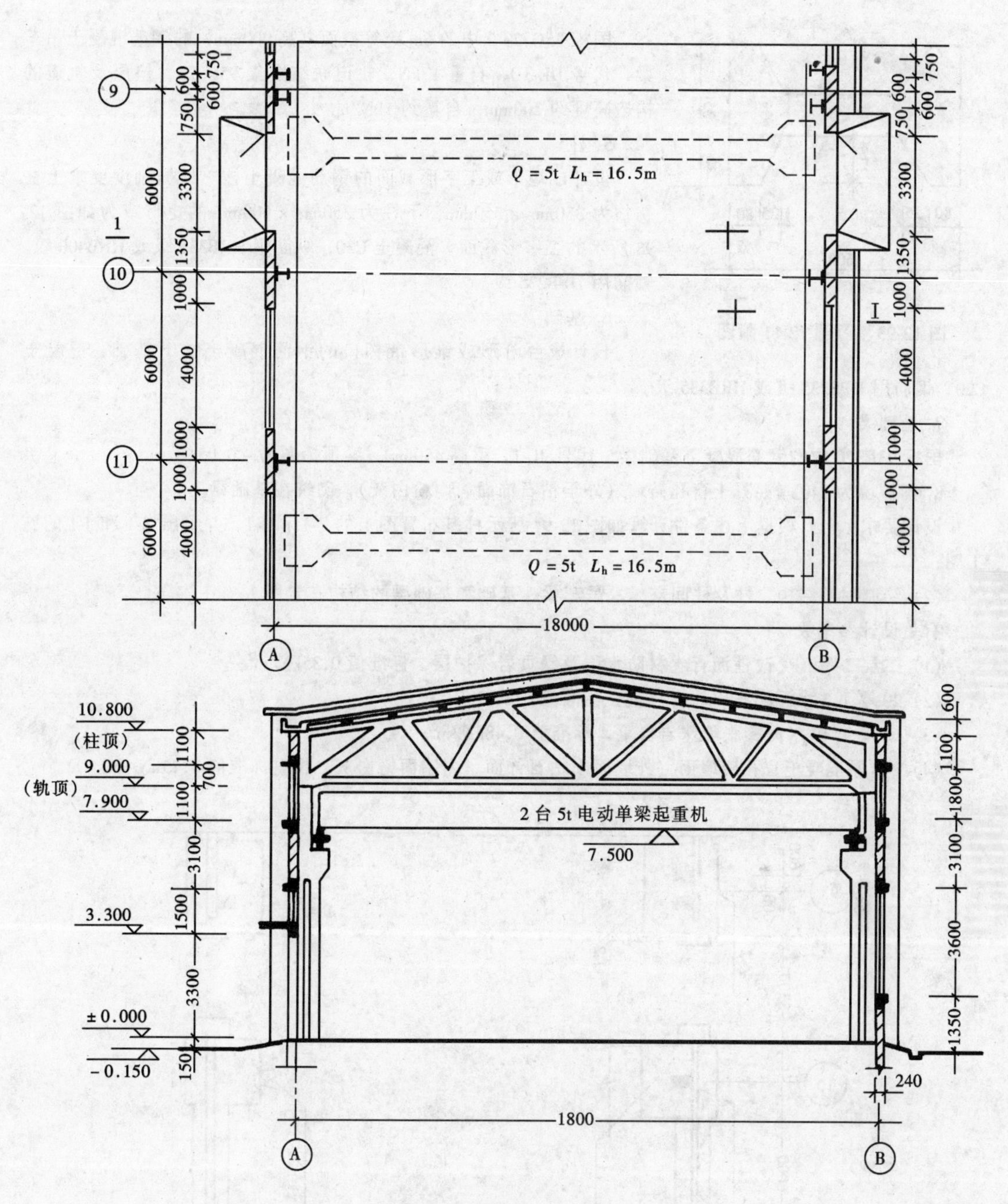

图 12-92 习题 12-11 附图一

全国通用工业厂房结构构件标准图集（以下简称国标）92 G410-1 中的 1.5m×6m 预应力混凝土屋面板，代号 YWB3，板自重 1.3kN/m^2，灌缝重 0.1kN/m^2。

2. 屋架

国标 95G415-1 中的 18m 预应力混凝土折线形屋架，代号 YWJB-18-1 或 YWJB-18-2，自重 60.5kN/榀，屋面坡度 $i=1/5\sim1/15$，屋架端部高 1.8m，中点处高 3.07m（指外轮廓尺寸）。

3. 天沟

国标 92G410-3 卷材防水天沟板，代号 TGB77-1，天沟板重 12kN/块。

4. 吊车梁

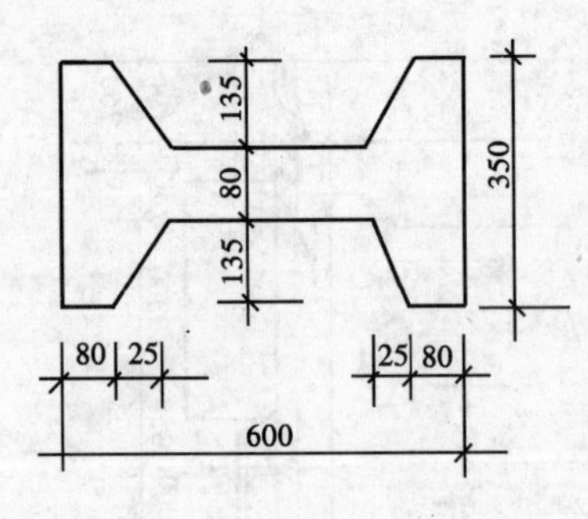

图 12-93　习题 12-11 附图二

国标 95G323-2 中的 6m 跨等截面（高 900mm）的钢筋混凝土吊车梁，代号 DL-3D，自重 17kN，轨道联结图集 95G325，垫层及轨道的构造高度约 200mm，自重约 1kN/m。

5. 柱

设计成矩形或工字形截面的钢筋混凝土柱。根据刚度要求上柱初估为 350mm × 350mm，下柱为 350mm × 600mm 的矩形或为如图 12-93 所示的工字形截面，混凝土 C30，纵筋用 HRB335 级或 HRB400 级。箍筋用 HPB235 级。

6. 基础

设计成台阶形或锥形带杯口的钢筋混凝土柱下基础，混凝土 C20，钢筋用 HPB235 级或 HRB335 级。

7. 基础梁

国标 93G320 中的钢筋混凝土基础梁，代号 JL-1，梁高 450mm，梁顶标高为 - 0.05。

8. 围护墙为 240 厚混凝土盲孔砖墙（外干粘石饰面、内粉白灰），砌筑在基础梁上。

设计要求：(1) 根据上述条件计算如图 12-94 所示柱基布置图上的 Z-1 和 J-1，并绘出 Z-1 和 J-1 的施工图；

(2) 绘制屋盖结构、柱及柱间支撑、吊车梁、基础和基础梁的结构布置图。

有关设计参考数据：

(1) 二层 3 厚 APP 改性沥青卷材防水层及绿页岩保护层，标准值 0.35kN/m²；

(2) 20 厚 1:3 水泥膨胀珍珠岩自重，标准值 0.28kN/m²；

(3) 60 厚 1:10 水泥膨胀珍珠岩自重，标准值 0.48kN/m²；

(4) 240 厚混凝土盲孔砖墙面（外墙面干粘石饰面、内墙面粉白灰）自重标准值 4.45kN/m²。

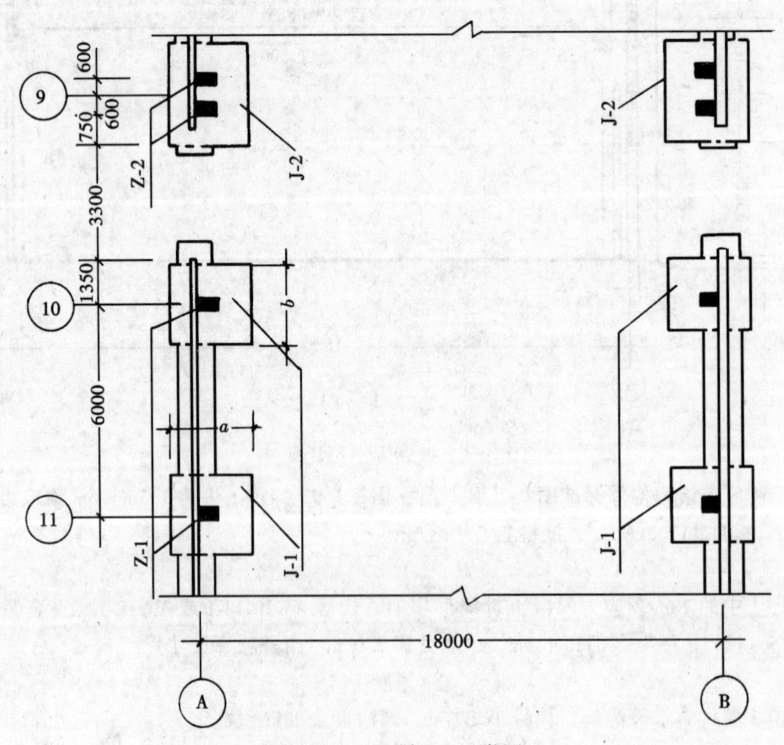

图 12-94　习题 12-11 附图三

第十三章　多层房屋框架结构

提　要

本章介绍多层房屋建筑中现浇框架结构的设计步骤和计算方法。其重点是：

1. 多层框架结构的布置和构件截面尺寸的确定。
2. 框架在竖向荷载和水平荷载作用下的内力计算。
3. 框架的荷载效应组合。
4. 框架梁、框架柱的配筋计算及节点构造。

本章难点是：

1. 框架梁、柱的内力组合。
2. 框架梁、柱节点的配筋构造。

采用钢筋混凝土框架作为主要承重结构的房屋很多：如仪表、化工、轻型机械、面粉厂等多层厂房；办公楼、商店、旅馆、住宅等民用建筑。一般地讲，10层以下或高度不超过28m的房屋称为多层房屋，10层及10层以上或房屋高度超过28m的称为高层房屋。高层房屋以民用建筑为多。

钢筋混凝土框架有采用现浇式的，也有采用装配式或装配整体式的，本章着重讨论非地震区的多层房屋现浇框架结构（以下简称为多层框架）的设计计算。

第一节　多层框架的结构布置

一、竖向承重结构的组成和布置

多层框架由横梁和立柱组成（图13-1）。框架可以是等跨或不等跨的，也可以是层高相同或不完全相同的；有时因工艺和使用要求，也可能在某层缺柱或某跨缺梁（图13-2）。

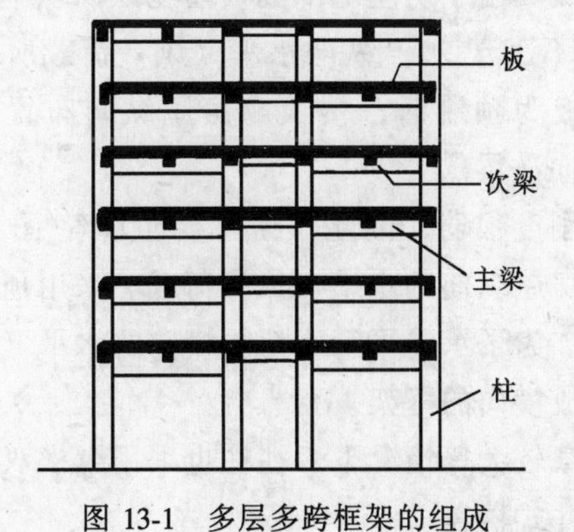

图13-1　多层多跨框架的组成

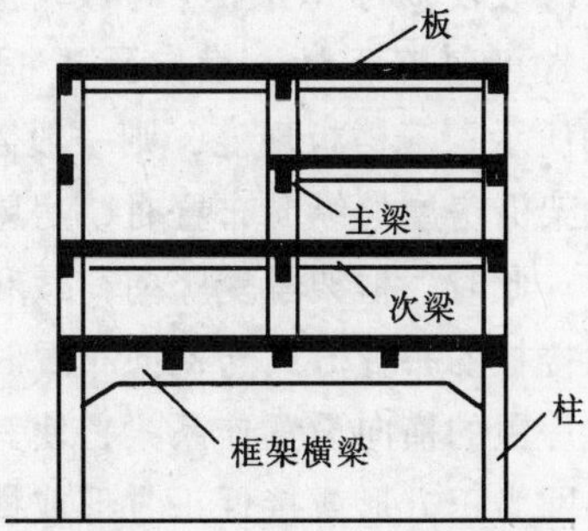

图13-2　缺梁缺柱的框架

在竖向荷载和水平荷载作用下，框架梁、柱都将产生内力及变形。框架横梁的主要内力为弯矩和剪力，其轴力很小，常可忽略不计；框架柱的主要内力为轴力、弯矩和剪力。设计时考虑的框架变形，主要是指它的水平位移，即通称的侧移。框架的侧移主要由水平荷载引起，其值太大会影响房屋的正常使用，它是设计高层房屋的重要控制条件之一（对于多层房屋一般不至影响正常使用）。

在进行多层房屋竖向承重结构的布置时，除需满足建筑的使用要求外，尚需注意如下几点：①结构的受力要明确；②布置要尽可能匀称；③非承重隔墙宜采用轻质材料，以减轻房屋自重；④构件类型、尺寸的规格要尽量减少，以利于生产的工业化。

按照承重方式的不同，框架结构可以分为横向承重、纵向承重以及纵横双向承重等三种承重方案（图 13-3）。

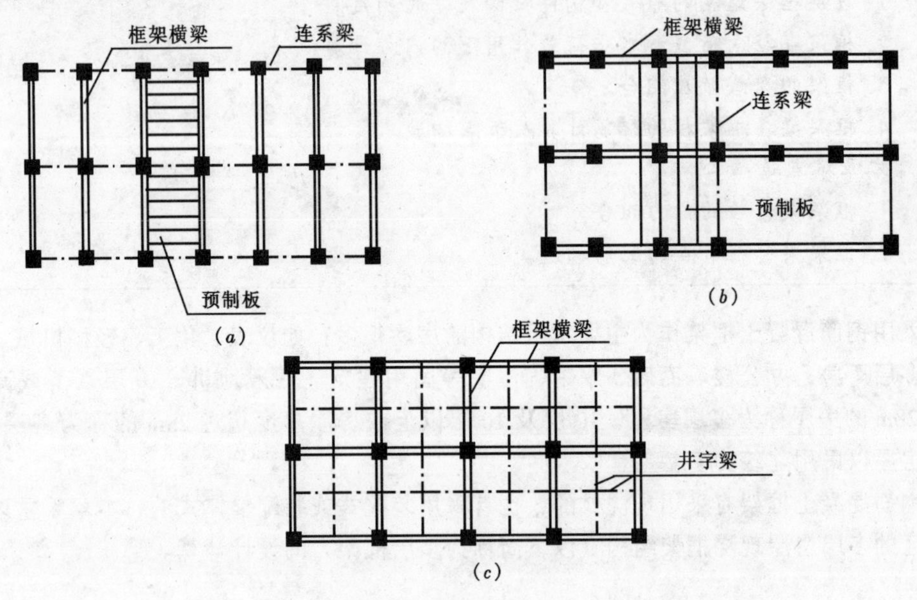

图 13-3 框架结构的布置

(a) 横向承重；(b) 纵向承重；(c) 纵横双向承重

一般房屋的框架常采用横向承重，框架承受竖向荷载和平行于房屋横向的水平（风）荷载。在房屋纵向，则设置连系梁与横向框架相连，这些纵向连系梁实际上也与柱形成纵向框架，承受平行于房屋纵向的水平（风）荷载。由于房屋端部的横墙受风面积小，当纵向框架的跨数较多时（多于 7 跨或房屋长宽比不小于 2），纵向水平（风）荷载所产生的框架内力常可忽略不计。横向承重框架的楼板为预制时，楼板顺房屋纵向布置，如图 13-3 (a)所示；若楼板现浇，则一般需设置纵向次梁。

将框架沿房屋的纵向布置时，房屋的横向刚度很弱，因此，纵向承重方案(图 13-3b)应用较少。此时，框架承受竖向荷载和平行于房屋纵向的水平（风）荷载。采用预制楼板时，预制楼板的布置方式与横向布置时的相反。为了承受平行于房屋横向的水平（风）荷载，应在房屋的横向设置连系梁，使其与柱形成横向的框架。

在柱网为正方形或接近正方形或楼面活荷载较大等情况下，往往也采用纵横双向承重的布置方案。此时常采用现浇双向板楼盖或者井式楼盖。

二、柱网尺寸和层高

多层框架房屋的柱网尺寸及层高，一般需根据生产工艺、使用要求以及建筑和结构等各方面因素进行全面考虑后确定。

(一) 工业厂房

一般采用6m柱距。柱网的布置分为内廊式和跨度组合式（图13-4）。当生产工艺要求有较好的生产环境和防止工艺互相干扰时，平面布置常采用内廊式，并用隔墙将工作区的和交通区隔开。这种布置在电子、仪表、电器业等厂房中用得较多。而跨度组合式主要用于生产要求有大统间、便于布置生产流水线的厂房中，如大多数机械厂房及仓库等。

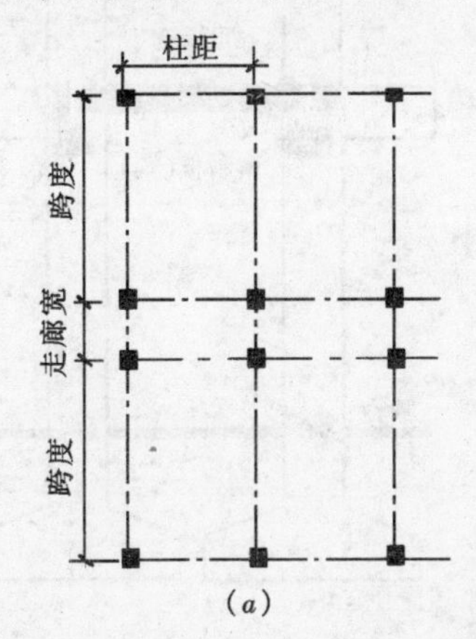

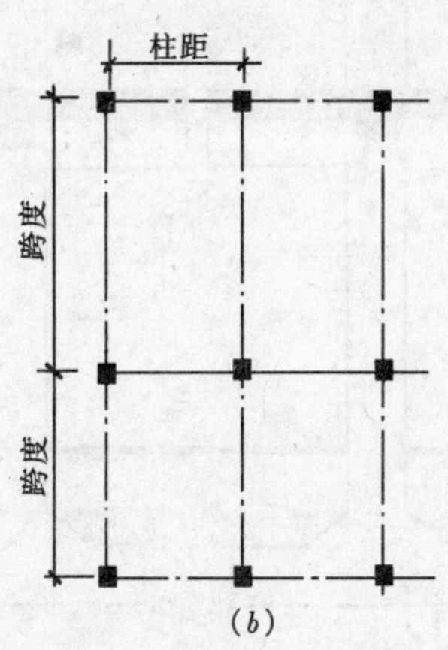

图 13-4 柱网的布置

(a) 内廊式；(b) 跨度组合式

厂房常用的跨度有：6m、7.5m、9m、12m。用上述跨度可组成各种等跨和不等跨厂房。由于吊装机械的限制，房屋总宽度一般不超过36m。

厂房的层数取决于生产工艺、垂直及水平运输设备、产品性质及基建投资等因素，同时还与地质条件、荷载大小等有关。一般机械厂房由于设备和产品较重，且多数有起重设备，楼面使用荷载大，层高较高，故以2~3层居多；而轻工、仪表、电子、电器业等厂房，由于产品体积小、重量轻，通常采用电梯就可解决垂直运输问题，故多数采用4层以上甚至10层左右。

厂房层高的确定涉及车间工艺设备、管道布置（如通风、吸尘等）及空中传送设备等，还与车间采光等因素有关。由于底层往往有较大的设备和产品，甚至有起重运输设备，故底层层高一般比楼层为高，常用的底层层高有4.2m、4.5m、4.8m、5.4m、6.0m、7.2m、8.4m；在同一厂房中，楼层层高宜取同一尺寸，常用的楼层层高有3.9m、4.2m、4.5m、4.8m、5.4m、6.0m、7.2m等。其中7.2m和8.4m层高适用于有10~30kN（1~3t）的悬挂吊车和50kN（5t）的桥式吊车车间。

(二) 民用房屋

民用房屋的柱网和层高通常按300mm进级，尺度一般较工业厂房为小。柱网尺寸一般在4.0m以上，常用范围为6~8m；层高常采用3.0m、3.3m、3.6m、3.9m、4.2m等。

三、变形缝的设置

变形缝分为伸缩缝和沉降缝，在地震区还需按规定设置防震缝。

伸缩缝是为了避免温度应力和混凝土收缩应力使房屋产生裂缝而设置的。在伸缩缝处，基础顶面以上的结构和建筑全部分开。钢筋混凝土框架结构的伸缩缝最大间距见表13-1。

钢筋混凝土框架结构伸缩缝的最大间距（m） **表 13-1**

环境条件	室内或土中	露天
现浇框架	55	35
装配式框架	75	50

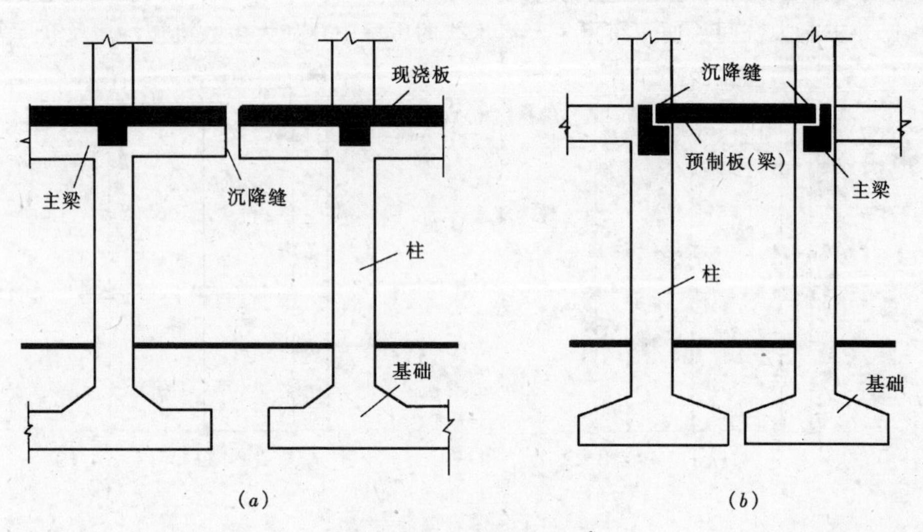

图 13-5 沉降缝作法

（*a*）设挑梁（板）；（*b*）设预制板（梁）

沉降缝是为了避免地基不均匀沉降在房屋构件中产生裂缝而设置的。沉降裂缝一般发生在下述部位：①土层变化较大处；②地基基础处理方法不同处；③房屋平面形状变化的凹角处；④房屋高度、重量、刚度有较大变化处；⑤新建部分与原有建筑的结合处等。针对上述情况，在必要时须设置沉降缝将建筑物从屋顶到基础全部分开。沉降缝可利用挑梁或搁置的预制板、预制梁的方法做成（图 13-5）。

在既需设伸缩缝又需设沉降缝时，伸缩缝应与沉降缝合并设置，以使整个房屋的缝数减少。其缝宽与地质条件和房屋的高度有关，一般不小于 50mm，当房屋高度超过 10m 时，缝宽应不小于 70mm。

第二节　杆件的截面尺寸和框架计算简图

一、梁柱截面的选择

（一）截面形状

对主要承受竖向荷载的框架横梁，其截面形式在整体式框架中以 T 形（楼板现浇）和矩形（楼板预制）为多；在装配式框架中可做成矩形、T 形、梯形和花篮形等；在装配整体式框架中常做成花篮形（图 13-6）。

对不承受楼面竖向荷载的连系梁，其截面常用 T 形、Γ 形、矩形、⊥形、L 形、倒 Π

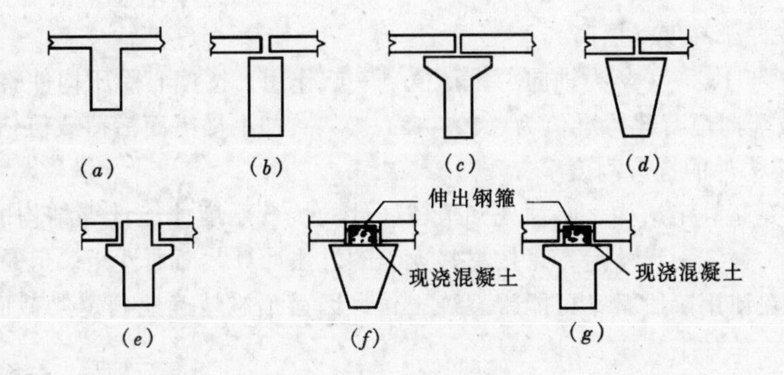

图 13-6　框架横梁的截面形式

(a) T形；(b) 矩形；(c) T形；(d) 梯形；(e)、(f)、(g) 花篮形

形等（图 13-7）。采用带翼缘的连系梁，有利于楼面预制板的排列和竖向管道的穿过，倒Ⅱ形截面还适用于废水较多的车间，以兼作楼面排水之用。

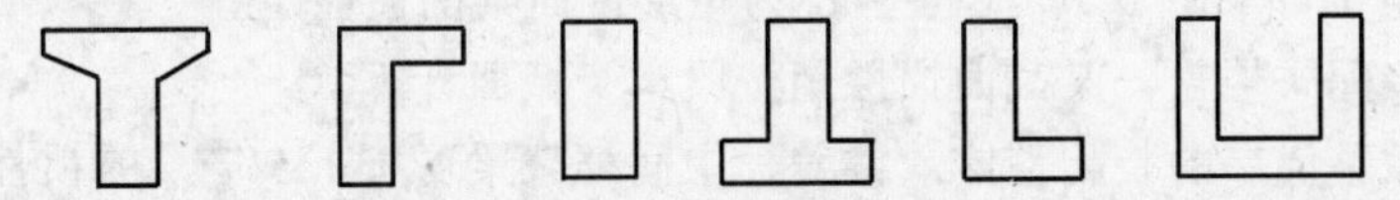

图 13-7　框架连系梁截面形状

框架柱的截面一般为矩形或正方形，也可根据建筑要求做成圆形或正多边形。

在多层框架中，为了尽可能减少构件类型以方便施工，各层梁、柱截面尺寸往往不变而只改变其截面配筋。

（二）截面尺寸的初步选择

1. 梁

梁截面可参考受弯构件的尺寸进行选择。一般取梁高 $h=(1/15\sim1/10)\ l_0$（单跨用较大值，多跨用较小值），其中 l_0 为梁的跨度；当楼面上设有机床时，可取 $h=(1/10\sim1/7)\ l_0$，抗震设计时，框架梁高不宜小于 $l_0/10$。梁的宽度 b 取为 $(1/3\sim1/2)\ h$。采用预应力混凝土梁时，其截面高度可按上述取值乘以 0.8 的系数。

在初步选择好梁尺寸后，还可将全部荷载的 0.6～0.8 作用在框架梁上，按简支梁核算抗弯、抗剪承载力，以判断尺寸选择的合理性。

2. 柱

柱截面的宽与高一般不小于（1/20～1/15）层高，柱截面宽度不宜小于 350mm，柱截面高不宜小于 400mm，并按下述方法进行初步估算：

（1）承受以轴力为主的框架柱，可按轴心受压验算。考虑到弯矩的影响，适当将轴向力乘以 1.2～1.4 的增大系数。

（2）当风荷载的影响较大时，由风荷载引起的弯矩可粗略地按下式估算：

$$M=\frac{H}{2n}\Sigma F \tag{13-1}$$

式中　ΣF——风荷载设计值的总和；

n——同一层中柱子根数；

h——柱子高度（层高）。

然后将 M 与 $1.2N$（N 为轴向力设计值）一起作用，按偏心受压构件验算。上述的轴向力 N 也可按竖向恒荷载标准值为（10～12）kN/m^2 加上楼屋面活荷载值估算。

（三）框架构件的抗弯刚度

框架结构是超静定结构，必须先知道各杆件的抗弯刚度才能计算结构的内力和变形。在初步确定梁、柱截面尺寸后，可按材料力学的方法计算截面惯性矩。但是，由于楼板参加梁的工作，在使用阶段梁又可能带裂缝工作，因而很难精确地确定梁截面的抗弯刚度。为了简化计算，作如下规定：

（1）在计算框架的水平位移时，对整个框架的各个构件引入一个统一的刚度折减系数 β_c，以 $\beta_c E_c I$ 作为该构件的抗弯刚度。在风荷载作用下，对现浇框架，β_c 取 0.85；对装配式框架，β_c 可取 0.7～0.8。

（2）对于现浇楼盖结构的中部框架，其梁的惯性矩 I 可用 $2I_0$；对现浇楼盖结构的边框架，其惯性矩 I 可采用 $1.5I_0$。其中 I_0 为矩形截面梁的惯性矩。

（3）对于装配式楼盖，梁截面惯性矩按梁本身截面计算。

（4）对于做整浇层的装配整体式楼盖，中间框架梁可按 1.5 倍梁的惯性矩取用，边框架梁可按 1.2 倍梁惯性矩取用。但若楼板开洞过多，仍宜按梁本身的惯性矩取用。

二、框架结构的计算简图

在框架竖向承重结构的布置方案中，一般情况下横向框架和纵向框架都是均匀布置的，各自刚度基本相同。作用于房屋上的荷载，如恒荷载、雪荷载、风荷载等，一般也都是均匀分布。因此在荷载作用下，各榀框架将产生大致相同的位移，相互之间不会产生大的约束力，故无论是横向布置或纵向布置，都可单独取出一榀框架作为计算单元（图 13-8）。在纵横向混合布置时，则可根据结构的不同特点进行分析，并对荷载进行适当简化，分别进行横向和纵向框架的计算。

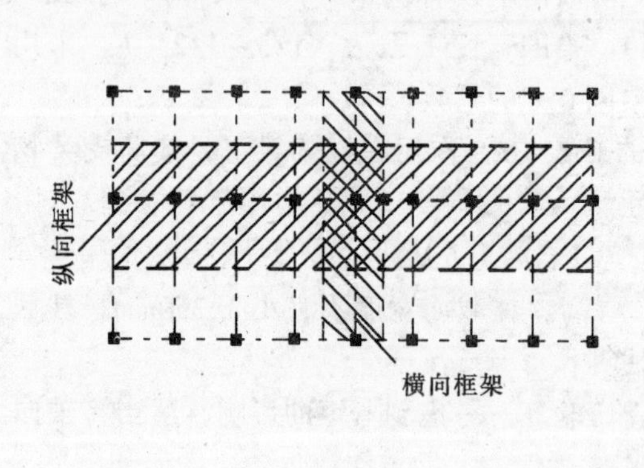

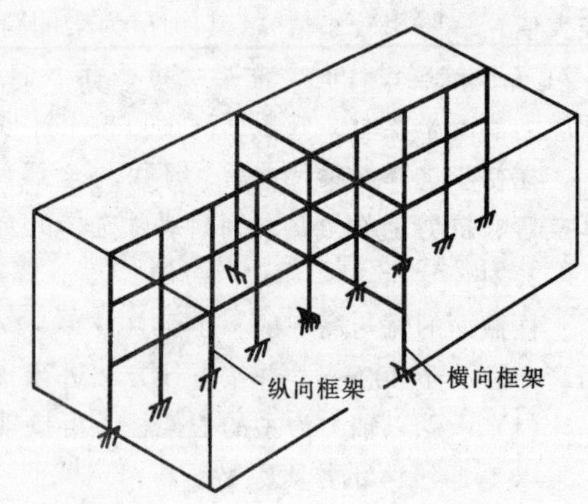

图 13-8 框架的计算单元

在计算简图中，杆件用轴线表示，杆件间的连接区用节点表示，杆件长度用节点间的距离表示，荷载的作用点也转移到轴线上。在一般情况下，等截面柱柱轴线取截面形心位置（图 13-9a），当上、下柱截面尺寸不同时，则取上层柱形心线作为柱轴线，跨度取柱轴线间的距离（图13-9b）。计算简图中的柱高，对楼层取层高；对底层柱，预制楼板取

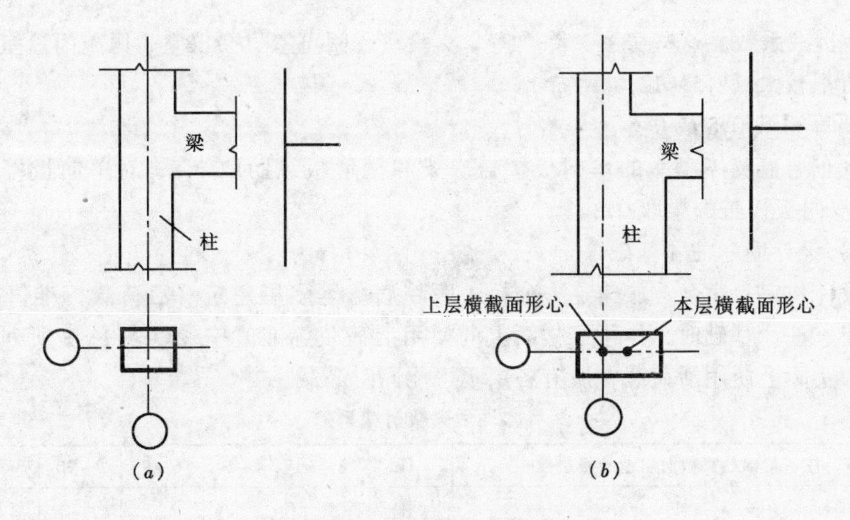

图 13-9　框架柱轴线位置

基础顶面至二层楼板底面之间的高度，现浇楼板则取基础顶面与二层楼板顶面之间的高度。

当框架各跨的跨度不等但相差不超过 10%时，可当作具有平均跨度的等跨框架；当屋面框架横梁为斜形或折线形，若其倾斜度不超过 1/8 时，仍当作水平横梁计算。

按照上述计算简图算出的支座内力是简图轴线上的内力。在选择截面尺寸或配筋时，还应将算得的内力转化为截面形心处的内力。

在确定计算简图时，还要考虑框架施工方面的特点。整浇框架节点一般为刚性节点；装配整体式框架，由于刚性节点是在施工过程中形成的，需要分别对节点形成刚性节点前（施工阶段）和形成刚性节点后（使用阶段）采用不同的计算简图。

第三节　荷　载　取　值

作用于多层框架结构上的荷载，除恒荷载、活荷载、雪荷载、风荷载外，在某些厂房中还有吊车荷载。恒荷载、活荷载、雪荷载的取值，可直接从《建筑结构荷载规范》（GB 50009—2001）查得；吊车荷载可参考《建筑结构荷载规范》（GB 50009—2001）及单层工业厂房进行计算。以下仅就活荷载折减及风荷载有关问题进行说明。

一、楼面活荷载的折减

（一）设计楼面梁时的折减系数

当楼面梁的从属面积较大时，楼面活荷载布满该面积上的可能性很小，楼面梁所承受的活荷载标准值可乘以如下折减系数：

楼面梁的从属面积按梁两侧各延伸 1/2 梁间距的范围内的实际面积确定。

1. 折减系数 0.9

对下列房屋，楼面梁的从属面积超过 $25m^2$ 时：住宅、宿舍、旅馆、办公楼、医院病房、托儿所、幼儿园，这些房屋的楼面活荷载标准值为 $2.0kN/m^2$。

对除下述第二项（折减系数 0.8）的其余房屋，当楼面梁的从属面积超过 $50m^2$ 时，也乘以 0.9 折减系数。这些房屋（除教室、实验室、阅览室、会议室、医院门诊室）的活荷载标准值都较大（2.5～12.0kN/m²）。

2. 折减系数 0.8 或 0.6

对汽车通道及停车库的单向板楼盖次梁和槽形板纵肋取 0.8；对单向板楼盖主梁取 0.6；对双向板楼盖的梁取 0.8。

（二）设计墙、柱和基础

在设计住宅、宿舍、旅馆、办公楼、医院病房等多层建筑（活荷载标准值为 2.0kN/m²）的墙、柱、基础时，作用于楼面上的使用活荷载标准值应乘以表 13-2 所列的折减系数，因为实际上使用活荷载在所有各层不可能同时满载。

楼面活荷载折减系数 **表 13-2**

墙、柱、基础计算截面以上的楼层数	1	2～3	4～5	6～8	9～20	>20
计算截面以上各楼层活荷载总和的折减系数	1.00 (0.90)	0.85	0.70	0.65	0.60	0.55

注：当楼面梁的从属面积超过 25m² 时，采用括号内系数。

对汽车通道及停车库采用单向板肋梁楼盖时取 0.5；对双向板肋梁楼盖和无梁楼盖取 0.8。

对活荷载标准值较大的其余建筑，采用与其楼面梁相同的折减系数（即梁从属面积超过 50m² 时，折减系数为 0.9）。

二、风荷载

垂直于建筑物表面上的风荷载标准值 w_k，应按下式计算：

$$w_k = \beta_z \mu_s \mu_z w_0 \tag{13-2}$$

式中 w_0——基本风压，按《建筑结构荷载规范》（GB 50009—2001）取值，但不得小于 0.25kN/m²；

μ_s——风荷载体型系数，详见附表 7-1；

μ_z——风压高度变化系数，详见附表 8-1；

β_z——高度 z 处的风振系数，对于基本自振周期 T_1 大于 0.25s 的工程结构，以及高度大于 30m 且高宽比大于 1.5 的高柔房屋需要考虑，其余可取 1.0。

此外，温度的变化也能使多层框架结构产生温度应力。当房屋的长度不超过规定的伸缩缝最大间距时，温度应力较小，可以不予考虑。

第四节 竖向荷载作用下的内力近似计算——分层法

多层多跨框架结构的内力（M、N、V）及侧移手算时，一般采用近似方法。如求竖向荷载作用下的内力时，有分层法、力矩分配法、迭代法等；求水平荷载作用下的内力时，有反弯点法、改进反弯点法（D 值法）、迭代法等。这些方法采用的假设不同，计算结果有所差异，但一般都能满足设计要求的精度。

对于不规则框架，可以采用迭代法进行计算，其计算过程参见结构力学。从本节开始，我们重点介绍分层法、反弯点法和 D 值法。

一、分层法的计算假定

在竖向荷载作用下，多层多跨框架的受力特点是：侧移对内力（特别是对设计起控制作用的内力）的影响较小（图 13-10a）；此外，如果在框架的某一层施加外荷载，在整个框架中只有直接受荷的梁及与它相连的上、下层柱弯矩较大，其他各层梁柱的弯矩均很小，尤其是当梁的线刚度大于柱的线刚度时，这一特点更加明显（图 13-10b）。因此，如果在内力计算中，忽略这些较小的内力，则可使计算大为简化。

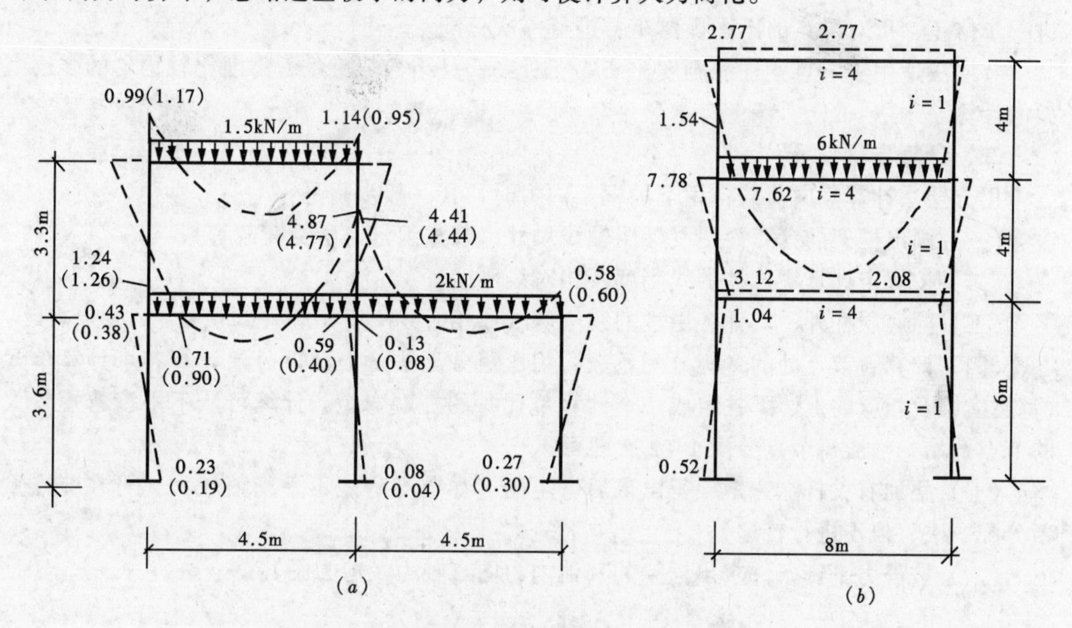

图 13-10 竖向荷载作用下的框架内力（单位：kN·m）

（a）侧移影响（括号内数字未考虑侧移）；（b）荷载影响

基于以上分析，分层法作下列假定：

(一) 在竖向荷载作用下，多层多跨框架的侧移忽略不计；

(二) 每层梁上的荷载对其他各层梁的影响忽略不计。

根据这两个假定，可将框架的各层梁及其上、下柱作为独立的计算单元分层进行计算

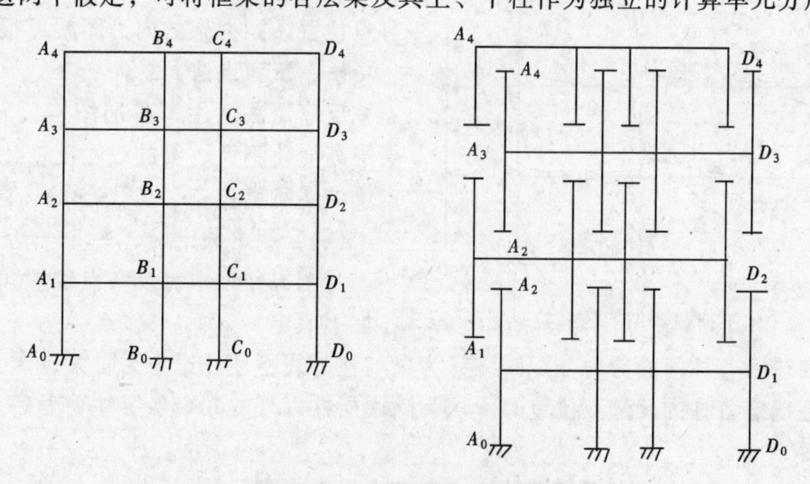

图 13-11 分层法的计算单元

(图 13-11)。分层计算所得的梁内弯矩即为梁在该荷载下的最后弯矩；而每一柱的柱端弯矩则取上、下两层计算所得弯矩之和。

在分层计算时，假定上、下柱的远端为固定端，而实际上是弹性嵌固（有转角）。为了减少计算误差，除底层柱外，其他层各柱的线刚度在计算前均乘以折减系数 0.9，并取相应的传递系数为 1/3（底层柱不折减，且传递系数为 1/2）。

由于分层计算的近似性，框架节点处的最终弯矩可能不平衡，但通常不会很大。如需进一步修正，可对节点的不平衡弯矩再进行一次分配。

分层法适用于节点梁柱线刚度比 $\Sigma i_b/\Sigma i_c \geqslant 3$，且结构与荷载沿高度比较均匀的多层框架的计算。

二、计算步骤

用分层法计算竖向荷载作用下的框架内力时，其一般步骤是：

（一）画出框架的计算简图（标明轴线尺寸、节点编号、所受荷载等）；

（二）按规定计算梁、柱的线刚度及相对线刚度；

（三）除底层柱外，其他各层柱的线刚度（或相对线刚度）应乘以 0.9；

（四）计算各节点处的弯矩分配系数，用弯矩分配法从上至下分层计算各个计算单元（每层横梁及相应的上、下柱组成一个计算单元）的杆端弯矩。计算可从不平衡弯矩较大的节点开始，一般每节点分配 1～2 次即可；

（五）叠加有关杆端弯矩，得出最后弯矩图（如节点弯矩不平衡值较大，可在节点重新分配一次，但不进行传递）；

（六）按静力平衡条件求出框架的其他内力图（轴力及剪力图）。

第五节　水平荷载作用下的内力近似计算——反弯点法和 D 值法

多层多跨框架受风荷载或其他水平作用（如地震作用）时，可简化为框架受节点水平力的作用。因此，各杆的弯矩图都是直线形，每杆都有一个零弯矩点即反弯点(图 13-12)。

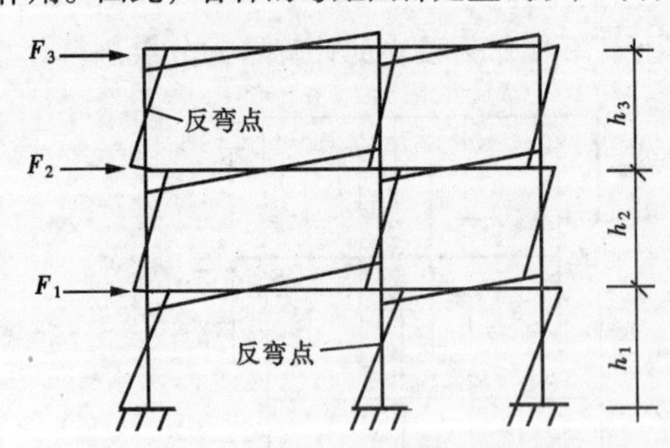

图 13-12　水平荷载作用下的框架弯矩图

如果能够求出各柱反弯点处的剪力及反弯点位置，则框架的内力图就可很容易确定。

一、反弯点法

反弯点法适用于各层结构比较均匀（各层层高变化不大、梁的线刚度变化不大）、节点梁柱线刚度比 $\Sigma i_b/\Sigma i_c \geqslant 5$ 的多层框架。

（一）基本假定

为了方便地求得反弯点位置和该处剪力，作如下假定：

(1) 在进行各柱间的剪力分配时，认为梁与柱的线刚度之比为无限大；

(2) 在确定各柱的反弯点位置时，认为除底层柱以外的其余各层柱受力后上、下两端的转角相等；

(3) 梁端弯矩可由节点平衡条件（中间节点尚需考虑梁的变形协调条件）求出。

按照上述假定，不难确定反弯点高度、侧移刚度、反弯点处剪力以及杆端弯矩。

（二）反弯点高度$\overline{y}$

反弯点高度$\overline{y}$指反弯点处至该层柱下端的距离。对上层各柱，根据假定（2），各柱的上、下端转角相等，柱上、下端弯矩也相等，故反弯点在柱中央，即$\overline{y}=h/2$；对底层柱，当柱脚固定时柱下端转角为零，上端弯矩比下端弯矩小，反弯点偏离柱中央而上移，根据分析可取$\overline{y}=2h_1/3$（h_1为底层柱高）。

（三）侧移刚度 D

侧移刚度 D 表示柱上、下两端有单位侧向位移时在柱中产生的剪力。按照假定（1），横梁刚度为无限大时，则各柱端转角为零，由位移方程可求得柱的侧移刚度

$$D_i = \frac{12 i_c}{h_i^2} \tag{13-3}$$

式中　h_i——第 i 层某柱的柱高；

　　　i_c——第 i 层某柱的线刚度。

（四）同层各柱的剪力

根据反弯点位置和柱的侧移刚度，可求得同层各柱的剪力。

以图 13-12 的框架为例。在求框架顶层各柱的剪力时，将框架沿该层各柱的反弯点切开，设各柱剪力分别为 V_{31}、V_{32}、V_{33}（图 13-13a），由水平力的平衡，有

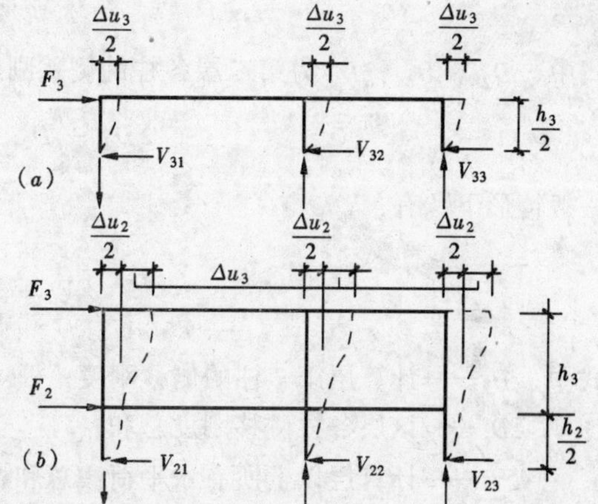

图 13-13　反弯点法求框架水平荷载下剪力

$$V_{31} + V_{32} + V_{33} = F_3$$

由于同层各柱柱端水平位移相等（假定横梁刚度无限大），均为 Δu_3，故按侧移刚度定义，有：

$$V_{31} = D_{31}\Delta u_3$$

$$V_{32} = D_{32}\Delta u_3$$

$$V_{33} = D_{33}\Delta u_3$$

式中，D_{31}、D_{32}、D_{33}为第三层各柱的侧移刚度。则

$$\Delta u_3 = \frac{F_3}{D_{31} + D_{32} + D_{33}} = \frac{F_3}{\Sigma D_3}$$

其中，ΣD_3 为第三层各柱侧移刚度总和。故可得：

$$V_{31} = D_{31} \cdot \frac{F_3}{\Sigma D_3} = \frac{D_{31}}{\Sigma D_3} F_3$$

$$V_{32} = D_{32} \cdot \frac{F_3}{\Sigma D_3} = \frac{D_{32}}{\Sigma D_3} F_3$$

$$V_{33} = D_{33} \cdot \frac{F_3}{\Sigma D_3} = \frac{D_{33}}{\Sigma D_3} F_3$$

同理，在求第二层各柱剪力时，沿第二层各柱的反弯点切开，考虑上部隔离体的水平力平衡（图 13-13b），可得：

$$V_{21} = \frac{D_{21}}{\Sigma D_2}(F_3 + F_2)$$

$$V_{22} = \frac{D_{22}}{\Sigma D_2}(F_3 + F_2)$$

$$V_{23} = \frac{D_{23}}{\Sigma D_2}(F_3 + F_2)$$

式中，D_{21}、D_{22}、D_{23}为第二层各柱的侧移刚度

$$\Sigma D_2 = D_{21} + D_{22} + D_{23}$$

一般情形下，有：

$$V_i = \frac{D_i}{\Sigma D_i}\Sigma F \tag{13-4}$$

式中 D_i——计算层第 i 柱的侧移刚度；

ΣD_i——该层各柱侧移刚度总和；

ΣF——计算层以上所有水平荷载总和；

V_i——计算层第 i 柱的剪力。

可见，水平荷载下框架每层中各柱剪力仅与该层各柱间的侧移刚度比有关。

（五）柱端及梁端弯矩

柱反弯点位置及该点的剪力确定后，即可求出柱端弯矩：

$$\left.\begin{aligned} M_{i下} &= V_i \bar{y}_i \\ M_{i上} &= V_i(h_i - \bar{y}_i) \end{aligned}\right\} \tag{13-5}$$

式中 $M_{i下}$、$M_{i上}$——分别为柱下端弯矩和上端弯矩；

$\bar{y}_i$——某层 i 柱的反弯点高度；

h_i——该层 i 柱的高度；

V_i——该层 i 柱的剪力。

根据节点平衡，即可求出梁端弯矩（图 13-14）。

对边柱节点，有：

$$M_b = M_{c1} + M_{c2} \tag{13-6a}$$

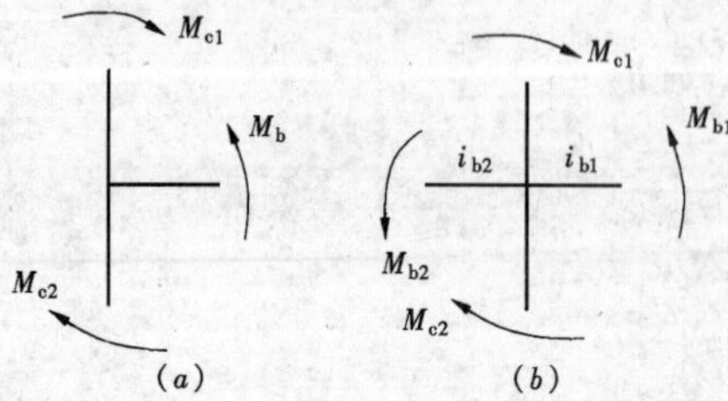

对中柱节点，有：

$$\left.\begin{aligned} M_{b1} &= \frac{i_{b1}}{i_{b1} + i_{b2}}(M_{c1} + M_{c2}) \\ M_{b2} &= \frac{i_{b2}}{i_{b1} + i_{b2}}(M_{c1} + M_{c2}) \end{aligned}\right\} \tag{13-6b}$$

图 13-14 节点平衡法求梁端弯矩

式中　M_{c1}、M_{c2}——节点上、下柱端弯矩；

M_{b1}、M_{b2}——节点左、右（线刚度为 i_{b1} 及 i_{b2}）梁端弯矩；

M_b——边节点弯矩。

综上所述，反弯点法计算的要点是：直接确定反弯点高度 $\bar{y}$；计算各柱的侧移刚度 D（当同层各柱的高度相等时，D 还可以直接用柱的线刚度表示）；各柱剪力按该层各柱的侧移刚度比例分配；按节点力的平衡条件及梁线刚度比例求梁端弯矩。

二、D 值法（改进反弯点法）

当框架柱的线刚度大，上、下层的层高变化大，上、下层梁的线刚度变化大时，用反弯点法计算框架在水平荷载作用下的内力将产生较大的误差。因而提出了对框架柱的侧移刚度（$12i_c/h^2$）和反弯点高度进行修正的方法，称为"改进反弯点法"或"D 值法"（D 值法的名称是由于修正后的柱侧移刚度用 D 表示）。下面介绍 D 值法的主要内容和计算方法。

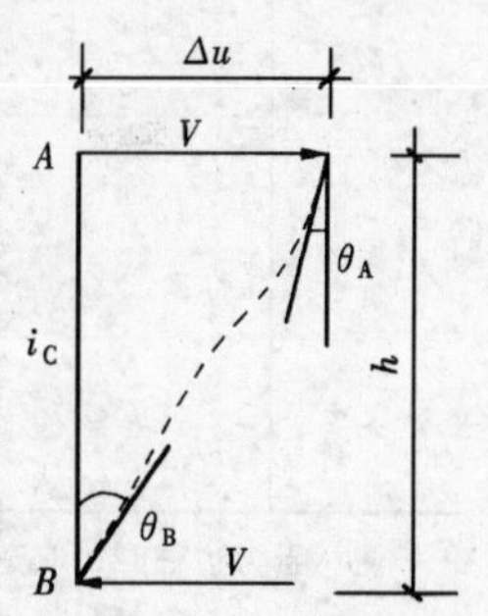

图 13-15　框架柱剪力计算图

（一）修正后的柱侧移刚度 D

如图 13-15 所示，从框架中任取一柱 AB，其两端转角为 θ_A 和 θ_B，相对水平位移为 Δu_s，根据转角位移方程，其两端剪力 V（即反力）为：

$$V = \frac{12i_c}{h^2}\Delta u - \frac{6i_c}{h}(\theta_A + \theta_B) \tag{13-7}$$

则柱侧移刚度 D（$= V/\Delta u$）值，不仅与柱本身的刚度有关，而且与柱上、下两端的转动约束即与 θ_A 和 θ_B 有关，因而影响转角 θ_A 和 θ_B 的因素，也都对 D 值产生影响。这些因素主要有：①柱本身刚度 i_c；②上、下梁的刚度 i_b；③上、下层柱的高度；④柱所在层的位置；⑤上、下层剪力（水平荷载的分布）情况。由于计算 D 值的目的主要是用于分配剪力，对于同层各柱而言，上述③～⑤项影响因素相同，对剪力的分配影响不大。因此确定 D 值时，主要考虑柱本身刚度和上、下层梁刚度的影响。

由式（13-7）可知，节点的转动会降低柱的抗侧移能力。此时，柱的侧移刚度为：

$$D = \alpha_c \frac{12i_c}{h^2} \tag{13-8}$$

式中　α_c——节点转动影响系数，或称两端嵌固时柱的侧移刚度（$12i_c/h^2$）的修正系数。

根据柱所在位置及支承条件以及 D 值法的计算假定（柱两端转角相等，即在图 13-15 中 $\theta_A = \theta_B = \theta$；与该柱相连的各杆远端转角也相等，均为 θ；与该柱相连的上、下柱线刚度与该柱相同），由转角位移方程可导出 α_c 的表达式，见表 13-3。

节点转动影响系数 α_c　　**表 13-3**

位　置	简　图	$\bar{k}$	α_c
一般层	i_1　i_2 i_c i_3　i_4	$\bar{k} = \frac{i_1 + i_2 + i_3 + i_4}{2i_c}$	$\alpha_c = \frac{\bar{k}}{2 + \bar{k}}i$

续表

位置		简图	$\bar{k}$	α_c
底层	固接	i_5 i_6 i_c	$\bar{k}=\frac{i_5+i_6}{i_c}$	$\alpha_c=\frac{0.5+\bar{k}}{2+\bar{k}}$
	铰接	i_5 i_6 i_c	$\bar{k}=\frac{i_5+i_6}{i_c}$	$\alpha_c=\frac{0.5\bar{k}}{1+2\bar{k}}$

注：当为边柱时，取 i_1、i_3、i_5（或 i_2、i_4、i_6）为零即可。

由表 13-3 求出 α_c 后，代入式（13-8）即可求得柱的侧移刚度 D。

（二）柱的反弯点高度

当横梁线刚度与柱线刚度之比不很大时，柱的两端转角相差较大，尤其是最上层和最下几层更是如此，因此其反弯点不一定在柱高的中点，它取决于该层柱上、下两端转角。

各层柱反弯点高度可用统一的公式计算：

$$\bar{y} = \gamma h = (\gamma_0 + \gamma_1 + \gamma_2 + \gamma_3)h \tag{13-9}$$

式中 $\bar{y}$——反弯点高度，即反弯点到柱下端的距离；

h——柱高；

γ——反弯点高度比，表示反弯点高度与柱高的比值；

γ_0——标准反弯点高度比，

γ_1——考虑梁刚度不同的修正；

γ_2、γ_3——考虑层高变化的修正。

以下对 $\gamma_0 \sim \gamma_3$ 进行简单说明，注意反弯点位置总是向刚度较小的方向移动：

1. 标准反弯点高度比 γ_0

主要考虑梁柱线刚度比及楼层位置的影响，它可根据梁柱相对线刚度比 $\bar{k}$（表 13-3）、框架总层数 m、该柱所在层数 n 及荷载作用形式由附表 12-1 查得。$\gamma_0 h$ 称为标准反弯点高度，它表示各层梁线刚度相同、各层柱线刚度及层高都相同的规则框架的反弯点位置。

2. 上、下横梁线刚度不同时的修正值 γ_1

当某层柱上、下横梁的线刚度比不同时，反弯点位置将相对于标准反弯点发生移动。其修正值为 $\gamma_1 h$。γ_1 可根据上、下层横梁线刚度比 I 及 $\bar{k}$ 由附表 13-1 查出。对底层柱，当无基础梁时，可不考虑这项修正。

3. 层高变化的修正值 γ_2 和 γ_3

当柱所在楼层的上、下楼层高有变化时，反弯点也将偏移标准反弯点位置。若上层较高，反弯点将从标准反弯点上移 $\gamma_2 h$；若下层较高，反弯点则向下移动 $\gamma_3 h$（此时取 γ_3 为负值）。γ_2 及 γ_3 可由附表 14-1 查得。

对顶层柱不考虑 γ_2 的修正项；对底层柱不考虑 γ_3 的修正项。

求得各层柱的反弯点位置 γh 及柱的侧移刚度 D 后，框架在水平荷载作用下的内力计算与反弯点法完全相同。

第六节　水平荷载作用下侧移的近似计算

框架结构在水平荷载标准值作用下的侧移可以看做是梁柱弯曲变形和轴向变形所引起的侧移的叠加。由梁柱弯曲变形（梁和柱本身的剪切变形较小，可以忽略）所导致的层间相对侧移具有越靠下越大的特点，其侧移曲线与悬臂梁的剪切变形曲线相一致，故称这种变形为总体剪切变形（图 13-16）；而由框架轴力引起柱的伸长和缩短所导致的框架变形，与悬臂梁的弯曲变形曲线类似，故称其为总体弯曲变形（图 13-17）。

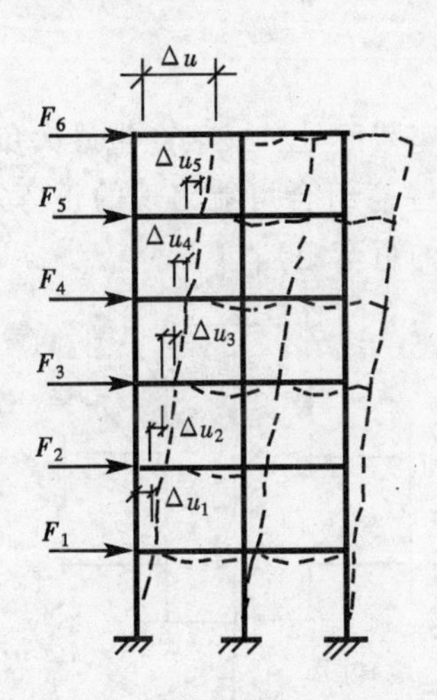

图 13-16　框架总体剪切变形

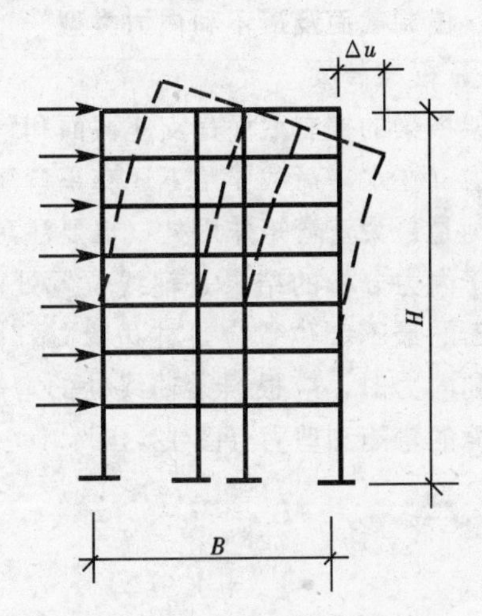

图 13-17　框架总体弯曲变形

对于一般框架结构，其侧移主要是由梁、柱的弯曲变形所引起的，即主要发生总体剪切变形，在计算时考虑该项变形已足够精确。但对于房屋高度大于 50m 或房屋高宽比 H/B 大于 4 的框架结构，则需考虑柱轴力引起的总体弯曲变形。本节只介绍总体剪切变形的近似计算方法，在需要计算框架总体弯曲变形时，可另见参考书。

一、用 D 值法计算框架总体剪切变形

用 D 值法计算水平荷载作用下的框架内力时，需要算出任意柱的侧移刚度 D_{ji}，则第 i 层各柱侧移刚度之和为 $\sum_{i=1}^{n} D_{ji}$。按照侧移刚度的定义，第 j 层框架上、下节点的相对侧移 Δu_j 为：

$$\Delta u_j = \frac{\Sigma F}{\sum_{i=1}^{n} D_{ji}} \tag{13-10}$$

框架顶点的总侧移为各层相对侧移之和，即

$$\Delta u = \sum_{j=1}^{m} \Delta u_j \tag{13-11}$$

式（13-10）和式（13-11）中，n 为计算层的总柱数；m 为框架总层数；ΣF 为计算层以上水平荷载标准值的总和。

二、侧移限制值

对于框架结构，其最大的层间相对侧移不应超过 $H/550$，H 为该层层高。

第七节　框架的荷载组合和内力组合

框架在各种荷载作用下的内力确定之后，在进行框架梁柱截面配筋设计之前，必须找出构件的控制截面及其最不利内力，以作为梁、柱配筋的依据。对于每一控制截面，要分别考虑各种荷载下最不利的作用状态及其组合的可能性，从几种组合中选取最不利组合，求出最不利内力。

一、控制截面及最不利内力类型

（一）框架横梁

框架横梁的控制截面是支座截面和跨中截面。在支座截面处，一般产生最大负弯矩和最大剪力（在水平荷载作用下还有正弯矩产生，故还要注意组合可能出现的正弯矩）；跨中截面则是最大正弯矩作用处（也要注意组合可能出现的负弯矩）。

由于内力分析的结果是轴线位置处的内力，而梁支座截面的最不利位置应是柱边缘处，因此在求该处的最不利内力时，应根据梁轴线处的弯矩的剪力算出柱边截面的弯矩和剪力（图 13-18），即：

$$M' = M - b\frac{V}{2} \tag{13-12}$$

$$V' = V - \Delta V \tag{13-13}$$

式中　M'、V'——柱边外梁截面的弯矩和剪力；

M、V——柱轴线处梁截面的弯矩和剪力；

b——柱宽度；

ΔV——在长度 $b/2$ 范围内的剪力改变值。

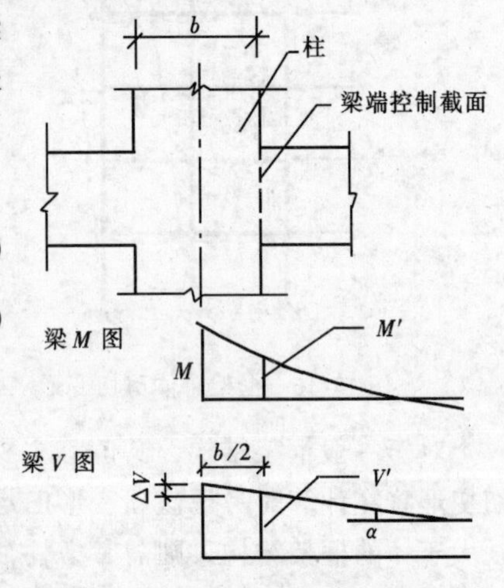

图 13-18　梁端控制截面的弯矩和剪力

（二）框架柱

对于框架柱，由弯矩图可知，弯矩最大值在柱的两端，剪力和轴力通常在一层内无变化或变化很小，因此柱的控制截面是柱的上、下端。

随着 M 和 N 的比值不同，柱的破坏形态将发生变化。无论是大偏心受压和小偏心受压破坏时，M 愈大对柱越不利；而在小偏心受压破坏时，N 愈大对柱越不利；在大偏心受压时，N 越小对柱越不利。此外，柱的正负弯矩绝对值也不相同，因此最不利内力有多种情况。但一般的框架柱都采用对称配筋，因此，只须选择绝对值最大的弯矩来考虑即可，从而柱的最不利内力可归结为如下四种类型：

（1）$|M|_{max}$ 及相应的 N、V；

（2）N_{max} 及相应的 M、V；

（3）N_{min} 及相应的 M、V；

（4）$|M|$ 比较大（但不是最大），而 N 比较小或比较大（也不是绝对最小或最大）。

这是因为：偏心受压柱的截面承载力不仅取决于 N 和 M 的大小，还与偏心距 $e_0 = M/N$ 的大小有关。但在多层框架的一般情况下，只考虑前三种最不利内力即可满足工程要求。

二、荷载组合

作用在多层房屋结构上的各荷载同时达到各自最大值的可能性几乎不存在，因此，在承载能力计算时，应当采用荷载效应的基本组合求荷载效应设计值（见第二章）。

对于框架结构，基本组合可采用简化规则，并按下列组合值中取最不利值确定：

（一）由可变荷载效应控制的组合

$$S = \gamma_G S_{GK} + \gamma_{\theta 1} S_{\theta 1K} \tag{13-14}$$

$$S = \gamma_G S_{GK} + 0.9 \sum_{i=1}^{n} \gamma_{\theta i} S_{\theta ik} \tag{13-15}$$

（二）由永久荷载效应控制的组合

$$S = \gamma_G S_{GK} + \sum_{i=1}^{n} \gamma_{\theta i} \Psi_{ci} S_{\theta ik} \tag{13-16}$$

式中符号见第二章。对于式（13-16），参与组合的可变荷载仅限于竖向荷载，此时取 $\gamma_G = 1.35$。对于一般民用建筑的框架结构，有恒荷载标准值的荷载效应 S_{GK}，竖向活荷载标准值的荷载效应 $S_{\theta K}$，风荷载标准值的荷载效应 S_{WK}，则由式（13-14）~（13-16）可写成：

$$S_1 = 1.2S_{GK} + 1.4S_{\theta K}$$

$$S_2 = 1.2S_{GK} + 1.4S_{WK}$$

$$S_3 = 1.2S_{GK} + 0.9 \times 1.4(S_{\theta K} + S_{WK})$$

$$S_4 = 1.35S_{GK} + 1.4 \times 0.7S_{\theta K}$$

取 $S_1 \sim S_4$ 中的最大值确定承载力计算中的内力设计值。

三、竖向活荷载的最不利布置

作用于框架结构上的竖向荷载包括恒荷载和活荷载。恒荷载是永久荷载，一旦作用在结构上将不再发生变化，因此只要按恒荷载全部作用情形计算出框架内力，然后参与荷载组合即可。但是活荷载是可变荷载，计算时应考虑其最不利布置。

在用电子计算机进行计算时，可将活荷载逐层逐跨单独作用在框架上，求出每种活荷载作用下的框架内力。然后，针对各控制截面最不利内力的几种类型，分别进行组合。

手算时，在保证设计精度的前提下，对于活荷载与恒荷载之比不大于3的情况下，常采用以下几种方法进行活荷载布置，以简化计算。

（一）活荷载一次性布置

当活荷载较小时（例如民用建筑楼面活荷载标准值为 $\leqslant 2.5kN/m^2$ 时），或活荷载与恒荷载之比不大于1时，活荷载所产生的内力较小，可考虑将各层各跨的活荷载作一次性布置，即不考虑活荷载的最不利布置而将其同时作用在所有框架梁上。但活荷载算得的梁跨中弯矩宜乘以1.1~1.2的增大系数。

（二）活荷载分跨布置

在实际设计时，只要活荷载不是太大（如活荷载设计值与恒荷载设计值之比不大于3时），还可采用分跨布置方法。如图13-19所示的四跨框架，最多只需考虑四种布置（若有对称性可利用，还可减少）。

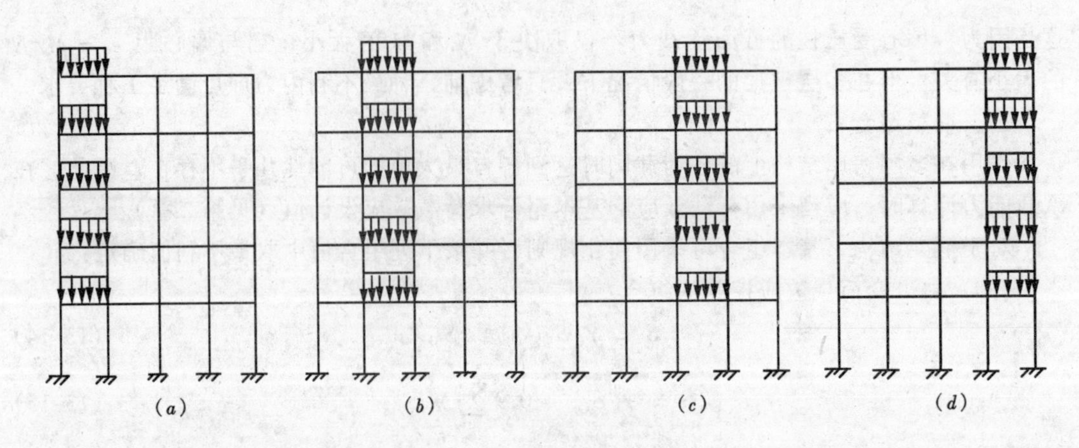

图 13-19　活荷载分跨布置

对于 n 跨框架，活荷载的布置只有 n 种，从而大大减少计算工作量。但这样的布置方法其内力组合并非最不利。为弥补由此产生的不利影响，可不考虑活荷载的折减。

四、风荷载的布置

风荷载有向右（左风）和向左（右风）两个可能作用的方向（图 13-20），考虑风荷载作用下的内力时，只能二者择一（即每次组合只考虑一个方向）。

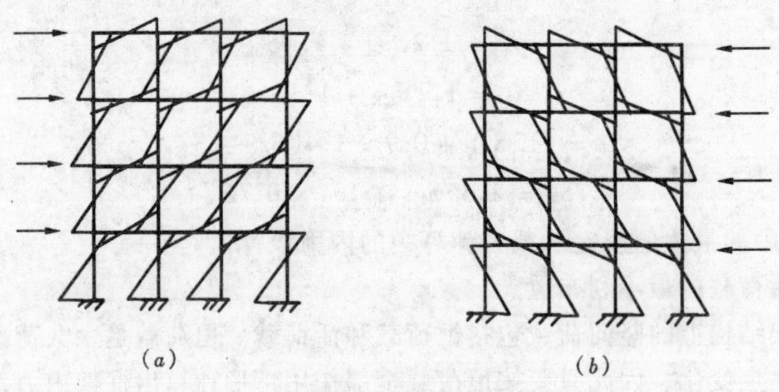

图 13-20　水平荷载作用下的框架弯矩图

（a）左风；（b）右风

五、弯矩调幅

框架横梁的弯矩调幅包含两方面的内容：其一是框架中允许梁端出现塑性铰，因此在梁中考虑塑性内力重分布，通常在竖向荷载作用下可考虑支座调幅以降低支座弯矩；其二是对于装配式或装配整体式框架，由于钢筋焊接及接缝不密实等原因，受力后可能产生节点变形，节点的整体性低于现浇框架，因节点变形而引起梁端弯矩降低和跨中弯矩增加。

考虑塑性内力重分布时，梁支座弯矩降低后要引起跨中弯矩的增加，但经过荷载组合求出的跨中最大正弯矩和支座最大负弯矩并不是在同一荷载组合作用下发生的，故相应于支座最大负弯矩下的跨中弯矩虽经调幅加大，通常也不会超过跨中最不利正弯矩，因而在用最不利内力作截面配筋时，支座最大负弯矩调幅降低后，跨中最不利正弯矩不必再加大。

考虑塑性内力重分布时，现浇框架的支座弯矩调幅系数可采用 0.8～0.9，水平荷载作用下产生的弯矩不参与调幅，故弯矩调幅在内力组合之前进行。同时应注意梁跨中设计弯矩值不应小于按简支梁计算的跨中弯矩的一半。

第八节　框架梁柱的截面配筋

一、框架横梁

横梁的纵向钢筋及腹筋的配置，按受弯构件正截面承载力和斜截面承载力的计算和构造确定，此外还应满足裂缝宽度的要求；纵向钢筋的弯起和截断位置，一般应根据弯矩包络图形用作材料图的方法进行。但当均布活荷载与恒荷载的比例不很大（$q/g \leqslant 3$，q 为活荷载设计值，g 为恒荷载设计值）或考虑塑性内力重分布对支座弯矩进行调幅时，可参照图 13-21 的配筋方式，对上部纵向钢筋在连续穿过中间节点后在适当位置进行截断或接长，下部纵向钢筋则一般不在跨内截断而全部伸入支座。

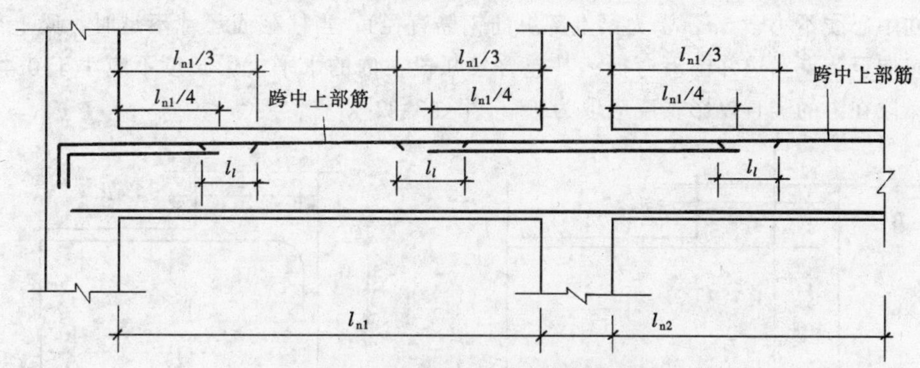

图 13-21　框架梁的上部纵向钢筋排列

注：跨中上部筋为受力钢筋时，与支座上部筋按受拉搭接，搭接长度 l_l，当还有架立筋时，其搭接长度可取 150mm。

二、框架柱

框架柱属于偏心受压构件。一般在中间轴线上的框架柱，按单向偏心受压考虑；位于边轴线的角柱，则应按双向偏心受压考虑。

框架柱除进行正截面受压承载力的计算外，还应进行斜截面受剪承载力计算。对框架的边柱，当偏心距 $e_0 > 0.55h_0$ 时，尚应进行裂缝宽度验算。

在通常情形下，框架边柱为大偏心受压构件，框架中柱（内柱）为小偏心受压构件。在进行内力组合时，考虑这一特点可使计算简化。

第九节　现浇框架的一般构造要求

一、一般要求

（1）钢筋混凝土框架的混凝土强度等级不低于 C20；纵向钢筋可采用 HRB335 级、HRB400 级钢筋；箍筋一般采用 HPB235 级或 HRB335 级钢筋。

（2）混凝土保护层：应根据框架所处的环境类别确定。例如，环境类别为一类时，框架梁的纵向受力钢筋的混凝土保护层厚度不小于 30mm（$\leqslant$C20 时）或 25mm（$\geqslant$C25 时）；框架柱的纵向受力钢筋的混凝土保护层厚度不小于 30mm。

（3）框架梁柱应分别满足受弯构件和受压构件的构造要求；地震区的框架还应满足抗震设计要求。

(4) 配筋形式：框架柱一般采用对称配筋，柱中全部纵向钢筋配筋率不宜大于 5%，最小配筋率为 0.6%，框架梁一般不采用弯起钢筋抗剪。

二、连接构造

构件连接是框架设计的一个重要组成部分。只有通过构件之间的相互连接，结构才能成为一个整体。现浇框架的连接构造，主要是梁与柱及柱与柱之间的配筋构造。

(一) 梁与柱连接

现浇框架的梁柱连接节点都做成刚性节点。在节点处，柱的纵向钢筋应连续穿过中间层节点，梁的纵向钢筋应有足够的锚固长度。

1. 中间层端节点

框架梁上部纵向钢筋伸入节点的锚固长度，当采用直线锚固形式时，不应小于 l_a，且伸过柱中心线不小于 $5d$（d 为梁上部纵向钢筋直径）；当柱截面尺寸不足时，梁上部纵向钢筋应伸至节点对边并向下弯折，其包含弯弧段在内的水平投影长度不应小于 $0.4l_a$，包含弯弧段在内的竖直投影长度应取为 $15d$（图 13-22）。

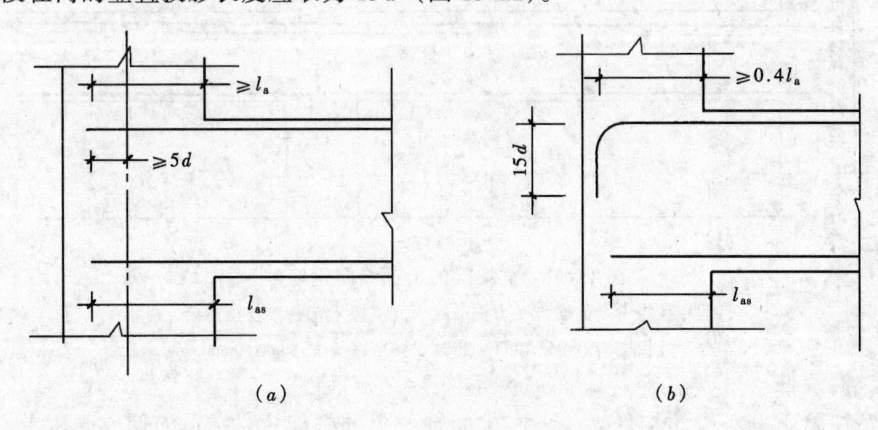

图 13-22 框架梁纵筋在中间层端节点的锚固

(a) 直线锚固；(b) 弯折锚固

框架梁下部纵向钢筋在端节点的锚固长度 l_{as}同中间节点处要求。

2. 中间层中间节点

框架梁上部纵向钢筋应贯穿中间节点，该钢筋自节点边缘伸向跨中的截断位置与连续梁中间支座处负弯矩钢筋的截断要求相同（实际设计可参考图 13-21）。

框架梁下部纵向钢筋在中间节点的锚固视钢筋的受力情况而定：当计算中不利用该钢筋强度时，锚固长度 $l_{as} \geqslant 12d$（带肋钢筋）或 $l_{as} \geqslant 15d$（光面钢筋）；当计算中充分利用钢筋的抗拉强度时，下部纵向钢筋应锚固在节点内。此时，可采用直线锚固形式，钢筋锚固长度 $l_{as} \geqslant l_a$；下部钢筋也可采用带 90°弯折的锚固形式，其中竖直段应向上弯折 $15d$，水平投影长度$\geqslant 0.4l_a$；下部纵向钢筋也可伸过节点，在梁中弯矩较小处设置搭接接头（图 13-23）。

当计算中充分利用钢筋的抗压强度时，下部纵向钢筋应按受压钢筋锚固在中间节点内。此时，其直线锚固长度不应小于 $0.7l_a$；下部纵向钢筋也可伸过节点或支座范围，并在梁中弯矩较小处设置搭接接头。

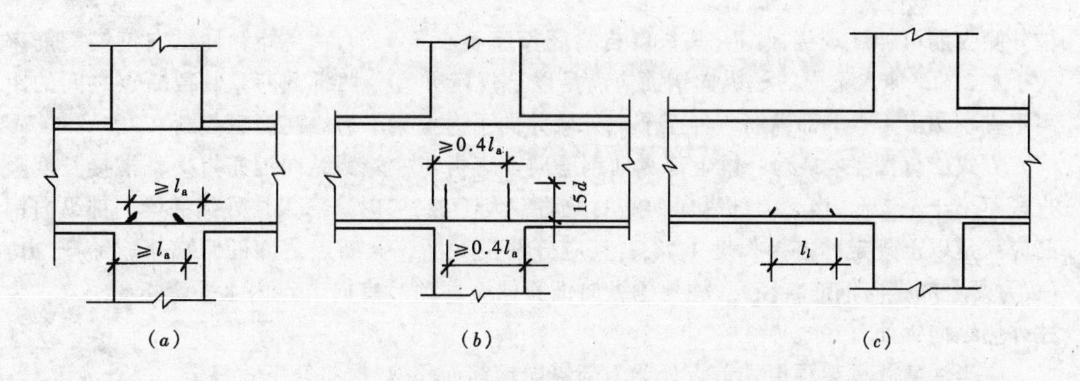

图 13-23　梁下部纵筋充分受拉时在中间节点的锚固

(a) 直线锚固；(b) 弯折锚固；(c) 节点外搭接

3. 顶层中间节点

柱的纵向钢筋可用直线方式锚入顶层节点，其锚固长度自梁底标高算起不小于 l_a，且柱纵向钢筋必须伸至柱顶。当顶层节点处梁截面高度不足时，柱纵向钢筋应伸至柱顶并向节点内水平弯折；当柱顶有现浇板且板厚不小于 80mm、混凝土强度等级不低于 C20 时，柱纵向钢筋也可向外弯折。弯折后的水平投影长度均不宜小于 $12d$（d 为纵向钢筋直径），弯折前的竖直投影长度当充分利用柱纵向钢筋的抗拉强度时不宜小于 $0.5l_a$（图 13-24*a*、13-24*b*）。

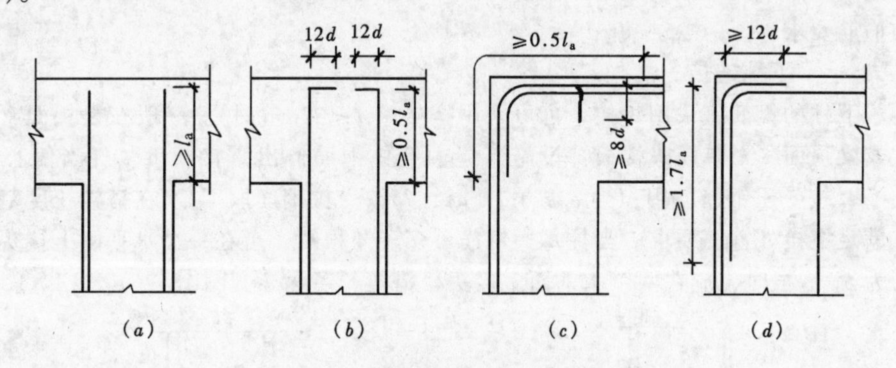

图 13-24　框架顶层节点的纵向钢筋锚固

(a) 中间节点直线锚固；(b) 中间节点弯折锚固；

(c) 端节点钢筋梁内锚固；(d) 端节点钢筋柱内锚固

框架梁的纵向钢筋在节点的锚固与中间层的中间节点相同。

4. 顶层端节点

柱内侧纵向钢筋在节点处的锚固与顶层中间节点的柱纵向钢筋的锚固相同。柱外侧纵向钢筋在节点处的锚固有如下两种方式：

方式一（图 13-24*c*）：柱外侧钢筋伸入梁端、部分弯入梁内作梁上部纵向钢筋使用。柱纵筋与梁纵筋的搭接长度不应小于 $1.5l_a$，其中伸入梁内的外侧柱纵向钢筋面积不宜小于外侧柱纵筋全部截面面积的 65%；梁宽范围外的外侧柱纵筋宜沿节点顶部伸至柱内边，当柱纵向钢筋位于柱顶第一层时，至柱内边后向下弯折 ≥$8d$（位于柱顶第二层时，可不向下弯折）。当有现浇板且板厚不小于 80mm、混凝土强度等级 ≥C20 时，梁宽范围以外的柱外侧纵筋可伸入现浇板内，其长度自梁底算起不小于 $1.5l_a$。当外侧柱纵向钢筋配筋率大于1.2%，伸入梁内的柱纵向钢筋应满足以上规定并宜分两批截断，其截断点之间的距离不宜小20d。梁上部纵筋应伸至节点外侧并向下弯至梁下边缘高度后截断。

方式二（图13-24d）：梁上部纵向钢筋向下弯折与柱外侧纵向钢筋搭接，搭接长度竖直段不小于 $1.7l_a$。当梁上部纵向钢筋的配筋率大于1.2%时，弯入柱外侧的梁上部纵向钢筋应满足以上规定的搭接长度 $1.7l_a$，且应分两批截断，截断点之间的距离不宜小于20d（d 为梁上部纵向钢筋直径）。柱外侧纵向钢筋伸至柱顶后宜向节点内水平弯折12d（d 为柱外侧纵向钢筋直径）。

应当注意：框架顶层端节点处梁上部纵向钢筋面积 A_s 应符合下式规定：

$$A_s \leqslant \frac{0.35\beta_c f_c b_b h_0}{f_y} \tag{13-17}$$

式中　b_b、h_0——分别为梁腹板宽度和梁截面有效高度。

梁上部纵向钢筋和柱外侧钢筋在节点角部的弯弧内半径，不宜小于6d（当钢筋直径 $d \leqslant 25$ 时）或8d（当钢筋直径 $d > 25$ 时）。

5. 节点内的水平箍筋

节点内应设置水平箍筋，其要求不低于柱中箍筋，且间距不宜大于250mm。对于四边均有梁与之相连的中间节点，节点内可只设置沿周边的矩形箍筋；对顶层端节点，当设有梁上部纵向钢筋与柱外侧纵向钢筋的搭接接头时，节点内水平箍筋设置应满足钢筋搭接接头处的箍筋要求。

（二）上、下柱连接

上、下柱的钢筋宜采用焊接，也可采用搭接（$d \leqslant 22$mm时）。一般在楼板面（对现浇楼板）或梁顶面（对装配式楼板）设施工缝，下柱钢筋伸出搭接长度 l_l（当偏心距 $e_0 \leqslant 0.2h$ 时，l_l 按受压钢筋取用；当 $e_0 > 0.2h$ 时，l_l 按受拉钢筋取用）。在搭接长度范围内的箍筋应满足搭接处箍筋要求。当柱每边钢筋不多于4根时，可在一个水平面上接头；柱每边钢筋为5~8根时，应在两个水平面上接头，搭接长度为 l_l（图13-25）。

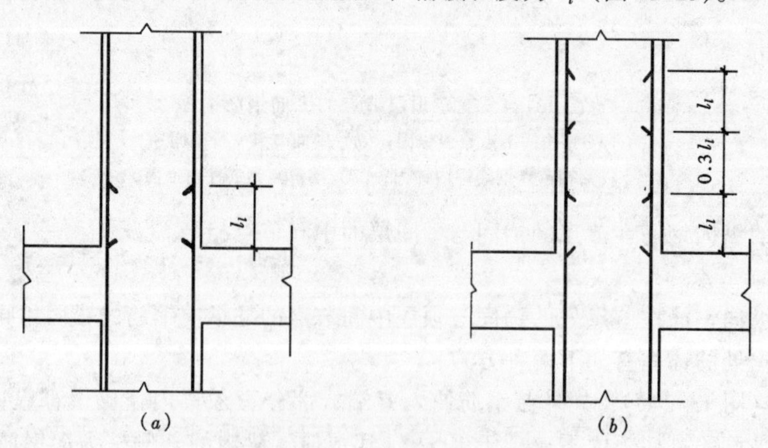

图13-25　上、下柱钢筋的连接

（a）柱每边钢筋≤4根；（b）柱每边钢筋5~8根

当有抗震要求时，接头必须在柱箍筋加密区之外（本书略）。

下柱伸入上柱搭接钢筋的根数及直径应满足上柱要求；当上、下柱钢筋直径不同时，搭接长度 l_b 应按上柱钢筋直径计算。(取值同图 13-26)。当上、下柱截面不同时，若纵向钢筋折角不大于 1/6，钢筋可弯折伸入上柱搭接（图 13-26a）；当钢筋折角大于 1/6 且层高 $h>2.5$m 时，应设置锚固在下柱内的插筋与上柱钢筋搭接（图 13-26c）；当钢筋内折角大于 1/6，且 $h\leqslant2.5$m 时，可取消插筋，直接将上柱钢筋锚固在下柱内，即将上柱钢筋作为插筋（图 13-26b）。

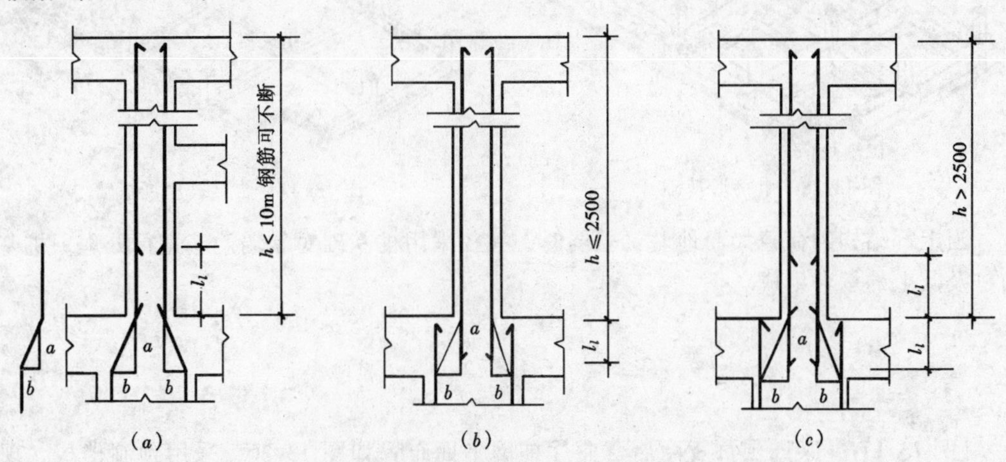

图 13-26　上、下柱变截面时的接头

(a) $b/a\leqslant1/6$ 时；(b) $b/a>1/6$ 且 $h\leqslant2.5$m 时；(c) $b/a>1/6$ 且 $h>2.5$m 时

第十节　多层框架柱基础

多层框架房屋的基础，有柱下单独基础、条形基础、十字形基础、片筏基础以及桩基础等。

柱下单独基础用于框架层数不多、地基土均匀且柱距较大的情形，其计算及构造详见第十二章。

条形基础布置成条状，把上部各片框架连成整体，使其沉降差小（图 13-27）。

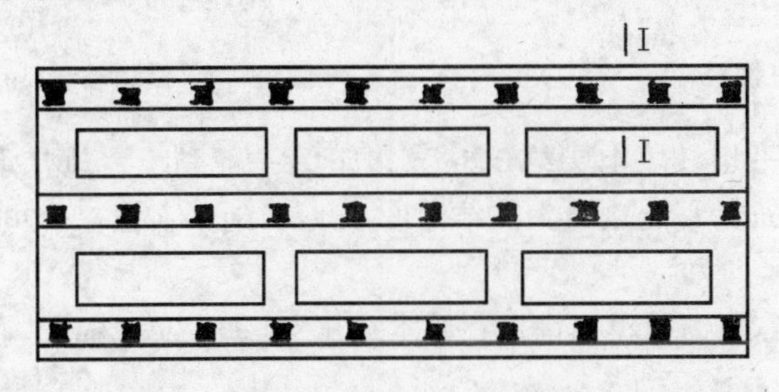

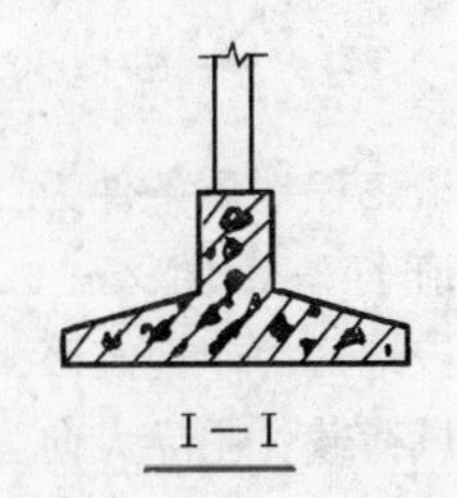

图 13-27　条形基础

十字形基础布置成十字形，即不但在垂直于各片框架的方向上，而且在另一方向上也布置成条状，从而使上部结构在纵横两个方向都互相连系（图 13-28）。

若十字形基础的底面面积不能满足地基土的承载力与上部结构容许变形的要求，以至需要使底板覆盖房屋所有底层面积甚至更大，则基础可作成片筏基础。片筏基础分为平板式和肋梁式。平板式片筏基础实际上是一大片厚达 1 ~ 3m 的平板，肋梁式片筏基础则类似一倒置的肋梁楼盖（图 13-29）。

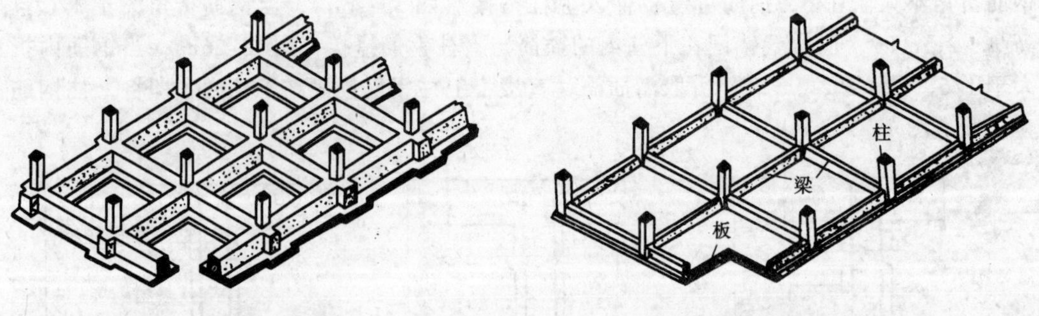

图 13-28　十字形基础　　　　图 13-29　肋梁式片筏基础

当上部结构的荷载大而地基又软弱时，往往采用桩基础对软弱地基进行处理。桩基础由桩及其上的承台组成。

第十一节　设　计　例　题

【例 13-1】　某四层百货商店营业厅柱网平面布置如图 13-30，采用预制楼板、现浇框架承重，并选择横向承重方案。根据房屋使用要求，层高为 5.1m。轴线尺寸如图 13-31 所示（底层高度由基础顶面算至一层楼板底面），环境类别为一类。

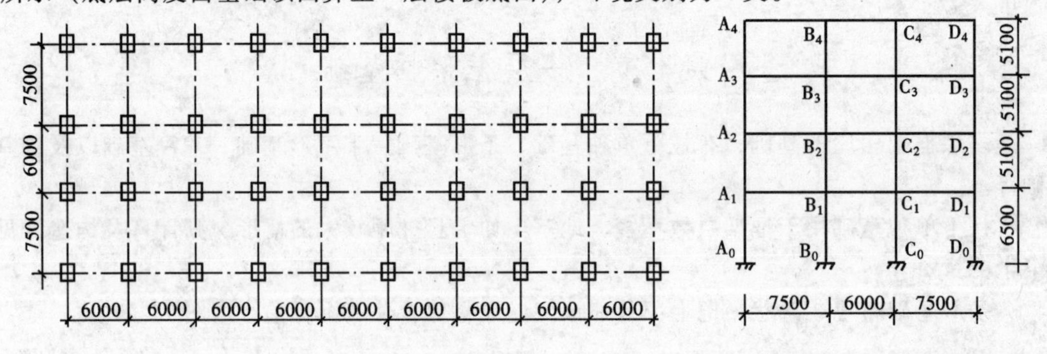

图 13-30　结构平面柱网尺寸　　　　图 13-31　结构轴线尺寸

该工程地质条件为：场区地势平坦，填土层约 0.5m，以下为一般黏土，地基承载力特征值 $f_{ak} = 150kN/m^2$（$E_0 = 21kN/mm^2$）；土壤最大冻结深度 0.4m；地下水位：－20m。

该地区为非地震区，不考虑抗震设防。

风荷载：主导风向为冬季北偏东风，夏季东南风；基本风压 $w_0 = 0.35kN/m^2$。

雪荷载：雪荷载标准值 $s_0 = 0.25kN/m^2$。

活荷载：楼层活荷载标准值 $3.5kN/m^2$；屋面活荷载标准值 $0.5kN/m^2$（按不上人屋面考虑）。

材料：根据施工单位条件和材料供应情况，选用混凝土强度等级 C25；钢筋为 HRB335 级热轧钢筋（$d \geqslant 12mm$）及 HPB235 级热轧钢筋（$d \leqslant 10mm$）。

主要建筑做法：

屋面（自上而下）：隔热架空层（30mm×490mm×490mm预制钢筋混凝土平板；浆砌120mm×120mm×180mm砖墩，纵横间距500mm）、二毡三油防水层、水泥砂浆找平层15mm厚、1∶8水泥膨胀珍珠岩最薄处40mm，找2%坡、冷底子油一道、热沥青玛琋脂二道、水泥砂浆找平20mm厚、预制空心楼板（混凝土平均厚度120mm）、铝合金龙骨吊顶。

楼面（自上而下）：水磨石地面（10mm面层、20mm水泥砂浆打底）、细石混凝土整浇层35mm厚、预制空心楼板、铝合金龙骨吊顶。

外纵墙：3.6m高钢框玻璃窗，窗下900mm高240mm厚烧结多孔砖墙，外墙面水刷石内墙面20mm厚粉刷。

为便于初学者了解现浇框架的设计步骤和方法，本例只选择中间位置的一榀框架如④线框架进行设计，该框架编号为KJ4，楼面框架梁编号为KL4，屋面框架梁编号为WKL4柱编号为KZ3、KZ4（图13-32）。对其他位置框架（如边框架和楼梯间处的框架）除竖向荷载计算有差别外，均可仿此进行设计；各横向平面框架由纵向框架梁连系。

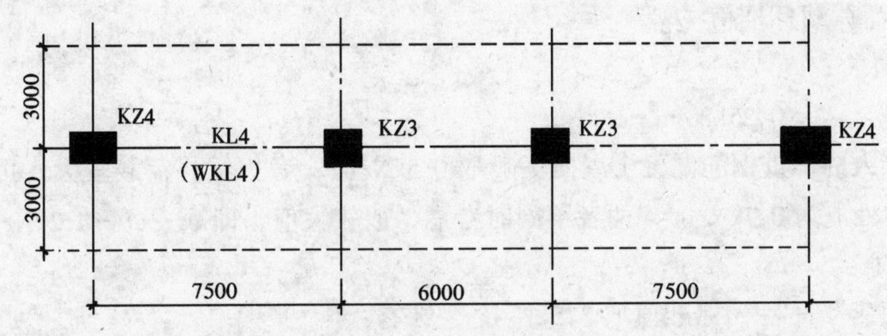

图13-32　框架计算单元

【解】　一、荷载标准值的计算

（一）恒荷载标准值 G_k

参照有关建筑配件图集及《荷载规范》对材料的取值方法，分层分部计算出有关的恒荷载标准值。

1. 屋面

屋面防水、保温、隔热	2.91kN/m²
预制楼板	25×0.12=3.00kN/m²
吊　顶	0.12kN/m²
合　计	6.03kN/m²

2. 楼面

面　层	水磨石面层	0.65kN/m²
整浇层	35mm厚细石混凝土	0.84kN/m²
结构层	预制楼板	3.0kN/m²
吊　顶	同屋面	0.12kN/m²
合　计		4.61kN/m²

3. 框架横梁自重（预估）

取梁宽 $b=300\text{mm}$，梁高 $h=750\text{mm}$，则有 $25\times0.3\times0.75=5.63\text{kN/m}$

4. 外纵墙及钢窗等传至边柱纵向框架梁及边柱上荷载标准值

钢窗	$0.45\times3.6=1.62\text{kN/m}$
纵墙	$0.9\times0.24\times19=4.10\text{kN/m}$
粉刷	$(5.1-3.6)\times(0.55+0.34)=1.34\text{kN/m}$
连系梁自重	$0.25\times0.6\times25=3.75\text{kN/m}$
合　计	10.81kN/m

5. 柱自重

它仅使柱本身轴心受压，待初估柱截面尺寸后计算。因此，作用在框架上的恒荷载标准值 G_k 为

屋面：　$6.03\times6+5.63=41.81\text{kN/m}$

楼面：　$4.61\times6+5.63=33.29\text{kN/m}$

（二）活荷载标准值 Q_k

1. 屋面

雪荷载　0.25kN/m^2

按不上人的承重钢筋混凝土屋面一般取 0.5kN/m^2，考虑维修荷载较大，可作 0.2 kN/m^2 的增减，本处取为 0.7kN/m^2，两者不同时考虑，取较大值，即 $0.7\times6=4.2\text{kN/m}$。

2. 楼面

按“商店”一栏，标准值取 3.5kN/m^2，则有：

$$3.5\times6=21.0\text{kN/m}$$

组合值系数 $\psi_c=0.7$，准永久值系数 $\psi_q=0.5$。

（三）风荷载标准值 w_k

基本风压：$w_0=0.35\text{kN/m}^2$

风载体型系数：$\mu=0.8-(-0.5)=1.3$

风压高度系数：按 B 类地区（城市郊区），由《建筑结构荷载规范》（GB 50009—2001）查得所需值，详见表 13-4。

风压高度系数　　**表 13-4**

离地高度（m）	5	10	15	20	30
μ_z	1.00	1.00	1.14	1.25	1.42

风振系数：房屋高度未超过 30m，$\beta_z=1.0$

按式（13-2），算得作用于各类楼面处的集中风荷载标准值 F_{wk}（一榀框架）如下：

4 层：$F_{w4k}=1.0\times1.3\times1.25\times0.35\times6\times\dfrac{5.1}{2}=8.70\text{kN}$

3 层：$F_{w3k}=1.0\times1.3\times\left(\dfrac{1.25+1.14}{2}\right)\times0.35\times6\times5.1=16.64\text{kN}$

2 层：$F_{w2k}=1.0\times1.3\times\left(\dfrac{1.14+1.00}{2}\right)\times0.35\times6\times5.1=14.90\text{kN}$

1 层：$F_{\mathrm{w1k}}=1.0\times1.3\times\left(\dfrac{1.00+1.00}{2}\right)\times0.35\times6\times5.1=13.92\mathrm{kN}$

二、材料计算指标

C25 混凝土：$f_c=11.9\mathrm{N/mm^2}$，$f_t=1.27\mathrm{N/mm^2}$，$f_{tk}=1.78\mathrm{N/mm^2}$，$E_c=2.8\times10^4\mathrm{N/mm^2}$；HPB235 级钢筋；$f_y=210\mathrm{N/mm^2}$；HRB335 级钢筋，$f_y=f'_y=300\mathrm{N/mm^2}$，$\xi_b=0.55$。

三、初估梁柱截面尺寸

梁柱截面尺寸一般可根据设计经验直接给出，也可按本章第二节的步骤进行初估。

（一）梁截面尺寸

框架梁跨度大者为 $l=7500\mathrm{mm}$，取 $h=(1/12\sim1/8)\ l=625\sim940\mathrm{mm}$，初选 $h=750\mathrm{mm}$。$b=(1/3\sim1/2)\ h=250\sim375\mathrm{mm}$，初选 $b=300\mathrm{mm}$。

对框架梁初步选择的截面尺寸 $b\times h=300\mathrm{mm}\times750\mathrm{mm}$，核算如下：

1. 作用在梁上的荷载设计值

屋面：　$1.2\times41.81+1.4\times4.2=56.05\mathrm{kN/m}$

楼面：　$1.2\times33.29+1.4\times21.0=69.35\mathrm{kN/m}$

2. 按跨度 $l_0=7500\mathrm{mm}$，荷载设计值取为 $0.8\times69.35=55.48\mathrm{kN/m}$ 的简支梁，则弯矩设计值和剪力设计值分别为

$$M=\frac{1}{8}gl_0^2=\frac{1}{8}\times55.48\times7.5^2=390\mathrm{kN\cdot m}$$

$$V=\frac{1}{2}gl_n=\frac{1}{2}\times55.48\times(0.9\times7.5)=187\mathrm{kN}$$

其中净跨 l_n 近似取 $0.9l_0$。

3. 对初定截面尺寸进行验算

（1）按斜截面抗剪承载力计算的截面要求，有：

$$0.25f_cbh_0=0.25\times10\times300\times690=515.7\mathrm{kN}>V$$

（2）按采用单筋梁时截面所能承受的最大弯矩设计值的条件，有：

$\xi_b(1-0.5\xi_b)\ f_cbh_0^2=0.55\times(1-0.5\times0.55)\times11.9\times300\times690^2=677.75\mathrm{kN\cdot m}$

故初选截面可满足要求。

梁惯性矩　$I_b=\dfrac{1}{12}bh^3=\dfrac{1}{12}\times300\times750^3=1.0547\times10^{10}\mathrm{mm^4}$

（二）柱截面尺寸

1. 内柱 KZ3

按轴心受压估算。对于底层柱，其轴压力标准值为：

恒荷载：　$(41.81+3\times33.29)\times\dfrac{7.5+6.0}{2}=956\mathrm{kN}$

活荷载：　$(4.2+3\times21.0)\times\dfrac{7.5+6.0}{2}=454\mathrm{kN}$

则预估的轴力设计值为：

$$1.2\times956+1.4\times454=1783\mathrm{kN}$$

考虑弯矩的影响，将上述轴力乘以增大系数 1.2，则有：

$$N=1.2\times1783=2140\mathrm{kN}$$

按层高选择柱截面尺寸，取底层柱高 $h=6500\mathrm{mm}$，则有：

$$6500\times\left(\frac{1}{20}\sim\frac{1}{15}\right)=325\sim433\text{mm}$$

初选内柱尺寸 $b\times h=400\text{mm}\times400\text{mm}$，按轴心受压柱估算配筋，$l_0=1.0H=6500\text{mm}$，由 $l_0/b=6500/400=16.25$，得 $\varphi=0.86$，则

$$A'_s=\frac{\dfrac{N}{0.9\varphi}-f_cA}{f'_y}=\frac{\dfrac{2140000}{0.9\times0.86}-11.9\times400\times400}{300}=2870\text{mm}^2$$

$$\frac{A'_s}{A}=\frac{2870}{400\times400}=0.018<0.03$$

故初选内柱截面尺寸 400mm×400mm 合适，惯性矩为：

$$I_B=\frac{1}{12}bh^3=\frac{1}{12}\times400\times400^3=2.133\times10^9\text{mm}^4$$

2. 外柱 KZ4

按$\left(\frac{1}{20}\sim\frac{1}{15}\right)$层高，初选外柱截面尺寸 $b\times h=400\text{mm}\times500\text{mm}$。由于底层柱受力较为不利，取该层进行估算。

(1) 预估轴力和弯矩

近似取外柱轴力为内柱的一半：$N=0.5\times2140=1070\text{kN}$

$N_b=\xi_bf_cbh_0=0.55\times11.9\times400\times460=1204\text{kN}>N$，应按对称配筋时的大偏压计算；

弯矩由风荷载产生

$$\Sigma F_{wk}=8.7+16.64+14.9+13.92=54.16\text{kN}$$

预估弯矩设计值 $M=\frac{1}{4}\times1.4\times54.16\times\frac{2}{3}\times6.5=82\text{kN·m}$

(2) 配筋试算（采用对称配筋时）

$e_0=\frac{M}{N}=\frac{82000}{1070}=77\text{mm};e_a=20\text{mm}>\frac{h}{30}=\frac{500}{30}=17\text{mm}$

$e_i=e_0+e_a=77+20=97\text{mm}$

$l_0=1.25H=1.25\times6500=8125\text{mm}$（按一般多层框架预制楼盖考虑）

$\zeta_1=\frac{0.5f_cA}{N}=\frac{0.5\times11.9\times400\times500}{1070000}=1.11>1.0$ 取 $\zeta_1=1.0$

$\zeta_2=1.15-0.01\frac{l_0}{h}=1.15-0.01\times\frac{8125}{500}=0.99$

$$\eta=1+\frac{1}{1400\dfrac{e_i}{h_0}}\left(\frac{l_0}{h}\right)^2\zeta_1\zeta_2=1+\frac{1}{1400\times\dfrac{97}{460}}\left(\frac{8125}{500}\right)^2\times0.99=1.89$$

$e=\eta e_i+\frac{h}{2}-a_s=1.89\times97+\frac{500}{2}-40=393\text{mm}$

$\xi=\frac{N}{f_cbh_0}=\frac{1070000}{11.9\times400\times460}=0.489>\frac{2a'_s}{h_0}=\frac{2\times40}{460}=0.174$

$$\begin{aligned}A_s=A'_s&=\frac{N_e-\xi(1-0.5\xi)f_cbh_0^2}{f'_y(h_0-a'_s)}\\&=\frac{1070000\times393-0.489(1-0.5\times0.489)\times11.9\times400\times460^2}{300\times(460-40)}\\&=384\text{mm}^2\end{aligned}$$

故可选外柱截面尺寸 $b \times h = 400\text{mm} \times 500\text{mm}$。

则外柱惯性矩为：$I_A = \dfrac{1}{12}bh^3 = \dfrac{1}{12} \times 400 \times 500^3 = 4.167 \times 10^9 \text{mm}^2$

（三）梁柱线刚度计算

根据梁、柱截面惯性矩及其长度（图 13-32），可求得梁柱线刚度（$i = EI/l$）。在内力分析时，只需要梁柱的相对线刚度（在侧移验算时，需要其实际数值）。

因为本框架梁柱采用相同的混凝土强度等级，故在计算相对线刚度时，不必算入 E 值（$E = E_c$），在算出所有各杆的线刚度后，以其中某一值作为基准，再求出各杆的相对线刚度值。

例如：

$$i_{A_4B_4} = \frac{1.0547 \times 10^{10} E}{7500} = 1406267E$$

$$i_{A_4A_3} = \frac{4.167 \times 10^9 E}{5100} = 816993E$$

$$i_{B_0B_1} = \frac{2.133 \times 10^9 E}{6500} = 328205E$$

取 $i_{B_0B_1}$ 值作为基准值 1，算得各杆相对线刚度标于图 13-33 中。

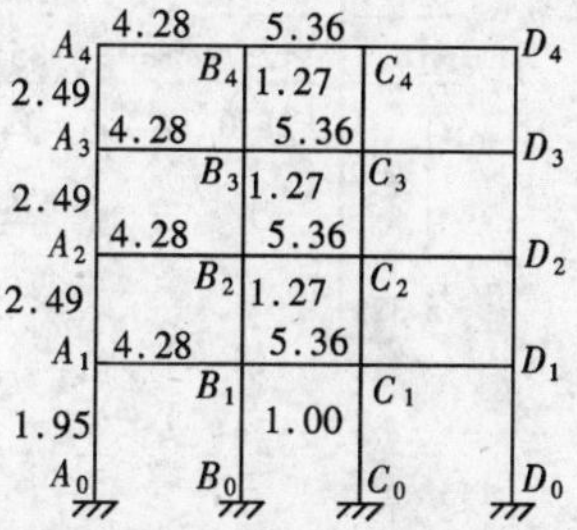

图 13-33　梁柱相对线刚度

四、框架内力计算

所有荷载值均取用荷载设计值，它等于荷载标准值乘以相应的荷载分项系数（在需要荷载标准值产生的内力时，将荷载设计值产生的内力除以相应分项系数即可）。

由于是对称框架，只需计算半榀框架的内力。

为便于内力组合，对各种荷载单独作用下的计算简图进行编号，如①、②、③……。

在本例中，恒荷载作用下的内力采用分层法计算；活荷载作用下的内力用活荷载分跨布置的方式以考虑其不利位置的影响，其内力用弯矩分配法进行计算；风荷载作用下的内力用 D 值法进行计算。其目的是培养初学者运用各种近似方法进行手算的能力。

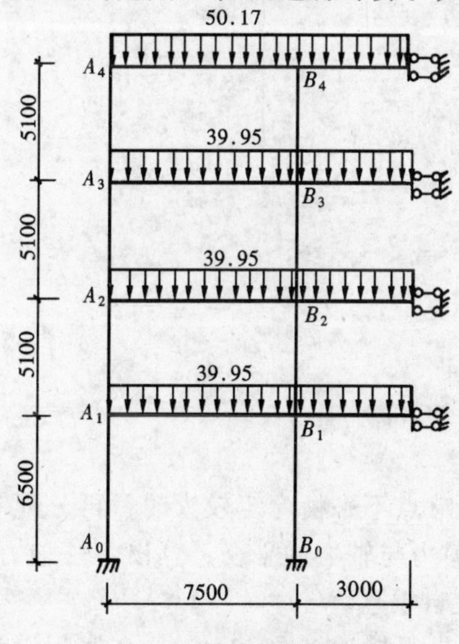

图 13-34　恒荷载作用下的计算简图（编号①）

（一）恒荷载作用下的内力

因为框架对称，且恒荷载为正对称荷载，故取半榀框架进行计算，计算简图如图13-34所示，右端为定向支座。

对于一端固定一端为定向支座的梁，在均布荷载作用下的杆端弯矩为（图 13-35）：

$$M''_{ik} = -\frac{1}{3}ql^2$$

$$M''_{ki} = -\frac{1}{6}ql^2$$

定向支座杆的线刚度取用原杆线刚度的一半。

采用分层法计算前，先对二层以上各柱线刚度乘以 0.9，然后从顶层往下计算。

1. 顶层计算单元

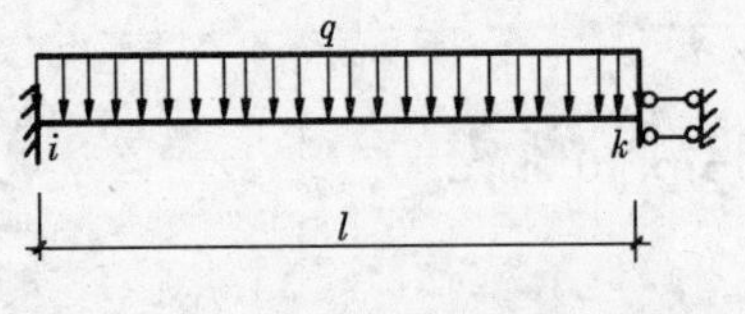

图 13-35　有定向支座的梁端弯矩

计算过程示于图 13-36（a）（方框内为分配系数），计算结果示于图 13-36（b）中。

2. 中间层计算单元

二、三层的计算单元相同，其计算过程示于图 13-37（a），计算结果示于图 13-37（b）中。

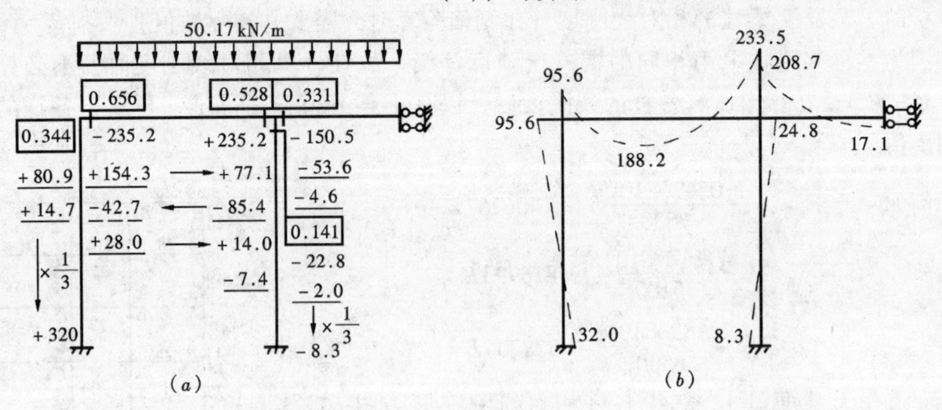

图 13-36　顶层计算单元

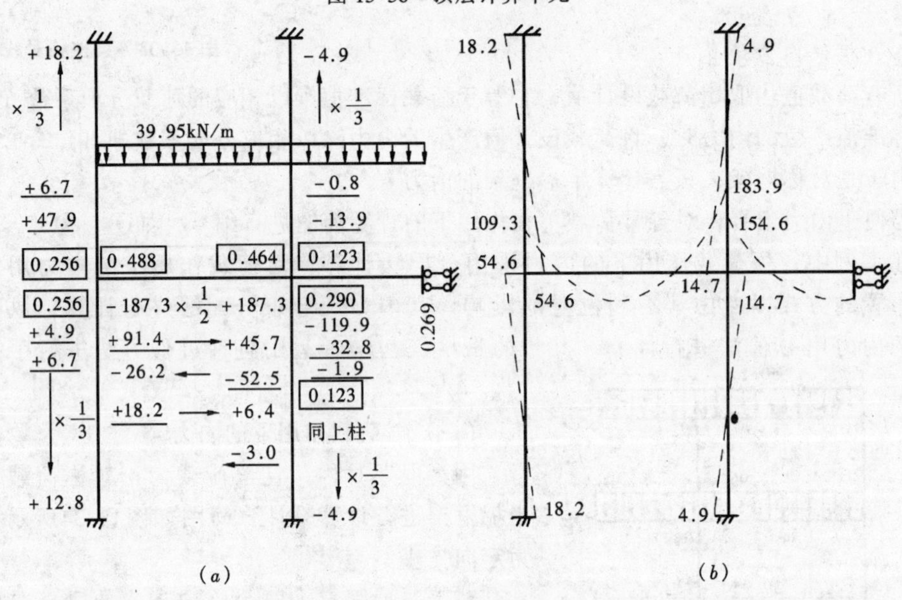

图 13-37　中间层计算单元

3. 底层计算单元

计算过程示于图 12-38（a），计算结果示于图 12-38（b）中。

4. 恒荷载作用下的内力图

将各计算单元的弯矩图叠加，得出最后弯矩图（节点不平衡弯矩较大时，再分配一次）；根据弯矩与剪力的关系，算出各杆剪力；根据剪力与轴力的平衡，算出各柱轴力。计算结果示如图 13-39（柱轴力包括纵墙传下轴力及柱自重）。

分层法的计算结果与直接用弯矩分配法计算的结果很接近（图 13-40），在实际设计时两种方法都可采用。

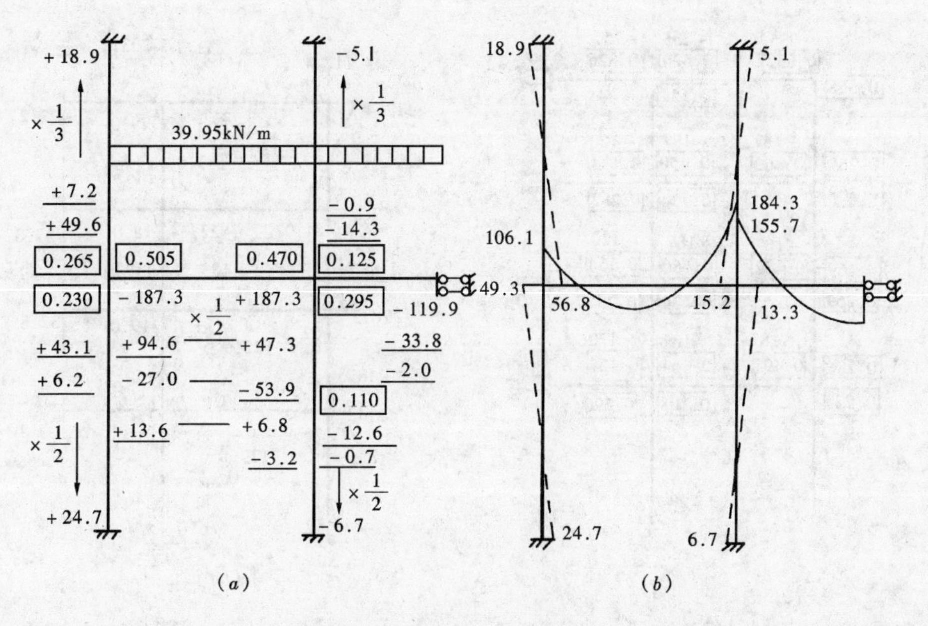

图 13-38　底层计算单元

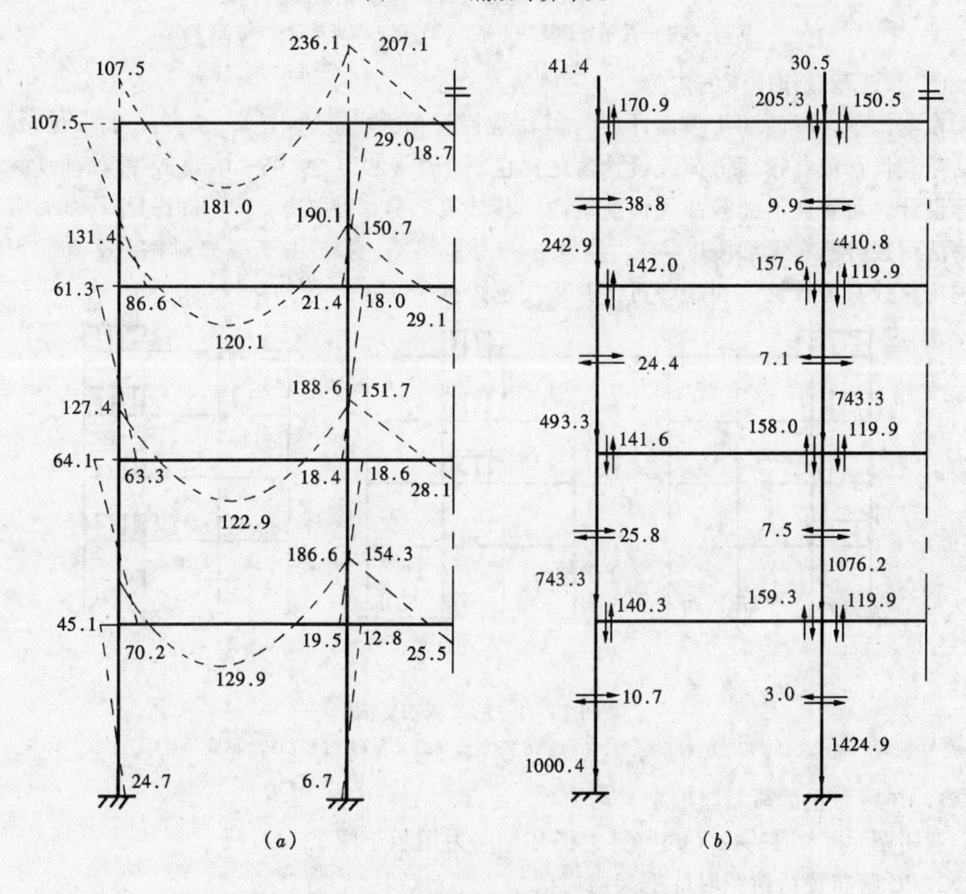

图 13-39　恒荷载作用下的框架内力图

（a）弯矩图；（b）剪力和轴力

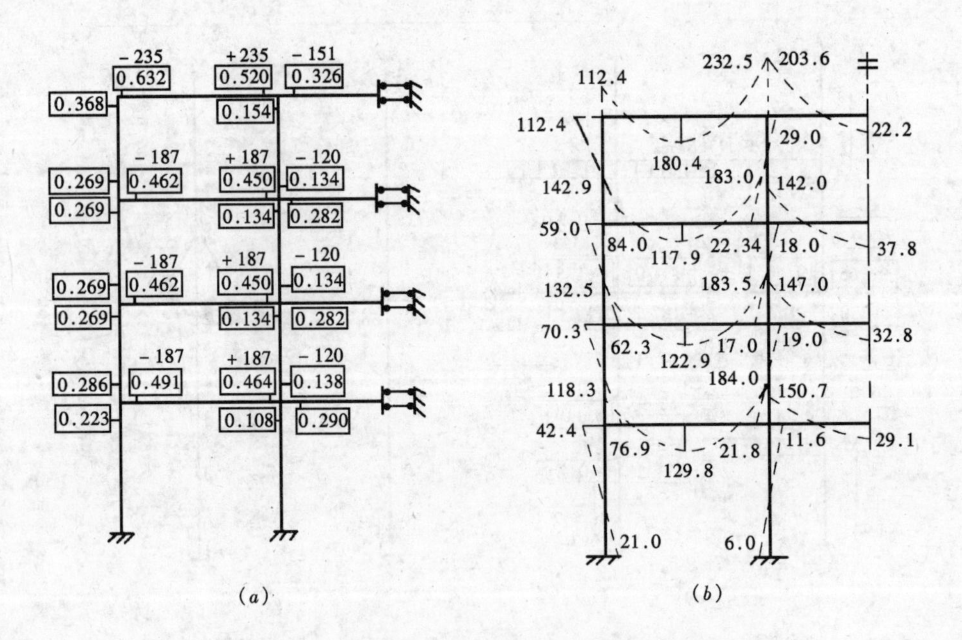

图 13-40 用弯矩分配法进行恒荷载作用的力计算

（*a*）弯矩分配系数及固端弯矩；（*b*）弯矩图（单位：kN·m）

（二）活荷载作用下的内力

在本例中，屋面活荷载设计值与恒荷载设计值之比远小于 1（5.9/50.17 = 0.12），楼面活荷载设计值与楼面恒荷载设计值之比也小于 1（29.7/39.95 = 0.74），故如前所述，在实际设计时可将此活荷载并入恒荷载内一起计算。为了使初学者弄懂内力组合的过程，本例将活荷载分跨布置如图 13-41，编号分别为②、③、④。由于框架对称，②和④可以互相利用，故只需计算②和③即可，并采用弯矩分配法进行计算。

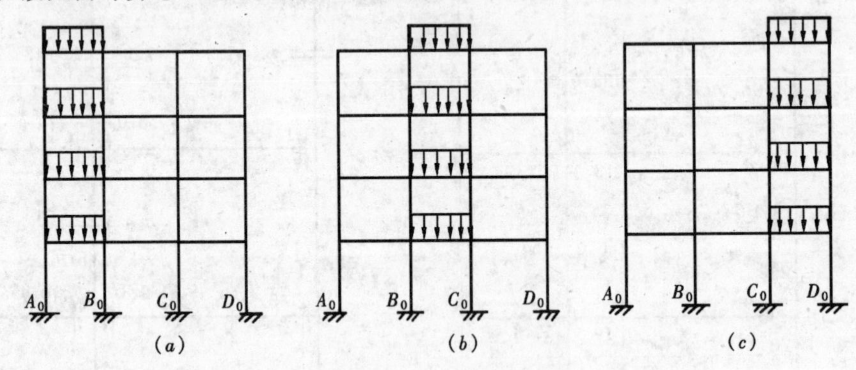

图 13-41 活荷载布置图

（*a*）*AB* 跨布置（编号②）；（*b*）*BC* 跨布置（编号③）；（*c*）*CD* 跨布置（编号④）

1. *AB* 跨布置活荷载时的框架内力

弯矩图示于图 13-42（*a*），剪力图和轴向力图示于图 13-42（*b*）。

2. *BC* 跨布置活荷载时的框架内力

此时荷载对称，框架对称，可取一半框架进行计算。其弯矩图示于图 13-43（*a*）、剪力和轴向力示于图 13-43（*b*）。

（三）风荷载作用下的框架的内力

将风荷载标准值 w_k 乘以荷载分项系数 1.4，得风荷载设计值 F_w

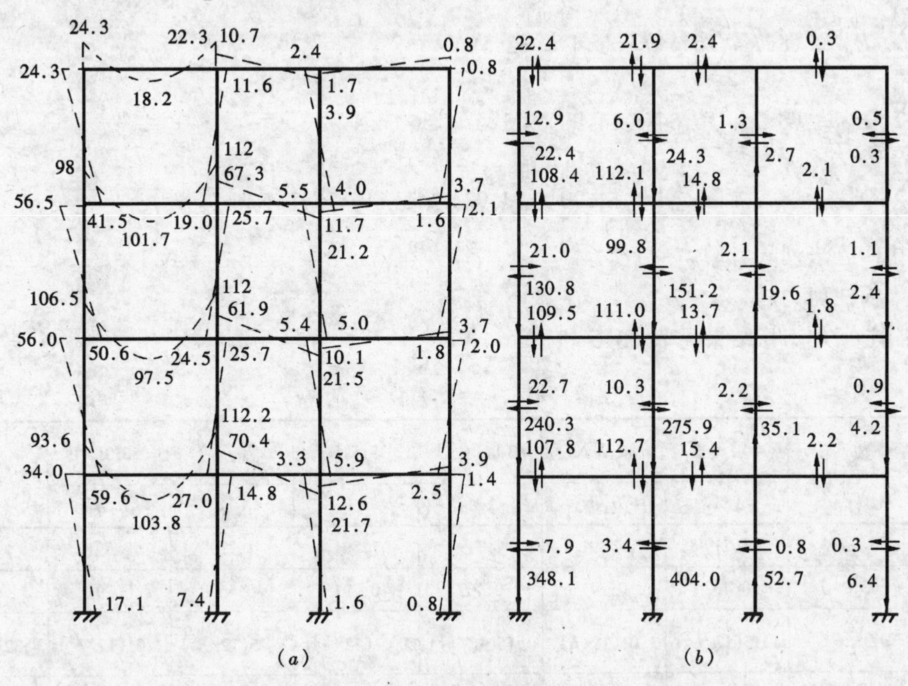

图 13-42　活荷载作用于 *AB* 跨时的内力（编号②）

（括号内数字用于编号④）

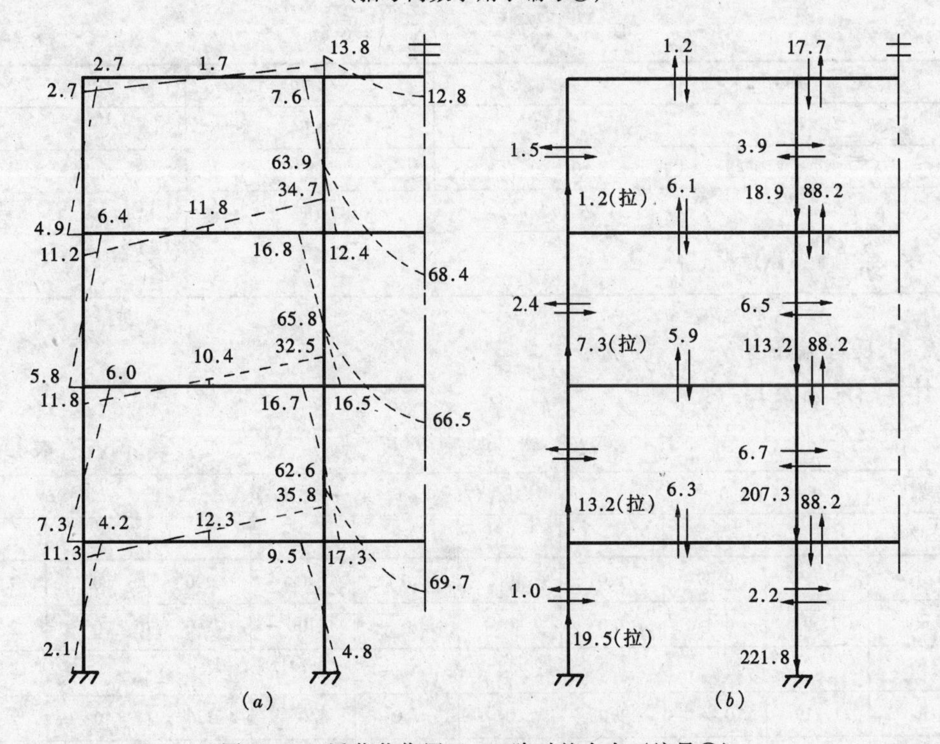

图 13-43　活荷载作用于 *BC* 跨时的内力（编号③）

$$\sum_{n=4}^{4} F_w = 8.7 \times 1.4 = 12.2\text{kN}$$

$$\sum_{n=3}^{4} F_w = (8.7 + 16.64) \times 1.4 = 35.5\text{kN}$$

$$\sum_{n=2}^{4} F_w = (8.7 + 16.64 + 14.90) \times 1.4 = 56.3\text{kN}$$

$$\sum_{n=1}^{4} F_w = (8.7 + 16.64 + 14.90 + 13.92) \times 1.4 = 75.8\text{kN}$$

用D值法列表计算。

1. 各柱剪力 V

各柱剪力计算结果见表13-5和13-6。

2～4层（$h=5.1$m）剪力 V **表 13-5**

系　　数	4层（$\sum_{n=4}^{4} F_w = 12.2$kN）		3层（$\sum_{n=3}^{4} F_w = 35.5$kN）		2层（$\sum_{n=2}^{4} F_w = 56.3$kN）		ΣD
	A_4A_3	B_4B_3	A_3A_2	B_3B_2	A_2A_1	B_2B_1	
$\bar{k} = \Sigma i_b / 2i_c$	1.719	7.591	1.719	7.591	1.719	7.591	
$\alpha_c = \bar{k}/(2+\bar{k})$	0.462	0.791	0.462	0.791	0.462	0.791	
$D = \alpha_c \dfrac{12i_c}{h^2}$	$1.15(12/h^2)$	$1.01(12/h^2)$	$1.15(12/h^2)$	$1.01(12/h^2)$	$1.15(12/h^2)$	$1.01(12/h^2)$	$4.32(12/h^2)$
$V = D/\Sigma D \cdot \Sigma F_w$ (kN)	3.25	2.85	9.45	8.30	14.99	13.16	

底层（$\sum_{n=1} F_w = 75.8$kN，$h=6.5$m） **表 13-6**

系　　数	A_1A_0	B_1B_0	ΣD
$\bar{k} = \Sigma i_b / i_c$	2.195	9.64	
$\alpha_c =$ （$0.5+\bar{k}$）/（$2+\bar{k}$）	0.642	0.871	
$D = \alpha_c 12 i_c / h^2$	1.25（$12/h^2$）	0.87（$12/h^2$）	4.24（$12/h^2$）
$V = \dfrac{D}{\Sigma D}\sum_{n=1}^{4} F_w$ （kN）	22.3	15.6	

2. 求反弯点高度 $\bar{y}$

计算结果见表13-7。

反　弯　点　高　度 $\bar{y}$ **表 13-7**

层数	第四层（$m=4$，$n=4$，$h=5.1$m）								
柱号	$\bar{k}$	γ_0	α_1	γ_1	α_2	γ_2	α_3	γ_3	$\bar{y}$
A_4A_3	1.719	0.39	1.0	0	0	0	1.0	0	1.989
B_4B_3	7.591	0.45	1.0	0	0	0	1.0	0	2.295
层数	第三层（$m=4$，$n=3$，$h=5.1$m）								
A_3A_2	1.719	0.45	1.0	0	1.0	0	1.0	0	2.295
B_3B_2	7.951	0.50	1.0	0	1.0	0	1.0	0	2.550

续表

层数	第二层（$m=4$，$n=2$，$h=5.1$m）								
柱号	$\bar{k}$	γ_0	α_1	γ_1	α_2	γ_2	α_3	γ_3	$\bar{y}$
A_2A_1	1.719	0.49	1.0	0	1.0	0	1.27	0	2.499
B_2B_1	7.591	0.50	1.0	0	1.0	0	1.27	0	2.550
层数	第一层（$m=4$，$n=1$，$h=6.5$m）								
A_1A_0	2.195	0.55	—	0	0.78	0	0	0	3.575
B_4B_0	9.64	0.55	—	0	0.78	0	0	0	3.575

3. 求风荷载作用下的框架内力

根据各柱剪力值（表 13-5、表 13-6）和反弯点高度（表 13-7），即可求出柱端弯矩和梁端弯矩。左风作用下的框架弯矩图及剪力图示如图 13-44（编号⑤；右风作用下内力与该图相反，编号⑥）。

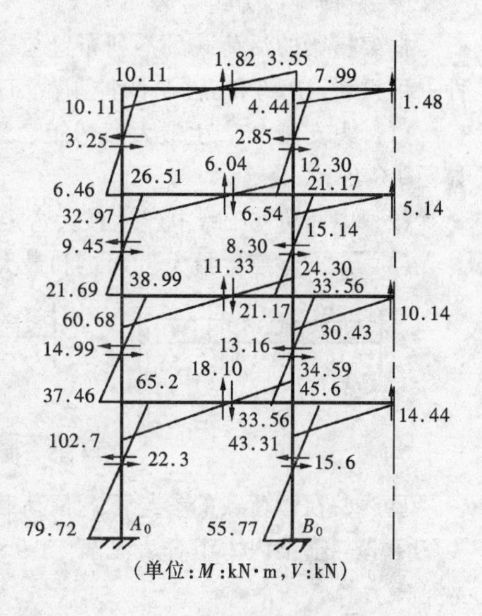

图 13-44　左风作用下的弯矩与剪力（编号⑤）

（注：右风作用下的内力与本图相反，编号⑥）

五、风荷载作用下的侧移验算

取刚度折减系数 $\beta_c=0.85$，求出框架的实际侧移刚度（等于相对侧移刚度乘以相对线刚度为 1.0 时的线刚度 $328205E_c\text{mm}^3$）；风荷载采用荷载标准值。

因为房屋高度小于 50m，故可仅考虑框架的总体剪切变形。由式（13-10）、（13-11）算出框架的层间相对侧移和顶点侧移，计算结果见表 13-8，其层间相对侧移 $\Delta u/h$ 及顶点侧移均满足要求。

层间相对侧移和顶点侧移　　　　**表 13-8**

位　置	ΣF_{wk} (kN)	$\sum_{j=1}^{n} D_{ji}$ (N/mm)	$\Delta u_j=\dfrac{\Sigma F_{wk}}{0.85\sum_{j=1}^{n} D_{ji}}$ (mm)	相对值	限值
4层	8.7	16681	0.61	1/8300	
3层	25.3	16681	1.78	1/2800	1/400
2层	40.2	16681	2.84	1/1800	
1层	52.8	10079	6.16	1/1050	
顶点			$\Sigma\Delta u_j=11.39$	1/1900	1/500

六、荷载组合和内力组合

本例为非地震区且无吊车荷载的多层框架，考虑如下三种荷载组合：①恒荷载＋活荷载；②恒荷载＋风荷载；③恒荷载＋0.9（活荷载＋风荷载）。此外，还有一种以恒荷载为主的组合（参见上册第二章），在本例中可表示为 1.125 恒荷载＋0.7 活荷载的形式。这种组合对低层框架（如 1～3 层）可能起控制作用，在本例中风荷载在控制截面会产生较大弯矩，该组合与组合③

比较，相对有利，故在组合列表中未列入。读者可在练习中列入该组合以加深印象。

在组合各种荷载下的内力时，风荷载分别考虑左风和右风（即编号⑤和⑥不同时考虑）；活荷载考虑其可能的布置形式（即②、③、④可以分别出现，也可能同时出现，如②+③、②+④等）。

内力组合原则：①组合针对每一控制截面进行；②每一组合必须包括恒荷载的作用；③注意活荷载及风荷载出现的可能和最不利情形；④在柱的内力组合中，第一个内力为主要内力；⑤考虑结构的对称性可以简化组合。

为便于组合，通常列出内力的组合表。

(一) 横梁内力组合表

框架横梁的活荷载最不利布置与连续梁的活荷载最不利布置相同。考虑到结构的对称性，可只对 AB 跨和 BC 跨的控制截面进行，共有三种情形：

(1) 边支座 A 产生最大负弯矩、最大剪力及 AB 跨跨中产生最大弯矩时，活荷载布置如图 13-45 (a)；

(2) 中间跨 BC 跨中产生最大弯矩的活荷载布置如图 13-45 (b)；

(3) B 支座产生最大负弯矩和最大剪力的活荷载布置如图 13-45 (c)。

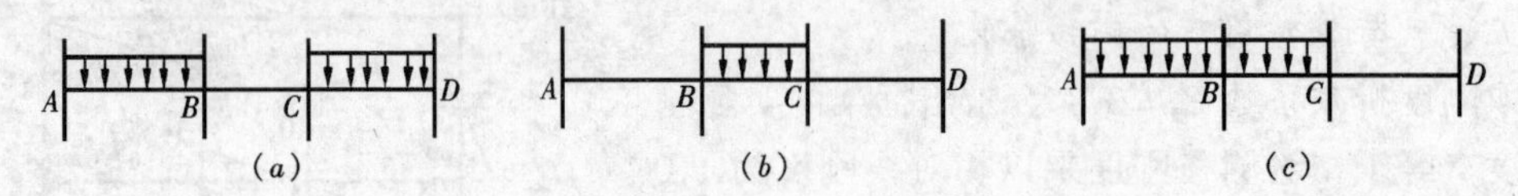

图 13-45 框架横梁的活荷载最不利布置

显然，在恒荷载的参与下，恒荷载与活荷载的组合形式是：①+②+④；①+③；①+②+③。横梁内力组合表见表 13-9～13-12（表中以跨中弯矩近似地代替跨内截面的最大弯矩）。

横梁内力组合（顶层） **表 13-9**

杆件号		A_4B_4					B_4C_4		
截面		A_4		跨中	B_4左		B_4右		跨中
内力种类		M	V	M	M	V	M	V	M
恒荷载	①	−107.5	+170.9	+181.0	−236.1	−205.3	−207.1	+150.5	+18.7
活荷载	②	−24.3	+22.4	+18.2	−22.3	−21.9	−10.7	+2.4	−3.4
	③	+2.7	−1.2	−1.7	−6.1	−1.2	−13.8	+17.7	+12.8
	④	−0.8	+0.3	+0.5	+1.7	+0.3	+3.9	−2.4	−3.4
风荷载	⑤ ⑥	±10.1	∓1.8	±3.3	±3.6	∓1.8	±4.4	∓1.5	0
内力组合	恒+活	①+②+④			①+②+③				①+③
		−132.6	+193.6	+199.7	−264.5	−228.4	−231.6	+170.6	+31.5
	恒+风	①+⑤或①+⑥							
		−117.6	+172.7	+184.3	−239.7	−207.1	−211.5	+152.0	+18.7
	恒+活+风	①+0.9（②+④+⑥或⑤）			①+0.9（②+③+⑥或⑤）				
		−139.2	+193.0	+200.8	−264.9	−227.7	−233.1	+169.7	

注：1. 弯矩 M（kN·m）以梁下边缘受拉为正，剪力 V（kN）以使杆端顺时针转动为正；
2. 编号①、②、③……与相应计算图形对应。

横梁内力组合（3层） **表 13-10**

杆件号		A_3B_3					B_3C_3		
截　面		A_3		跨中	B_3 左		B_3 右		跨中
内力种类		M	V	M	M	V	M	V	M
恒荷载	①	−131.4	+142.0	+120.1	−190.1	−157.6	−150.7	+119.9	+29.1
活荷载	②	−98.0	+108.4	+101.7	−122.0	−112.1	−67.3	+14.8	−23.1
	③	+11.2	−6.1	−11.8	−34.7	−6.1	−63.9	+88.2	+68.4
	④	−3.7	+2.1	+4.0	+11.7	+2.1	+21.2	−14.8	−23.1
风荷载	⑤ ⑥	±33.0	∓6.0	±10.3	±12.3	∓6.0	±15.4	∓5.1	0
内力组合	恒+活	①+②+④			①+②+③				①+③
		−233.1	+252.5	+225.8	−336.8	−275.8	−281.9	+222.9	+97.5
	恒+风	①+⑤或①+⑥							
		−164.4	+148.0	+130.4	−202.4	−163.6	−166.1	+125.0	+29.1
	恒+活+风	①+0.9（②+④+⑥或⑤）			①+0.9（②+③+⑥或⑤）				
		−252.6	+246.9	+224.5	−342.2	−269.4	−279.4	+217.2	

注：1. 同表 13-9 注；

2. 在①+②+④荷载组合时，中间跨跨中弯矩值为 −17.9kN·m。

横梁内力组合（2层） **表 13-11**

杆件号		A_2B_2					B_2C_2		
截　面		A_2		跨中	B_2 左		B_2 右		跨中
内力种类		M	V	M	M	V	M	V	M
恒荷载	①	−127.4	141.6	+122.9	−188.6	−158.0	−151.7	+119.9	+28.1
活荷载	②	−106.5	+109.5	+97.5	−112.0	−111.0	−61.9	+13.7	−20.7
	③	+11.8	−5.9	−10.4	−32.5	−5.9	−65.8	+88.2	+66.5
	④	−3.7	+1.8	+3.2	+10.1	+1.8	+20.5	−13.7	−20.7
风荷载	⑤ ⑥	±60.7	∓11.3	±18.2	±24.3	∓11.3	±30.4	∓10.1	0
内力组合	恒+活	①+②+④			①+②+③				①+③
		−237.6	+252.9	+223.5	−333.1	−274.9	−279.4	+221.8	+94.6
	恒+风	①+⑤或①+⑥							
		−188.1	+152.9	+141.1	−212.9	−169.3	−182.1	+130.0	+28.1
	恒+活+风	①+0.9（②+④+⑥或⑤）			①+0.9（②+③+⑥或⑤）				
		−281.2	+251.9	+229.9	−340.5	−273.4	−294.0	+220.7	

注：1. 同表 13-9 注；

2. 在①+②+④荷载组合时，中间跨跨中弯矩值为 −13.3kN·m。

横梁内力组合（1层）　　　　表 13-12

杆件号		A_1B_1					B_1C_1		
截　面		A_1		跨中	B_1左		B_1右		跨中
内力种类		M	V	M	M	V	M	V	M
恒荷载	①	－115.3	＋140.3	＋129.9	－186.6	－159.3	－154.3	＋119.9	＋25.5
活荷载	②	－93.6	＋107.8	＋103.8	－112.2	－112.7	－70.4	＋15.4	－24.4
	③	＋11.3	－6.3	－12.3	－35.8	－6.3	－62.6	＋88.2	＋69.7
	④	－3.9	＋2.2	＋4.4	＋12.6	＋4.4	＋21.7	－15.4	－24.4
风荷载	⑤ ⑥	±101.2	∓18.1	±33.3	±34.6	∓18.1	±43.3	∓14.4	0
内力组合	恒＋活	①＋②＋④			①＋②＋③				①＋③
		－212.8	＋250.3	＋238.1	－334.6	－278.3	－287.3	－223.5	＋95.2
	恒＋风	①＋⑤或①＋⑥							
		－216.5	＋158.4	＋163.2	－221.2	－177.4	－197.6	＋134.3	＋25.2
	恒＋活＋风	①＋0.9（②＋④＋⑥或⑤）			①＋0.9（②＋③＋⑥或⑤）				
		－294.1	＋255.6	＋257.3	－350.9	－282.7	－313.0	＋226.1	

注：1. 同表 13-9 注；

2. 在①＋②＋④荷载组合时，中间跨跨中弯矩值为－23.3kN·m。

从横梁内力组合表可看出：①除顶层横梁的内力较小外，各类层横梁的内力比较接近；②在本例（多层框架）中，恒荷载＋风荷载的组合不起控制作用；③风荷载对各层横梁边支座及底层横梁内力的影响较大。

为方便施工，顶层（屋面）横梁采用一种配筋，其余各层横梁采用另一种配筋，各控制截面的内力设计值见表 13-13。其中支座截面的内力设计值是按式（13-12）及式（13-13）计算的，例如顶层支座 A，$M=M_j-\dfrac{V}{2}b=-\left(139.2-\dfrac{0.5}{2}\times193.0\right)=91.0\text{kN·m}$；$V=V_j-\dfrac{b}{2}\times(g+q)=193.6-\dfrac{0.5}{2}\times(50.17+5.9)=179.6\text{kN}$。

横梁控制截面内力设计值　　　　表 13-13

位　置	A 支座		AB 跨	B 支座左		B 支座右		BC 跨
	M	V	跨中 M	M	V	M	V	跨中 M
顶　层	－91.0	179.6	200.8	－219.4	－215.3	－199.2	159.4	31.5
其他层	－230.2	241.6	257.3	－294.4	－268.8	－269.0	212.2	97.5

注：单位：M——kN·m，V——kN。

（二）柱内力组合

框架柱是偏心受压构件，其主要内力是轴力和弯矩。采用对称配筋时，由大偏心受压控制的组合项为$|M|_{max}$与相应的 N、V 以及 N_{min}与相应的 M、V；由小偏心受压控制的组合项为 N_{max}与相应的 M、V。当多层框架柱某几层截面尺寸相同、柱在该几层配筋也相同时，内柱由小偏心受压控制，且控制截面为该几层的最下层柱的柱根（有 N_{max}）；而外柱

则应考虑相应的最上层（产生 N_{min}）和底层（产生 M_{max}）两种情形。在本例中，由于底层柱较高，且承受水平荷载产生的弯矩也大，底层柱可考虑一种配筋情形，而二、三、四层可采用另一种配筋。故柱的内力组合可考虑四层（表 13-14）和二层（表 13-15）以及一层（表 13-16）。

柱内力组合（四层） **表 13-14**

杆件号			A_4A_3					B_4B_3				
截面			上端		下端		剪力	上端		下端		剪力
内力种类			M	N	M	N	V	M	N	M	N	V
恒荷载		①	+107.5	+212.3	−70.1	+242.9	−34.8	−29.0	+386.3	+21.4	+410.8	+9.9
活荷载		②	+24.3	+22.4	−41.5	+22.4	−22.4	−11.6	+19.5	+19.0	+19.5	+24.3
		③	−2.7	−1.2	+4.9	−1.2	+1.5	+7.6	+18.9	−12.4	+18.9	−3.9
		④	0.8	+0.3	−1.6	+0.3	−0.5	−2.4	−2.7	+4.0	−2.7	+1.3
风荷载		⑤ ⑥	∓10.1	∓1.8	±6.5	∓1.8	±3.3	∓8.0	±0.3	±6.5	±0.3	±2.9
内力组合	恒+活	$\lvert M\rvert_{max}$	①+②+④					①+②+④				
			+132.6	+235.0	−113.2	+265.6	−57.7	−43.0	+403.1	44.4	+427.6	+35.5
		N_{max}	①+②+④					①+②+③				
			+132.6	+235.0	−113.2	+265.6	−57.7	−33.0	+424.7	+28.0	+449.2	+30.3
		N_{min}	①+③					①+④				
			+104.8	+211.1	−65.2	+241.7	−33.3	−31.4	+383.6	+25.4	+408.1	+11.2
	恒+风	$\lvert M\rvert_{max}$	①+⑥					①+⑤				
			+117.6	+214.1	−76.6	+244.7	−38.1	−37.0	+386.6	+27.9	+411.1	+12.8
		N_{max}	①+⑥					①+⑤				
			+117.6	+214.1	−76.6	+244.7	−38.1	−37.0	+386.6	+27.9	+411.1	+12.8
		N_{min}	①+⑤					①+⑥				
			+97.4	+210.5	−63.6	+241.1	−31.5	−21.0	+386.0	+14.9	+410.5	+7.0
	恒+活+风	$\lvert M\rvert_{max}$	①+0.9（②+④+⑥）					①+0.9（②+③+⑤）				
			139.2	234.4	114.7	265.0	58.4	48.8	401.7	48.0	426.2	
		N_{max}	①+0.9（②+④+⑥）					①+0.9（②+④+⑤）				
			139.2	234.4	114.7	265.0	58.4	48.8	401.7	48.0	426.2	
		N_{min}	①+0.9（③+⑤）					①+0.9（③+⑥）				
			114.2	212.8	71.5	243.4	38.4	29.4	403.6	16.1	428.1	9.0

注：M（kN·m）以柱左侧受拉为正；N（kN）以受压为正；V（kN）以使杆端顺时针转动为正。

柱内力组合（二层） **表 13-15**

杆件号		A_2A_1					B_2B_1				
截面		上端		下端		剪力	上端		下端		剪力
内力种类		M	N	M	N	V	M	N	M	N	V
恒荷载	①	+64.1	+712.7	−70.2	+743.3	−25.8	−18.6	+1051.7	+18.4	+1076.2	+7.5
活荷载	②	+56.0	+240.3	−59.6	+240.3	−22.7	−25.7	+275.9	+27.0	+275.9	+10.3
	③	−6.0	−13.2	+7.3	−13.2	+2.6	+16.7	+207.3	−17.3	+207.3	−6.7
	④	+2.0	+4.2	−2.5	+4.2	−0.9	−5.4	−35.1	+5.9	−35.1	+2.2
风荷载	⑤ ⑥	∓39.0	∓19.2	±37.5	∓19.2	±15.0	∓33.6	±2.4	±33.6	±2.4	±13.2
内力组合 恒+活	$\|M\|_{max}$	①+②+④					①+②+④				
		122.1	957.2	132.3	987.8	49.4	49.7	1292.5	51.3	1317.0	20.0
	N_{max}	①+②+④					①+②+③				
		122.1	957.2	132.3	987.8	49.4	27.6	1534.9	28.1	1559.4	11.1
	N_{min}	①+③					①+④				
		58.1	699.5	62.9	730.1	23.2	24.0	1016.6	24.3	1041.1	20.0
内力组合 恒+风	$\|M\|_{max}$	①+⑥					①+⑤				
		103.1	731.9	107.7	762.5	40.8	55.2	1054.1	52.0	1078.6	31.0
	N_{max}	同上					同上				
	N_{min}	①+⑤					①+⑥				
		25.1	693.5	32.7	724.1	10.8	15.0	1049.3	15.2	1073.8	4.6
内力组合 恒+活+风	$\|M\|_{max}$	①+0.9（②+④+⑥）					①+0.9（②+④+⑤）				
		151.4	949.1	159.8	980.6	60.5	76.8	1270.6	78.3	1295.1	30.6
	N_{max}	①+0.9（②+④+⑥）					①+0.9（②+④+⑤）				
		151.4	949.1	159.8	980.6	60.5	76.8	1270.6	78.3	1295.1	30.6
	N_{min}	①+0.9（③+⑤）					①+0.9（③+⑥）				
		93.8	737.8	97.4	748.7	37.0	33.8	1236.1	33.2	1260.6	13.4

注：同表 13-14 注。

柱内力组合（一层） **表 13-16**

杆件号		A_1A_0					B_1B_0				
截面		上端		下端		剪力	上端		下端		剪力
内力种类		M	N	M	N	V	M	N	M	N	V
恒荷载	①	+45.1	+961.4	−24.7	+1000.4	−10.7	−12.8	+1385.9	+6.7	+1424.9	+3.0
活荷载	②	+34.0	+348.1	−17.1	+348.1	−7.9	−14.8	+404.0	+7.4	+404.0	+3.4
	③	−4.2	−19.5	+2.1	−19.5	+1.0	+9.5	+221.8	−4.8	+221.8	−2.2
	④	+1.4	+6.4	−0.8	+6.4	−0.3	−3.3	−52.7	+1.6	−52.7	+0.8
风荷载	⑤ ⑥	∓65.2	∓37.3	±79.7	∓37.3	±22.3	∓45.6	±6.1	±55.8	±6.1	±15.6

续表

杆件号			A_1A_0					B_1B_0				
截 面			上 端		下 端		剪 力	上 端		下 端		剪 力
内力种类			M	N	M	N	V	M	N	M	N	V
内力组合	恒+活	$\|M\|_{max}$	①+②+④					①+②+④				
			80.5	1315.9	42.6	1354.9	18.9	30.9	1737.2	15.7	1776.2	7.2
		N_{max}	同上					①+②+③				
								18.1	2011.7	9.3	2050.7	4.2
		N_{min}	①+③					①+④				
			40.9	941.9	22.6	980.9	9.7	16.1	1333.2	8.3	1372.2	3.8
	恒+风	$\|M\|_{max}$	①+⑥					①+⑤				
			110.3	998.7	104.4	1037.7	33.0	58.4	1392.0	62.5	1431.0	18.6
		N_{max}	同上					同上				
		N_{min}	①+⑤					①+⑥				
			110.3	924.1	104.4	963.1	33.0	58.4	1379.8	62.5	141.8	18.6
	恒+活+风	$\|M\|_{max}$	①+0.9（②+④+⑥）					①+0.9（②+④+⑤）				
			135.6	1314.0	112.5	1353.0	38.2	70.1	1707.6	65.0	1735.6	20.8
		N_{max}	同上					同上				
		N_{min}	①+0.9（③+⑤）					①+0.9（③+⑥）				
			100.0	910.3	94.5	949.3	29.9	69.3	1580.0	47.8	1619.0	13.0

注：同表13-14注。

七、框架梁柱配筋

（一）横梁配筋

根据横梁控制截面内力设计值（表13-13），利用受弯构件正截面承载力和斜截面受剪承载力计算公式，算出所需纵筋及箍筋并进行配筋。

1. 正截面受弯承载力计算

采用单筋矩形截面公式，取 $a_s=40$mm，则由 M、$f_c=11.9\text{N/mm}^2$、$f_y=300\text{N/mm}^2$，$b=300$mm，$h_0=h-a_s=750-40=710$mm 可算得各控制截面配筋和实际选择的钢筋（表13-17）。

横梁纵向受力钢筋 **表13-17**

位 置	A 支座		AB 跨中		B 左		B 右		BC 跨中	
	顶层	其他层	顶层	其他层	顶层	其他层	顶层	其他层	顶层	其他层
$\xi=1-\sqrt{1-\dfrac{M}{0.5f_cbh_0^2}}$	0.052	0.137	0.119	0.155	0.131	0.180	0.118	0.163	0.018	0.056
$A_s=\dfrac{\xi f_cbh_0}{f_y}(\text{mm}^2)$（实配）	439（2Φ18）	1158（4Φ20）	1005（4Φ18）	1310（4Φ20）	1107（2Φ20+2Φ16）	1521（5Φ20）	997（2Φ20+2Φ16）	1377（5Φ20）	152（2Φ16）	473（2Φ16+2Φ20）

注：$A_{s,min}$由最小配筋率0.2和$45f_t/f_y$中较大值确定，上述配筋均满足。

梁下部纵筋除一部分弯起外，其余全部伸入支座；梁上部纵筋按连续梁的纵筋截断规定：在离支座 $l_n/4$ 处及 $l_n/3$ 处分别截断钢筋截面面积 $\leqslant A_s/2$ 及 $\leqslant A_s/4$，余下钢筋截面面积 $\geqslant A_s/4$ 的纵筋贯通跨中兼作架立钢筋（实际配筋时，该钢筋可用受拉搭接方式与支座截断的负弯矩钢筋搭接以考虑可能出现的跨中某些组合下的负弯矩）。

该梁的腹板高度 $h_w > 450$mm，按照《混凝土结构设计规范》（GB 50010—2002）规定，应在梁中部两侧增设纵向构造钢筋并用拉筋连系，拉筋直径与箍筋相同，间距为箍筋间距的两倍或 500 ~ 700mm。

2. 斜截面受剪承载力计算

按《混凝土结构设计规范》（GB 50010—2002）要求，本例梁的箍筋直径不宜小于 6mm，且 $h_w/b < 4$，混凝土强度等级小于 C50，故 $0.25 f_c b h_0 = 0.25 \times 11.9 \times 300 \times 710 = 633.7\text{kN} > V$，截面尺寸满足要求。

$0.7 f_t b h_0 = 0.7 \times 1.27 \times 300 \times 710 = 189357\text{N} > V_{B右}$（顶层）；

$f_t b h_0 = 270510\text{N} > V_{B左}$各层梁的配箍均由最小配箍率确定。

由$\frac{A_{sv}}{bs} \geqslant 0.24 f_t / f_{yv}$，选用 $\phi 6$ 双肢箍筋，$s = 129$mm，选用 $\phi 8$ 时，$s = 231$mm，而 $s_{max} = 250$mm，最后选用如下：

顶层：*BC* 跨，$\phi 6$@200；*AB* 及 *CD* 跨，$\phi 8$@200；为方便施工，一律选 $\phi 8$@200。

其余层各跨：$\phi 8$@200；配筋时，按实际梁跨稍作调整（见图 13-46）。

3. 裂缝宽度验算

该框架各层横梁截面尺寸相同，除顶层因荷载较小配筋不同外，其余各层横梁配筋相同，且一层横梁的内力较大，故只需验算顶层横梁和一层横梁的裂缝宽度（以下略）。

（二）框架柱配筋

1. 外柱

采用对称配筋时，界限破坏时轴力 N_b 计算如下：

$$N_b = \xi_b f_c b h_0 = 0.55 \times 11.9 \times 400 \times 460 = 1204.3\text{kN}$$

当 $N \leqslant N_b$ 时，为大偏心受压，$N > N_b$ 时，为小偏心受压。根据 $M - N$ 的相关性，挑选有关内力组合进行配筋，列表计算如下（表 13-18）：

外柱（*A*）配筋计算表　　表 13-18

位　置	二～四层		一层	
组　合	$\lvert M \rvert_{max}$	N_{max}	$\lvert M \rvert_{max}$	N_{max}
M（kN·m）	159.8	139.2	135.6	110.3
N（kN）	980.6	234.4	1314	924.1
e_0（mm）	163	594	103	119
e_a（mm）	20	20	20	20
e_i（mm）	183	614	123	139
e_i/h_0	0.398	1.335	0.267	0.302
$\zeta_1 = 0.5 f_c A/N$	1.00	1.00	0.906	1.00
l_0/h	15.3	15.3	16.25	16.25

续表

位置	二~四层		一层	
组合	$\|M\|_{max}$	N_{max}	$\|M\|_{max}$	N_{max}
ζ_2	0.997	0.997	0.988	0.988
η	1.42	1.13	1.63	1.62
e（mm）	470	904	410	435
$A_s = A'_s$（mm^2）	880	509	971（$\zeta = 0.584$）	528
实配钢筋（mm^2）	4Φ20（1256）	同左	同左	同左

注：1. 外柱截面高度 $h = 500mm$，$h_0 = 465mm$；

2. 柱一侧的最小配筋 $\rho_{min}bh = 0.002 \times 400 \times 500 = 400mm^2$。

2. 内柱纵向受力钢筋计算

内柱的配筋通常由小偏心受压条件确定，故在选择内力组合时，可先排除 $N \leqslant N_b$ 的组合。本例中，内柱 $N_b = 942.5kN$，因此四层柱的 M 和 N 的组合值可不必考虑。计算结果列于表 13-19。

内柱（*B* 柱）配筋计算表　　表 13-19

位置	二~四层		一层	
组合	$\|M\|_{max}$	N_{max}	$\|M\|_{max}$	N_{max}
M（kN·m）	78.3	28.1	70.7	9.3
N（kN）	1295.1	1559.4	1707.6	2050.7
e_0（mm）	60	18	41	5
e_a（mm）	20	20	20	20
e_i（mm）	80	38	61	25
$\zeta_1 = 0.5f_cA/N$	0.74	0.61	0.56	0.46
l_0/h	19.13	19.13	20.31	20.31
$\zeta_2 = 1.15 - 0.01l_0/h$	0.96	0.96	0.95	0.95
e_i/h_0	0.222	0.106	0.169	0.069
η	1.84	2.44	1.93	2.87
e（mm）	307	253	278	232
ζ	0.655	0.735	0.727	0.805
$A_s = A'_s$（mm^2）	1311	1122	1971	1865
实配钢筋（mm^2）	4Φ20（1256）		4Φ25（1964）	

注：1. 内柱截面高度 $h = 400mm$，$h_0 = 360mm$；

2. 柱一侧的最小配筋 $\rho_{min}bh = 0.002 \times 400 \times 400 = 320mm^2$。

3. 框架柱的抗剪承载力计算和箍筋配置

（1）$\lambda = H_n/2h_0 =$（6500 − 750）$/2 \times 465 = 6.18 > 3$，取 $\lambda = 3$；

（2）$0.3f_cA = 0.3 \times 11.9 \times 400 \times 500 = 714kN < N = 949.3kN$，取 $N = 714kN$；

(3) $\frac{1.75}{\lambda+1}f_tbh_0+0.07N=\frac{1.75}{3+1}\times1.27\times400\times460+0.07\times714000=152.2\text{kN}>V$。

故均可按构造配箍。

根据受压构件箍筋的构造规定（直径、间距等）并考虑施工方便；一层各柱的箍筋选用 $\phi8$@300，二、三、四层各柱的箍筋选用 $\phi6$@300。在纵向钢筋搭接范围内，箍筋加密（《混凝土结构设计规范》（GB 50010—2002）规定，当搭接钢筋为受拉时，其箍筋间距不应大于 $5d$，且不应大于 100mm；当搭接钢筋为受压时，箍筋间距不应大于 $10d$，且不应大于 200mm。d 为受力钢筋中的最小直径）。

4. 大偏心受压构件的裂缝宽度验算

《混凝土结构设计规范》（GB 50010—2002）规定，当 $e_0/h_0>0.55$ 时，应进行裂缝宽度验算。(以下略)

八、基础设计

基础承受框架柱传来的弯矩、轴力和剪力，以及基础的自重、基础上回填土的重量、基础梁传来的荷载等，这些荷载与地基反力平衡。

框架柱传下的 M、N、V 值，可取底层柱控制截面配筋的内力设计值。在本例中：

对外柱：$M_1=135.6\text{kN·m}$，$N_1=1314\text{kN}$，$V_1=38.2\text{kN}$；

对内柱：$M_2=70.7\text{kN·m}$，$N_2=2050.7\text{kN}$，$V_2=20.8\text{kN}$。

本工程框架层数不多，地基土均匀且承载力设计值和柱距都较大，可选择柱下独立基础，限于篇幅，以下从略。

九、框架配筋图

框架配筋图可采用平法设计绘制，称平法施工图，是在按结构层（标准层）绘制的平面布置图上直接表示各构件的尺寸、配筋和所选用的标准构造详图。出图时，一般按基础、柱、剪力墙、梁、板、楼梯及其他构件的顺序排列。

(一) 框架柱

柱平法施工图有两种表示方式：列表注写或截面注写，都是在柱平面布置图上完成。柱在平面图上的位置，通过截面尺寸与轴线的关系表示；柱的高度，通过结构层的楼面标高、结构层高及相应结构层号表示。纵向钢筋的连接、锚固等，通过相应构造详图（标准图集）表示。

本例只计算一榀框架，故仅表示该框架柱的平法图（图 13-46），采用截面注写方式。

(二) 框架梁

梁平法施工图同样有两种表示方式：平面注写或截面注写，也都在梁的平面布置图上完成。平面注写包括集中标注（表达梁的通用数值）和原位标注（表达梁的特殊数值）。当集中标注中某项数值不适用于梁的某部位时，原位标注取值优先。截面注写是在梁平面图的控制截面处画出单边截面号，然后绘制横截面配筋详图。两种注写方式也都需配合构造详图（标准图集）使用。

本例用平面注写方式和传统画法表示所计算的框架梁配筋，以便于读者了解配筋状况（图 13-47、13-48），梁顶标高为结构标高，等于建筑标高减去 0.03m 面层减去 0.18m 预制板厚及 0.01m 坐浆，即楼层结构标高 = 建筑标高 − 0.22m；屋面梁顶标高按楼层高度相等原则确定。

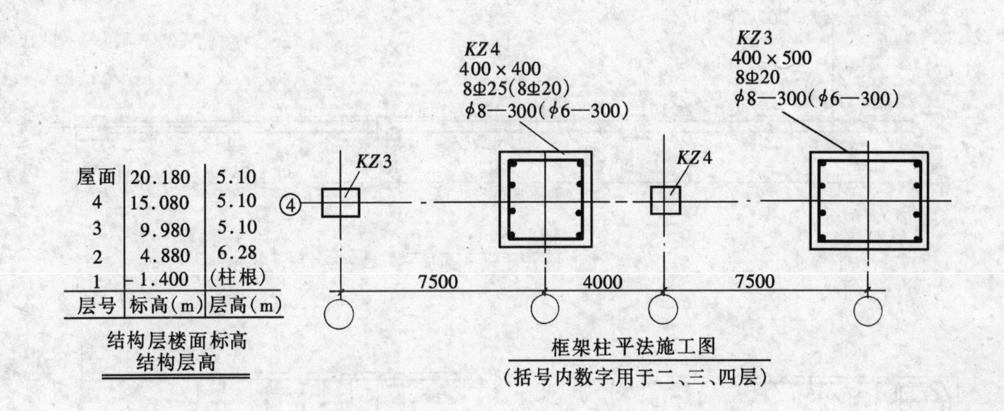

图 13-46 框架柱施工图（截面注写方式）

注：1. 柱混凝土强度等级为 C25，纵筋的混凝土保护层厚度为 30mm；

2. 纵向钢筋的连接（搭接或焊接）在各楼层处，搭接长度 $l_l=\zeta l_a$（具体数值见第一章）；搭接长度范围内箍筋间距 100mm。

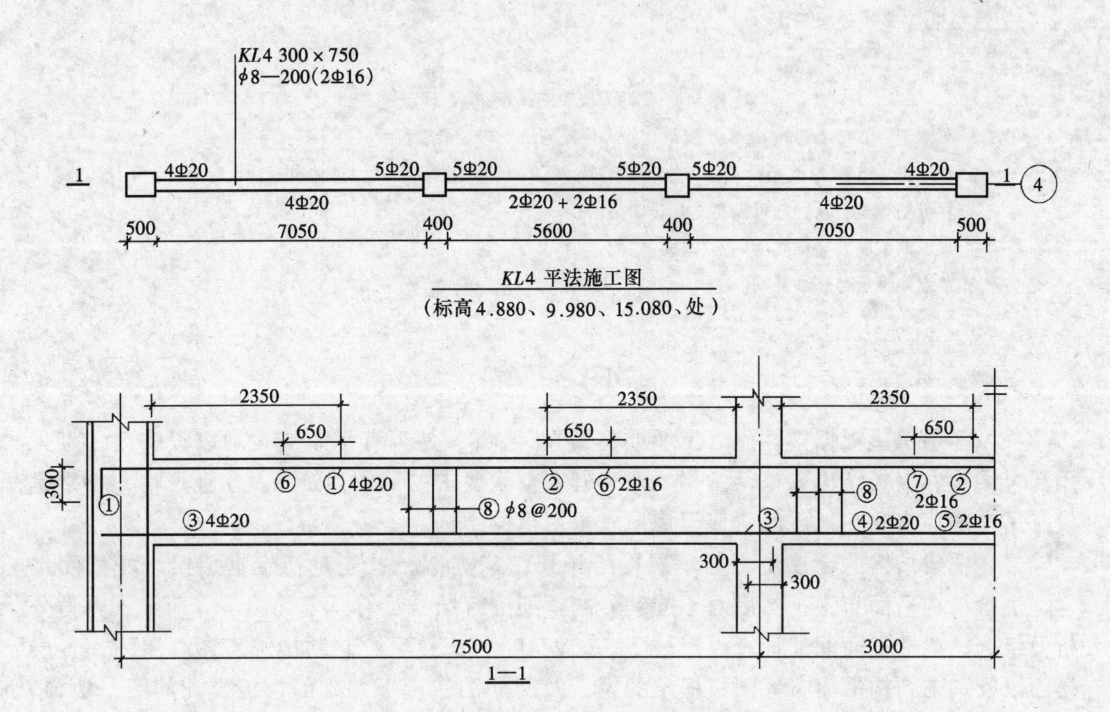

图 13-47 KL4 配筋图

注：1. 本图采用 C25 混凝土，钢筋为 HRB335 级（Φ）和 HPB235 级（ϕ）；

2. 梁的混凝土保护层厚度 25mm；

3. 梁两侧腹部各布置 2Φ12 纵向构造钢筋，并用拉筋 ϕ8@400 拉结；

4. ①、⑥，②、⑥，⑦、②搭接处，箍筋加密为 ϕ8@100。

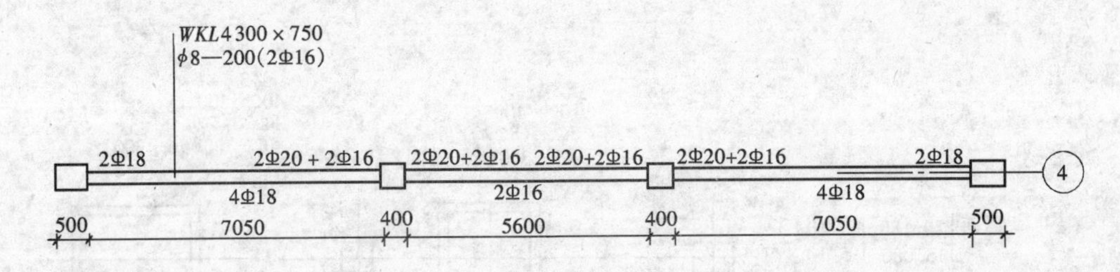

WKL4 平法施工图
（标高 20、18 处）

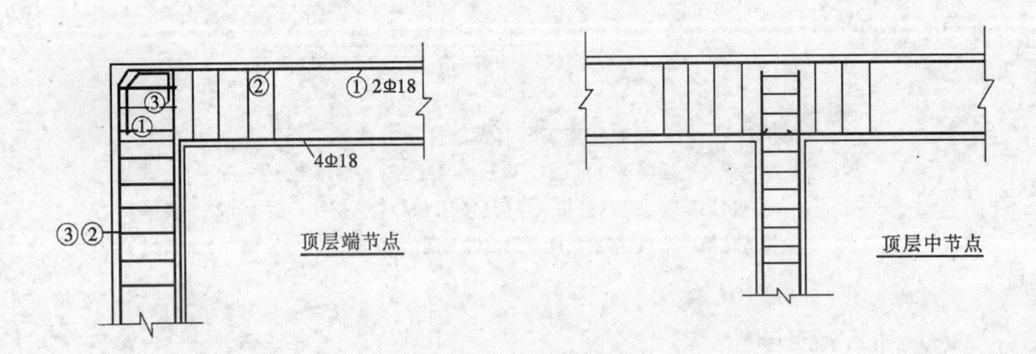

图 13-48　屋面梁 WKL4 配筋及节点构造

注：1. 梁顶部 2Φ18 在跨内 $l_n/3$ 处截断，伸入柱外侧后下弯至梁底位置；

2. 柱外侧角部筋③2Φ20 伸至柱顶内侧后下弯 $8d=160$；外侧中间两根②2Φ20 伸至柱顶后伸至梁内 $l_n/4$ 处；

3. 柱纵筋伸至柱顶，已可满足 $\geq l_a$ 锚固要求；

4. 梁钢筋截断及搭接同中间层作法；

5. 节点内箍筋与柱箍筋同。

小　　结

一、多层房屋根据其性质（工业或民用）、层数、是否有吊车或在地震设防区，可采用混合结构、大板结构或框架结构，对于有大空间要求的民用建筑以及工业厂房，特别是设有吊车的厂房和在地震区的多层房屋宜采用框架结构。

二、框架结构的设计步骤与单层厂房排架结构类似，首先是初定框架梁、柱截面尺寸，进行结构平面布置；然后对不同编号的框架进行结构计算（定简图、算荷载、内力分析及组合、梁柱截面配筋计算以及柱下基础的计算）；最后绘制结构施工图（屋面、各层楼面以及基础结构平面布置图，框架的模板及配筋图，柱下基础的模板及配筋图，楼梯、雨篷、阳台、天沟、连系梁、门窗过梁等结构构件的施工图）。

三、框架在竖向荷载作用下，其内力近似算法有分层法和迭代法，当层数较多时，以采用分层法为宜；在水平荷载作用下，其内力近似算法有反弯点法和 D 值法，初步设计时常采用前者，而作施工图时则采用后者。

四、现浇框架梁柱的纵向钢筋和箍筋，除满足计算要求外，尚应满足钢筋直径、间距、根数、接头长度、弯起和截断以及节点配筋等构造要求。

五、现浇柱下基础，根据荷载及地基土承载力的大小，可分别采用柱下单独基础、条形基础、十字形基础、片筏基础以及桩基础等。现浇柱下单独基础可参照第十二章所述方法设计。

六、本章、第十一章和第十二章分别介绍了现浇框架结构、楼盖结构和装配式排架结构的设计方法和步骤。对于其他钢筋混凝土结构（如适用于高层建筑的剪力墙、框架—剪力墙、框架—筒体结构、大跨度的薄壳结构、水池、水塔、烟囱等特种结构）以及地震力的计算方法和结构抗震的构造措施等，读者可参考有关专著和资料。

思　考　题

1. 框架结构在哪些情况下采用？现浇框架结构设计的主要内容和步骤是什么？

2. 框架结构布置的原则是什么？框架有哪几种布置形式？各有何优缺点？

3. 如何确定框架结构的计算简图（包括初定框架梁、柱截面尺寸、截面惯性矩及框架几何尺寸)？

4. 框架梁、柱的主要内力有哪些？框架内力有哪些近似计算方法？各在什么情况下采用？

5. 分层法、反弯点法在计算中各采用了哪些假定？有哪些主要计算步骤？

6. 如何计算框架在水平荷载作用下的侧移？计算时，为什么要对结构刚度进行折减？

7. 如何计算框架梁、柱控制截面上的最不利内力？活荷载应怎样布置？

8. 框架梁、柱的纵向钢筋和箍筋应满足哪些构造要求？如何处理框架梁与柱、柱与柱的连接（节点）构造？

9. 多层房屋框架结构的柱下基础有哪几种类型？如何确定柱下单独基础的基底反力、基底平面尺寸、基础高度和基底配筋？

附　　录

附录1　连续梁板的计算跨度表

连续梁板的计算跨度 l_0　　　　**附表1-1**

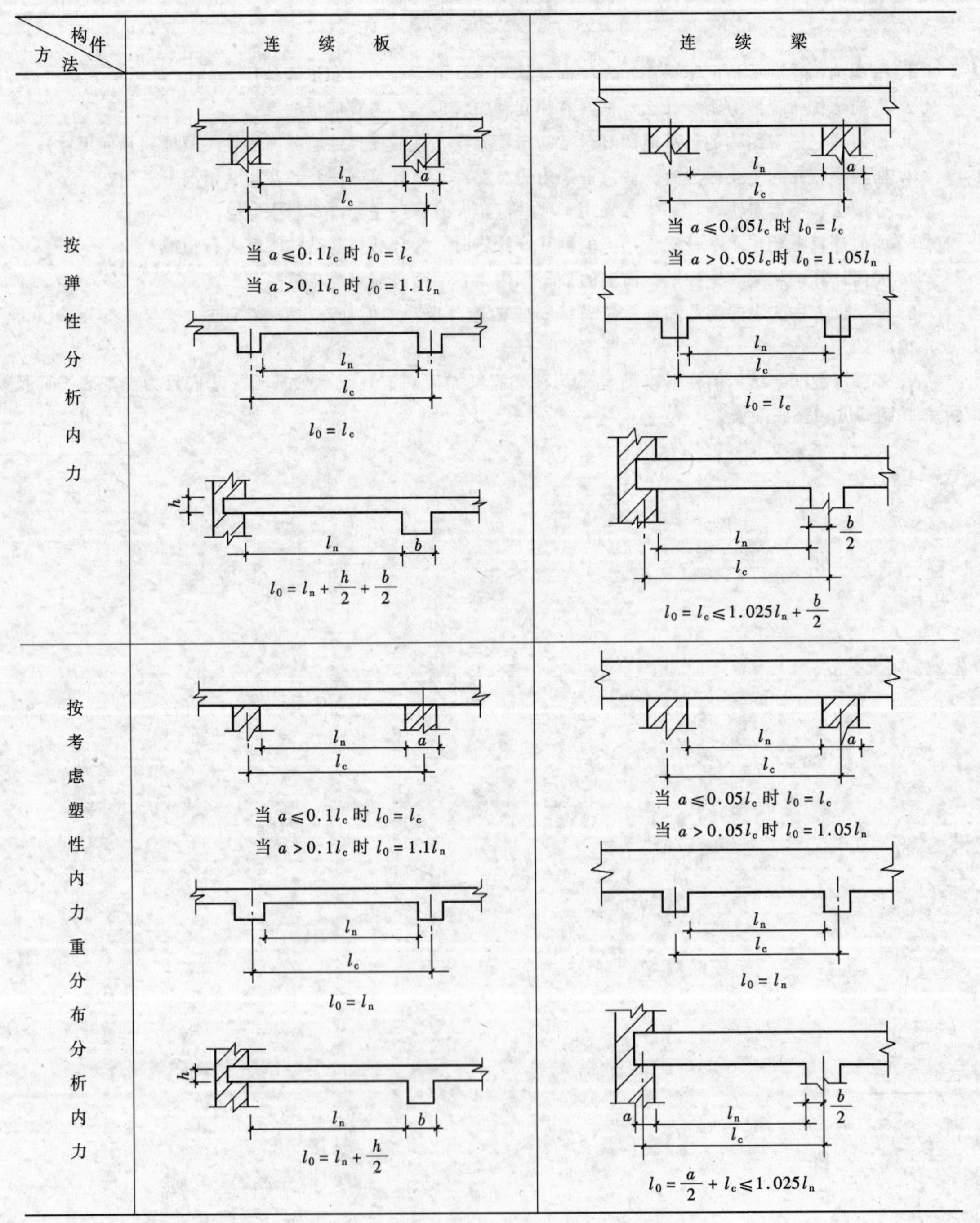

方法＼构件	连续板	连续梁
按弹性分析内力	当 $a \leqslant 0.1l_c$ 时 $l_0 = l_c$ 当 $a > 0.1l_c$ 时 $l_0 = 1.1l_n$ $l_0 = l_c$ $l_0 = l_n + \frac{h}{2} + \frac{b}{2}$	当 $a \leqslant 0.05l_c$ 时 $l_0 = l_c$ 当 $a > 0.05l_c$ 时 $l_0 = 1.05l_n$ $l_0 = l_c$ $l_0 = l_c \leqslant 1.025l_n + \frac{b}{2}$
按考虑塑性内力重分布分析内力	当 $a \leqslant 0.1l_c$ 时 $l_0 = l_c$ 当 $a > 0.1l_c$ 时 $l_0 = 1.1l_n$ $l_0 = l_n$ $l_0 = l_n + \frac{h}{2}$	当 $a \leqslant 0.05l_c$ 时 $l_0 = l_c$ 当 $a > 0.05l_c$ 时 $l_0 = 1.05l_n$ $l_0 = l_n$ $l_0 = \frac{a}{2} + l_c \leqslant 1.025l_n$

附录2　等截面等跨连续梁在常用荷载作用下按弹性分析的内力系数表

1. 在均布及三角形荷载作用下：

$$M = 表中系数 \times ql_0^2;$$

$$V = 表中系数 \times ql_0;$$

2. 在集中荷载作用下：

$$M = 表中系数 \times Fl_0;$$

$$V = 表中系数 \times F;$$

3. 内力正负号规定：

M—— 使截面上部受压、下部受拉为正；

V—— 对邻近截面所产生的力矩沿顺时针方向者为正。

两　　跨　　梁　　　　**附表 2-1**

荷　载　图	跨内最大弯距		支座弯矩	剪　　力		
	M_1	M_2	M_B	V_A	V_{Bl} V_{Br}	V_C
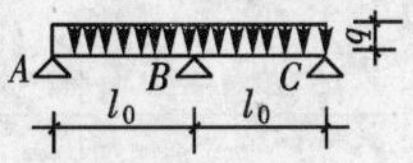 A B C, l_0 l_0, q	0.070	0.070	-0.125	0.375	-0.625 0.625	-0.375
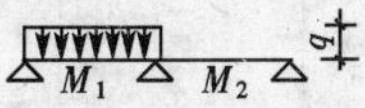 M_1 M_2, q	0.096	—	-0.063	0.437	-0.563 0.063	0.063
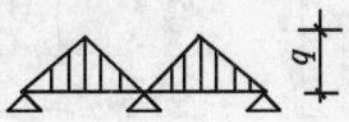 q	0.048	0.048	-0.078	0.172	-0.328 0.328	-0.172
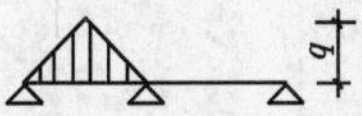 q	0.064	—	-0.039	0.211	-0.289 0.039	0.039
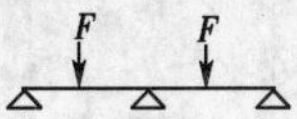 F F	0.156	0.156	-0.188	0.312	-0.688 0.688	-0.312
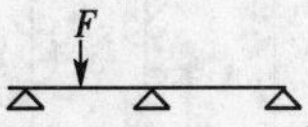 F	0.203	—	-0.094	0.406	-0.594 0.094	0.094
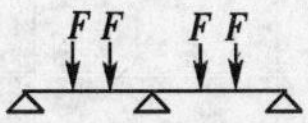 F F F F	0.222	0.222	-0.333	0.667	-1.333 1.333	-0.667
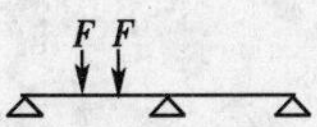 F F	0.278	—	-0.167	0.833	-1.167 0.167	0.167

三 跨 梁

附表 2-2

荷载图	跨内最大弯矩		支座弯矩		剪力			
	M_1	M_2	M_B	M_C	V_A	V_{Bl} V_{Br}	V_{Cl} V_{Cr}	V_D
A B C D; l_0 l_0 l_0; b	0.080	0.025	−0.100	−0.100	0.400	−0.600 0.500	−0.500 0.600	−0.400
M_1 M_2 M_3; b	0.101	—	−0.050	−0.050	0.450	−0.550 0	0 0.550	−0.450
b	—	0.075	−0.050	−0.050	0.050	−0.050 0.500	−0.500 0.050	0.050
b	0.073	0.054	−0.117	−0.033	0.383	−0.617 0.583	−0.417 0.033	0.033
b	0.094	—	−0.067	0.017	0.433	−0.567 0.083	0.083 −0.017	−0.017
b	0.054	0.021	−0.063	−0.063	0.183	−0.313 0.250	−0.250 0.313	−0.188
b	0.068	—	−0.031	−0.031	0.219	−0.281 0	0 0.281	−0.219

续表

荷载图	跨内最大弯矩		支座弯矩		剪力			
	M_1	M_2	M_B	M_C	V_A	V_{Bl} V_{Br}	V_{Cl} V_{Cr}	V_D
	—	0.052	-0.031	-0.031	0.031	-0.031 0.250	-0.250 0.031	0.031
	0.050	0.038	-0.073	-0.021	0.177	-0.323 0.302	-0.198 0.021	0.021
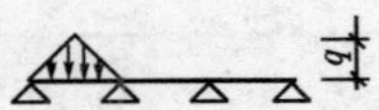	0.063	—	-0.042	0.010	0.208	-0.292 0.052	0.052 -0.010	-0.010
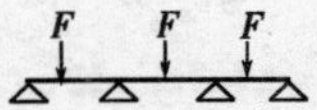 F F F	0.175	0.100	-0.150	-0.150	0.350	-0.650 0.500	-0.500 0.650	-0.350
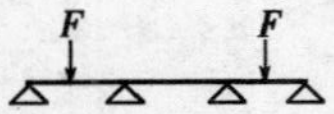 F F	0.213	—	-0.075	-0.075	0.425	-0.575 0	0 0.575	-0.425
 F	—	0.175	-0.075	-0.075	-0.075	-0.075 0.500	-0.500 0.075	0.075
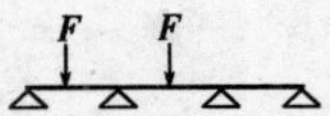 F F	0.162	0.137	-0.175	-0.050	0.325	-0.675 0.625	-0.375 0.050	0.050

续表

荷载图	跨内最大弯矩		支座弯矩		剪力			
	M_1	M_2	M_B	M_C	V_A	V_{Bl} V_{Br}	V_{Cl} V_{Cr}	V_D
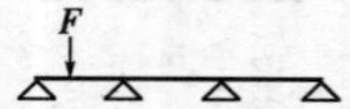 F	0.200	—	−0.100	0.025	0.400	−0.600 0.125	0.125 −0.025	−0.025
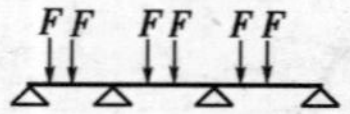 FF FF FF	0.244	0.067	−0.267	−0.267	0.733	−1.267 1.000	−1.000 1.267	−0.733
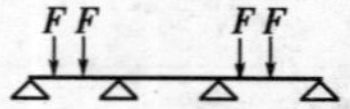 FF FF	0.289	—	−0.133	−0.133	0.866	−1.134 0	0 1.134	−0.866
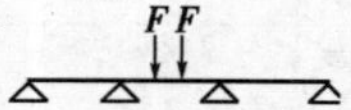 FF	—	0.200	−0.133	−0.133	−0.133	−0.133 1.000	−1.000 0.133	0.133
 FF FF	0.229	0.170	−0.311	−0.089	0.689	−1.311 1.222	−0.778 0.089	0.089
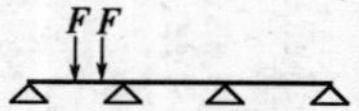 FF	0.274	—	−0.178	0.044	0.822	−1.178 0.222	0.222 −0.044	−0.044

附表 2-3

四 跨 梁

荷载图	跨内最大弯矩				支座弯矩			剪力				
	M_1	M_2	M_3	M_4	M_B	M_C	M_D	V_A	V_{Bl} V_{Br}	V_{Cl} V_{Cr}	V_{Dl} V_{Dr}	V_E
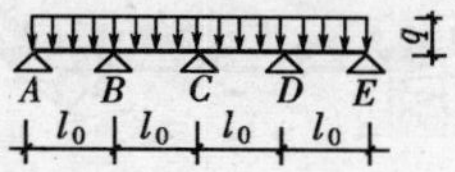 q; A B C D E; l_0 l_0 l_0 l_0	0.077	0.036	0.036	0.077	-0.107	-0.071	-0.107	0.393	-0.607 0.536	-0.464 0.464	-0.536 0.607	-0.393
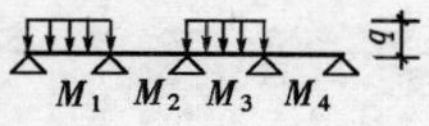 q; M_1 M_2 M_3 M_4	0.100	—	0.081	—	-0.054	-0.036	-0.054	0.446	-0.554 0.018	0.018 0.482	-0.518 0.054	0.054
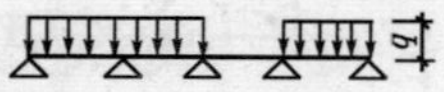 q	0.072	0.061	—	0.098	-0.121	-0.018	-0.058	0.380	-0.620 0.603	-0.397 -0.040	-0.040 0.558	-0.442
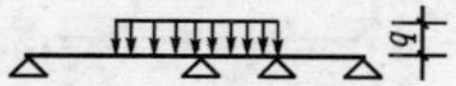 q	—	0.056	0.056	—	-0.036	-0.107	-0.036	-0.036	-0.036 0.429	-0.571 0.571	-0.429 0.036	0.036
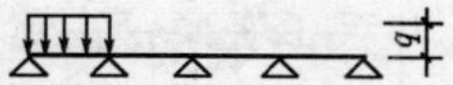 q	0.094	—	—	—	-0.067	0.018	-0.004	0.433	-0.567 0.085	0.085 -0.022	-0.022 0.004	0.004
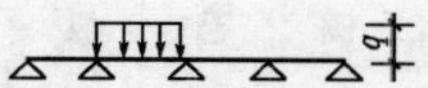 q	—	0.071	—	—	-0.049	-0.054	0.013	-0.049	-0.049 0.496	-0.504 0.067	0.067 -0.013	-0.013

续表

荷载图	跨内最大弯矩				支座弯矩			剪力				
	M_1	M_2	M_3	M_4	M_B	M_C	M_D	V_A	V_{Bl} V_{Br}	V_{Cl} V_{Cr}	V_{Dl} V_{Dr}	V_E
q	0.052	0.028	0.028	0.052	-0.067	-0.045	-0.067	0.183	-0.317 0.272	-0.228 0.228	-0.272 0.317	-0.183
q	0.067	0.055	—	—	-0.034	-0.022	-0.034	0.217	-0.284 0.011	0.011 0.239	-0.261 0.034	0.034
q	0.049	0.042	—	0.066	-0.075	-0.011	-0.036	0.175	-0.325 0.314	-0.186 0.025	-0.025 0.286	-0.214
q	—	0.040	0.040	—	-0.022	-0.067	-0.022	-0.022	-0.022 0.205	-0.295 0.295	-0.205 0.022	0.022
q	0.063	—	—	—	-0.042	0.011	-0.003	0.208	-0.292 0.053	0.053 -0.014	-0.014 0.003	0.003
q	—	0.051	—	—	-0.031	-0.034	0.008	-0.031	-0.031 0.247	-0.253 0.042	0.042 -0.008	-0.008

续表

荷载图	跨内最大弯矩				支座弯矩			剪力				
	M_1	M_2	M_3	M_4	M_B	M_C	M_D	V_A	V_{Bl} V_{Br}	V_{Cl} V_{Cr}	V_{Dl} V_{Dr}	V_E
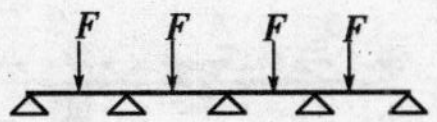 F F F F	0.169	0.116	0.116	0.169	-0.161	-0.107	-0.161	0.339	-0.661 0.554	-0.446 0.446	-0.554 0.661	-0.339
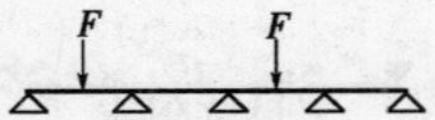 F F	0.210	—	0.183	—	-0.080	-0.054	-0.080	0.420	-0.580 0.027	0.027 0.473	-0.527 0.080	0.080
 F F F	0.159	0.146	—	0.206	-0.181	-0.027	-0.087	0.319	-0.681 0.654	-0.346 -0.060	-0.060 0.587	-0.413
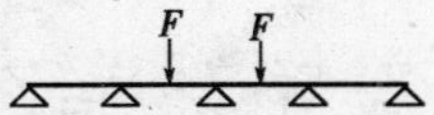 F F	—	0.142	0.142	—	-0.054	-0.161	-0.054	0.054	-0.054 0.393	-0.607 0.607	-0.393 0.054	0.054
 F	0.200	—	—	—	-0.100	0.027	-0.007	0.400	-0.600 0.127	0.127 -0.033	-0.033 0.007	0.007
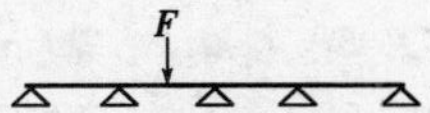 F	—	0.173	—	—	-0.074	-0.080	0.020	-0.074	-0.074 0.493	-0.507 0.100	0.100 -0.020	-0.020

续表

荷载图	跨内最大弯矩				支座弯矩			剪力				
	M_1	M_2	M_3	M_4	M_B	M_C	M_D	V_A	V_{Bl} V_{Br}	V_{Cl} V_{Cr}	V_{Dl} V_{Dr}	V_E
	0.238	0.111	0.111	0.238	-0.286	-0.191	-0.286	0.714	1.286 1.095	-0.905 0.905	-1.095 1.286	-0.714
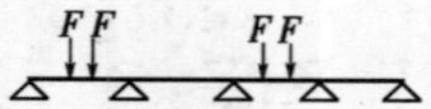	0.286	—	0.222	—	-0.143	-0.095	-0.143	0.857	-0.143 0.048	0.048 0.952	-1.048 0.143	0.143
	0.226	0.194	—	0.282	-0.321	-0.048	-0.155	0.679	-1.321 1.274	-0.726 -0.107	-0.107 1.155	-0.845
	—	0.175	0.175	—	-0.095	-0.286	-0.095	-0.095	-0.095 0.810	-1.190 1.190	-0.810 0.095	0.095
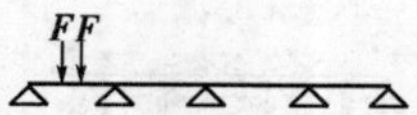	0.274	—	—	—	-0.178	0.048	-0.012	0.822	-1.178 0.226	0.226 -0.060	-0.060 0.012	0.012
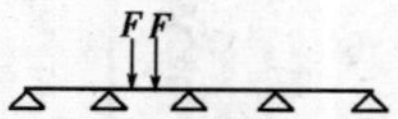	—	0.198	—	—	-0.131	-0.143	0.036	-0.131	-0.131 0.988	-1.012 0.178	0.178 -0.036	-0.036

附表 2-4

五　跨　梁

荷载图	跨内最大弯矩			支座弯矩				剪力					
	M_1	M_2	M_3	M_B	M_C	M_D	M_E	V_A	V_{Bl} V_{Br}	V_{Cl} V_{Cr}	V_{Dl} V_{Dr}	V_{El} V_{Er}	V_F
A B C D E F	0.078	0.033	0.046	−0.105	−0.079	−0.079	−0.105	0.394	−0.606 0.526	−0.474 0.500	−0.500 0.474	−0.526 0.606	−0.394
$M_1 M_2 M_3 M_4 M_5$	0.100	—	0.085	−0.053	−0.040	−0.040	−0.053	0.447	−0.553 0.013	0.013 0.500	−0.500 −0.013	−0.013 0.553	−0.447
	—	0.079	—	−0.053	−0.040	−0.040	−0.053	−0.053	−0.053 0.513	−0.487 0	0 0.487	−0.513 0.053	0.053
	0.073	②0.059 0.078	—	−0.119	−0.022	−0.044	−0.051	0.380	−0.620 0.598	−0.402 −0.023	−0.023 0.493	−0.507 0.052	0.052
	①— 0.098	0.055	0.064	−0.035	−0.111	−0.020	−0.057	0.035	0.035 0.424	0.576 0.591	−0.409 −0.037	−0.037 0.557	−0.443
	0.094	—	—	−0.067	0.018	−0.005	0.001	0.433	0.567 0.085	0.085 0.023	0.023 0.006	0.006 −0.001	0.001

续表

荷载图	跨内最大弯矩			支座弯矩				剪力					
	M_1	M_2	M_3	M_B	M_C	M_D	M_E	V_A	V_{Bl} V_{Br}	V_{Cl} V_{Cr}	V_{Dl} V_{Dr}	V_{El} V_{Er}	V_F
	—	0.074	—	−0.049	−0.054	0.014	−0.004	0.019	−0.049 0.495	−0.505 0.068	0.068 −0.018	−0.018 0.004	0.004
	—	—	0.072	0.013	0.053	0.053	0.013	0.013	0.013 −0.066	−0.066 0.500	−0.500 0.066	0.066 −0.013	0.013
	0.053	0.026	0.034	−0.066	−0.049	0.049	−0.066	0.184	−0.316 0.266	−0.234 0.250	−0.250 0.234	−0.266 0.316	0.184
	0.067	—	0.059	−0.033	−0.025	−0.025	0.033	0.217	0.283 0.008	0.008 0.250	−0.250 −0.008	−0.008 0.283	0.217
	—	0.055	—	−0.033	−0.025	−0.025	−0.033	0.033	−0.033 0.258	−0.242 0	0 0.242	−0.258 0.033	0.033
	0.049	②0.041 0.053	—	−0.075	−0.014	−0.028	−0.032	0.175	0.325 0.311	−0.189 −0.014	−0.014 0.246	−0.255 0.032	0.032

续表

荷载图	跨内最大弯矩			支座弯矩				剪力					
	M_1	M_2	M_3	M_B	M_C	M_D	M_E	V_A	V_{Bl} V_{Br}	V_{Cl} V_{Cr}	V_{Dl} V_{Dr}	V_{El} V_{Er}	V_F
	①— 0.066	0.039	0.044	-0.022	-0.070	-0.013	-0.036	-0.022	-0.022 0.202	-0.298 0.307	-0.193 -0.023	-0.023 0.286	-0.214
	0.063	—	—	-0.042	0.011	-0.003	0.001	0.208	-0.292 0.053	0.053 -0.014	-0.014 0.004	0.004 -0.001	-0.001
	—	0.051	—	-0.031	-0.034	0.009	-0.002	-0.031	-0.031 0.247	-0.253 0.043	0.043 -0.011	-0.011 0.002	0.002
	—	—	0.050	0.008	-0.033	-0.033	0.008	0.008	0.008 -0.041	-0.041 0.250	-0.250 0.041	0.041 -0.008	-0.008
F F F F F	0.171	0.112	0.132	-0.158	-0.118	-0.118	-0.158	0.342	-0.658 0.540	-0.460 0.500	-0.500 0.460	-0.540 0.658	-0.342
A F B C F D E F F	0.211	—	0.191	-0.079	-0.059	-0.059	-0.079	0.421	-0.579 0.020	0.020 0.500	-0.500 -0.020	-0.020 0.579	-0.421

续表

荷载图	跨内最大弯矩			支座弯矩				剪力					
	M_1	M_2	M_3	M_B	M_C	M_D	M_E	V_A	V_{Bl} V_{Br}	V_{Cl} V_{Cr}	V_{Dl} V_{Dr}	V_{El} V_{Er}	V_F
	—	0.181	—	−0.079	−0.059	−0.059	−0.079	−0.079	−0.079 0.520	−0.480 0	0 0.480	−0.520 0.079	0.079
	0.160	②0.144 0.178	—	−0.179	−0.032	−0.066	−0.077	0.321	−0.679 0.647	−0.353 −0.034	−0.034 0.489	−0.511 0.077	0.077
	①— 0.207	0.140	0.151	−0.052	−0.167	−0.031	−0.086	−0.052	−0.052 0.385	−0.615 0.637	−0.363 −0.056	−0.056 0.586	−0.414
	0.200	—	—	−0.100	0.027	−0.007	0.002	0.400	−0.600 0.127	0.127 −0.031	−0.034 0.009	0.009 −0.002	−0.002
	—	0.173	—	−0.073	−0.081	0.022	−0.005	−0.073	−0.073 0.493	−0.507 0.102	0.102 −0.027	−0.027 0.005	0.005
	—	—	0.171	0.020	−0.079	−0.079	0.020	0.020	0.020 −0.099	−0.099 0.500	−0.500 0.099	0.099 −0.020	−0.020
	0.240	0.100	0.122	−0.281	−0.211	−0.211	−0.281	0.719	−1.281 1.070	−0.930 1.000	−1.000 0.930	1.070 1.281	−0.719

续表

荷载图	跨内最大弯矩			支座弯矩				剪力					
	M_1	M_2	M_3	M_B	M_C	M_D	M_E	V_A	V_{Bl} V_{Br}	V_{Cl} V_{Cr}	V_{Dl} V_{Dr}	V_{El} V_{Er}	V_F
FF FF FF	0.287	—	0.228	-0.140	-0.105	-0.105	-0.140	0.860	-1.140 0.035	0.035 1.000	1.000 -0.035	-0.035 1.140	-0.860
FF FF	—	0.216	—	-0.140	-0.105	-0.105	-0.140	-0.140	-0.140 1.035	-0.965 0.000	0.000 0.965	-1.035 0.140	0.140
FF FF FF	0.227	②0.189/0.209	—	-0.319	-0.057	-0.118	-0.137	0.681	-1.319 1.262	-0.738 -0.061	-0.061 0.981	-1.019 0.137	0.137
FF FF FF	①—/0.282	0.172	0.198	-0.093	-0.297	-0.054	-0.153	-0.093	-0.093 0.796	-1.204 1.243	-0.757 -0.099	-0.099 1.153	-0.847
FF	0.274	—	—	-0.179	0.048	-0.013	0.003	0.821	-1.179 0.227	0.227 -0.061	-0.061 0.016	0.016 -0.003	-0.003
FF	—	0.198	—	-0.131	-0.144	0.038	-0.010	-0.131	-0.131 0.987	-1.013 0.182	0.182 -0.048	-0.048 0.010	0.010
FF	—	—	0.193	0.035	-0.140	-0.140	0.035	0.035	0.035 -0.175	-0.175 1.000	-1.000 0.175	0.175 -0.035	-0.035

表中：①分子及分母分别为 M_1 及 M_5 的弯矩系数；②分子及分母分别为 M_2 及 M_4 的弯矩系数。

附录 3　双向板按弹性分析的计算系数表

符号说明

$$B_C = \frac{E_c h^3}{12(1-\nu^2)}$$ 截面抗弯刚度；

式中　E_c——混凝土弹性模量；

h——板厚；

ν——泊桑比，混凝土可取 $\nu=0.2$；

a_f、a_{fmax}——分别为板中心点的挠度和最大挠度；

m_x、m_{xmax}——分别为平行于 l_x 方向板中心点单位板宽内的弯矩和板跨内最大弯矩；

m_y、m_{ymax}——分别为平行于 l_y 方向板中心点单位板宽内的弯矩和板跨内最大弯矩；

m'_x——固定边中点沿 l_y 方向单位板宽内的弯矩；

m'_y——固定边中点沿 l_x 方向单位板宽内的弯矩；

------代表简支边；|||||代表固定边。

正负号的规定：

弯矩——使板的受荷面受压者为正；

挠度——变位方向与荷载方向相同者为正。

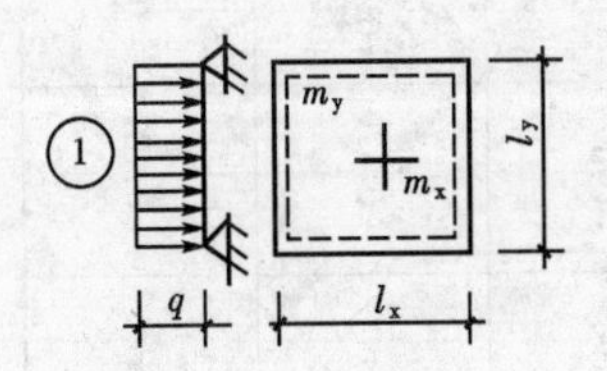

挠度 = 表中系数 × $\frac{ql^4}{B_C}$；

$\nu=0$，弯矩 = 表中系数 × ql^2。

式中 l 取用 l_x 和 l_y 中的较小者。

附表 3-1

l_x/l_y	a_f	m_x	m_y	l_x/l_y	a_f	m_x	m_y
0.50	0.01013	0.0965	0.0174	0.80	0.00603	0.0561	0.0334
0.55	0.00940	0.0892	0.0210	0.85	0.00547	0.0506	0.0348
0.60	0.00867	0.0820	0.0242	0.90	0.00496	0.0456	0.0358
0.65	0.00796	0.0750	0.0271	0.95	0.00449	0.0410	0.0364
0.70	0.00727	0.0683	0.0296	1.00	0.00406	0.0368	0.0368
0.75	0.00663	0.0620	0.0317				

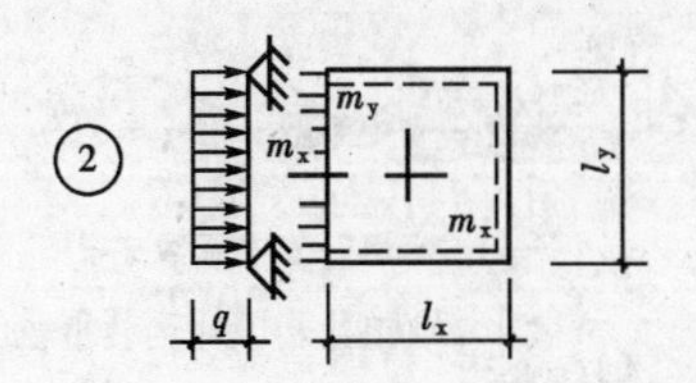

挠度＝表中系数×$\frac{ql^4}{B_C}$；

$\nu=0$，弯矩＝表中系数×ql^2。

式中 l 取用 l_x 和 l_y 中的较小者。

附表 3-2

l_x/l_y	l_y/l_x	a_f	a_{fmax}	m_x	m_{xmax}	m_y	m_{ymax}	m'_x
0.50		0.00488	0.00504	0.0583	0.0646	0.0060	0.0063	−0.1212
0.55		0.00471	0.00492	0.0563	0.0618	0.0081	0.0087	−0.1187
0.60		0.00453	0.00472	0.0539	0.0589	0.0104	0.0111	−0.1158
0.65		0.00432	0.00448	0.0513	0.0559	0.0126	0.0133	−0.1124
0.70		0.00410	0.00422	0.0485	0.0529	0.0148	0.0154	−0.1087
0.75		0.00388	0.00399	0.0457	0.0496	0.0168	0.0174	−0.1048
0.80		0.00365	0.00376	0.0428	0.0463	0.0187	0.0193	−0.1007
0.85		0.00343	0.00352	0.0400	0.0431	0.0204	0.0211	−0.0965
0.90		0.00321	0.00329	0.0372	0.0400	0.0219	0.0226	−0.0922
0.95		0.00299	0.00306	0.0345	0.0369	0.0232	0.0239	−0.0880
1.00	1.00	0.00279	0.00285	0.0319	0.0340	0.0243	0.0249	−0.0839
	0.95	0.00316	0.00324	0.0324	0.0345	0.0280	0.0287	−0.0882
	0.90	0.00360	0.00368	0.0328	0.0347	0.0322	0.0330	−0.0926
	0.85	0.00409	0.00417	0.0329	0.0345	0.0370	0.0373	−0.0970
	0.80	0.00464	0.00473	0.0326	0.0343	0.0424	0.0433	−0.1014
	0.75	0.00526	0.00536	0.0319	0.0335	0.0485	0.0494	−0.1056
	0.70	0.00595	0.00605	0.0308	0.0323	0.0553	0.0562	−0.1096
	0.65	0.00670	0.00680	0.0291	0.0306	0.0627	0.0637	−0.1133
	0.60	0.00752	0.00762	0.0268	0.0289	0.0707	0.0717	−0.1166
	0.55	0.00838	0.00848	0.0239	0.0271	0.0792	0.0801	−0.1193
	0.50	0.00927	0.00935	0.0205	0.0249	0.0880	0.0888	−0.1215

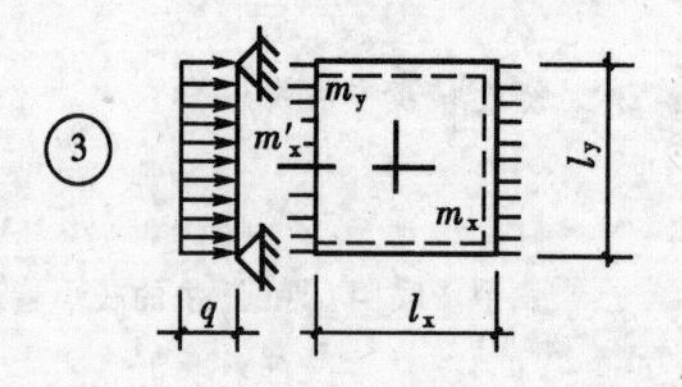

挠度 = 表中系数 × $\frac{ql^4}{B_C}$；

$\nu=0$，弯矩 = 表中系数 × ql^2。

式中 l 取用 l_x 和 l_y 中的较小者。

附表 3-3

l_x/l_y	l_y/l_x	a_f	m_x	m_y	m'_x
0.50		0.00261	0.0416	0.0017	-0.0843
0.55		0.00259	0.0410	0.0028	-0.0840
0.60		0.00255	0.0402	0.0042	-0.0834
0.65		0.00250	0.0392	0.0057	-0.0826
0.70		0.00243	0.0379	0.0072	-0.0814
0.75		0.00236	0.0366	0.0088	-0.0799
0.80		0.00228	0.0351	0.0103	-0.0782
0.85		0.00220	0.0335	0.0118	-0.0763
0.90		0.00211	0.0319	0.0133	-0.0743
0.95		0.00201	0.0302	0.0146	-0.0721
1.00	1.00	0.00192	0.0285	0.0158	-0.0698
	0.95	0.00223	0.0296	0.0189	-0.0746
	0.90	0.00260	0.0306	0.0224	-0.0797
	0.80	0.00303	0.0314	0.0266	-0.0850
	0.85	0.00354	0.0319	0.0316	-0.0904
	0.75	0.00413	0.0321	0.0374	-0.0959
	0.70	0.00482	0.0318	0.0441	-0.1013
	0.65	0.00560	0.0308	0.0518	-0.1066
	0.60	0.00647	0.0292	0.0604	-0.1114
	0.55	0.00743	0.0267	0.0698	-0.1156
	0.50	0.00844	0.0234	0.0798	-0.1191

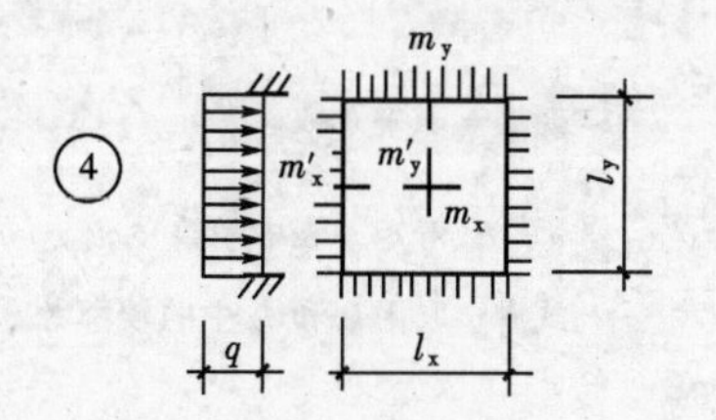

挠度 = 表中系数 × $\frac{ql^4}{B_C}$；

$\nu = 0$，弯矩 = 表中系数 × ql^2。

式中 l 取用 l_x 和 l_y 中的较小者。

附表 3-4

l_x/l_y	a_f	m_x	m_y	m'_x	m'_y
0.50	0.00253	0.0400	0.0038	−0.0829	−0.0570
0.55	0.00246	0.0385	0.0056	−0.0814	−0.0571
0.60	0.00236	0.0367	0.0076	−0.0793	−0.0571
0.65	0.00224	0.0345	0.0095	−0.0766	−0.0571
0.70	0.00211	0.0321	0.0113	−0.0735	−0.0569
0.75	0.00197	0.0296	0.0130	−0.0701	−0.0565
0.80	0.00182	0.0271	0.0144	−0.0664	−0.0559
0.85	0.00168	0.0246	0.0156	−0.0626	−0.0551
0.90	0.00153	0.0221	0.0165	−0.0588	−0.0541
0.95	0.00140	0.0198	0.0172	−0.0550	−0.0528
1.00	0.00127	0.0176	0.0176	−0.0513	−0.0513

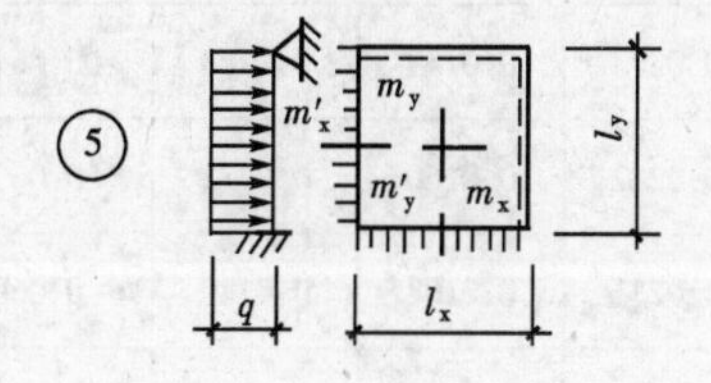

挠度 = 表中系数 × $\frac{ql^4}{B_C}$；

$\nu = 0$，弯矩 = 表中系数 × ql^2。

式中 l 取用 l_x 和 l_y 中的较小者。

附表 3-5

l_x/l_y	a_f	a_{fmax}	m_x	m_{xmax}	m_y	m_{ymax}	m'_x	m'_y
0.50	0.00468	0.00471	0.0559	0.0562	0.0079	0.0135	−0.1179	−0.0786
0.55	0.00445	0.00454	0.0529	0.0530	0.0104	0.0153	−0.1140	−0.0785
0.60	0.00419	0.00429	0.0496	0.0498	0.0129	0.0169	−0.1095	−0.0782
0.65	0.00391	0.00399	0.0461	0.0465	0.0151	0.0183	−0.1045	−0.0777
0.70	0.00363	0.00368	0.0426	0.0432	0.0172	0.0195	−0.0992	−0.0770
0.75	0.00335	0.00340	0.0390	0.0396	0.0189	0.0206	−0.0938	−0.0760
0.80	0.00308	0.00313	0.0356	0.0361	0.0204	0.0218	−0.0883	−0.0748
0.85	0.00281	0.00286	0.0322	0.0328	0.0215	0.0229	−0.0829	−0.0733
0.90	0.00256	0.00261	0.0291	0.0297	0.0224	0.0238	−0.0776	−0.0716
0.95	0.00232	0.00237	0.0261	0.0267	0.0230	0.0244	−0.0726	−0.0698
1.00	0.00210	0.00215	0.0234	0.0240	0.0234	0.0249	−0.0677	−0.0677

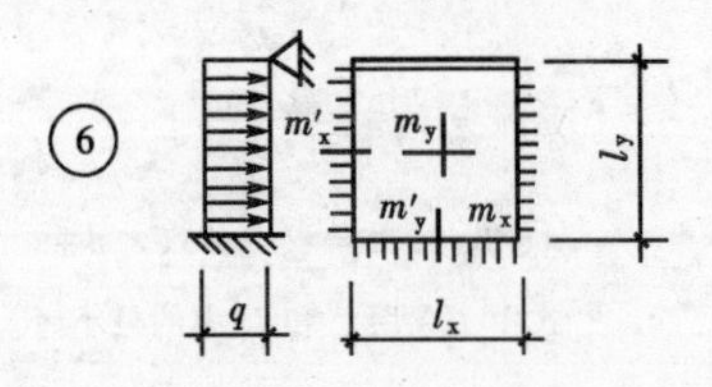

挠度 = 表中系数 × $\frac{ql^4}{B_C}$；

$\nu=0$，弯矩 = 表中系数 × ql^2。

式中 l 取用 l_x 和 l_y 中的较小者。

附表 3-6

l_x/l_y	l_y/l_x	a_f	a_{fmax}	m_x	m_{xmax}	m_y	m_{ymax}	m'_x	m'_y
0.50		0.00257	0.00258	0.0408	0.0409	0.0028	0.0089	−0.0836	−0.0569
0.55		0.00252	0.00255	0.0398	0.0399	0.0042	0.0093	−0.0827	−0.0570
0.60		0.00245	0.00249	0.0384	0.0386	0.0059	0.0105	−0.0814	−0.0571
0.65		0.00237	0.00240	0.0368	0.0371	0.0076	0.0116	−0.0796	−0.0572
0.70		0.00227	0.00229	0.0350	0.0354	0.0093	0.0127	−0.0774	−0.0572
0.75		0.00216	0.00219	0.0331	0.0335	0.0109	0.0137	−0.0750	−0.0572
0.80		0.00205	0.00208	0.0310	0.0314	0.0124	0.0147	−0.0722	−0.0570
0.85		0.00193	0.00196	0.0289	0.0293	0.0138	0.0155	−0.0693	−0.0567
0.90		0.00181	0.00184	0.0268	0.0273	0.0159	0.0163	−0.0663	−0.0563
0.95		0.00169	0.00172	0.0247	0.0252	0.0160	0.0172	−0.0631	−0.0558
1.00	1.00	0.00157	0.00160	0.0227	0.0231	0.0168	0.0180	−0.0600	−0.0550
	0.95	0.00178	0.00182	0.0229	0.0234	0.0194	0.0207	−0.0629	−0.0599
	0.90	0.00201	0.00206	0.0228	0.0234	0.0223	0.0238	−0.0656	−0.0653
	0.85	0.00227	0.00233	0.0225	0.0231	0.0255	0.0273	−0.0683	−0.0711
	0.80	0.00256	0.00262	0.0219	0.0224	0.0290	0.0311	−0.0707	−0.0772
	0.75	0.00286	0.00294	0.0208	0.0214	0.0329	0.0354	−0.0729	−0.0837
	0.70	0.00319	0.00327	0.0194	0.0200	0.0370	0.0400	−0.0748	−0.0903
	0.65	0.00352	0.00365	0.0175	0.0182	0.0412	0.0446	−0.0762	−0.0970
	0.60	0.00386	0.00403	0.0153	0.0160	0.0454	0.0493	−0.0773	−0.1033
	0.55	0.00419	0.00437	0.0127	0.0133	0.0496	0.0541	−0.0780	−0.1093
	0.50	0.00449	0.00463	0.0099	0.0103	0.0534	0.0588	−0.0784	−0.1146

附录4　等效均布荷载表

等　效　均　布　荷　载　q_1　　　　附表 4-1

序　号	荷　载　草　图	q_1
1	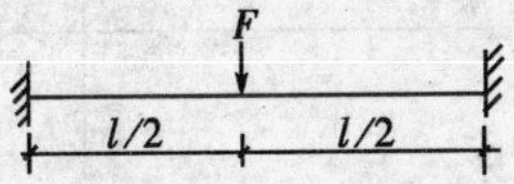 F；$l/2$　$l/2$	$\frac{3F}{2l}$
2	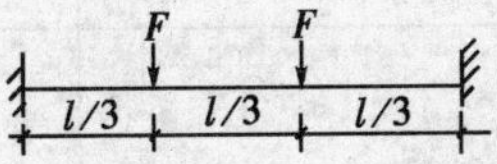 F　F；$l/3$　$l/3$　$l/3$	$\frac{8F}{3l}$
3	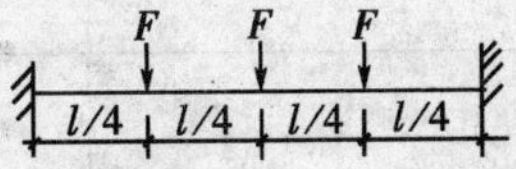 F　F　F；$l/4$　$l/4$　$l/4$　$l/4$	$\frac{15F}{4l}$
4	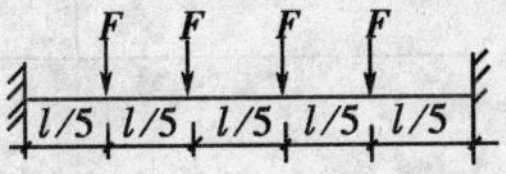 F　F　F　F；$l/5$　$l/5$　$l/5$　$l/5$　$l/5$	$\frac{24F}{5l}$
5	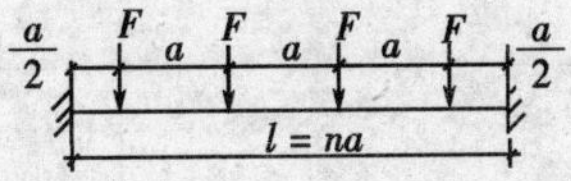 $\frac{a}{2}$　F　a　F　a　F　a　F　$\frac{a}{2}$；$l=na$	$\frac{(n^2-1)F}{nl}$
6	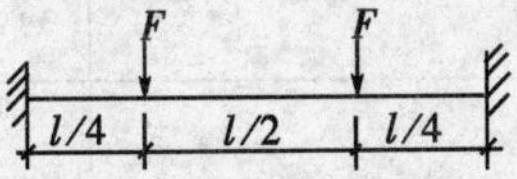 F　F；$l/4$　$l/2$　$l/4$	$\frac{9F}{4l}$
7	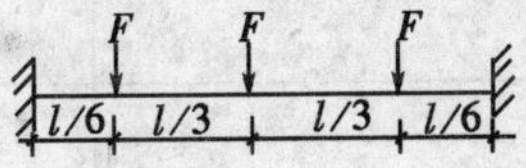 F　F　F；$l/6$　$l/3$　$l/3$　$l/6$	$\frac{19F}{6l}$
8	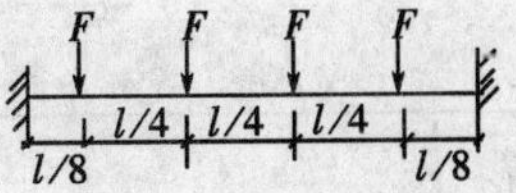 F　F　F　F；$l/8$　$l/4$　$l/4$　$l/4$　$l/8$	$\frac{33F}{8l}$
9	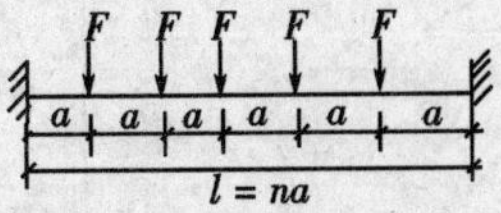 F　F　F　F　F；a　a　a　a　a　a；$l=na$	$\frac{(2n^2+1)F}{2nl}$

续表

序号	荷载草图	q_1
10	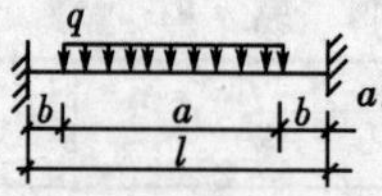 q; b, a, b; l; $a/l=\alpha$	$\frac{\alpha(3-\alpha^2)}{2}q$
11	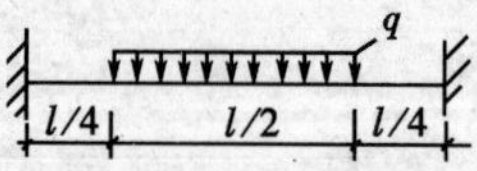 q; $l/4$, $l/2$, $l/4$	$\frac{11}{16}q$
12	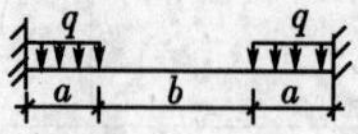 q, q; a, b, a; $a/l=\alpha$; $a/l=\beta$	$\frac{2(2+\beta)\alpha^2}{l^2}q$
13	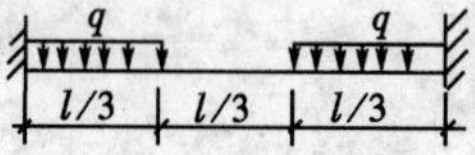 q, q; $l/3$, $l/3$, $l/3$	$\frac{14}{27}q$
14	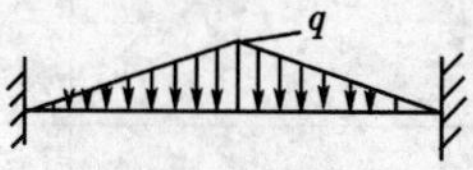 q	$\frac{5}{8}q$
15	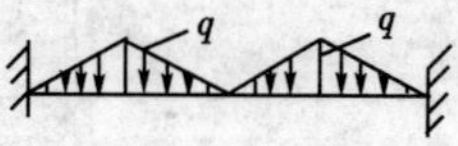 q, q	$\frac{17}{32}q$
16	 q; a; $a/l=\alpha$	$\frac{\alpha}{4}\left(3-\frac{\alpha^2}{2}\right)q$
17	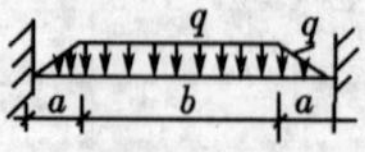 q, q; a, b, a; $a/l=\alpha$	$(1-2\alpha^2+\alpha^3)q$
18	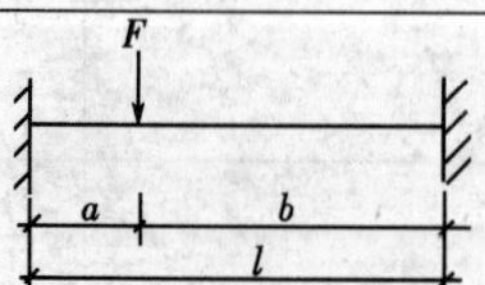 F; a, b; l; $a/l=\alpha$; $a/l=\beta$	$q_{1左}=4\beta(1-\beta^2)\frac{F}{l}$ $q_{1右}=4\alpha(1-\alpha^2)\frac{F}{l}$

附录5　屋面积雪分布系数表

屋面积雪分布系数 μ_r　　**附表 5-1**

<table>
<tr><th>序号</th><th>名称</th><th>屋面形式及分布系数 μ_r</th></tr>
<tr><td>1</td><td>坡屋面</td><td>

μ_r

α

(a)单坡屋面 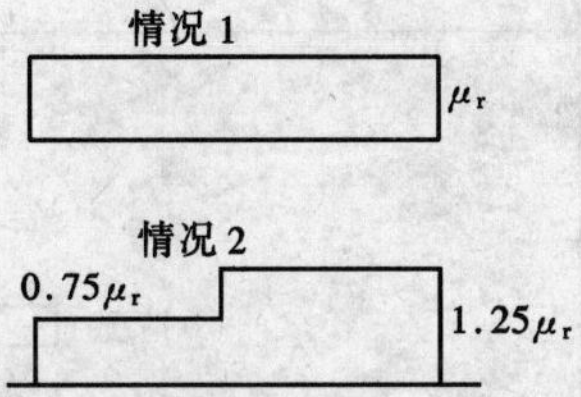 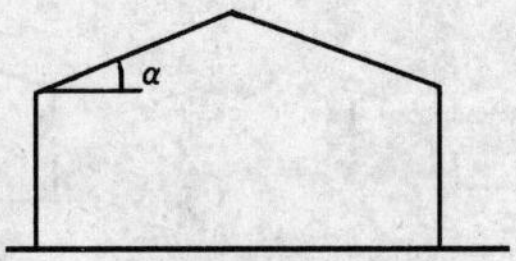

情况1

μ_r

情况2

$0.75\mu_r$　$1.25\mu_r$

α

(b)双坡屋面

双坡屋面的情况2仅当20°≤α≤30°时才考虑

α	μ_r
≤25°	1.0
30°	0.8
35°	0.6
40°	0.4
45°	0.2
≥50°	0

</td></tr>
<tr><td>2</td><td>拱形屋面</td><td>

μ_r

$\alpha=50°$　f　l

$\mu_r=\frac{l}{8f}$，但不大于1并不小于0.4

</td></tr>
</table>

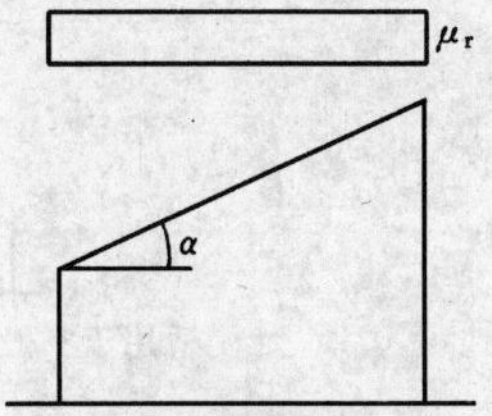

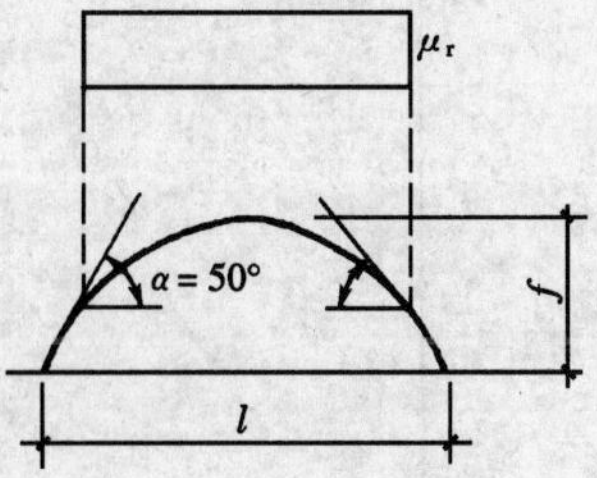

续表

序号	名称	屋面形式及分布系数 μ_r
3	带天窗的屋面	情况 1：1.0 情况 2：1.1　0.8　1.1 α 适用于一般工业建筑的坡屋面（$\alpha \leqslant 25°$）
4	多跨单坡屋面（锯齿形屋面）	情况 1：1.0 情况 2：0.6　1.4　0.6　1.4　0.6　1.4 $l/2$　$l/2$　α　l　l 适用于一般工业建筑的坡屋面（$\alpha \leqslant 25°$）
5	带有天窗有挡风板的屋面	情况 1：1.0 情况 2：1.0　1.4　0.8　1.4　1.0 α

续表

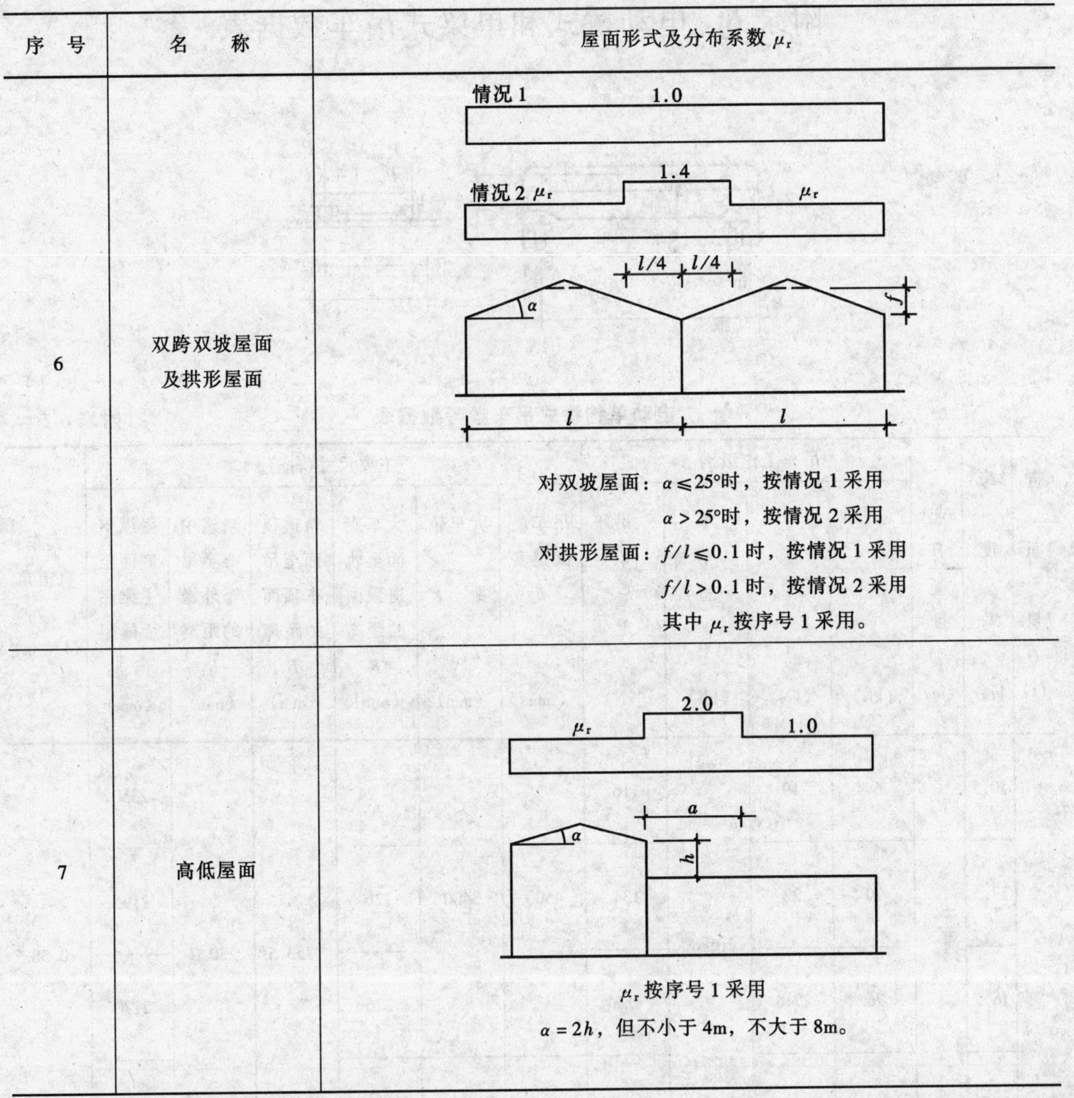

序 号	名 称	屋面形式及分布系数 μ_r
6	双跨双坡屋面及拱形屋面	对双坡屋面：$\alpha \leqslant 25°$时，按情况 1 采用 $\alpha > 25°$时，按情况 2 采用 对拱形屋面：$f/l \leqslant 0.1$时，按情况 1 采用 $f/l > 0.1$时，按情况 2 采用 其中 μ_r 按序号 1 采用。
7	高低屋面	μ_r 按序号 1 采用 $a = 2h$，但不小于 4m，不大于 8m。

注：设计单层厂房结构及屋面的承重构件时，屋面积雪分布情况（1—均匀分布；2—不均匀分布），可按下列规定采用：

(1) 屋面板和檩条按积雪不均匀分布的最不利情况采用；

(2) 屋架和拱壳可分别按积雪全跨均匀分布、不均匀分布和半均匀分布等情况采用；

(3) 框架梁和柱可按积雪全跨均匀分布的情况采用。

附录6　电动桥式和单梁式吊车数据表

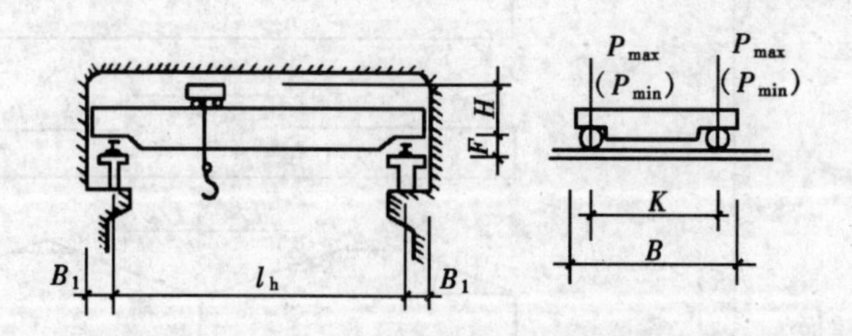

电动单钩桥式吊车参考数据表　　　　**附表6-1**

起重量 Q (t)	跨度 l_h (m)	起升高度 (m)	吊车工作级别A4				主要尺寸(mm)						大车轨道重 (kN/m)
			P_{max} (kN)	P_{min} (kN)	小车重 g (kN)	吊车总重 (kN)	吊车最大宽度 B (mm)	大车轮距 K (mm)	大车底面至轨道顶面的距离 F (mm)	轨道顶面至吊车顶面的距离 H (mm)	轨道中心至吊车外缘的距离 B_1 (mm)	操纵室底面至主梁底面的距离 h_3 (mm)	
5	10.5	12	64	19	19.9	116	4500	3400	−24	1753.5	230.0	2350	0.38
	13.5		70	22		134			126			2195	
	16.5		76	27.5		157			226			2170	
	22.5		90	41		212	4660	3550	526			2180	
10	10.5	12	103	18.5	39.0	143	5150	4050	−24	1677.0	230.0	2350	0.43
	13.5		109	22		162			126			2195	
	16.5		117	26		186			226			2170	
	22.5		133	37		240	5290	4050	526			2180	

电动双钩桥式吊车参考数据表 **附表 6-2**

起重量 Q (t)	跨度 l_h (m)	起升高度 (m)	吊车工作级别 A5				主要尺寸(mm)						大车轨道重 (kN/m)
			P_{max} (kN)	P_{min} (kN)	小车重 g (kN)	吊车总重 (kN)	吊车最大宽度 B (mm)	大车轮距 K (mm)	大车底面至轨道顶面的距离 F (mm)	轨道顶面至吊车顶面的距离 H (mm)	轨道中心至吊车外缘的距离 B_1 (mm)	操纵室底面至主梁底面的距离 h_3 (mm)	
$\frac{15}{3}$	10.5	$\frac{12}{14}$	135	41.5	73.2	203	5660	4400	80	2047	230	2290	0.43
	13.5		145	40		220			80			2290	
	16.5		155	42		244			180			2170	
	22.5		176	55		312			390	2137		2180	
$\frac{20}{5}$	10.5	$\frac{12}{14}$	158	46.5	77.2	209	5600	4400	80	2046	230	2280	0.43
	13.5		169	45		228			84			2280	
	16.5		180	46.5		253			184			2170	
	22.5		202	60		324			392	2136	260	2180	

电动单梁起重机参考数据表 **附表 6-3**

起重量 Q (t)	跨度 l_h (m)	起升高度 (m)	吊车工作级别 A3 P_{max} (kN)	P_{min} (kN)	小车重 g (kN)	吊车总重 (kN)	主要尺寸(mm) 吊车最大宽度 B (mm)	大车轮距 K (mm)	大车底面至轨道顶面的距离 F (mm)	轨道顶面至吊车顶面的距离 H (mm)	轨道中心至吊车外缘的距离 B_1 (mm)	操纵室底面至主梁底面的距离 h_3 (mm)	大车轨道重 (kN/m)
	10.5		26.8 26.3	6.7 5.7		37 34	3050	2000		1000			
3	13.5		28.0 27.3	7.4 6.7	8.4	41 38	3250	2400		1000	186		0.38
	16.5		30.3 29.5	9.2 8.5		49 46	3450	2800		1300			
	10.5		39.2 38.0	7.3 7.0		43 40	3050	2000		1000			
5	13.5		39.7 38.8	9.05 8.45	12.5	47.5 44.5	3250	2400		1000	186		0.43
	16.5		43.0 42.1	9.5 8.9		55 52	3450	2800		1300			

注：表中上行数值均表示带操纵室的，下行数值表示无操纵室的（即地面操纵的）。

附录 7　风荷载体型系数表

风荷载体型系数 μ_s　　**附表 7-1**

<table>
<tr><th>项 次</th><th>名　　称</th><th>体型及体型系数 μ_s</th></tr>
<tr><td>1</td><td>封闭式落地双坡屋面</td><td> 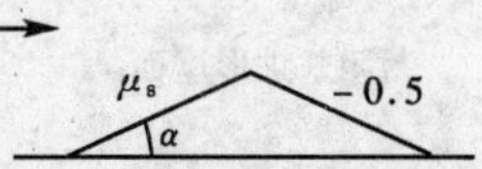→
μ_s　α　−0.5
<table><tr><th>α</th><th>μ_s</th></tr><tr><td>0</td><td>0</td></tr><tr><td>30°</td><td>+0.2</td></tr><tr><td>≥60°</td><td>+0.8</td></tr></table>中间值按插入法计算</td></tr>
<tr><td>2</td><td>封闭式双坡屋面</td><td>→
μ_s　α　−0.5　+0.8　−0.5
−0.7　+0.8　−0.5　−0.7
<table><tr><th>α</th><th>μ_s</th></tr><tr><td>≤15°</td><td>−0.6</td></tr><tr><td>30°</td><td>0</td></tr><tr><td>≥60°</td><td>+0.8</td></tr></table>中间值按插入法计算</td></tr>
<tr><td>3</td><td>封闭式落地拱形屋面</td><td><table><tr><th>f/l</th><th>μ_s</th></tr><tr><td>0.1</td><td>+0.1</td></tr><tr><td>0.2</td><td>+0.2</td></tr><tr><td>0.5</td><td>+0.6</td></tr></table>→　μ_s　0.8　−0.5　f　l
中间值按插入法计算</td></tr>
</table>

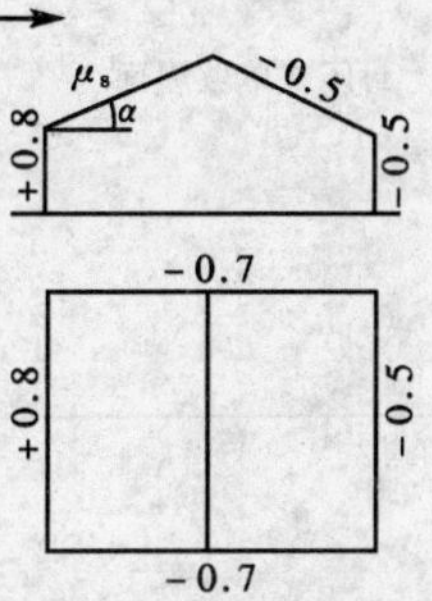

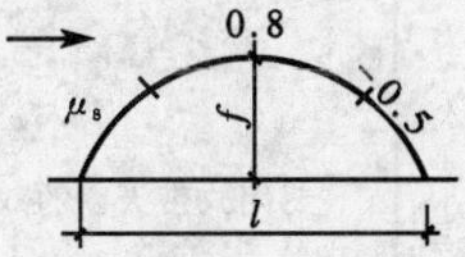

续表

<table>
<tr><th>项次</th><th>名称</th><th>体型及体型系数 μ_s</th></tr>
<tr><td>4</td><td>封闭式拱形屋面</td><td>
<table>
<tr><th>f/l</th><th>μ_s</th></tr>
<tr><td>0.1</td><td>−0.8</td></tr>
<tr><td>0.2</td><td>0</td></tr>
<tr><td>0.5</td><td>+0.6</td></tr>
</table>
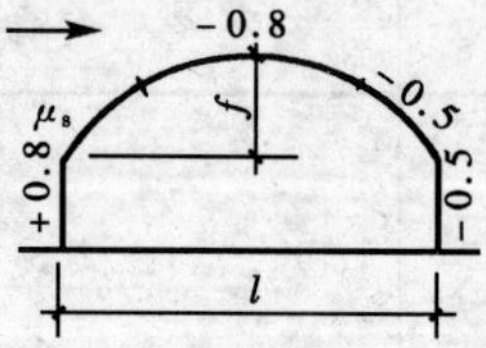

中间值按插入法计算</td></tr>
<tr><td>5</td><td>封闭式单坡屋面</td><td>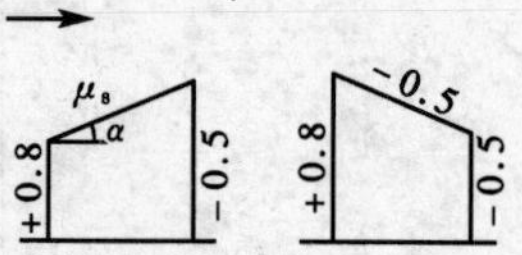

迎风坡面的 μ_s 按第 2 项采用</td></tr>
<tr><td>6</td><td>封闭式高低双坡屋面</td><td>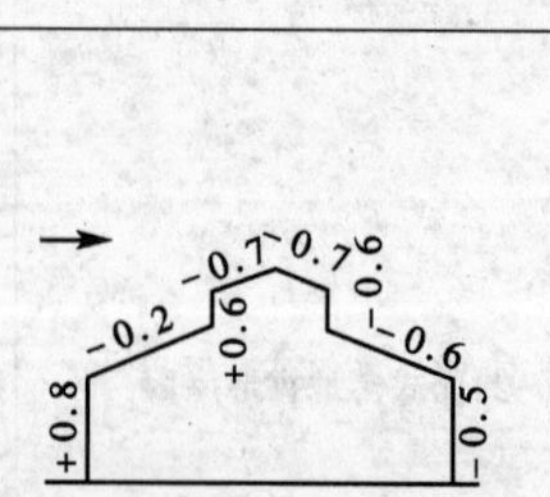

迎风坡面的 μ_s 按第 2 项采用</td></tr>
<tr><td>7</td><td>封闭式带天窗的双坡屋面</td><td>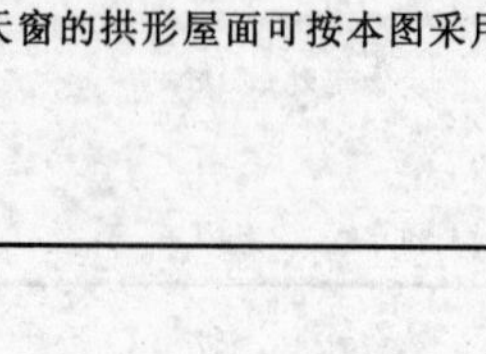

带天窗的拱形屋面可按本图采用</td></tr>
</table>

续表

项次	名称	体型及体型系数 μ_s
8	封闭式双跨双坡屋面	μ_s α +0.8 −0.5 −0.4 −0.4 −0.4 迎风坡面的 μ_s 按第2项采用
9	封闭式不等高不等跨的双跨双坡屋面	μ_s α +0.8 −0.6 −0.6 −0.6 −0.4 −0.4 μ_s α +0.8 −0.6 −0.6 −0.2 −0.5 −0.4 迎风坡面的 μ_s 按第2项采用
10	封闭式不等高不等跨的三跨双坡屋面	μ_s α +0.8 −0.6 μ_{s1} h_1 h −0.2 −0.5 −0.5 −0.5 −0.4 −0.4 迎风坡面的 μ_s 按第2项采用；中跨上部迎风墙面的 μ_{s1} 按下列采用： $\mu_{s1}=0.6(1-2h_1/h)$ 但当 $h_1>h$ 时，取 $\mu_{s1}=-0.6$
11	封闭式带天窗带披的双坡屋面	+0.8 −0.2 +0.6 −0.7 −0.6 −0.5 −0.6 −0.5 −0.5 +0.8 −0.2 +0.7 −0.3 +0.3 −0.6 −0.6 −0.5 −0.5

续表

项次	名称	体型及体型系数 μ_s
12	封闭式带天窗带双坡的双披屋面	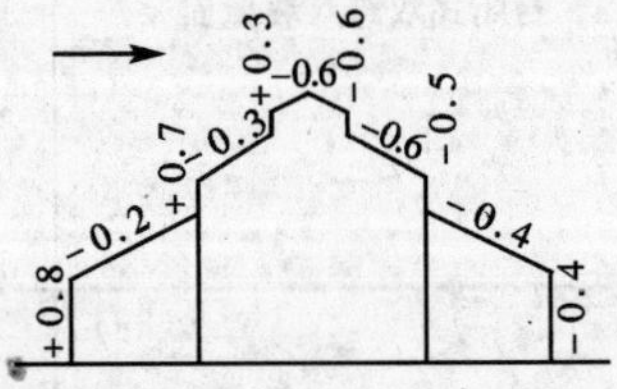 +0.8 −0.2 +0.7 −0.3 +0.3 −0.6 −0.6 −0.6 −0.5 −0.4 −0.4
13	封闭式不等高不等跨且中跨带天窗的三跨双坡屋面	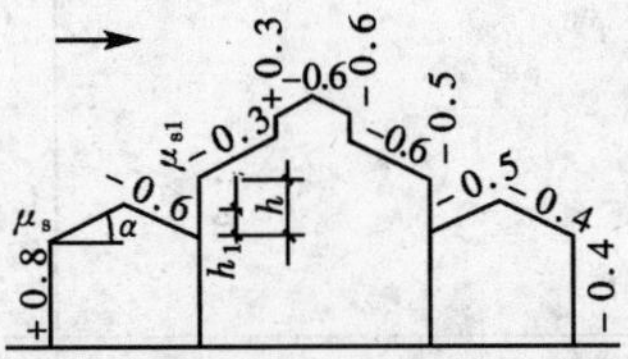 +0.8 μ_s α −0.6 μ_{s1} h_1 h −0.3 +0.3 −0.6 −0.6 −0.6 −0.5 −0.5 −0.4 −0.4 迎风坡面的 μ_s 按第 2 项采用；中跨上部迎风墙面的 μ_{s1} 按下式采用： $\mu_{s1}=0.6(1-2h_1/h)$ 但当 $h_1=h$ 时，取 $\mu_{s1}=-0.6$
14	封闭式带天窗的双跨双坡屋面	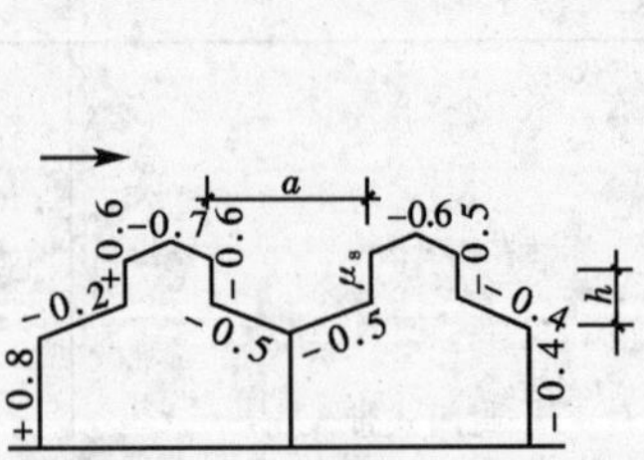 +0.8 −0.2 +0.6 −0.7 −0.6 −0.5 a −0.5 μ_s −0.6 −0.5 −0.4 −0.4 h 迎风面第二跨的天窗面的 μ_s 按下式采用： 当 $a\leqslant 4h$，取 $\mu_s=0.2$；当 $a>4h$，取 $\mu_s=0.6$

续表

序号	名称	体型及体型系数 μ_s
15	封闭式带女儿墙的双坡屋面	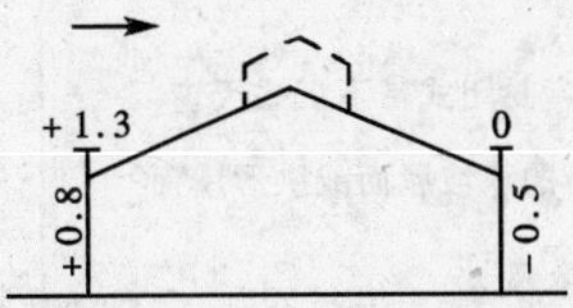 当女儿墙高度有限时，屋面上的体型系数可按无女儿墙屋面采用
16	封闭式带雨篷的双坡屋面	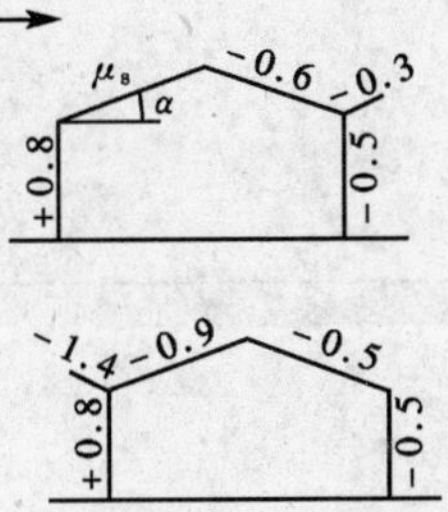 迎风坡面的 μ_s 按第2项采用
17	封闭式对立两个带雨篷的双坡屋面	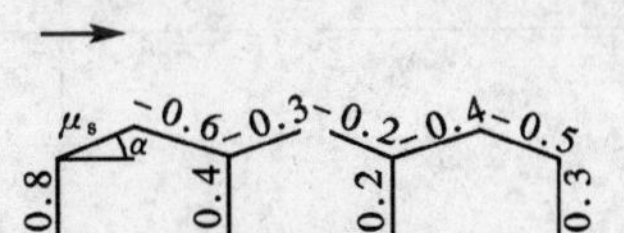 本图适用于 s 为8～20m 迎风坡面的 μ_s 按第2项采用

续表

项 次	名 称	体型及体型系数 μ_s
18	封闭式带下沉式天窗的双坡屋面或拱形屋面	
19	封闭式带下沉式天窗的双跨双坡或拱形屋面	
20	封闭式带天窗挡风板的屋面	
21	封闭式带天窗挡风板的双跨屋面	

续表

项次	名称	体型及体型系数 μ_s
22	封闭式锯齿形屋面	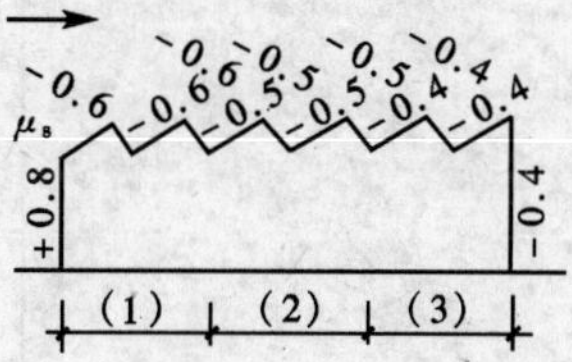 μ_s −0.6 −0.6 −0.6 −0.5 −0.5 −0.5 −0.5 −0.4 −0.4 −0.4 +0.8 −0.4 (1) (2) (3) 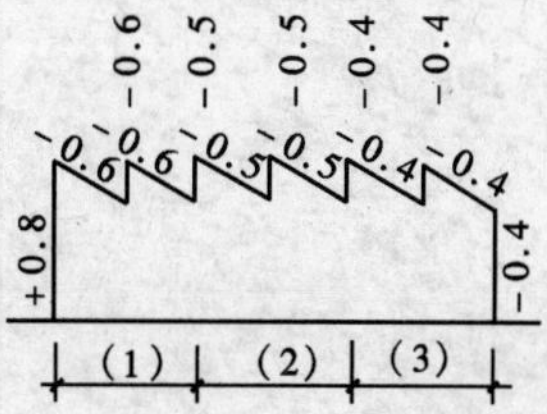 −0.6 −0.5 −0.5 −0.4 −0.4 −0.6 −0.6 −0.5 −0.5 −0.4 −0.4 +0.8 −0.4 (1) (2) (3) 迎风坡面的 μ_s 按第 2 项采用。齿面增多或减少时，可均匀地在 (1)、(2)、(3) 三个区段内调节
23	复杂多跨屋面	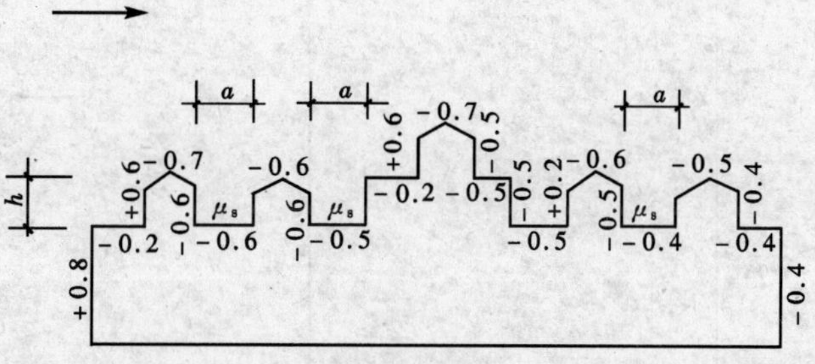 a a a h +0.6 −0.7 −0.6 μ_s −0.6 −0.6 μ_s +0.6 −0.7 −0.5 −0.2 −0.5 −0.5 +0.2 −0.6 −0.5 μ_s −0.5 −0.4 −0.2 −0.6 −0.5 −0.5 −0.4 −0.4 +0.8 −0.4 天窗面的 μ_s 按下列采用：当 $a \leqslant 4h$ 时，取 $\mu_s = +0.2$，当 $a > 4h$ 时；取 $\mu_s = +0.6$

续表

项 次	名 称	体型及体型系数 μ_s
24	靠山封闭式双坡屋面	见下

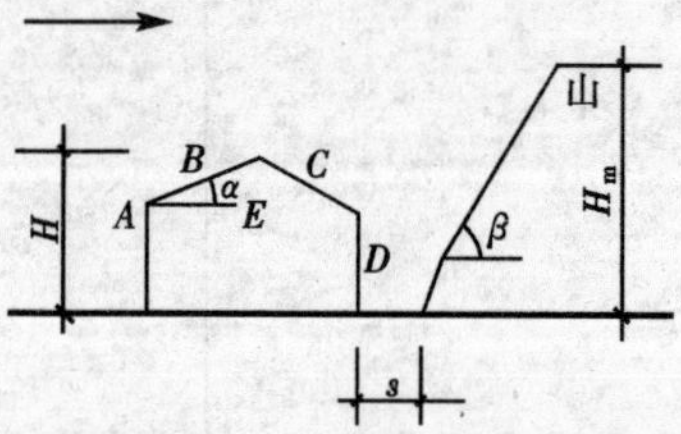

(a)

本图适用条件：

$\frac{H_m}{H} \geqslant 2$

$\frac{S}{H} = 0.2 \sim 0.4$

图（a）的体型系数

β	α	A	B	C	D	E
30°	15°	+0.9	−0.4	0	+0.2	−0.2
	30°	+0.9	+0.2	−0.2	−0.2	−0.3
	60°	+1.0	+0.7	−0.4	−0.2	−0.5
60°	15°	+1.0	+0.3	+0.4	+0.5	+0.4
	30°	+1.0	+0.4	+0.3	+0.4	+0.2
	60°	+1.0	+0.8	−0.3	0	−0.5
90°	15°	+1.0	+0.5	+0.7	+0.8	+0.6
	30°	+1.0	+0.6	+0.8	+0.9	+0.7
	60°	+1.0	+0.9	−0.1	+0.2	−0.4

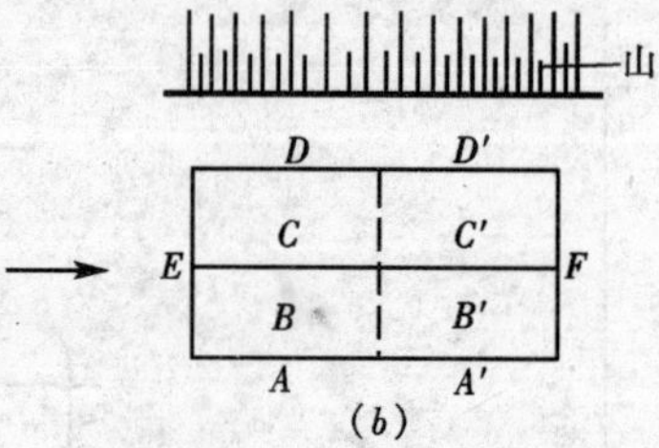

(b)

图（b）的体型系数

山坡角 β	$ABCD$	E	$A'B'C'D'$	F
15°	−0.8	+0.9	−0.2	−0.2
30°	−0.8	+0.9	−0.2	−0.2
60°	−0.9	+0.9	−0.2	−0.2

续表

项次	名称	体型及体型系数 μ_s
25	靠山封闭式带天窗的双坡屋面	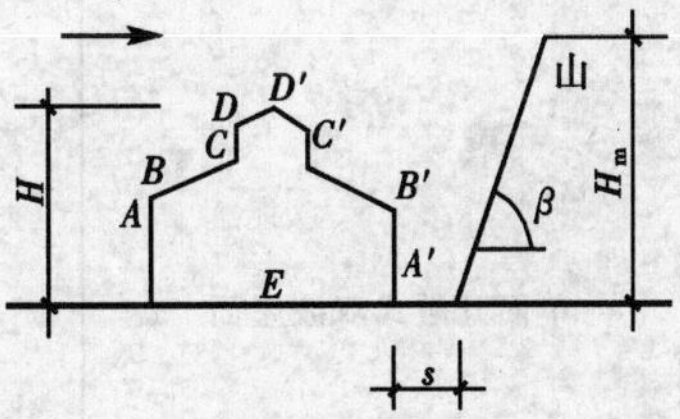 本图适用于 $H_m/H \geqslant 2$ 及 $S/H=0.2\sim0.4$ 的情况，其体型系数按下表采用：

面 \ β	30°	60°	90°
A	+0.9	+0.9	+1.0
B	+0.2	+0.6	+0.8
C	−0.6	+0.1	+0.6
D	−0.4	+0.1	+0.2
D'	−0.3	+0.2	+0.6
C'	−0.3	+0.2	+0.6
B'	−0.3	+0.2	+0.6
A'	−0.2	+0.4	+0.8
E	−0.5	+0.1	+0.6

项次	名称	体型及体型系数 μ_s
26	封闭式皮带走廊	

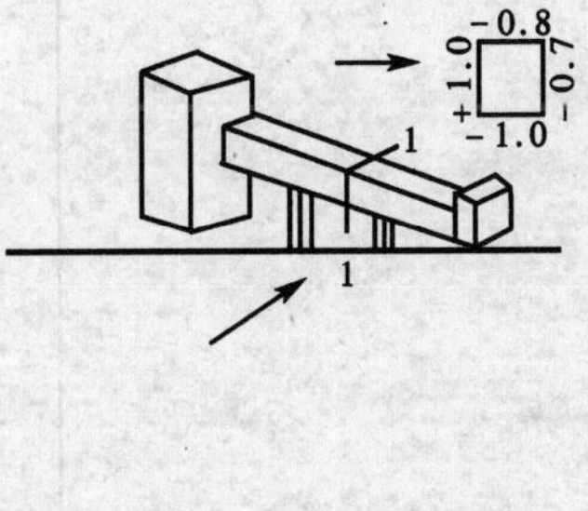

续表

<table>
<tr><th>项次</th><th>名称</th><th>体型及体型系数 μ_s</th></tr>
<tr><td>27</td><td>单面开敞式双坡屋面</td><td> 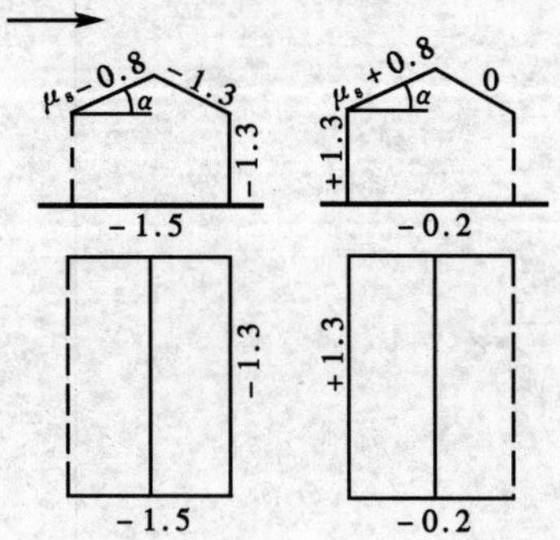μ_s −0.8 −1.3 −1.3 −1.5 −1.3 −1.5 (a)
μ_s +0.8 0 +1.3 −0.2 +1.3 −0.2 (b)
迎风坡面的 μ_s 按第 2 项采用</td></tr>
<tr><td>28</td><td>双面开敞及四面开敞式双坡屋面</td><td> 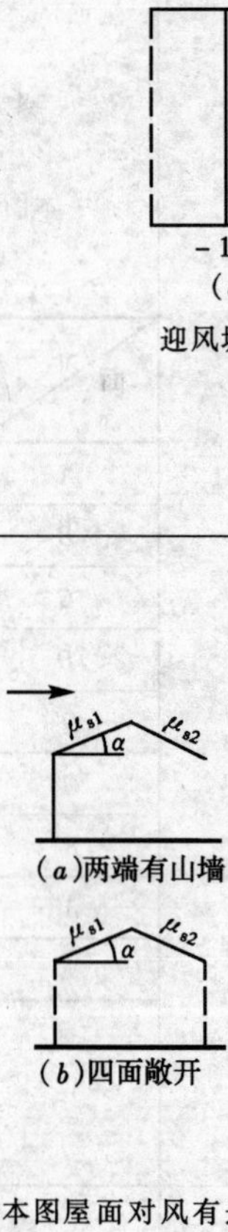μ_{s1} α μ_{s2}
(a)两端有山墙 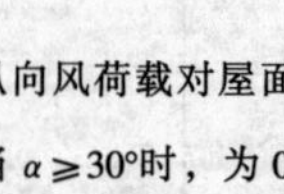
μ_{s1} α μ_{s2}
(b)四面敞开

体型系数
<table>
<tr><th>α</th><th>μ_{s1}</th><th>μ_{s2}</th></tr>
<tr><td>≤10°</td><td>−1.3</td><td>−0.7</td></tr>
<tr><td>30°</td><td>+1.6</td><td>+0.4</td></tr>
</table>
中间值按插入法计算

注：①本图屋面对风有过敏反应，设计时应考虑 μ_s 值变号的情况；
②纵向风荷载对屋面所引起的总水平力：
当 $\alpha \geq 30°$时，为 $0.05AW_h$
当 $\alpha < 30°$时，为 $0.10AW_h$
A 为屋面的水平投影面积，W_h 为屋面高度 h 处风压；
③当室内堆放物品或房屋处于山坡时，屋面吸力应增大，可按第 27 项（a）采用。</td></tr>
</table>

续表

<table>
<tr><th>项次</th><th>名称</th><th>体型及体型系数 μ_s</th></tr>
<tr><td>29</td><td>前后纵墙半开敞双坡屋面</td><td> 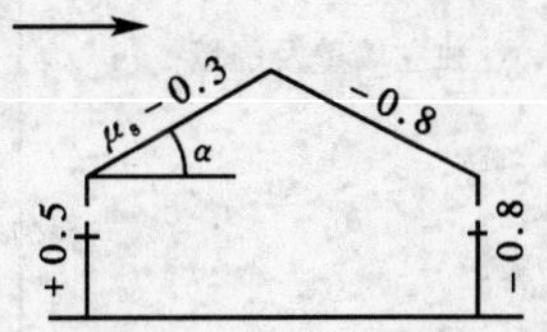μ_s −0.3　−0.8　α　+0.5　−0.8
迎风坡面的 μ_s 按第 2 项采用

本图适用于墙的上部集中开敞面积≥10%且<50%的房屋。当开敞面积达50%时，背风墙面的系数改为−1.1。</td></tr>
<tr><td>30</td><td>单坡及双坡顶盖</td><td> 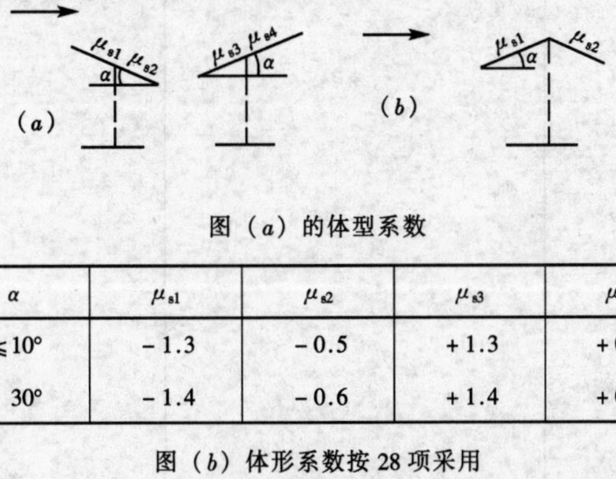μ_{s1} μ_{s2} α　μ_{s3} μ_{s4} α　(a)　(b)　μ_{s1} α μ_{s2}

图（a）的体型系数

<table>
<tr><th>α</th><th>μ_{s1}</th><th>μ_{s2}</th><th>μ_{s3}</th><th>μ_{s4}</th></tr>
<tr><td>≤10°</td><td>−1.3</td><td>−0.5</td><td>+1.3</td><td>+0.5</td></tr>
<tr><td>30°</td><td>−1.4</td><td>−0.6</td><td>+1.4</td><td>+0.6</td></tr>
</table>

图（b）体形系数按28项采用

μ_{s1} μ_{s2} α
(c)
图（c）体形系数

<table>
<tr><th>α</th><th>μ_{s1}</th><th>μ_{s2}</th></tr>
<tr><td>≤10°</td><td>+1.0</td><td>0.7</td></tr>
<tr><td>30°</td><td>−1.6</td><td>−0.4</td></tr>
</table>
中间值按内插入法计算

注：(b)、(c) 应考虑第28项注①、②。</td></tr>
</table>

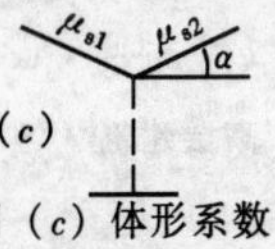

续表

项次	名称	体型及体型系数 μ_s
31	独立墙壁及围墙	+1.3
32	封闭式房屋和构筑物 高层建筑	(*a*)正多边形(包括矩形)平面 −0.7 +0.8 −0.5 −0.7 0 −0.5 +0.8 −0.5 0 −0.5 +0.4 −0.7 −0.5 +0.8 −0.55 +0.4 −0.7 −0.5 (*b*) Y形平面 −0.7 −0.5 +1.0 −0.5 −0.7 −0.5 40° +0.7 −0.75 +0.9 −0.55 +0.9 −0.5 −0.5

续表

项　次	名　　称	体型及体型系数 μ_s
32	封闭式房屋和构筑物	(*c*)L形平面 −0.6　+0.8　+0.8　−0.5　−0.6　45°　+0.3　+0.9　+0.3　−0.6　−0.6 (*d*)⊓形平面 −0.7　+0.8　+0.9　−0.5　+0.8　−0.7 (*e*)十字形平面 −0.6　+0.6　−0.5　+0.8　−0.5　+0.6　−0.5　−0.6 (*f*)截角三角形平面 −0.45　−0.5　+0.8　−0.5　−0.45　−0.5

注：1. 表图中符号→表示风向；+表示压力；−表示吸力。

2. 表中的系数未考虑邻近建筑群体的影响。

附录8　风压高度变化系数

风压高度变化系数 μ_z

附表 8-1

离地面或海平面高度(m)	地面粗糙度类别				离地面或海平面高度(m)	地面粗糙度类别			
	A	B	C	D		A	B	C	D
5	1.17	1.00	0.74	0.62	90	2.34	2.02	1.62	1.19
10	1.38	1.00	0.74	0.62	100	2.40	2.09	1.70	1.27
15	1.52	1.14	0.74	0.62	150	2.64	2.38	2.03	1.61
20	1.63	1.25	0.84	0.62	200	2.83	2.61	2.30	1.92
30	1.80	1.42	1.00	0.62	250	2.99	2.80	2.54	2.19
40	1.92	1.56	1.13	0.73	300	3.12	2.97	2.75	2.45
50	2.03	1.67	1.25	0.84	350	3.12	3.12	2.94	2.68
60	2.12	1.77	1.35	0.93	400	3.12	3.12	3.12	2.91
70	2.20	1.86	1.45	1.02	≥400	3.12	3.12	3.12	3.12
80	2.27	1.95	1.54	1.11					

注：1. A类指近海的海面和海岛、海岸、湖岸及沙漠地区；

2. B类指田野、乡村、丛林、丘陵以及房屋比较稀疏的乡镇和城市郊区；

3. C类指有密集建筑群的城市市区；

4. D类指有密集建筑群且房屋较高的城市市区。

附录 9 单层厂房排架柱柱顶反力与位移系数图

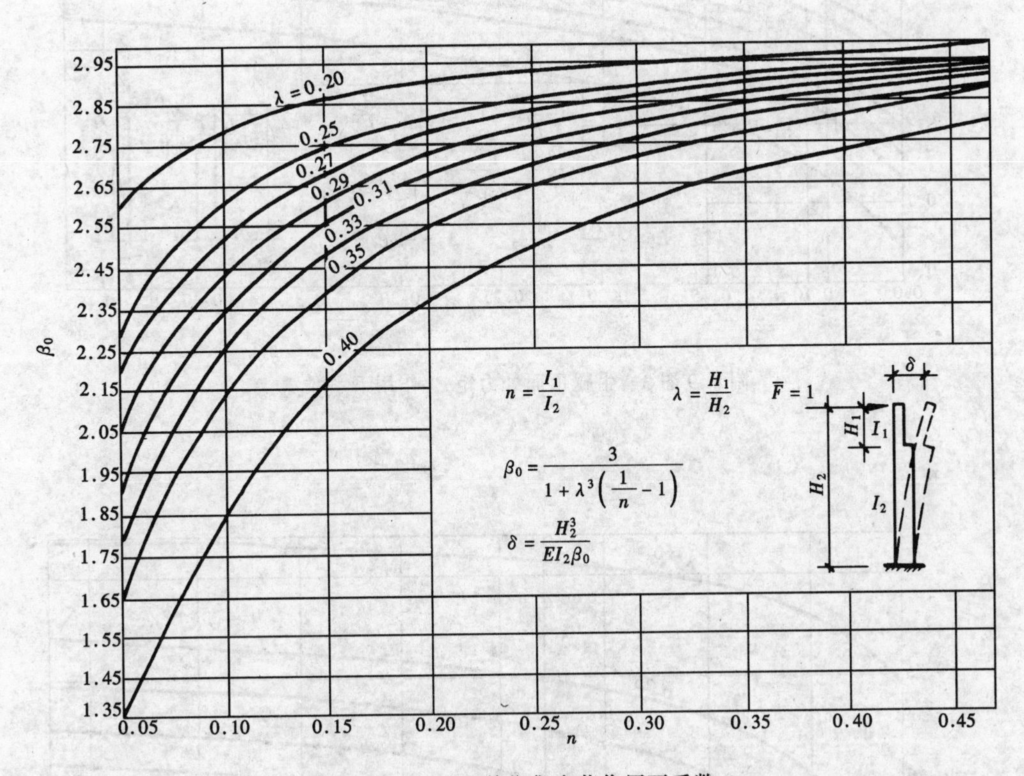

附录 9 图 1 柱顶单位集中荷作用下系数 β_0

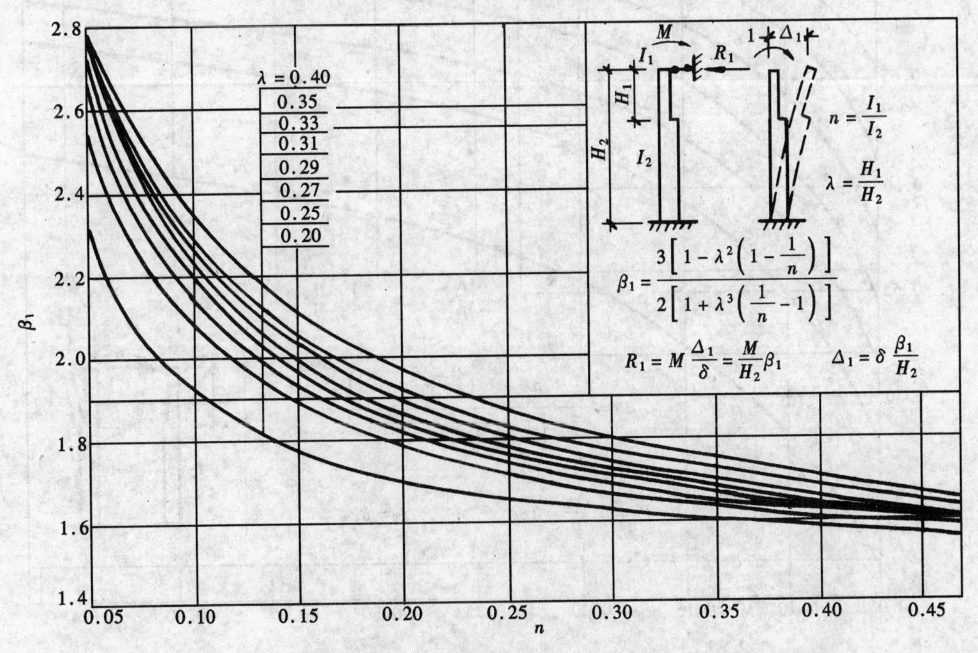

附录 9 图 2 柱顶力矩 M 作用下系数 β_1

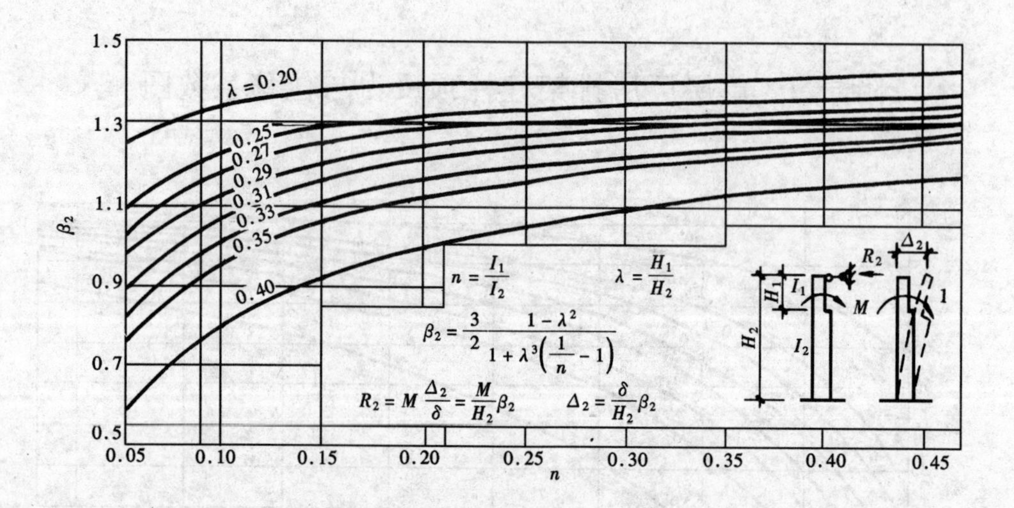

附录 9 图 3　牛腿顶面处力矩 M 作用下系数 β_2

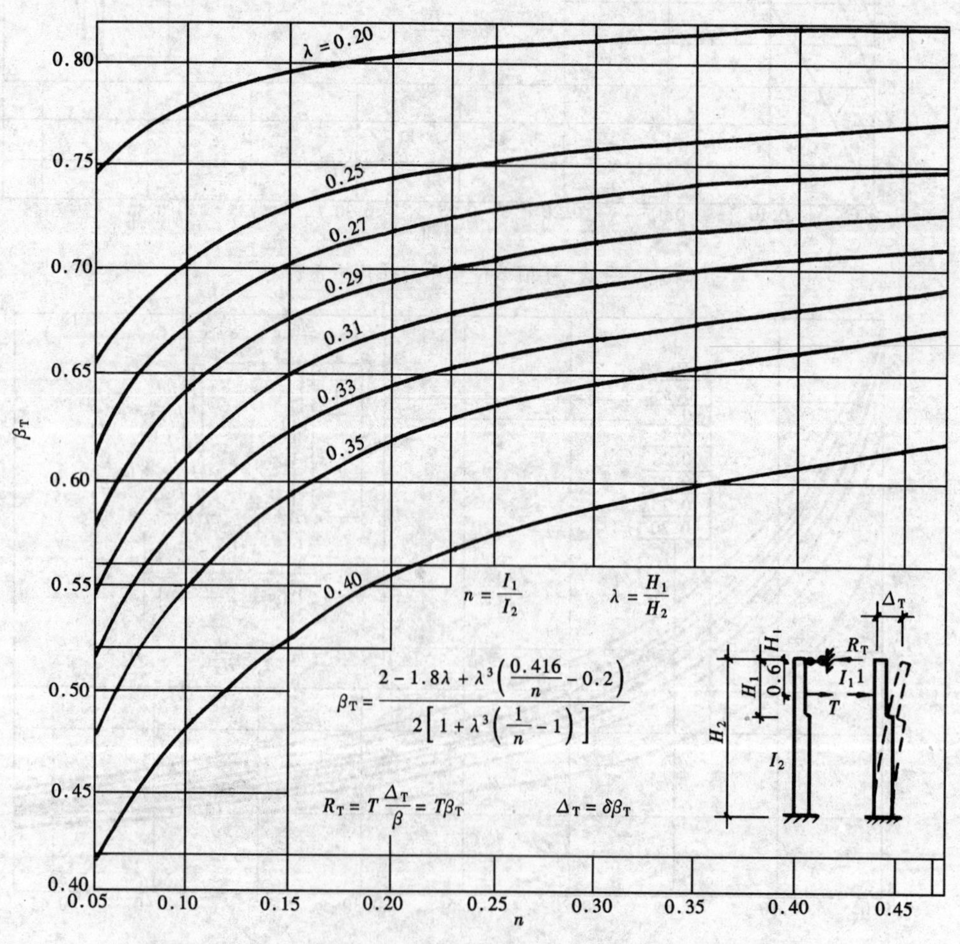

附录 9 图 4　水平集中力荷载 T 作用在上柱（$y = 0.6H_1$）系数 β_T

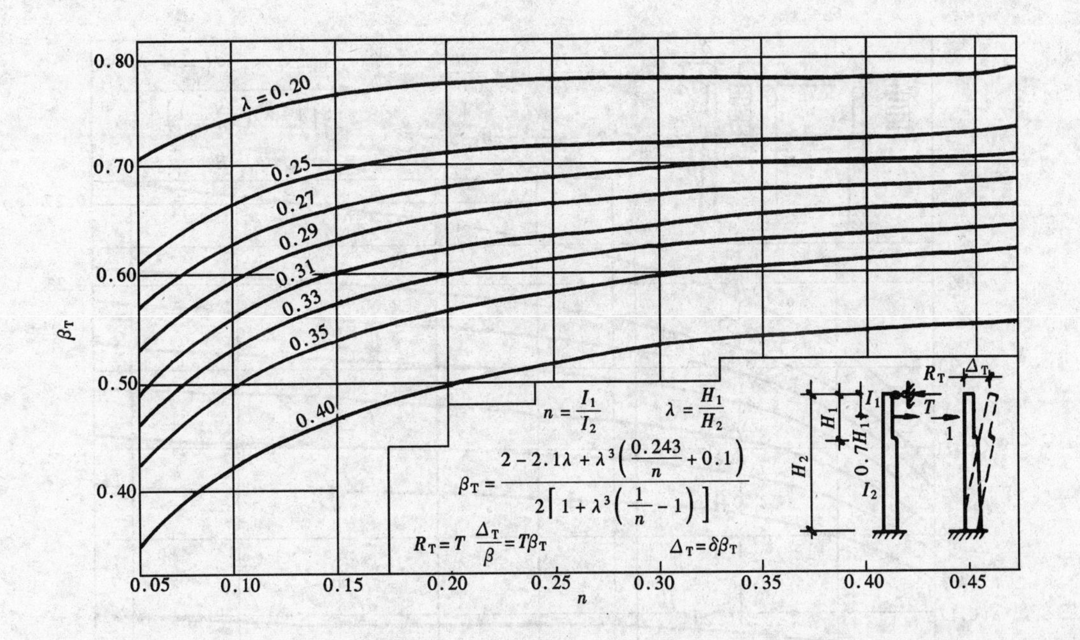

附录9图5　水平集中力荷载 T 作用在上柱（$y=0.7H_1$）系数 β_T

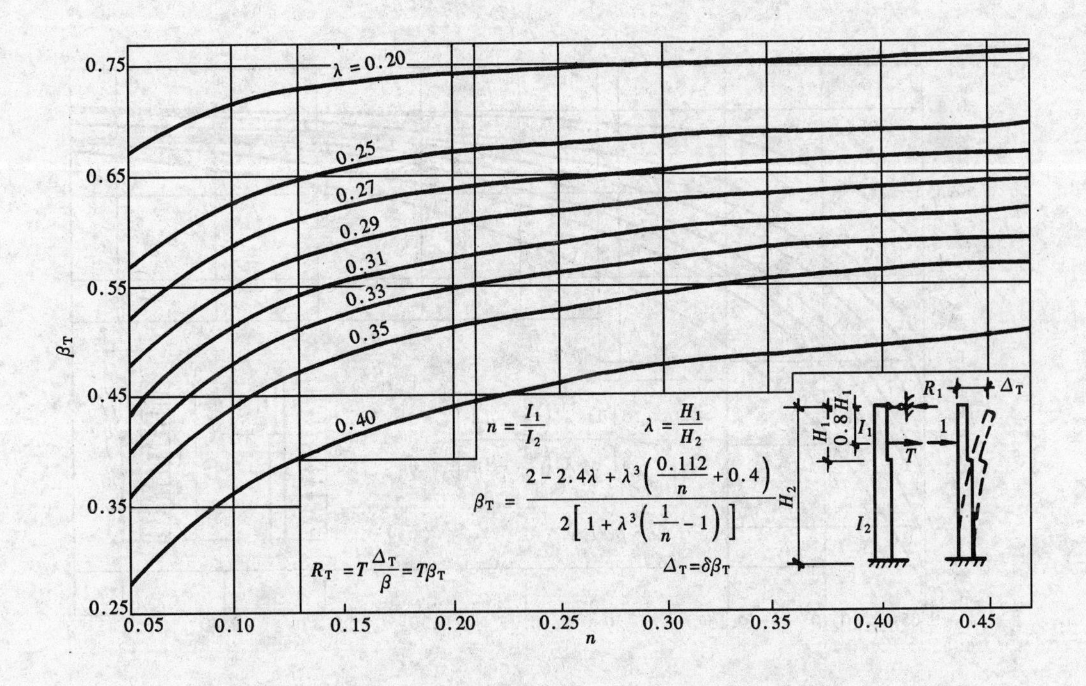

附录9图6　水平集中力荷载 T 作用在上柱（$y=0.8H_1$）系数 β_T

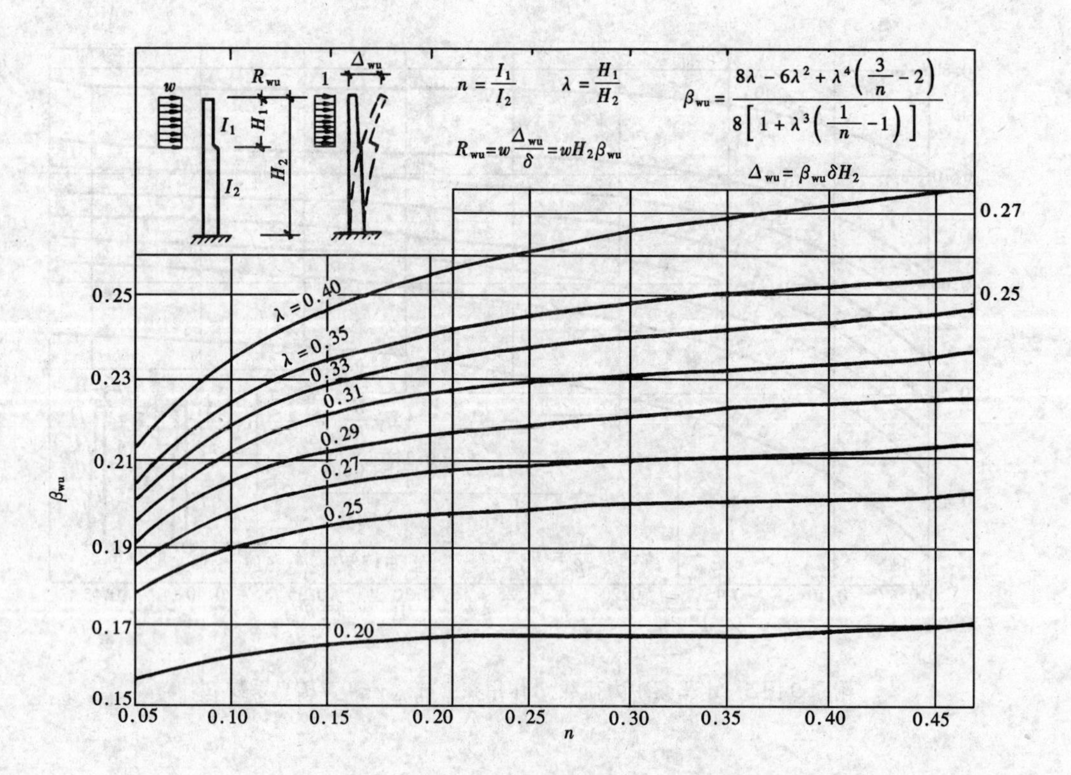

附录9图7　水平均布荷载作用在上柱系数 β_{wu}

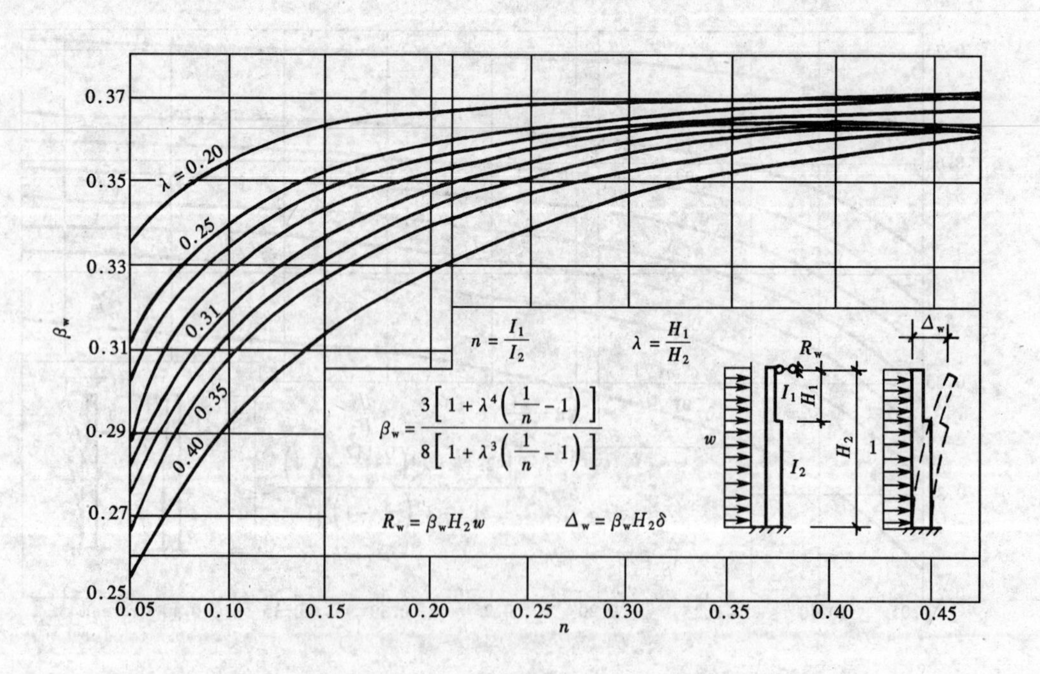

附录9图8　水平均布荷载作用在全柱系数 β_w

附录10 采用刚性屋盖的单层工业厂房柱、露天吊车柱和栈桥柱的计算长度表

采用刚性屋盖的单层工业厂房柱、露天吊车柱和栈桥柱的计算长度 l_0 附表10-1

项次	柱的类型		排架方向	垂直排架方向	
				有柱间支撑	无柱间支撑
1	无吊车厂房	单跨	$1.5H$	$1.0H$	$1.2H$
		两跨及多跨	$1.25H$	$1.0H$	$1.2H$
2	有吊车厂房	上柱	$2.0H_u$	$1.25H_u$	$1.5H_u$
		下柱	$1.0H_l$	$0.8H_l$	$1.0H_l$
3	露天吊车柱和栈桥柱		$2.0H_l$	$1.0H_l$	—

注：1. 表中 H——从基础顶面算起的柱子全高；

H_l——从基础顶面至装配式吊车梁底面或现浇式吊车梁顶面的柱子下部高度；

H_u——从装配式吊车梁底面或从现浇式吊车梁顶面算起的柱子上部高度；

2. 表中有吊车厂房排架柱的计算长度，当计算中不考虑吊车荷载时，可按无吊车厂房采用；但上柱的计算长度仍可按有吊车厂房采用；

3. 表中有吊车厂房排架柱的上柱在排架方向的计算长度，仅适用于 $H_u/H_l \geqslant 0.3$ 的情况。当 $H_u/H_l < 0.3$ 时，宜采用 $2.5H_u$。

附录 11　计算柱下单独基础底面尺寸的 $\beta—C_0$ 曲线图

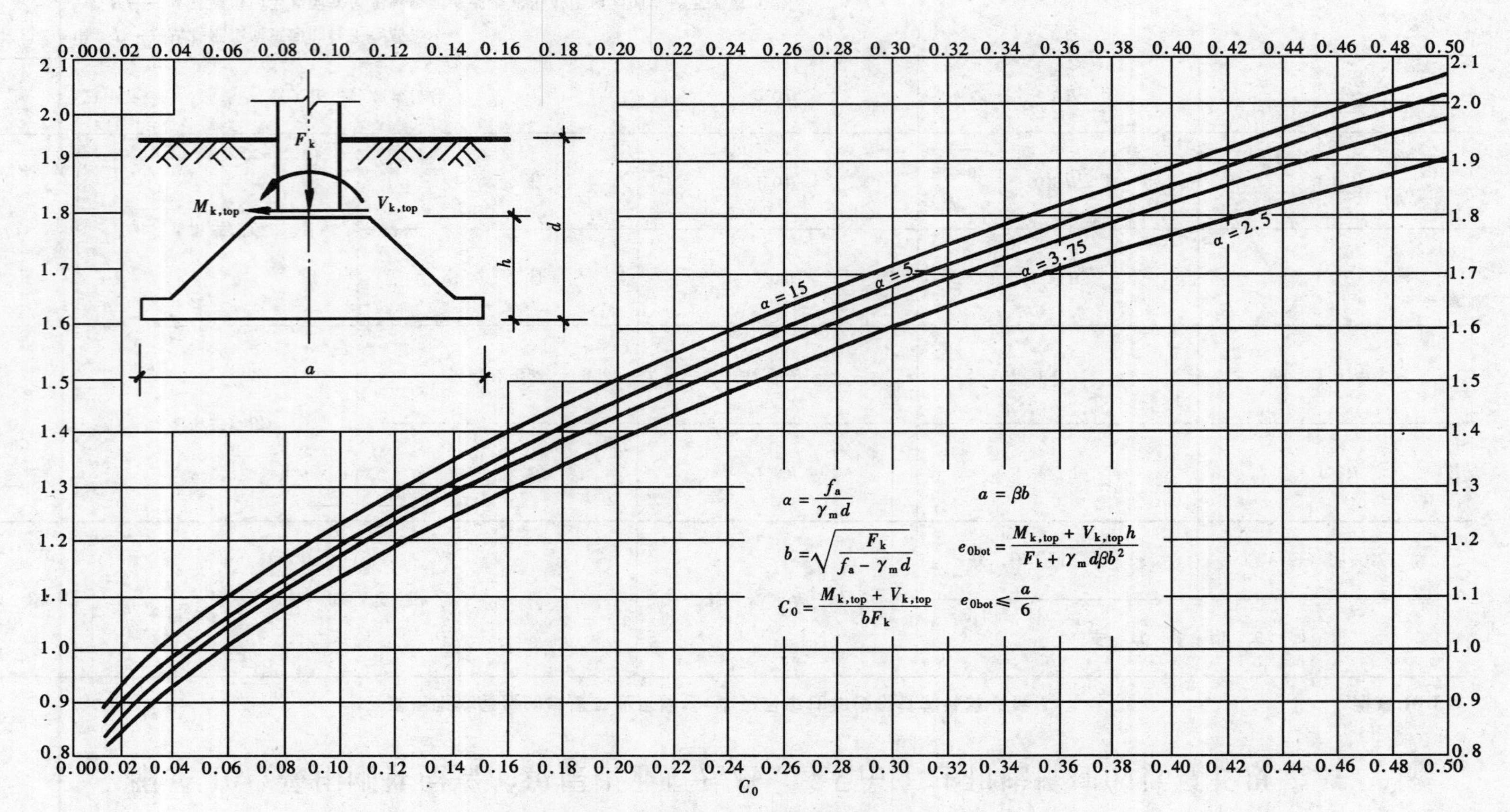

附录 11 图 1　计算柱下单独基础底面尺寸的 β-C_0 曲线

（$C_0 \leqslant 0.5$）

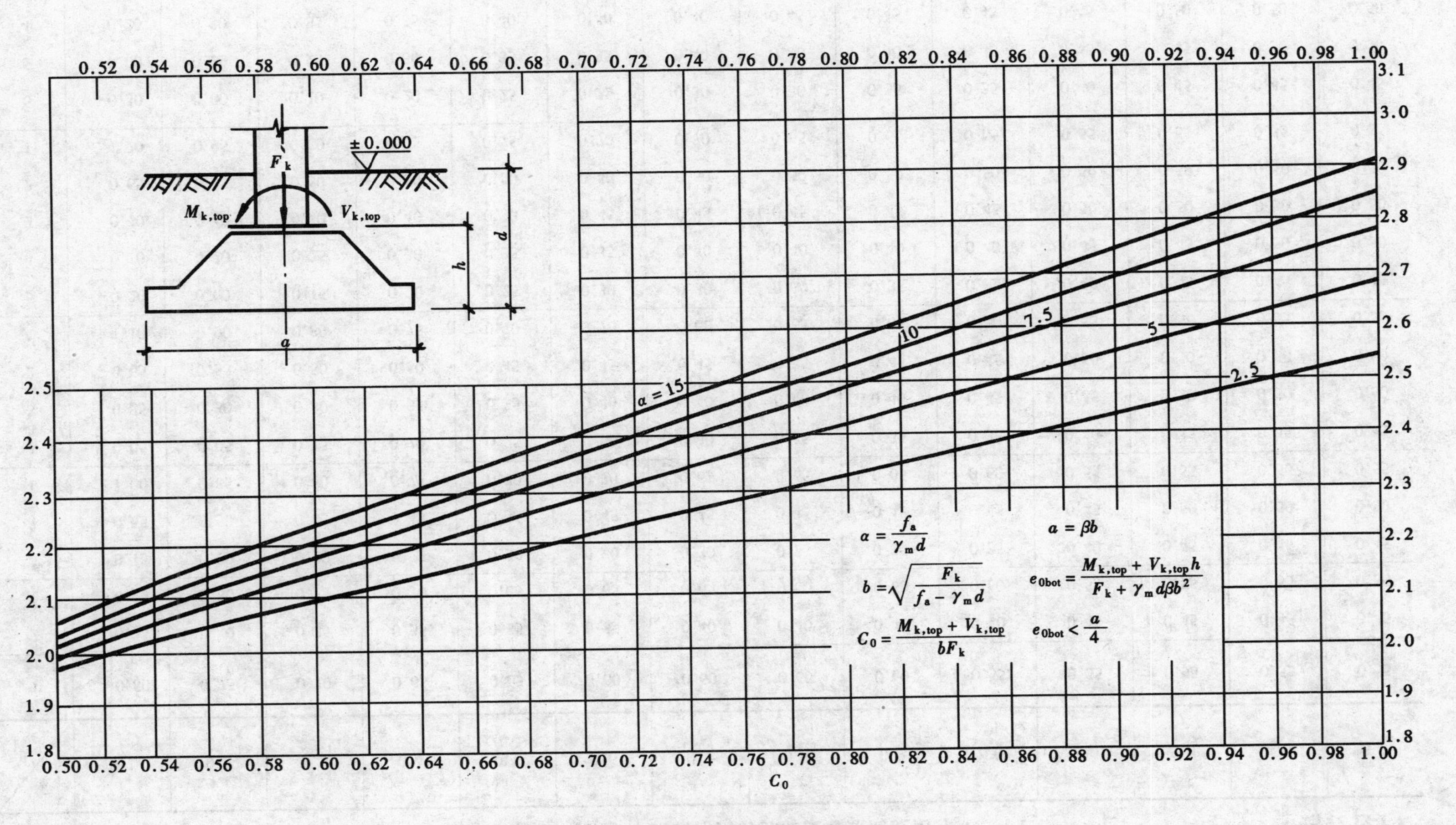

附录 11 图 2　计算柱下单独基础底面尺寸的 β-C_0 曲线

（$C_0 > 0.5$）

附录 12　规则框架承受均布水平荷载作用时标准反弯点高度比表

规则框架承受均布水平荷载作用时标准反弯点高度比 γ_0

附表 12-1

m	n \ $\bar{k}$	0.1	0.2	0.3	0.4	0.5	0.6	0.7	0.8	0.9	1.0	2.0	3.0	4.0	5.0
1	1	0.80	0.75	0.70	0.65	0.65	0.60	0.60	0.60	0.60	0.55	0.55	0.55	0.55	0.55
2	2	0.45	0.40	0.35	0.35	0.35	0.35	0.40	0.40	0.40	0.40	0.45	0.45	0.45	0.45
	1	0.95	0.80	0.75	0.70	0.65	0.65	0.65	0.60	0.60	0.60	0.55	0.55	0.55	0.50
3	3	0.15	0.20	0.20	0.25	0.30	0.30	0.30	0.35	0.35	0.35	0.40	0.45	0.45	0.45
	2	0.55	0.50	0.45	0.45	0.45	0.45	0.45	0.45	0.45	0.45	0.45	0.50	0.50	0.50
	1	1.00	0.85	0.80	0.75	0.70	0.70	0.65	0.65	0.65	0.60	0.55	0.55	0.55	0.55
4	4	−0.05	0.05	0.15	0.20	0.25	0.30	0.30	0.35	0.35	0.35	0.40	0.45	0.45	0.45
	3	0.25	0.30	0.30	0.35	0.35	0.40	0.40	0.40	0.40	0.45	0.45	0.50	0.50	0.50
	2	0.65	0.55	0.50	0.50	0.45	0.45	0.45	0.45	0.45	0.45	0.50	0.50	0.50	0.50
	1	1.10	0.90	0.80	0.75	0.70	0.70	0.60	0.65	0.65	0.60	0.55	0.55	0.55	0.55
5	5	−0.20	0.00	0.15	0.20	0.25	0.30	0.30	0.30	0.35	0.35	0.40	0.45	0.45	0.45
	4	0.10	0.20	0.25	0.30	0.35	0.35	0.40	0.40	0.40	0.40	0.45	0.45	0.50	0.50
	3	0.40	0.40	0.40	0.40	0.40	0.45	0.45	0.45	0.45	0.45	0.50	0.50	0.50	0.50
	2	0.65	0.55	0.50	0.50	0.50	0.50	0.50	0.50	0.50	0.50	0.50	0.50	0.50	0.50
	1	1.20	0.95	0.80	0.75	0.75	0.70	0.70	0.65	0.65	0.65	0.55	0.55	0.55	0.55
6	6	−0.30	0.00	0.10	0.20	0.25	0.25	0.30	0.30	0.35	0.35	0.40	0.45	0.45	0.45
	5	0.00	0.20	0.25	0.30	0.35	0.35	0.40	0.40	0.40	0.40	0.45	0.45	0.50	0.50
	4	0.20	0.30	0.35	0.35	0.40	0.40	0.40	0.45	0.45	0.45	0.45	0.50	0.50	0.50

续表

m	n \ $\bar{k}$	0.1	0.2	0.3	0.4	0.5	0.6	0.7	0.8	0.9	1.0	2.0	3.0	4.0	5.0
6	3	0.40	0.40	0.40	0.45	0.45	0.45	0.45	0.45	0.45	0.45	0.50	0.50	0.50	0.50
	2	0.70	0.60	0.55	0.50	0.50	0.50	0.50	0.50	0.50	0.50	0.50	0.50	0.50	0.50
	1	1.20	0.95	0.85	0.80	0.75	0.70	0.70	0.65	0.65	0.65	0.55	0.55	0.55	0.55
7	7	−0.35	−0.05	0.10	0.20	0.20	0.25	0.30	0.30	0.35	0.35	0.40	0.45	0.45	0.45
	6	−0.10	0.15	0.25	0.30	0.35	0.35	0.35	0.40	0.40	0.40	0.45	0.45	0.50	0.50
	5	0.10	0.25	0.30	0.35	0.40	0.40	0.40	0.45	0.45	0.45	0.45	0.50	0.50	0.50
	4	0.30	0.35	0.40	0.40	0.40	0.45	0.45	0.45	0.45	0.45	0.50	0.50	0.50	0.50
	3	0.50	0.45	0.45	0.45	0.45	0.45	0.45	0.45	0.45	0.45	0.50	0.50	0.50	0.50
	2	0.75	0.60	0.55	0.50	0.50	0.50	0.50	0.50	0.50	0.50	0.50	0.50	0.50	0.50
	1	1.20	0.95	0.85	0.80	0.75	0.70	0.70	0.65	0.65	0.65	0.55	0.55	0.55	0.55
8	8	−0.35	−0.15	0.10	0.15	0.25	0.25	0.30	0.30	0.35	0.35	0.40	0.45	0.45	0.45
	7	−0.10	0.15	0.25	0.30	0.35	0.35	0.40	0.40	0.40	0.40	0.45	0.50	0.50	0.50
	6	0.05	0.25	0.30	0.35	0.40	0.40	0.40	0.45	0.45	0.45	0.45	0.50	0.50	0.50
	5	0.20	0.30	0.35	0.40	0.40	0.45	0.45	0.45	0.45	0.45	0.50	0.50	0.50	0.50
	4	0.35	0.40	0.40	0.45	0.45	0.45	0.45	0.45	0.45	0.45	0.50	0.50	0.50	0.50
	3	0.50	0.45	0.45	0.45	0.45	0.45	0.45	0.45	0.50	0.50	0.50	0.50	0.50	0.50
	2	0.75	0.60	0.55	0.55	0.50	0.50	0.50	0.50	0.50	0.50	0.50	0.50	0.50	0.50
	1	1.20	1.00	0.85	0.80	0.75	0.70	0.70	0.65	0.65	0.65	0.55	0.55	0.55	0.55

附录 13 上下层横梁线刚度比变化时的修正系数表

上下层横梁线刚度比变化时的修正系数 γ_1 **附表 13-1**

α_1 \ $\overline{k}$	0.1	0.2	0.3	0.4	0.5	0.6	0.7	0.8	0.9	1.0	2.0	3.0	4.0	5.0
0.4	0.55	0.40	0.30	0.25	0.20	0.20	0.20	0.15	0.15	0.15	0.05	0.05	0.05	0.05
0.5	0.45	0.30	0.20	0.20	0.15	0.15	0.15	0.10	0.10	0.10	0.05	0.05	0.05	0.05
0.6	0.30	0.20	0.15	0.15	0.10	0.10	0.10	0.10	0.05	0.05	0.05	0.05	0	0
0.7	0.20	0.15	0.10	0.10	0.10	0.10	0.05	0.05	0.05	0.05	0.05	0	0	0
0.8	0.15	0.10	0.05	0.05	0.05	0.05	0.05	0.05	0.05	0	0	0	0	0
0.9	0.05	0.05	0.05	0.05	0	0	0	0	0	0	0	0	0	0

注：1. $\alpha_1 = \frac{i_1 + i_2}{i_3 + i_4}$，当 $i_1 + i_2 > i_3 + i_4$ 时，则 α_1 取倒数，即 $\alpha_1 = \frac{i_3 + i_4}{i_1 + i_2}$并且 γ_1 值取负号“－”；

2. 底层柱不作此项修正。

附录 14 上下层柱高度变化时的修正系数表

上下层柱高度变化时的修正系数 γ_2 和 γ_3 **附表 14-1**

α_2	α_3 \ $\overline{k}$	0.1	0.2	0.3	0.4	0.5	0.6	0.7	0.8	0.9	1.0	2.0	3.0	4.0	5.0
2.0		0.25	0.15	0.15	0.10	0.10	0.10	0.10	0.10	0.05	0.05	0.05	0.05	0	0
1.8		0.20	0.15	0.10	0.10	0.10	0.05	0.05	0.05	0.05	0.05	0.05	0	0	0
1.6	0.4	0.15	0.10	0.10	0.05	0.05	0.05	0.05	0.05	0.05	0.05	0	0	0	0
1.4	0.6	0.10	0.05	0.05	0.05	0.05	0.05	0.05	0.05	0.05	0	0	0	0	0
1.2	0.8	0.05	0.05	0.05	0	0	0	0	0	0	0	0	0	0	0
1.0	1.0	0	0	0	0	0	0	0	0	0	0	0	0	0	0
0.8	1.2	-0.05	-0.05	-0.05	0	0	0	0	0	0	0	0	0	0	0
0.6	1.4	-0.10	-0.05	-0.05	-0.05	-0.05	-0.05	-0.05	-0.05	-0.05	0	0	0	0	0
0.4	1.6	-0.15	-0.10	-0.10	-0.05	-0.05	-0.05	-0.05	-0.05	-0.05	0.05	0	0	0	0
	1.8	-0.20	-0.15	-0.10	-0.10	-0.10	-0.05	-0.05	-0.05	-0.05	0.05	0.05	0	0	0
	2.0	-0.25	-0.15	-0.15	-0.10	-0.10	-0.10	-0.10	-0.10	-0.05	-0.05	-0.05	-0.05	0	0

注：1. γ_2 按 α_2 查表求得，上层较高时为正值，最上层不考虑 γ_2，α_2 为上层柱高与计算层柱高之比；

2. γ_3 按 α_3 查表求得，对于底层柱不考虑 γ_3，α_3 为下层柱高与计算层柱高之比。

主要参考文献

1. 建筑结构荷载规范（GB 50009—2001）. 北京：中国建筑工业出版社，2001
2. 混凝土结构设计规范（GB 50010—2002）. 北京：中国建筑工业出版社，2002
3. 钢筋混凝土连续梁和框架考虑内力重分布设计规程（CSCE 51:93）. 北京：中国计划出版社，1993
4. 沈蒲生、罗国强、熊丹安编著. 混凝土结构（上册、第四版）. 北京：中国建筑工业出版社，2003
5. 沈蒲生、罗国强编著. 混凝土结构疑难释义（第三版）. 北京：中国建筑工业出版社，2003
6. 沈蒲生编著. 楼盖结构设计原理. 北京：科学出版社，2003
7. 罗国强. 单向偏心受压基础基底合理外形直接计算法. 工业建筑. 1983（8）
8. 罗国强. 偏心受压基础基底合理外形尺寸实用设计图表. 工业建筑，1985（3）
9. 方鄂华编著. 多层及高层建筑结构设计. 北京：地震出版社，1992